普通高等工科教育机电类规划教材

电气应用技术基础实习教程

主　编　计春雷
副主编　施新华　范　辉
参　编　顾小兰　陆春雨　苗兰民
主　审　周芝峰

机 械 工 业 出 版 社

本书是根据工科类高等院校电气信息类专业人才培养的教学要求，并结合国家劳动及社会保障部关于电工技能鉴定的考核大纲编写的。本书内容以培养实践动手能力为主，突出工艺要领与操作技能，贯彻实践与理论相结合。本书共10章，内容包括电工基础知识、常用电工仪器仪表及测量、常用低压电器及成套设备、机床线路、低压室内配电线路、电机与变压器、电子技术及电力电子基础、可编程序控制器技术及应用、变频器及其应用和创新训练等，每章后附有实习课题和思考与练习题。

本书可作为高等理工院校电类、近电类和非电类专业本专科生电气技术实习教材，也适用于高职高专机电类、信息类专业学生电气技术实习使用，同时也可供有关专业工程技术人员和技术工人参考。

为方便教学，本书配有免费电子课件等，凡选用本书作为教材的学校，均可来电索取。咨询电话：010-88379375；电子邮箱：WangZongf@163.com。

图书在版编目（CIP）数据

电气应用技术基础实习教程/计春雷主编. —北京：机械工业出版社，2007.8（2017.1重印）
普通高等工科教育机电类规划教材
ISBN 978-7-111-21910-1

Ⅰ.电…　Ⅱ.计…　Ⅲ.电工技术－高等学校－教材　Ⅳ.TM

中国版本图书馆CIP数据核字（2007）第109161号

机械工业出版社（北京市百万庄大街22号　邮政编码100037）
策划编辑：于　宁
责任编辑：王宗锋　版式设计：霍永明　责任校对：刘志文
封面设计：马精明　责任印制：常天培
唐山三艺印务有限公司印刷
2017年1月第1版第6次印刷
184mm×260mm　·17.75印张·440千字
15001－16900册
标准书号：ISBN 978-7-111-21910-1
定价：33.00元

凡购本书，如有缺页、倒页、脱页，由本社发行部调换

电话服务
服务咨询热线：010－88379833
读者购书热线：010－88379649

网络服务
机工官网：www.cmpbook.com
机工官博：weibo.com/cmp1952
教育服务网：www.cmpedu.com
金书网：www.golden-book.com

前　　言

电气技术实习是工科类应用型高校电气信息类及相近各专业教学中重要的实践性环节，它能为学生学习后继专业课程打下坚实的基础。它对于培养学生掌握基本理论，运用基本知识，训练基本技能，提高实践动手能力，达到培养目标有着十分重要的意义和作用。

《电气应用技术基础实习教程》是根据工科类应用型院校电气信息类专业人才培养的教学要求，并结合国家劳动及社会保障部关于电工技能鉴定的考核大纲而编写的实习教材。本书内容以培养实践动手能力为主，突出工艺要领与操作技能，贯彻实践与理论相结合。本书在编写过程中，以教学基本要求为主导，深入浅出地进行讲解，紧密联系目前生产实际过程和新技术发展，努力使本教材易懂好学，以利于培养学生实践能力。全书共有10章，每章由基础知识与实习课题两部分组成，每章前面还附有教学基本要求与基本技能要求。每一章后面附有一定数量的各类思考与练习题，主要供学生在实习结束后巩固实习内容之用。

本书由计春雷主编，周芝峰主审。参加本书编写的人员有：施新华、范辉、顾小兰、陆春雨、苗兰民。其中第1章、第4章由顾小兰编写，第2章、第8章由陆春雨编写，第3章、第5章由苗兰民编写，第6章由施新华编写，第7章由范辉编写，第9章由计春雷编写，第10章由施新华、顾小兰、陆春雨编写，姚伟春对全书进行编辑和整理。

本书的实用性较强，既可作为高等理工院校本专科生进行电气技术实习的主导教材，也可供相关专业工程技术人员参考。

由于编者水平所限，编写时间紧迫，书中难免存在不妥之处，恳请读者批评指正。

编　者

目　　录

第1章　电工基础知识

本章教学基本要求：

- 了解我国的电压范围、频率及安全电压；
- 了解常用电工工具的使用方法和安全注意事项；
- 熟悉电工安全作业的有关规程条款，了解触电急救的方法；
- 掌握安全接地与接零保护常识。

本章要求掌握的基本技能：

- 掌握常用电工工具和电动工具的正确使用方法及安全注意事项；
- 掌握电工安全作业的有关规程条款、触电急救方法。

1.1　入门指导

1.1.1　安全用电基本知识

1. 触电类型、原因及预防

（1）触电类型　人体触及带电体，由此所产生的电流对人体的伤害，称为触电。根据电流对人体造成的伤害程度不同可分为电击和电伤。电击是指人体接触带电体后，电流使人体的器官受到严重伤害，它是造成触电死亡的主要原因。电伤是指电对人体外部造成的局部伤害。通常触电类型可分为单相触电、两相触电和跨步电压触电等几种。

1）单相触电是指人站在地上或其他接地体上，而人的某一部位触及带电体。在低压三相四线制中性点接地的系统中，单相触电的电压为相电压220V。由于单相电压220V应用很广，其单相触电的几率最大。

2）两相触电是指人体两处同时触及三相供电系统380V的任意两相带电体，加于人体的电压为线电压380V。两相触电流过人体的电流更大、更具有危险性。

3）跨步电压触电是指带电体着地或遭雷电袭击时，电流流过周围土壤会产生电压降。当人体双脚接近着地点时在两脚之间形成跨步电压，它在一定程度上也会引起触电。特别在操作高压电气设备时更应小心慎重，避免受到电击伤害。

（2）触电的原因　不同的场合，引起触电的原因也不一样。根据日常用电情况，将触电原因归纳为以下几类：

1）线路架设不合规范，主要是违章线路架设，线路之间发生短路或接地不良，均会引起触电；其次室内导线破旧、绝缘损坏或敷设不合规范，容易造成触电、短路引起火灾等。

2）用电设备不符合要求、绝缘损坏、漏电及其外壳无保护接地线或接地线不良失去保护作用（如家用电器、操作开关、插座等设备）。

3）电工操作制度不严格、不健全，即电工操作者带电操作、盲目修理，且未采取切实有效的安全措施（如未挂“警示牌”等），均会引起触电。

4）用电不谨慎，违反相关规程，在室内乱拉电线，由此在使用中不慎造成触电；随意加大熔丝的规格或用铜丝代替熔丝，失去保险作用，引起触电等。

（3）安全用电注意事项　为了防止触电事故的发生，首先思想上要重视安全第一，安全用电。必须认真贯彻执行各项安全规章制度，严格遵守安全操作规程，并采取各种安全技术措施。此外还应注意以下几点：

1）一切裸露的带电体应安装在一般人体触摸不到的高处（2.5m 以上）或加防护罩。

2）在任何情况下，不能违反相关安全规章制度和安全操作规程。

3）不得随意加大熔丝规格，更不允许用铜丝或其他导电材料代替熔丝，更换熔丝时应先切断电源。

4）对于容易引起触电的场所，应使用安全电压（50V 以下）。在潮湿、有导电灰土、有腐蚀性气体的情况下，则应选用更低的安全电压标准（如 12V 及以下）。

5）必须做到“装得安全，拆得彻底，修得及时，用得正确”的安全用电要求。

2. 安全电压、保护接地与保护接零

（1）安全电压　由于触电时对人体的危害性极大，为了保障人的生命安全，使触电者能够尽快脱离电源，我国规定安全电压为 50V 及以下。如果在一些特殊危险场所则选用电压为 12V，甚至更低的 6V 电压（如在锅炉内检修）。这样，一旦发现漏电，检修人员能很快脱离带电现场。

（2）保护接地　电气设备的金属外壳都是与带电部分绝缘的，如果绝缘损坏，外壳便会带电。为了防止人体触电，将电气设备的金属外壳及构架通过接地装置与大地连接起来，这种接地叫做保护接地。它适用于电源中性点不接地的低压电网。诸如电动机的外壳接地、家用电器的金属外壳接地（如电风扇、冰箱）等。通常可用埋入地下的金属接地装置作为接地极。由于接地装置的接地电阻很小，一般接地电阻最大允许值为 4Ω，所以绝缘击穿的电气设备外壳对地电压大为降低，当人体与带电外壳接触时，大量的电流从接地体流入大地，从而起到了保护人身安全的作用。

（3）保护接零　在中性点接地的三相四线制低压电网中，将电气设备的正常情况下不带电的金属外壳、框架等与电网的零线进行可靠的连接，这种连接称为保护接零。接零后的电气设备，若绝缘损坏而使外壳带电，则由于零线对地电阻很小，极大的短路电流使电路中的保护开关动作或使熔丝熔断，快速切断电源，从而避免触电的危险。

注意：家用电器在保护接零用的零线上，决不允许装熔断器或开关。

3. 发生触电事故的急救措施

一旦发生触电事故，抢救者必须保持冷静，抢救要点是动作迅速、救护得法。首先应使触电者尽快脱离电源，然后采用正确的方法进行急救。不能单纯等待医务人员或送医院抢救，不管是死亡还是假死，都要迅速而持久地进行抢救。统计资料表明，触电后 1min 开始救治者，90% 具有良好效果；6min 后开始抢救者，只有 10% 具有良好效果；而触电后 12min 开始救治者，很少能够救活。

（1）脱离电源　人触电以后，可能由于痉挛或失去知觉等原因而紧抓带电体，不能自行摆脱电源，因此，隔断触电者与电源的连接是很重要的一环。如一时无法断开电源，则应尽快用干燥的木棒或其他绝缘物体将电线拨开，或用干燥的衣服垫住将触电者拉开（仅用于低压触电）。对于高压触电事故，可采用下列方法使触电者脱离电源。

1）立即通知有关部门停电。

2）带上绝缘手套，穿上绝缘鞋，用相应电压等级的绝缘工具拉开。

3）抛裸金属线使线路短路接地，迫使保护装置（如漏电保护器）动作，断开电源。抛金属线前，金属线的另一端应可靠接地。

在高空发生触电事故时，触电者有被摔下的危险，所以，还必须采取紧急措施，使触电者不致有被摔下或摔死的危险。

（2）急救　触电者脱离电源后，应根据其受到电流的伤害程度，采取不同的急救方法。一般触电以后可能会出现三种不同的假死现象，表现为心脏停止跳动但有呼吸；心脏跳动但呼吸停止；心脏跳动和呼吸全部停止。因此在解脱电源后，立即判断是否有呼吸、心跳，瞳孔是否扩大。将触电者移至通风、干燥处，使其仰卧，解开上衣和裤带，用手放在胸部，检查有无气体的流动，以此判断是否存在呼吸；再用手触摸颈部的颈动脉或腹股沟处的股动脉，因为它们都是大动脉，位置表浅易摸，如果感觉有搏动，则说明存在心脏跳动，也可用耳朵贴在触电者的心前区查听；还要检查瞳孔是否扩大，正常大脑细胞严重缺氧，处于死亡边缘，将失去控制作用，瞳孔自行扩大。即使触电者停止呼吸或心脏停止跳动，也决不可认为触电者已死亡而不去抢救，应立即进行现场人工呼吸和人工胸外心脏挤压，并迅速通知医院救护。抢救必须分秒必争，时间就是生命。

1）对症救护。对伤势不重，神志清醒，但有心慌、四肢发麻、全身无力等不适或者曾一度昏迷，但已清醒过来的，应使触电者安静休息、严密观察，并请医生或送往医院诊治。

如果伤势较严重，虽已失去知觉，但心跳和呼吸还存在，应使触电者舒适安静地向上平卧，并保持空气流通，冬天要注意保暖，并请医生或送往医院治疗。

如果伤势严重，无知觉，无呼吸，但有心跳，应采用口对口的人工呼吸法抢救。如有呼吸，但心脏停止跳动，应采用人工胸外心脏挤压法抢救。

2）人工呼吸法。人工呼吸的方法很多，其中口对口（或对鼻）的人工呼吸法最为简便有效，而且也最易学会、最易传授。具体做法如下：

① 首先把触电者移到空气流通的地方，最好放在平直的木板上使其仰卧，不可垫枕头。然后把头侧向一边，掰开嘴，清除口腔中的杂物、假牙等。如果舌根下陷应将其拉出使呼吸道畅通。同时解开衣领，松开上身的紧身衣服，使胸部可以自由扩张。

② 抢救者位于触电者的一边，用一只手紧捏触电者的鼻孔，并用手掌的外缘部压住其额部，扶正头部使鼻孔朝天。另一只手托在触电者的颈后，尽量将其颈部向上抬，以便接受吹气。

③ 抢救者作深呼吸，然后紧贴触电者的口腔，人口吹气约 2s。同时观察其胸部有否扩张，以决定吹气是否有效和是否合适。

④ 吹气完毕后，立即离开触电者的口腔，并放松其鼻孔，使触电者胸部自然恢复，时间约 3s，以利其呼气。

按照上述步骤不断进行，每分钟约反复 12 次。如果触电者张口有困难，可用口对准其鼻孔吹气，效果与上面方法相近。

3）人工胸外心脏挤压法。这种方法是用人工挤压心脏代替心脏的收缩作用。凡是心跳停止或不规则的颤动时，应立即用这种方法进行抢救。具体做法如下：

① 使触电者仰卧，姿势与口对口呼吸法相同，但后背着地处应结实。

② 抢救者骑在触电者的腰部。

③ 抢救者两手相叠，用掌根置于触电者胸骨下端部位，即中指指尖置于颈部凹陷的边缘，“当胸一手掌”，掌根所在的位置即为正确压区。然后自上而下直线均匀地用力向脊柱方向挤压，使其胸部下陷 3 ~4cm 左右，可以压迫心脏使其达到排血作用。

④ 按照上述步骤连续不断地进行，每分钟约 60 次，挤压时用力要大小适中。

上述两方法也可同时使用，如果现场只有一个人抢救则可先行吹气两次，再挤压 15 次，如此反复进行。经过一段时间的抢救后，若触电者面色好转、口唇潮红、瞳孔缩小、心跳和呼吸恢复正常，四肢可以活动，这时可暂停数秒钟进行观察，有时触电者就此恢复。如果还不能维持正常的心跳和呼吸，则必须在现场继续进行抢救，尽量不要搬动，如果必须搬动，抢救工作也决不能中断，直到医务人员来接替抢救为止。

1.1.2 安全技术规程

1. 安全技术规程

为了保障人身、设备的安全，国家按照安全技术要求颁发了一系列的规定和规程，这些规定和规程主要包括电气装置安装规程、电气装置检修规程和安全操作规程，统称为安全技术规程。

2. 安全操作规程

(1) 倒闸操作的安全规程　倒闸操作是指合上或断开开关、刀开关和熔断器，以及与此有关的操作，如交直流操作回路的合上或断开；继电保护整定值的变更及自动重合闸的投入或停用；携带型临时接地线的装拆；校核相序及测定绝缘电阻等。

倒闸操作严禁带负荷拉、合刀开关，严禁带地线合闸。操作者必须使用必要的、合格的绝缘安全用具和防护安全用具（绝缘垫、绝缘夹钳和戴护目眼镜、绝缘手套等）。特别是雷电时，禁止进行倒闸操作和更换熔体。复杂的倒闸操作应一人监护、一人操作。

倒闸操作的基本程序是：切断电源（即断电）时，为了防止带负荷拉闸，应先拉脱断路器等可带负荷操作的开关，然后再拉脱闸刀类起隔离作用的开关。如拉脱三相单投刀开关时，还须用绝缘棒（令克棒）操作，先拉中间一相，后拉左右二相。

合上电源（即送电）时，为了防止带负荷合闸，应先合上闸刀等隔离类开关，然后再合上断路器类开关。如合上三相单投刀开关时，也须用绝缘棒（令克棒）操作，先合左右二相，后合中间一相。

(2) 临时用电装置的安全规程　临时用电装置是指因生产或生活急需而装设的临时用电设备和临时用电线路。由于临时用电装置的使用是临时性和短暂的，所以很多人也存在临时观点，如装置不按规程安装、线路乱拉乱拖，甚至私拉私拖，导致临时用电装置极易发生触电事故或其他用电事故。

在临时用电装置的电源端及操作处均应装熔断器和开关，电动机的操作开关的安装部位应能看见电动机的运行情况，以防事故。

(3) 移动电具的安全规程　移动电具是指无固定装置地点、无固定操作工人的生产设备及电动工具，如电焊机、电钻、电锤、手提磨光机、电风扇、电吹风和电烙铁等。

移动电具应具有切实可行的借用发放制度，有专人保管，定期检查。使用过程中如需搬动移动电具，应停止工作，并断开电源开关或拔脱电源插头。

移动电具的金属外壳，必须有明显的接地螺钉和可靠的接地线。电源线必须采用“不可重接电源插头线”，长度一般为2m左右。单相220V的电具应用三芯线，三相380V的电具应用四芯线，其中绿黄双色线为专用接地线。移动电具的引线、插头、开关应完整无损。使用前应用验电笔检查外壳有否漏电。

电焊机的金属外壳必须可靠接地。电源线的长度不应超过2m。焊钳和焊钳线应完好无损。

移动电具的绝缘电阻，根据现行低压电气装置规程，应不低于2MΩ。

为了确保安全，我们要严格遵守安全使用要求：使用电钻、电锤等必须戴绝缘手套，并穿绝缘靴或站在绝缘垫上，且有控制开关。严禁使用无插头的电源引出线，严禁将电源引线直接插入电源插座。

使用移动电具时如发现漏电，应立即停用检查。调换钻头时要拔脱插头或关断开关。

家用电器每年取出使用时，应作全面的检查和维护，检查合格后方能安全使用。如需搬动电脑、电扇等，必须拔脱插头或拉脱开关。

（4）停电检修工作的安全规程　停电检修工作是指电气设备、电气线路的检修工作，是在全部停电或局部停电后进行。停电检修工作必须得到设备动力部门的同意或使用工作票。

停电检修工作，必须在验明确实无电以后才能进行。停电检修时，对有可能送电到所检修的设备及线路的开关和刀开关，应全部断开，并须做好防止误合闸措施。如在已断开的开关和刀开关的操作手柄上，挂上“禁止合闸，有人工作”的标示牌，必要时加锁。对多回路的线路，更要做好防止突然来电的措施。

停电检修工作完毕后，需清理现场，拆除临时线、标示牌、临时遮拦等，然后进行送电的倒闸操作。

1.2　电工材料

电工材料所包括的范围很广，有导电材料、磁性材料、绝缘材料、半导体材料及特种电工合金材料等。下面主要介绍电工常用的导电材料和绝缘材料以及其他材料。

1.2.1　导电材料

导电材料是指专门用于传导电流的金属材料，其主要用途是用于制造电线电缆。电线电缆是用于传输电能信息和实现电磁能转换的线材产品。它包括电磁线、裸导线、电力电缆、通信电缆和电气装备用的电线电缆五大类。

导电材料绝大部分是金属，但也有非金属材料（如石墨、炭）作为导电材料。用作导电材料的金属通常具备下列五个特点：导电性能好；有一定的机械强度；不易氧化和腐蚀；容易加工和焊接；资源丰富，价格便宜。

铜和铝是最常用的导电材料。但是在某些特殊的场合，也需要用其他的金属或合金作为导电材料。如架空线需具有较高的机械强度，常选用铝镁硅合金；熔丝需具有易熔的特点，故选用铅锡合金；电热材料需具有较大的电阻系数，常选用镍铬合金或铁铬铝合金；电光源的灯丝要求熔点高，因而需选用钨丝作为导电材料等。

常用导电材料的铜线用“T”、“TY”表示硬铜，主要用做导电零部件。“TR”表示软铜，常用做电机、电器等的线圈。铝线用“L”、“LY”表示硬铝，“LR”表示软铝。铝线主要应用于架空线路、动力线路和照明线路等。

1.2.2 绝缘材料

绝缘材料的主要作用是隔离带电的或不同电位的导体，使电流按指定的方向流动。对绝缘材料的基本要求是击穿强度、绝缘电阻、耐热性、吸水性和机械强度等。

在使用过程中，绝缘材料由于各种因素的长期作用，会发生化学变化和物理变化，使电气性能和力学性能变坏，这种变化称为老化。为了保证电工产品的使用寿命，要合理地利用绝缘材料，特别要注意影响绝缘材料老化的主要因素——极限温度。

电工绝缘材料按极限温度划分为七个耐热等级，见表 1-1。

表 1-1 绝缘材料的耐热等级和极限温度

耐热等级	极限温度/℃	耐热等级	极限温度/℃
Y	90	F	155
A	105	H	180
E	120	C	>180
B	130		

电工绝缘材料可分为以下 4 大类：

1. 浸渍漆

浸渍漆主要用来浸渍电机、电器的线圈和绝缘零部件，以填充其间隙和微孔，提高它们的电气和机械性能。浸渍漆具有较好的耐油性及绝缘性，漆膜平滑而有光泽。

2. 浸渍纤维制品

（1）玻璃纤维漆布（或带） 主要用作电机、电器的衬垫和线圈的绝缘，它的电气性能及耐油性、耐潮性都较好，机械强度较高，并具有一定的防霉性能。

（2）漆管 漆管又称绝缘套管，主要用作电机、电器的引出线或联接线的绝缘及机械保护。它具有良好的电气性能和力学性能，耐油性、耐潮性较好，但弹性较差。

（3）绑扎带 绑扎带主要用于绑扎变压器铁心和代替合金钢丝绑扎电机转子线圈端部，在电机工业中应用较广泛。

3. 薄膜

电工用薄膜要求厚度薄、柔软、电气性能及机械强度高。主要应用于电机的槽绝缘、匝间绝缘和相间绝缘以及其他电工产品线圈的绝缘。

4. 绝缘包扎带

绝缘包扎带主要用作包缠电线接头和电缆接头及低压电器设备的绝缘修理等。

1.3 电工工具

1.3.1 常用电工工具

正确使用和维护电工工具，既能提高工作效率和施工质量，又能减轻劳动强度，保证操作安全和延长工具的使用寿命。常用电工工具包括通用工具、线路安装工具和登高工具等。

1. 通用工具

通用工具是一般专业电工都要应用的常用工具和装备。电工所需的通用工具除以下介绍的以外，尚有手锯、锤子、锉刀和活扳手等钳工操作的基本工具。

（1）电笔　电笔又称验电笔，是用来检查低压导体和电气设备是否带电的辅助安全用具，其检测电压范围为 60～500V（指带电体与大地的电位差），是每个电工必备的常用器具。它由氖管、电阻、弹簧和笔身等部分组成，其形状和结构如图 1-1 所示。当用电笔测试带电体时，电流经电笔、人体到大地形成通电回路，只要带电体与大地之间的电位差超过一定的数值，电笔中的氖管就能发出红色的辉光。

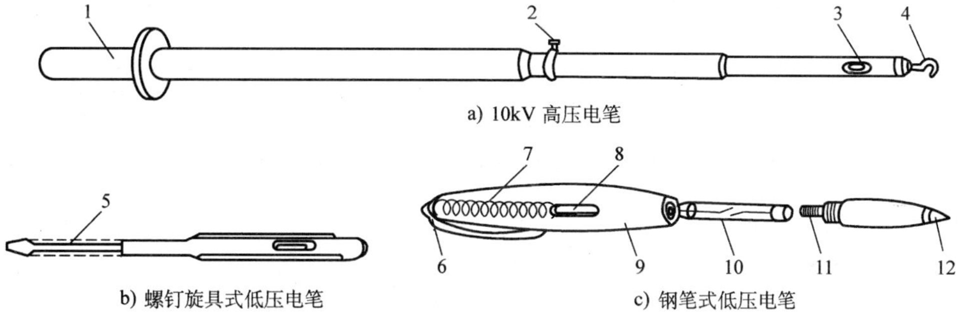

图 1-1　电笔

1—把柄　2—固紧螺钉　3—氖管窗　4—触钩　5—绝缘套管　6—笔尾的金属体　7—弹簧　8—小窗　9—笔身　10—氖管　11—电阻　12—笔尖的金属体

电笔在使用时，必须按照图 1-2 所示的方法把笔握妥，即以手指触及笔尾的金属体，并使氖管小窗背光朝向自己，以便于观察；同时要防止笔尖金属触及皮肤，以避免触电。为此，在螺钉旋具式电笔的金属杆上，必须套上绝缘套管，仅留出刀口部分供测试需要。

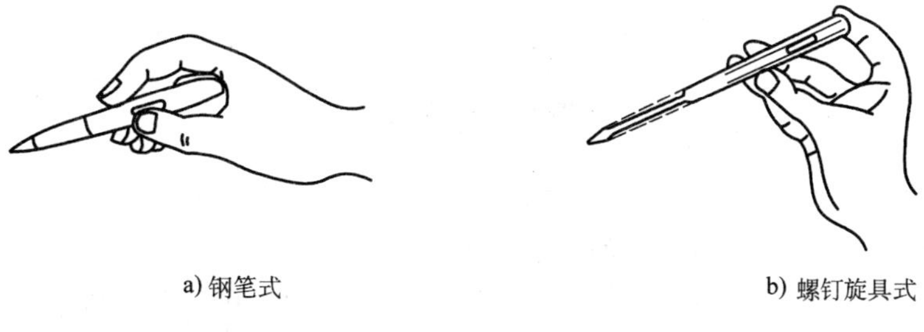

图 1-2　电笔握法

电笔使用注意事项：

1）使用电笔前，一定要在有电的电源上检查氖管能否正常发光。

2）在明亮的光线下测试时，往往不易看清氖管的辉光，所以应当避光检测。

3）电笔的金属探头多制成螺钉旋具形状，它只能承受很小的扭矩，使用时应特别注意，以免损坏。

4）电笔不可受潮，不可随意拆装或受到剧烈振动，以保证测试可靠。

（2）钢丝钳　钢丝钳是钳夹和剪切工具，由钳头和钳柄两部分组成，其结构如图 1-3a

所示。它的功能较多：钳口用来弯绞或钳夹导线线头；齿口用来固紧或起松螺母；刀口用来剪切导线或剖切软导线的绝缘层；铡口用来铡切导线线芯、钢丝或铅丝等较硬金属。常用的规格有150mm、175mm和200mm三种。电工所用的钢丝钳，在钳柄上必须套有耐压为500V以上的绝缘套管。使用时的握法如图1-3b所示，其刀口应朝向自己面部。

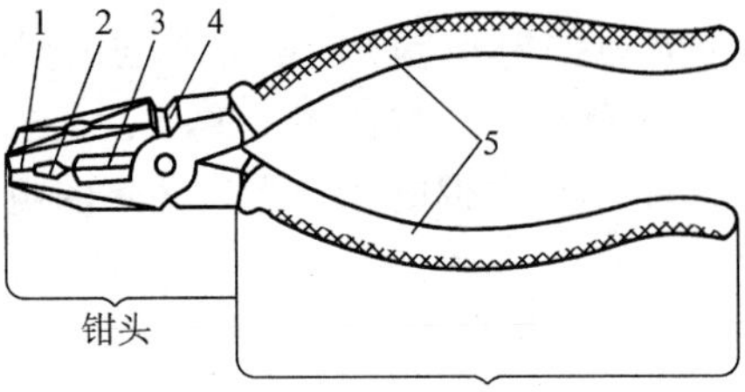

a) 构造

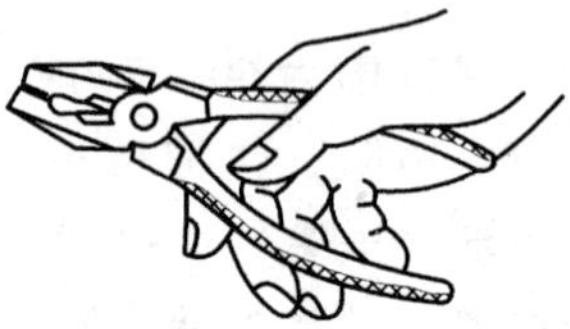

b) 握法

图1-3　钢丝钳

1—钳口　2—齿口　3—刀口　4—铡口　5—绝缘套管

钢丝钳使用注意事项：

1）钳头不可代替手锤作为敲打工具使用。

2）钳头应防锈，轴销处应经常加机油润滑，以保证使用灵活。

3）钳柄上破碎的绝缘套管应及时掉换，不可勉强使用。

（3）螺钉旋具　螺钉旋具俗称螺丝刀，又称起子、改锥等，它分为平口（平头）和十字口（十字头）两种，以配合不同槽型螺钉的使用。常用的有50mm、100mm、150mm和200mm等，其外形如图1-4所示。

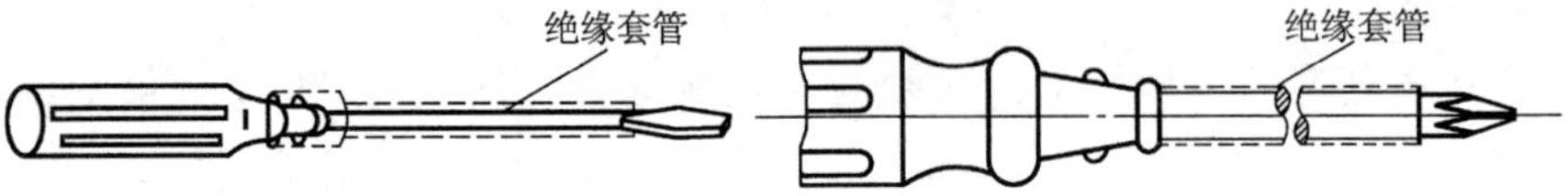

a) 一字形螺钉旋具　　b) 十字形螺钉旋具

图1-4　螺钉旋具

电工不可使用金属杆直通柄顶的螺钉旋具（俗称通心螺钉旋具），为了避免金属杆触及皮肤或邻近带电体，应在金属杆上加绝缘套管。

（4）电工刀　电工刀是用来剖削或切割电工器材的常用工具，其结构如图1-5所示。使用时，刀口应朝外向进行操作；用毕，应随即把刀身折入刀柄。电工刀的刀柄是不绝缘的，不能在带电体上进行操作，以免触电。

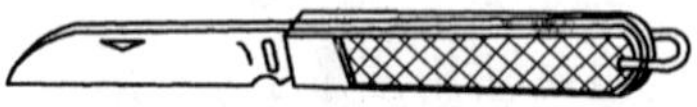

图1-5　电工刀

电工刀的刀口应在单面上磨出呈圆弧状的刃口，在剖削绝缘导线的绝缘层时，必须使圆弧状刀面贴在导线上，这样刀口就不易损伤芯线。

（5）活扳手　活扳手通常称作活络扳头，它由头部和柄部构成。头部又由定、动扳唇以及蜗轮和轴销构成，旋动蜗轮以调节扳口大小。活扳手的构造如图1-6a所示。

活扳手使用时不可反向用力，即动扳唇不可作为重力点使用；也不可用钢管接长柄部来

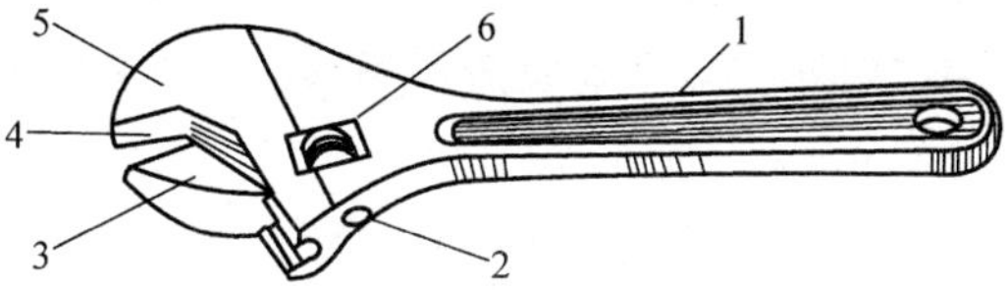

a) 构造

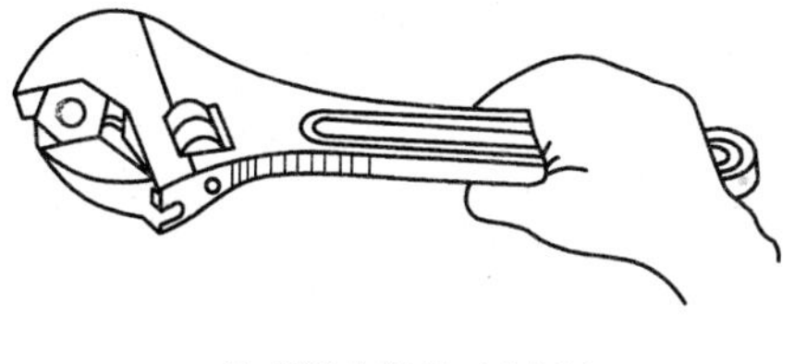

b) 扳较大螺母时的握法

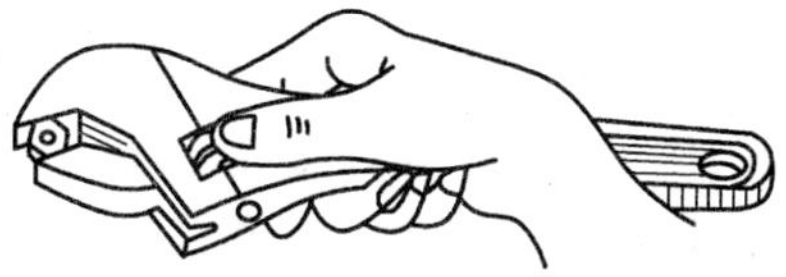

c) 扳较小螺母时的握法

图 1-6 活扳手

1—手柄 2—轴销 3—动板唇 4—板口 5—定板唇 6—蜗轮

施加较大的扳拧力矩。在扳较大螺母时需用较大的力矩，手应握在近柄尾处，如图 1-6b 所示；在扳拧较小螺母时，需用力矩不大，螺母过小容易打滑，宜按如图 1-6c 所示的方法握把，以便随时调节蜗轮，以收紧扳唇防止打滑。

活扳手常用的规格有 150mm、200mm、250mm 和 300mm 等，可按螺母的大小选用不同规格。

（6）剥线钳 剥线钳用来剥削截面为 $6mm^2$ 以下的塑料或橡胶绝缘导线的绝缘层，由钳头和手柄两部分组成，如图 1-7 所示。钳头部分由压线口和切口构成，分有 0.5 ~ 3mm 多个直径切口，用于不同规格的芯线剥削。使用时，电线必须放在大于其芯线直径的切口上切剥，否则会切伤芯线。

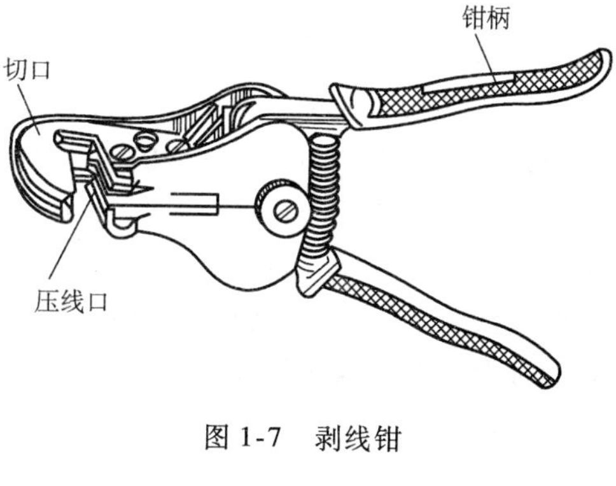

图 1-7 剥线钳

（7）尖嘴钳 尖嘴钳顾名思义：其头细而长，“嘴巴”尖细，故又称“长嘴钳”。它适用于在狭小的工作空间操作，能夹持较小的螺钉、垫圈、导线等元件。带有刀口的尖嘴钳能剪断细小金属丝，能将单股导线弯成需要的各种形状（如导线打圈等）。其结构由钳头和钳柄两部分组成，钳柄有铁柄和绝缘柄两种，绝缘柄的耐压为 500V，外形如图 1-8 所示。**使用时注意：**尖嘴头部是经过淬火处理的，不要在锡锅或高温条件下使用。不允许装卸螺母、夹持较粗的硬金属导线。绝缘柄破损后严禁带电操作。常用的规格有 130mm、160mm、180mm 和 200mm 4 种。

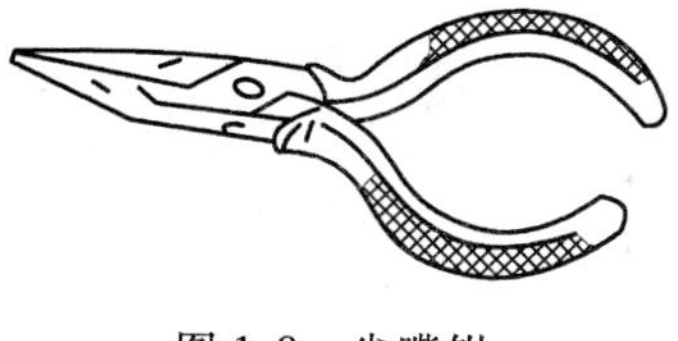

图 1-8 尖嘴钳

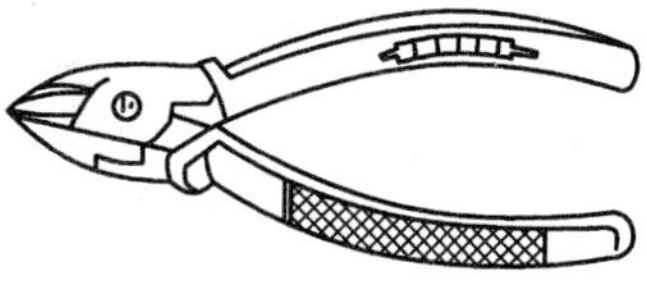

图 1-9 斜口钳

（8）斜口钳　斜口钳又称断线钳，主要结构由钳头、钳柄组成。电工使用的斜口钳钳柄必须是耐压为500V的绝缘柄。斜口钳能剪断导线、金属丝和线材等。其外形如图1-9所示。

2. 线路安装工具

线路安装工具是指安装或检修户内外线路时所需的必备工具和设备。常见的凿木榫孔工具如图1-10所示。

（1）圆榫凿　圆榫凿又称麻线凿或鼻冲（图1-10a），用来凿打混泥土结构建筑物的木孔，常用的规格有直径6mm、8mm和10mm 3种。操作时要不断转动，并经常拔出凿身，使灰砂石屑及时排出，以免凿身涨塞在建筑物内。

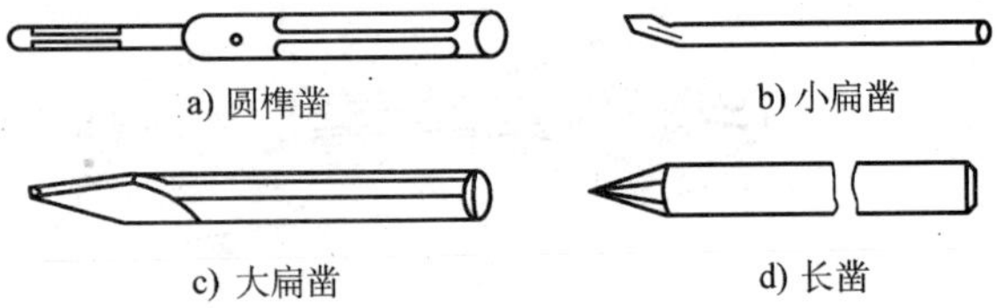

图1-10　凿木榫孔工具

（2）小扁凿　小扁凿（图1-10b）用来凿打砖墙上的方孔，电工常用的凿口宽12mm。使用时要经常拔出凿身，以利于排出灰砂碎砖，并观察墙孔凿得是否平整、大小是否正确和孔壁是否垂直。

（3）大扁凿　大扁凿（图1-10c）用来凿打角钢支架和撑脚等的埋设孔穴，常用的凿口宽为16mm。使用方法与小扁凿相同。

（4）长凿　长凿（图1-10d）用来凿打墙孔，作为穿越线路导线的通孔。其中圆钢长凿用来凿打混凝土墙孔；而钢管长凿用来凿打砖墙孔。长凿直径为19mm、25mm和30mm，长度通常有300mm、400mm和500mm等多种。使用时应不断旋转，以便及时排出碎屑。

（5）冲击钻　冲击钻是一种电动工具，具有两种功能：一种可作为普通电钻使用，使用时应把调节开关调到标记为“钻”的位置，另一种可用来冲打砌块和砖墙等建筑面的木孔和导线穿墙孔，这时应把调节开关调到标记为“锤”的位置，如图1-11所示。冲击钻通常可冲打直径为6～16mm的圆孔。有的冲击钻还可调节转速，有双速和三速之分。在调速或调档时，均应使冲击钻停转。用冲击钻开凿墙孔时，需配用专用的冲击钻头，其规格按所需孔径选配，有8mm、10mm、12mm和16mm等多种。

在冲钻墙孔时，应经常把钻头拔出，以利于排屑。在钢筋建筑物上冲孔时，遇到坚实物不应加过大压力，以免钻头退火。

（6）管子钳　电线管线路施工时，需要用管子钳来拧紧或放松电线管上的束节或管螺母。管子钳的使用方法与活扳手类似，其外型如图1-12所示。管子钳的常用规格分为250mm、300mm和350mm等。

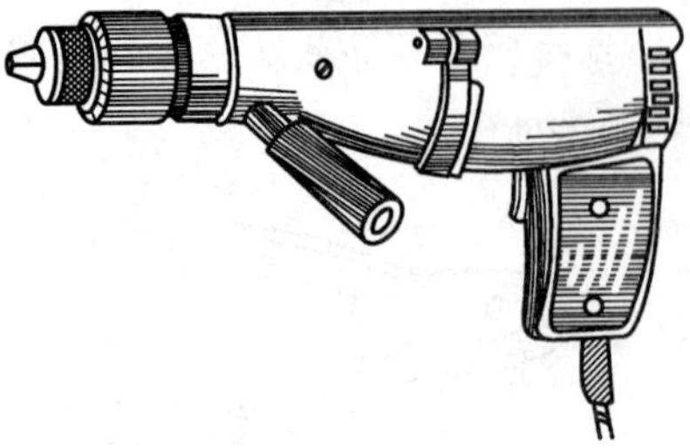
图1-11　冲击钻

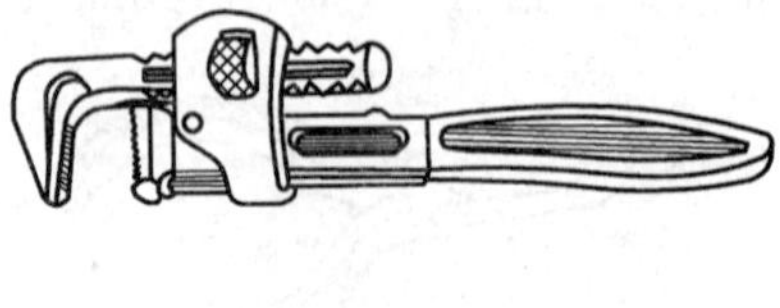
图1-12　管子钳

3. 登高工具

登高工具是指电工在登高作业时所需的工具和装备。为了保障登高作业的安全，登高工具必须牢固可靠，以确保登高作业中操作者的人身安全。

（1）梯子　电工常用的梯子有直梯和人字梯两种，如图 1-13a、b 所示，直梯通常用于户外登高作业，人字梯通常用于户内登高作业。直梯的两脚应各绑扎橡胶之类的防滑材料；人字梯应在中间绑扎两道安全绳，以防两边自动滑开。

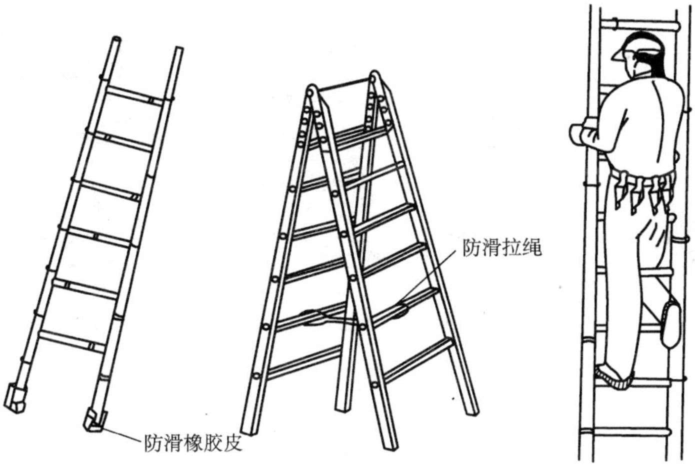

a）直梯　　b）人字梯　　c）登梯作业站立姿势

图 1-13　电工用梯

电工在直梯上作业时，为了使人体有适当的活动幅度和保证人体不致因用力过大而站立不稳，必须按图 1-13c 所示的方法站立；登在人字梯上作业时，切不可踩空，以免自动滑开时造成严重的工伤事故。

（2）登板　登板又叫踏板，用来攀登电杆。登板由板和绳两部分组成，板是采用质地坚韧的木材制成的，规格如图 1-14a 所示；绳应采用 16mm 的三股白棕绳，长度应与使用者的身材相适应，一般保持在一人一手长左右，如图 1-14b 所示。登板和白棕绳均应能承受 300kg 重量，每半年要进行一次载荷试验，且在每次登高前应做人体冲击试登。

a) 登板规格　　b) 登板绳长度　　c) 登板站立姿势

图 1-14　登板

为了保证在杆上作业时人体的平稳，不使登板摇晃，站立时两脚前掌内侧应夹紧电杆，其姿势如图 1-14c 所示。

（3）脚扣　脚扣又叫铁脚，也是电杆的攀登工具。它分为两种：一种在扣环上制有铁齿，供登木电杆用，如图 1-15a 所示；另一种在扣环上裹有防滑胶套，供登混凝土电杆用，如图 1-15b 所示。在登杆前，脚扣也要做人体冲击试验，同时应检查扎扣皮带是否牢固可靠。

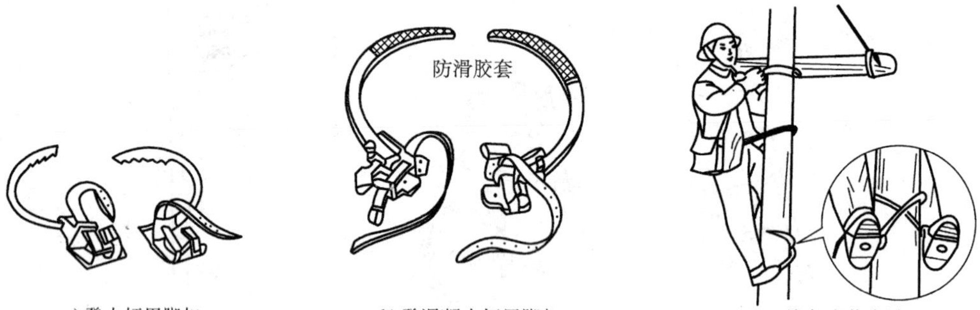

a) 登木杆用脚扣　b) 登混凝土杆用脚扣　c) 脚扣定位方法

图 1-15　脚扣

用脚扣时攀登速度较快，容易掌握登杆方法，但在杆上作业时没有登板灵活舒适，容易疲劳，所以适用于杆上的短时作业。为了保证杆上作业时的人体平稳，两只脚扣应按图 1-15c 所示的方法定位。

1.3.2　防护用具

根据内外线电工工种的特点，需要登高作业、安装与维护电气设备，因此，应配备一般的防护用具，例如：安全帽、防护眼镜、防护手套等。为了确保人身安全，避免摔伤、触电、灼伤等事故，还必须配备一些特有的防护用具。

1. 腰带、保险绳和腰绳

腰带、保险绳和腰绳都是电杆登高操作的必备品，如图 1-16 所示。腰带用来系挂保险绳、腰绳和吊物绳，使用时应系结在臀部上部而不是系结在腰间，否则操作时容易扭伤腰部且不便操作。保险绳用来防止万一失足时人体不致坠地摔伤，使用时一端要可靠地系结在腰带上，另一端用保险绳扣挂在牢固的横担上。腰绳用来固定人体的下部，以扩大上身活动的幅度，使用时应系结在电杆的横担下方，以防止腰绳窜出电杆顶端而造成工伤事故。

2. 高压绝缘棒

高压绝缘棒又称令克棒、绝缘拉杆、操作杆等，用来操作 35kV 及以下的高压跌落式熔断器及隔离开关等。

高压绝缘棒由棒头、杆身和握柄三部分组成，如图 1-17 所示。棒头固定在高压绝缘棒的上端，绑头上有金属拉钩，以便套入熔丝管及隔离开关的操作环内；杆身由几节可以接长的层压玻璃布棒组成，它是绝缘棒组成的主要部分。杆身长短（即节数）由线路的电压所决定，握柄部分与杆身由一护手环隔开，避免使用时握到护手环上方，过分接近棒头而发生危险。

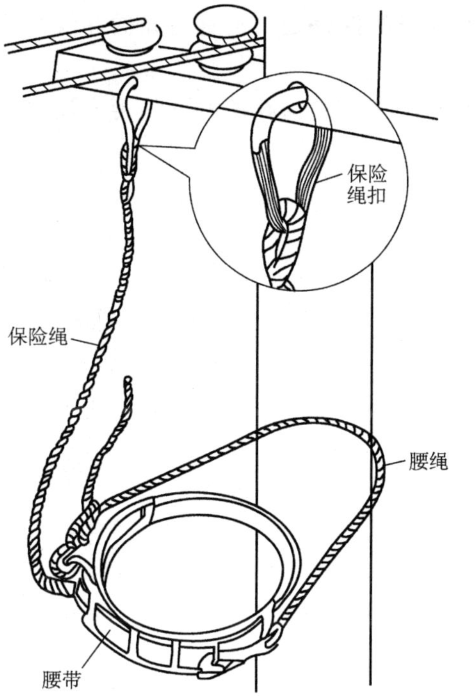

图 1-16　腰带、保险绳、腰绳

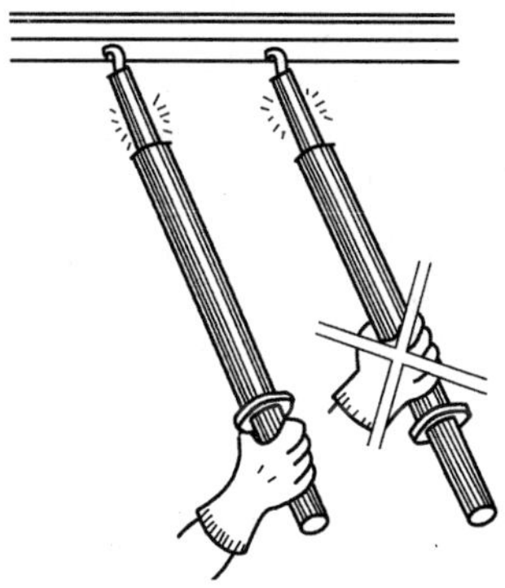

图 1-17　高压绝缘棒

高压绝缘棒应垂直存放在支架上或吊挂在室内干燥场所，防止压弯、受潮和污染，影响其绝缘强度和机械强度。无特殊防护装置的高压绝缘棒不允许在下雨或下雪时进行室外操作，高压绝缘棒需定期检查和进行预防性试验。

3. 绝缘手套、绝缘靴和绝缘垫

绝缘手套、绝缘靴和绝缘垫都是电工必备的防护用具，用于具有触电危险可能的场合，它们都由特殊的具有绝缘性能的橡胶制成。绝缘手套和绝缘靴不得挪作它用，也不可将一般橡胶手套和雨鞋充当绝缘手套、绝缘靴使用。绝缘手套、绝缘靴应妥善保管和存放，使用前必须仔细检查，如发现破裂、刺穿、脱胶或其他损伤，应立即停止使用。绝缘垫是电工用作脚垫来操作高压电气设备的防护用具，电气设备的外壳或操作手柄等可能由于漏电或感应而带电，因此，必须使用绝缘垫，以保证操作者的人身安全。绝缘垫也应放置在阴凉处，并经常注意观察和检查。

1.4　实习课题

课题：低压验电笔的使用

实习目的：掌握低压验电笔的正确使用方法。

实习所需工具：低压验电笔。

实习材料：直流稳压电源、单相（或三相四线制）交流电源、橡胶绝缘垫。

操作步骤：

1）在使用低压验电笔时，握笔的方法要正确。手指应触及笔尾金属体，氖管小窗要背光朝向自己以便于观察辉光情况，使用前必须在确定有电处验证电笔完好方可使用。

2）相线与零线的判别：用完好的电笔触及导线的裸露处，氖管发光的导线是相线；而正常情况下用电笔测零线，其氖管是不发光的。

3）直流电与交流电的判别：如果电笔氖管两端都发光，则被测试的为交流电。若氖管只有一端发光，则被测试的为直流电。

4）直流电的正、负判别：用电笔在直流电路上测试，氖管发光的一极为负极，不发光的一极为正极。

5）在测试导线是同相还是异相时，操作者必须站在与地绝缘的橡胶垫上，两手各持一只完好的电笔，同时分别接触待测的两根导线。若两只电笔发光很亮，则两根导线不同相，否则即是同相。

思考与练习题

1. 什么叫安全电压？对安全电压值有何规定？
2. 通过人身的交流安全电流规定在多少以下？电流对人体伤害程度的主要因素有哪些？
3. 触电的原因有哪些？有几种触电形式？
4. 一旦有人触电时该怎么办？触电急救的方法有哪几种？
5. 简述接地、接零的作用和种类。
6. 使用螺钉旋具的安全注意事项有哪些？
7. 使用电工刀时应注意什么？
8. 线路安装的主要工具有哪些？
9. 简述倒闸操作的基本程序。
10. 简述使用移动电具的安全规程。

第 2 章　常用电工仪器仪表及测量

本章教学基本要求：

- 熟悉电流表、电压表、万用表、绝缘电阻表、有功功率表、电能表、直流电桥和万能电桥的使用方法及精度和量程的选择方法；
- 掌握示波器的使用方法及精度和量程的选择方法；
- 了解晶体管图示仪的使用方法及精度和量程的选择方法。

本章要求掌握的基本技能：

- 掌握万用表、绝缘电阻表、有功功率表和电能表的正确使用方法及注意事项；
- 掌握示波器的正确使用方法及注意事项；
- 熟悉晶体管图示仪的正确使用方法及注意事项。

2.1　电工仪器和仪表

电工测量（Electricity Measurement）是电工技术中不可缺少的一个重要部分，它的主要任务是用各种电工仪表和仪器去测量电路中电流、电压、电功率和电能等各种电量，以及电路中元件的参数和特性。因为在各种电气设备的安装、调试、运行及维修中都离不开电工测量技术，所以了解各种电工测量仪表仪器的特点和用途，掌握正确的使用方法及测量技术，是十分必要的。

2.1.1　电工仪表的分类

电工仪器和仪表可以统称为电工仪表，其种类繁多，分类方法也各不相同，大致可以分为以下 3 类：

1. 指示仪表

指示仪表是应用最为广泛的一类电工仪表。指示仪表是一种采用直读法测量的仪表，又称为直读式仪表。指示仪表通常采用指针式，其特点是以指针偏转角的大小反映被测电量的大小，通过刻度标尺可以直接读出被测电量的数值；转盘式指示仪表则可以通过积算机构显示被测电量的数值。

2. 比较仪表

比较仪表是一种采用比较法测量的仪表，其特点是在测量过程中将被测电量和标准电量进行比较，从而测出被测电量的值。比较仪表一般通过调节面板上几个旋钮使被测电量和标准电量达到某种平衡状态，并通过旋钮的刻度位置读取被测电量的数值。

3. 其他电工仪表

除了上述两类电工仪表以外，还有各种仪器和仪表，例如数字式仪表、记录式仪表、示波器和图示仪等。

2.1.2 电工指示仪表的特点和用途

电工指示仪表的分类方法很多，常用的指示仪表按照仪表工作原理分类主要可以分为磁电系、电磁系和电动系等。磁电系、电磁系和电动系的主要特点和用途见表2-1。

表2-1 主要指示仪表的特点和用途

	特点	用途
磁电系	只能测量直流;灵敏度高;准确度高;刻度均匀;过载能力小;仪表本身消耗功率小;结构较复杂,价格较高	可方便地做成直流电流表和直流电压表,用于直流电路中测量电流和电压,在直流标准仪表和安装式仪表中广泛应用
电磁系	可用于交、直流测量;刻度不均匀;过载能力强;灵敏度低、功耗大;防御外磁场干扰的能力较差;结构简单,成本较低	常用来制作交流电流表和交流电压表,在电力系统的配电柜及电力设备上使用的安装式交流电流表和电压表大部分都是此类仪表
电动系	使用范围广;准确度高;功率表刻度均匀、电压电流表刻度不均匀;过载能力较差;抗干扰性能较差	主要用来制作成功率表,也可做成交、直流电流表和电压表

2.2 测量误差及减小测量误差的方法

在测量过程中，由于测量方法、测量设备、测量条件以及观测经验等各种因素的影响，测量结果不可能是被测量的真实数值，而仅仅是它的近似值。任何测量的结果与被测量的真实值之间总存在着一定的差异，这个差异称为测量误差（Measurement Error）。

2.2.1 仪表的选择

要完成一项测量任务，首先必须明确测量要求，并根据这些要求选择合理的测量方法、测量线路和测量仪表。合理选择仪表，就是在保证测量精度要求的前提下，确定仪表的类型、准确度和测量量程等。

1. 仪表的类型选择

对于直流电量的测量广泛采用磁电系和整流系仪表；对于正弦波交流量的测量，可选用电磁系或电动系等仪表，以便测出有效值；对于非正弦波交流量，用电磁系或电动系仪表仅能测出有效值，而整流系仪表只能测出平均值。

2. 准确度的选择

从提高测量精度的角度出发，仪表准确度越高越好，当然其价格也相对较高。因此仪表准确度的选择，要从测量要求的实际出发，既能满足测量要求，又要力求经济实用。

3. 仪表量程的选择

仪表的准确度只有在合理的量程下才能发挥作用。量程的选择，必须使仪表的额定量程大于被测量，同时应使被测量指示范围在标尺全长的后1/4段。

4. 仪表工作条件的选择

正确选择和使用仪表，还要考虑仪表使用的环境和工作条件。

2.2.2 测量误差

根据性质的不同，测量误差一般分为系统误差、偶然误差和疏忽误差3类。

1. 系统误差（Systematic Error）

系统误差是在相同条件下多次测量同一量的过程中遵循一定规律变化或者保持不变的误差。系统误差主要是由于测量设备不准确、测量方法不完善和测量条件不稳定而引起的，同时也与测量人员的生理特点有关。系统误差反映了测量结果的准确度，系统误差越小，测量结果的准确度越高。

2. 偶然误差（Accidental Error）

偶然误差又称随机误差，是一种大小和符号都不确定的误差，在相同条件下多次测量同一量的过程中各次测量结果很不一致，没有确定的规律。偶然误差反映了测量结果的精密度，偶然误差越小，精密度越高。

3. 疏忽误差（Negligible Error）

疏忽误差是在测量过程中由于操作、读数、记录和计算等方面的疏忽失误所引起的误差，这是一种明显歪曲测量结果的误差。

2.2.3　减小测量误差的方法

1. 系统误差的消除

对于系统误差的消除一般有以下几种方法：

（1）对度量器以及测量仪器进行校正　在测量中度量器和测量仪器的误差直接影响测量结果的准确度，所以常引入校正值进行修正。

（2）消除误差的根源　选择合理的测量方法，配置适当的测量仪器，改善仪器安装质量和配线方式，测量前检查调整仪器零位以及采用屏蔽措施来消除外部磁场及电场的影响等。

（3）采用特殊的测量方法　如替代法、正负误差补偿法和换位法等。

2. 偶然误差的消除

只能根据多次测量中各种偶然误差出现的比率用统计学的方法加以处理。在足够多次的测量中，绝对值相等的正、负误差出现的概率是相同的，而且小误差比大误差出现的几率更大。这样，在足够多次的测量中，偶然误差的算术平均值必然趋近于零。因此，为了消除偶然误差对测量结果的影响，可以采用增加重复测量次数的方法来实现。在测量仪器仪表选定以后，测量次数越多，测量结果的算术平均值越趋近于实际值。

3. 疏忽误差的消除

至于疏忽误差，由于它是明显的错误，并且常常严重地歪曲了测量的结果，因此，包含有疏忽误差的测量结果是不可信的，应予舍弃。

2.3　电流和电压的测量

电流和电压是电路中两个最基本的量，也是表征电路是否正常的重要指标。在调试设备或使用设备时常会用电流表（Ammeter）和电压表（Voltmeter）监视设备的电流和电压。按照电源性质的不同，在测量时又分直流和交流两种。

2.3.1　直流电流和电压

1. 直流电流表的使用方法

（1）直流电流表的接线　在测量直流电流时，直流电流表应串联在电路中，也就是说在测量某一支路的电流时，电流表应该串联在被测支路中。将电流表串入电路时要注意表的极性和量程。测量时，被测电流应该从表的“+”端流入，“-”端流出，否则指针将反向偏转，并且损坏电流表。当被测电路两端的电位差较大时，为了减小电流表的线圈与外壳之间的电压，建议把电流表接在电位较低的一侧，如图 2-1 所示。

由于电流表内阻很小，如果不慎将电流表并联在电路的两端，则电流表将被烧坏，电路也将被短路，在使用中务必特别注意。

（2）直流电流表量程的选择　应根据被测电流大小来选择直流电流表的量程，使选择的量程大于被测电流的数值。应避免将小量程的电流表接入大电流的电路，以免电流表因过载而损坏。为了减小测量误差，选择直流电流表的量程还应注意使电流表的指针工作在不小于满刻度值的 2/3 区域。

（3）电流表内阻对测量的影响　由于电流表存在内阻，串入电路后对电路有所影响，将使被测电路的电阻增大、电流减小、误差增大。电流表的内阻越小，对测量结果的影响越小，测量值越接近实际值。为了减小电流表内阻对测量的影响，应该使电流表的内阻远远小于与其串联的电路电阻。

2. 直流电压表的使用方法

（1）直流电压表的接线　在测量直流电压时，直流电压表应并联在被测电路的两端，也就是说在测量某一支路的电压时，电压表应该并联在被测支路两端。将电压表接入电路时要注意表的极性和量程。测量时，表的“+”端接在被测电路的高电位侧，“-”端接在电路的低电位侧，如图 2-2 所示。

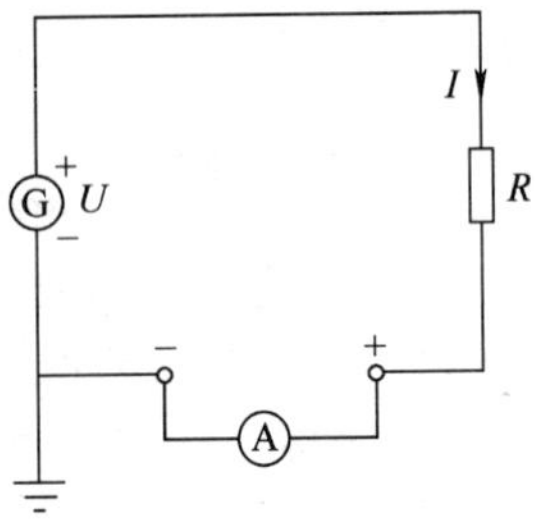

图 2-1　电流表的接法

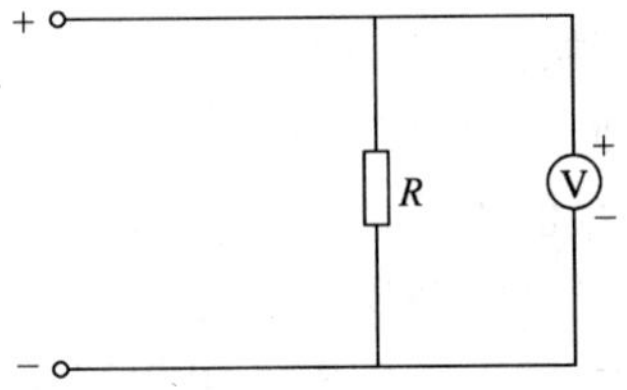

图 2-2　电压表的接法

（2）直流电压表量程的选择　应根据被测电压大小来选择直流电压表的量程，使选择的量程大于被测电压的数值。应避免将小量程的电压表接入高电压的电路，以免电压表因过电压而损坏。为了减小测量误差，选择直流电压表的量程还应注意使电压表的指针工作在不小于满刻度值的 2/3 区域。

（3）电压表内阻对测量的影响　电压表内阻决定着电压表在测量时取自被测电路的电流值。尽管电压表的内阻通常较大，测量时向被测电路取用的电流也较小，但是由于电路的电压测量端总存在一定的输出电阻，测量时电压表所取用的电流在这一电阻上总会产生一些压降，使得电压表读数偏小。

2.3.2　交流电流和电压

1. 交流电流表和交流电压表的使用

交流电流表和交流电压表的接法与直流电流表和直流电压表的接法基本一致，只是在接线时不需要考虑极性。量程的选择则与直流表完全一致。

2. 互感器

互感器是按一定的比例和准确度变换电流或电压大小的仪器，实质上就是一种特殊类型的变压器。互感器在电工测量中有两个主要作用，一个是扩大交流测量仪表的量程，另一个是使测量仪表和被测电路的高压隔离，以保证仪表和测量人员的安全。互感器按用途不同可分为电流互感器和电压互感器两种，使用中各自有不同的要求：

（1）电流互感器的使用

1）电流互感器的选择。在选择时应考虑以下 3 个因素：一是被测电路电压的高低，这是合理选择电流互感器额定电压等级的依据；二是被测电流的大小，据此可以选择电流互感器的一次绕组额定电流值；三是测量要求达到的准确度要求，根据要求选择合适准确度等级的互感器，一般选用电流互感器的准确度等级应比测量仪表的准确度等级高两级。

2）根据电流互感器附带的接线标志牌正确接线。使用中要注意将电流互感器的一次绕组串联接入被测电路（对于穿心式电流互感器把被测线路从互感器的铁心穿过即可）；二次绕组接测量仪表，接线如图 2-3 所示。

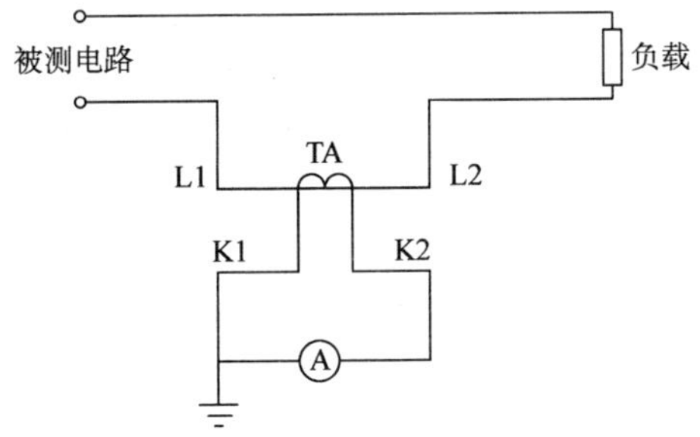

图 2-3　电流互感器接线图

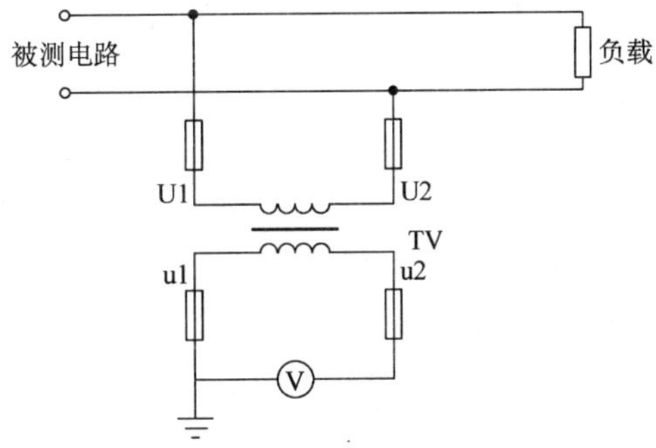

图 2-4　电压互感器接线图

3）电流互感器二次绕组不允许开路。当二次绕组开路时，铁心会因过度饱和磁化引起很大的损耗，使铁心过度发热而烧毁线圈；同时还会在二次绕组上感应出很高的电压（可达正常值的几百倍），可能会损坏电流互感器的绝缘，危及测量人员的安全。由于此原因，在安装电流互感器时，二次绕组电路中绝不允许安装熔断器。

4）安装电流互感器时，互感器的铁心、二次绕组的一端及外壳必须同时可靠接地，特别是高压电流互感器。

（2）电压互感器的使用

1）电压互感器的选择。在选择时应考虑以下 3 个因素：一是根据被测电路选择额定电压等级和一次绕组额定电压；二是参照测量准确度要求选择互感器准确度等级；三是根据测量仪表的负载功率大小选择互感器的容量。

2）根据电压互感器附带的接线标志牌正确接线。使用中要注意将电压互感器的一次绕组并联接于被测电路；二次绕组接测量仪表。接线如图 2-4 所示，连接时必须使各接线端接触良好，各连接导线不宜过长，以免影响测量准确度。

3）电压互感器的二次绕组绝不允许短路。当二次绕组发生短路时，会出现很大的电流，互感器有被烧毁的危险。因此，电压互感器的一、二次绕组都要安装熔断器，以防止意外事故。

4）电压互感器的铁心、二次绕组的一端及外壳在安装时必须同时可靠接地。

3. 钳形电流表

使用电流表（或电流互感器配合电流表）测量电流时，需要将被测电路断开，才能把电流表（或电流互感器）串入电路，这样当电路正在工作时就无法进行测量了。而利用钳形电流表，则不需要断开被测电路就可以进行测量。钳形电流表是由穿心式电流互感器和电流表组成的，外形如图 2-5 所示。

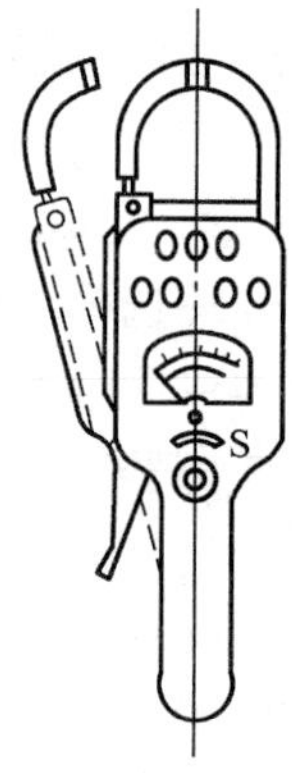

图 2-5　钳形电流表

当捏紧扳手时，钳形铁心张口，这样被测的导线可直接穿过铁心缺口。然后放开扳手使钳形铁心闭合，此时通过电流的导线可看成电流互感器的一次绕组，和二次绕组连接的电流表中就有电流流过，读出数值即可。

钳形的准确度较低，通常用于不便拆线或不能切断电路等情况下进行测量。因其具有便于携带、使用方便等优点，在电工测量中得到了广泛使用。在使用钳形电流表测量电流时，应该注意以下几点：

1）用钳形电流表测量电流时，由于是直接手持钳形电流表在带电的线路上测量，因而要特别注意安全。钳形电流表只能测量低压电流，且不能测量裸导体的电流。

2）用钳形电流表测量电流时，要选择合适的电流量程。如果对被测电流不能估计出大概数值时，应先用最大电流量程测出大概数值，然后再用转换开关选择合适的电流量程进行测量（**但不可在测量过程中改变量程**）。

3）测量较小电流时，如果使用最小的电流档进行测量，读数仍较为困难，则可以把被测导线在钳口铁心上绕若干圈，这样就能使电流表读数增大若干倍，被测电流的测量值就等于电流表读数除以导线缠绕的圈数。

2.4　功率和电能的测量

电路中消耗的功率可以用加在电路两端的电压与电路中流过电流的乘积表示，这种方法尽管可行，但在需实时观测功率的场合就难以适用了。功率表就是专用于测量实时功率的仪表；电能表是一种反映一段时间内设备功耗情况的仪表。

2.4.1　功率表

测量功率需要用到功率表（Wattmeter），因为电路中功率与电压和电流的乘积有关，因此功率表必须具有两个线圈：一个用来反映被测电路的电压，称为电压线圈；另一个用来反映被测电路的电流，称为电流线圈。电动系功率表是交、直流电路中测量功率的常用仪表，其原理如图 2-6a 所示。

电动系测量机构的固定线圈的匝数较少，导线较粗，作为电流线圈，使用时与负载串联以反映电流的大小；可动线圈的匝数较多，导线较细，作为电压线圈，电压线圈再串联一个附加电阻，使用时与负载并联以反映电压的大小。

功率表的电路图和接法如图 2-6b 所示。图中圆圈和圆中垂直交叉的两条直线表示电动系功率表，功率表的电流线圈用一段水平线来表示，电压线圈用一段垂直线来表示。电流线

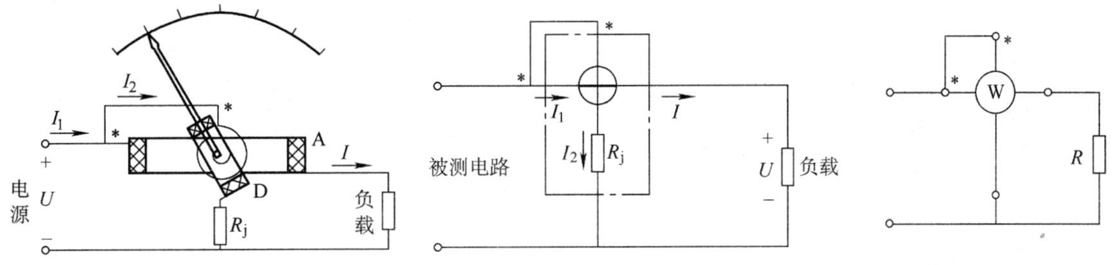

a) 原理示意图　　b) 电路图　　c) 简化电路图

图 2-6　电动系功率表

圈的接法与电流表一样是串联在电路中，使被测电流通过电流线圈；电压线圈与表内的附加电阻串联后作为功率表的电压测量支路，并联在被测电压的两端，接法与电压表相同。如果不画出电流线圈和电压线圈，则可以在表示仪表的圆圈内标上字母“W”表示功率表，上面有四个接线端，左右两个表示电流线圈，上下两个表示电压测量支路，如图 2-6c 所示。功率表共有四个接线端，即两个电流接线端和两个电压接线端。

电动系功率表的转动力矩和两线圈电流的方向有关，在测量功率时，只要其中一个线圈的电流方向接反了，转动力矩就会改变方向，功率表的指针就会反向偏转，使读数为负。因而功率表的接线端是有“极性”的，为了使功率表在测量负载功率时读数正确，在功率表的电流接线端与电压接线端上，都可以看到其中的一个端钮标有“＊”的标记。在接线时有“＊”的电流接线端必须接在电源侧，而另一电流接线端接到负载侧，电流线圈串联接入电路中。只要电流从“＊”端流入电流线圈，电压的从“＊”端指向另一端（即电压线圈中的电流也从“＊”端流入），这样在测量某一负载的功率时，读数就一定是正的。

用功率表测量直流或单相交流电路的功率时，功率表的正确接线如图 2-7 所示。在测量负载的功率时，经常采用图 2-7a 电压线圈前接方式的接法，此时电流和电压的两个标记端是一起接在靠近电源的一端，所以这一标记端也常称为“电源端”。图 2-7b 的接法也是正确的，因为它同样保证了电流都从两个标记端流入。

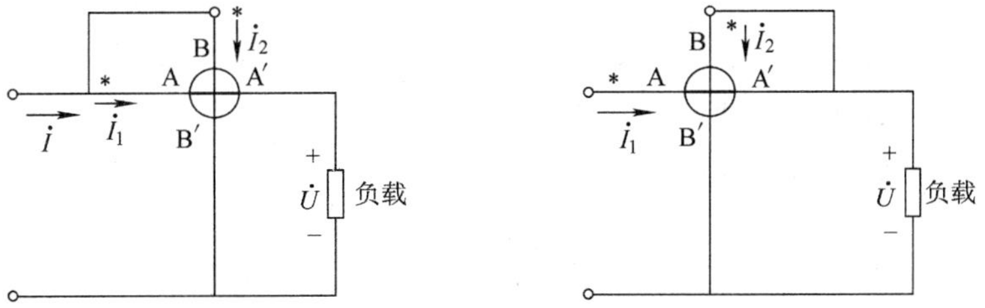

a) 电压线圈前接　　b) 电压线圈后接

图 2-7　功率表的接法

功率表在使用中容易发生的几种错误接线如图 2-8 所示。在图 2-8a 中，有“＊”的电流接线端没有接在电源侧，而与负载端直接连接，电流线圈接反，功率表的指针将向负方向偏转。在图 2-8b 中，有“＊”的电压接线端接错，电压线圈接反，功率表的指针将向负方向偏转。在图 2-8c 中，由于电流接线端和电压接线端同时接反，此时功率表的指针并不会

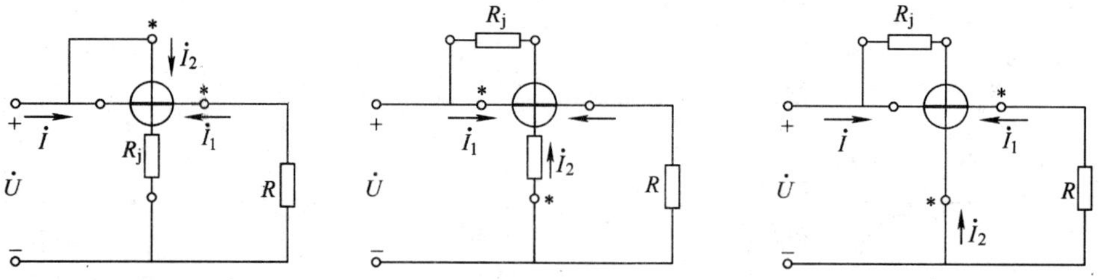

a) 电流端接反　　b) 电压端接反　　c) 电流、电压端都接反

图 2-8　功率表的三种错误接法

反向偏转，但由于电压线圈支路中可动线圈（电压线圈）的阻值比串联的附加电阻的阻值小得多，电源电压（或负载电压）几乎全部加在附加电阻上，使得可动线圈（电压线圈）与固定线圈（电流线圈）之间存在着接近电源电压（或负载电压）的很大电位差，从而可能会有击穿线圈间绝缘的危险。

由于工程上广泛采用三相交流电，三相交流电路功率的测量就成了很重要的工作。这里介绍几种测三相电路功率的常用方法：

1. 一表法

即利用单相功率表直接测量三相四线制对称电路中任意一相的功率，然后乘以 3，即可得出三相所消耗的总功率，如图 2-9a 所示。

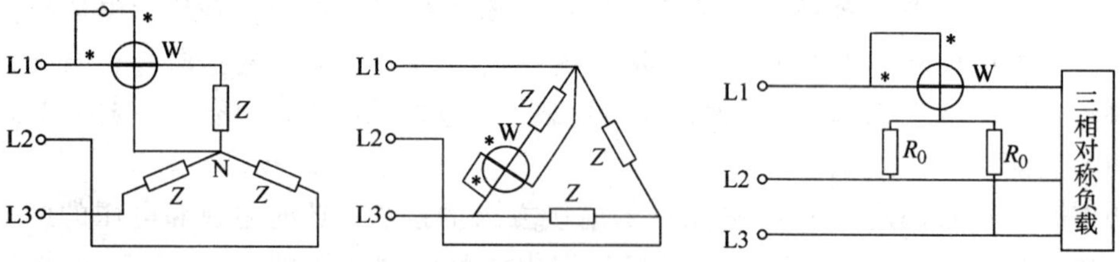

a) 对称负载星形联结　　b) 对称负载三角形联结　　c) 人工中点

图 2-9　一表法测三相功率

对于三相三线制对称电路来说，则可按图 2-9b 接线方式测量；但如果被测电路的中性点不便于接线（或负载不能断开）时，则可按图 2-9c 的线路进行测量，图中由两个与电压支路阻抗值相同的阻抗接成星形，作为人工中性点。

2. 两表法

在三相三线制电路中，不论其电路是否对称，都可以用图 2-10 中的两表法来测量它的功率。其三相总功率为两个功率表读数的代数和。

3. 三表法

在三相四线制电路中，不论其对称与否，都可以利用三只功率表测量出每一相的功率，然后将三个读数相加即为三相总功率，接线如图 2-11 所示。

4. 三相功率表

三相功率表是根据被测三相电路的性质，按照一定的测量原理构成的，测量时可直接读出三相总功率。按结构三相功率表可分为二元三相功率表和三元三相功率表，接线方法如图

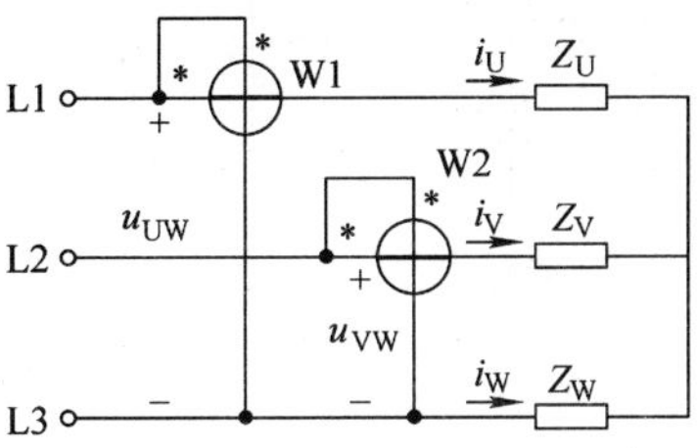

图 2-10　两表法测三相功率

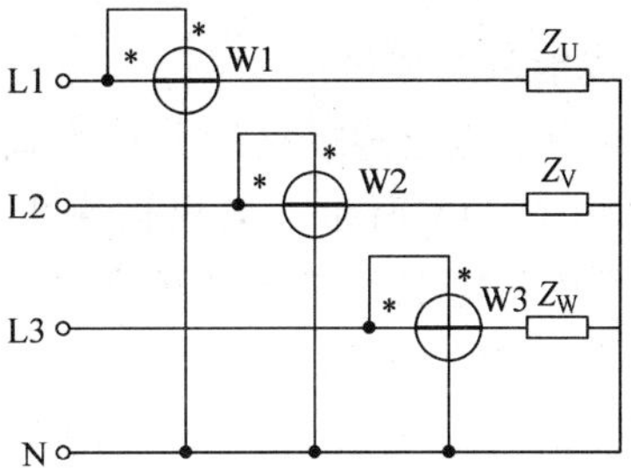

图 2-11　三表法测三相功率

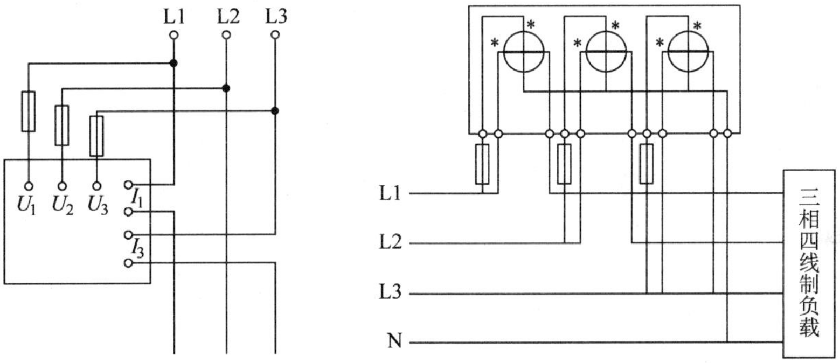

a) 二元三相　　b) 三元三相

图 2-12　三相功率表接线图

2-12 所示。

2.4.2　电能表

电能表（Watthour Meter）是用来测量某一段时间内发电机发出的电能或负载上消耗的电能的仪表，又称电度表。与功率表不同的是，它不仅要反映出功率的大小，而且还要反映出电能随时间增加而累积的总和。电能表既可以计量交流电能，也可以计量直流电能，是一种积算仪表。电能表的种类很多：按电流种类可分为交流电能表和直流电能表；按被测电能相数可分为单相电能表和三相电能表；按测量对象可分为有功电能表和无功电能表。

电能表的种类不同，接线方法各不相同，这里仅介绍交流有功电能表的接线和使用

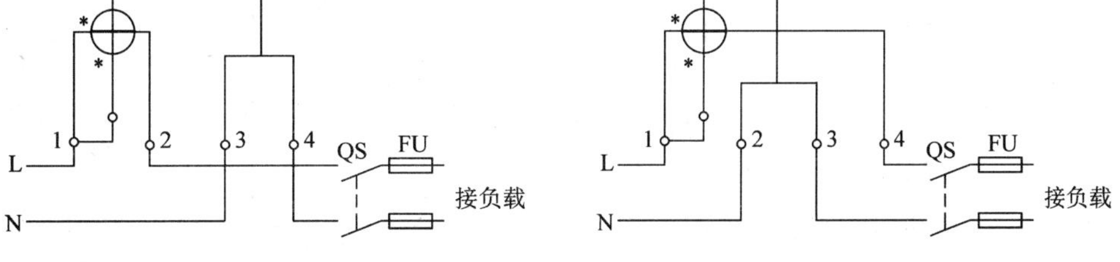

a) 跳入式　　b) 顺入式

图 2-13　单相有功电能表接线图

方法。

1. 电能表的接线

单相有功电能表的接线分跳入式和顺入式两种，如图 2-13 所示。如果被测电路电流较大，则可以将电能表与电流互感器配合使用来计量电能，接线如图 2-14 所示。

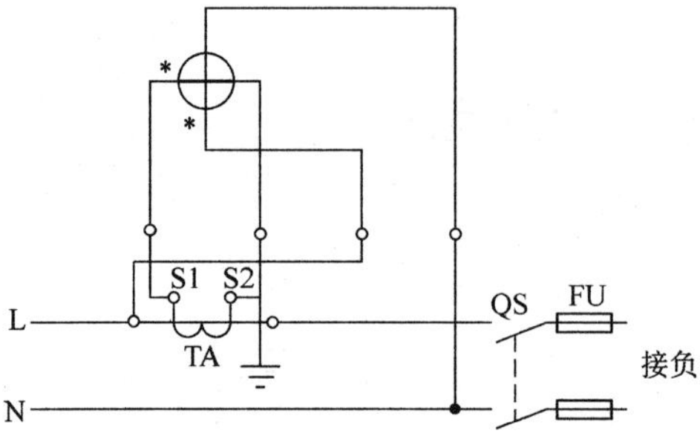

图 2-14　单相电能表配电流互感器接线图

三相有功电能表的接线如图 2-15 所示，二元三相表用于三相三线制电路，三元三相表用于三相四线制电路。当三相电路中电流较大时，同样可以采用电能表配互感器的方法进行电能的计量，接线如图 2-16 和图 2-17 所示。

2. 电能表的使用

（1）合理选择电能表　一是根据测量任务选择单相或三相电能表，对于三相电能表，还应根据被测线路是三相三线制还是三相四线制来选择；二是额定电压、电流的选择，必须使负载电压、电流等于或小于其额定值。

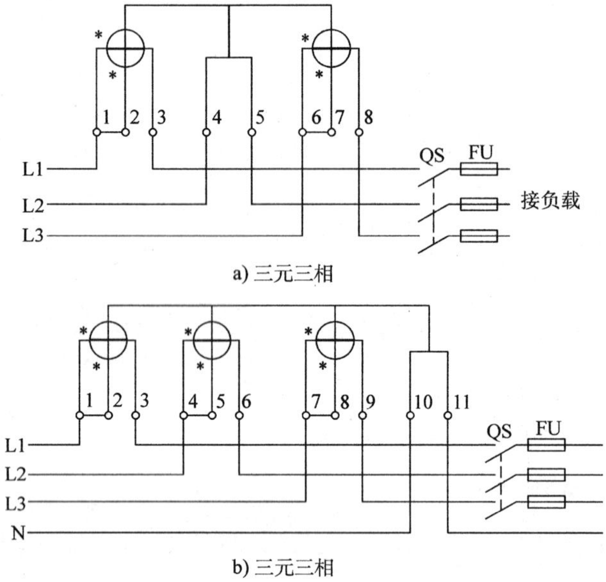

图 2-15　三相有功电能表接线图

（2）正确安装电能表　电能表通常与配电装置安装在一起，为了使线路的走向简洁而不混乱，电能表应安装在配电装置的下方，其中心距地面 1.5～1.8m 处；如需并列安装多只电能表，则两表的间距不得小于 20cm；不同电价的用电线路应分别装表，同一电价的用电线路应合并装表；安装电能表时，必须使表身与地面垂直，否则会影响其准确度。

（3）正确接线　电能表在接线前要查看附在电能表上的说明书，根据说明书的要求和接线图把进线和出线依次对号接在电能表的接线头上。接线时，要注意电源的相序关系。接线完毕后，要核对无误才能合闸使用。

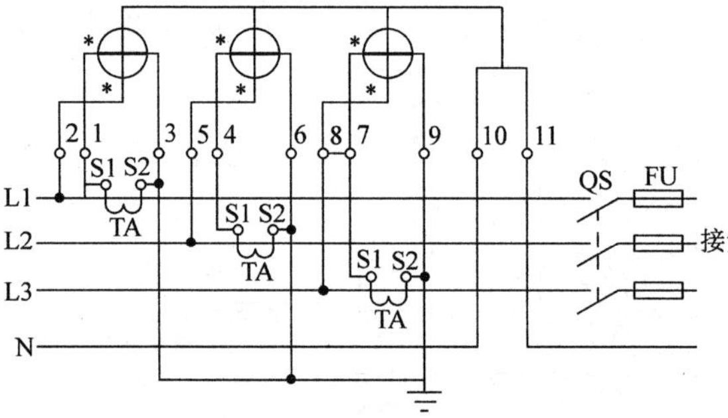

图 2-16　三元三相有功电能表配电流互感器接线图

当负载在额定电压下是空载时，电能表铝盘应该静止不动，否则必须检查线路，找出原因。

当发现有功电能表反转时，必须进行具体分析。虽然有可能是接线错误造成的，但不能

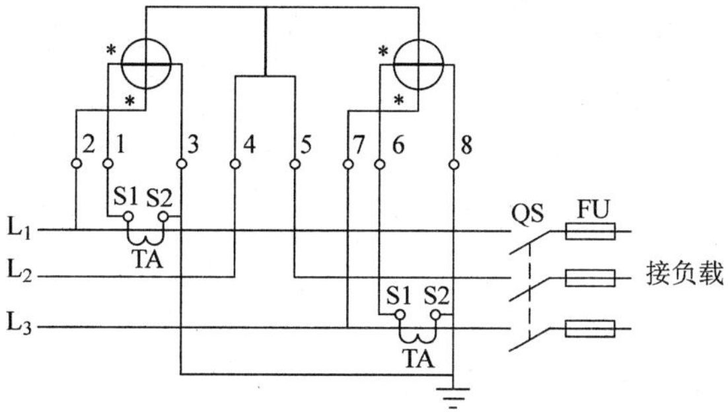

a) 配电流互感器

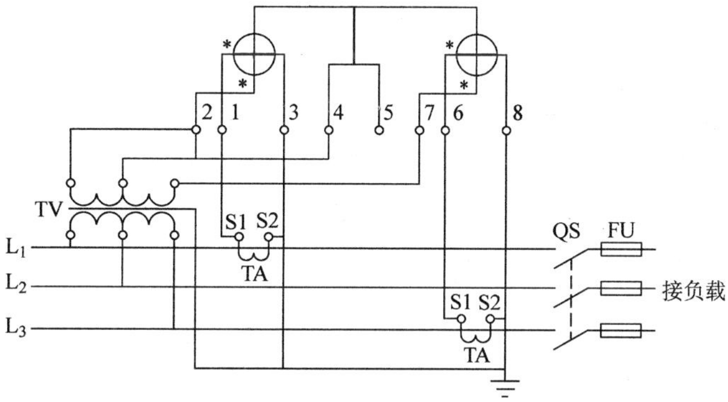

b) 配电压互感器和电流互感器

图 2-17　二元三相有功电能表配互感器接线图

认定凡是反转都是接线错误。

（4）正确读数　当电能表不经互感器而直接接入电路时，可以从电能表上直接读出实际电能数值；如果电能表利用电流互感器或电压互感器扩大量程，电路消耗的电能则应为电能表读数乘以电流变比或电压变比。

2.5　万用表

万用表（Multimeter）是电工常用的一种多用途、多量程的便携仪表，在电气设备安装、维修及调试等工作中应用十分广泛。万用表有指针式和数字式两大类，以下分别作介绍。

2.5.1　指针式万用表

指针式万用表主要由表头、测量线路和转换开关三大部分组成，如图 2-18 所示，一般都具有测量交流电压、直流电压、直流电流和电阻等功能，有些还可以测量交流电流、电容、电感、晶体管性能及音频电平等。

1. 指针式万用表的使用方法

（1）使用前应检验万用表　首先对外观进行检查，外壳无油污、无破损，指针摆动灵活，表棒及线绝缘良好，转换开关转动灵活；检查表针是否指在零位（如果不在零位应进行机械调零）；将红表棒插入标有“＋”的插孔中，将黑表棒插入标有“－”（有的表为“COM”或“＊”）的插孔中。

（2）交流电压的测量　先选择交流电压档，将转换开关置于相应的交流电压档（ACV 或 $\underset{\sim}{V}$）。如果已知被测电压的大致数值，则以此作为选择量程的依据，选择的量程应高于电路中可能出现的最高电压；如果未知被测电压值，则可选择最大交流电压档进行估测，然后再根据所测电压的大小选择合适的量程进行测量。所谓合适量程，是使指针指在整个量程的 1/2～2/3 区间。测量交流电压时，表棒不分正负，分别接触被测电路的两端，使电压表并联在被测电路两端，根据所选的量程从表头直接读出测量值。

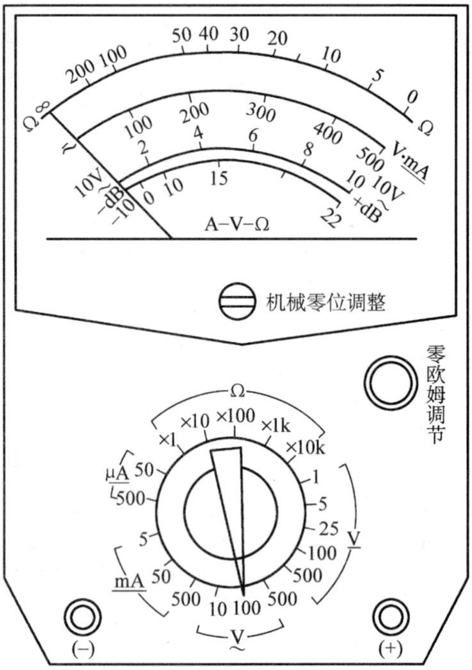

图 2-18　指针式万用表的面板

（3）直流电压的测量　将万用表的转换开关置于相应的直流电压档（DCV 或 $\underline{V}$）。如果已知被测电压的大致数值，则以此作为选择量程的依据，选择的量程应高于电路中可能出现的最高电压；如果未知被测电压值，则可选择最大直流电压档进行估测，然后再根据所测电压的大小选择合适的量程进行测量。测量直流电压时，要将万用表与被测电路并联，还要注意正、负极性，红表棒接被测电压的正极，黑表棒接被测电压的负极。如果不知被测电压极性，则应先将转换开关置于直流电压最高档进行点测，观察万用表指针的偏转方向，以确定极性。点测的动作应迅速，防止表头因严重过载反偏将万用表指针打弯。

（4）直流电流的测量　将万用表的转换开关置于相应的直流电流档（DCA 或 $\underline{A}$）。已知被测电流范围时，选择略大于被测电流值的那一档。不知被测电流大小时，可先选择直流电流量程最大一档进行估测，再根据指针偏转情况选择合适的量程。测量直流电流时，应先切断电源，将被测电路断开，把万用表串联在电路中。要注意正负极性，将红表棒接触电路的正极性端，黑表棒接触电路的负极性端。

（5）电阻的测量　如果被测电阻处于电路中，那么首先应该将被测电路断电并断开被测电阻与其他元器件之间的连接线。根据被测电阻值，选择合适的电阻档位（Ω）。选择好合适的电阻档位后应进行欧姆调零（将红、黑表棒短接，指针应指向欧姆刻度线的“0”。指针不指“0”时，应调节欧姆调零旋钮，使指针指到“0”。每转换一次电阻档位，都必须重新进行一次欧姆调零）。将红黑表棒分别接触被测电阻的两端，并保证接触紧密（不得用双手同时握紧表笔和电阻被测端，防止出现较大的测量误差）。根据指针位置从表头读取数值，被测电阻阻值为电阻档倍率乘以指针所指数值。

2. 指针式万用表的使用注意事项

在使用万用表时，应小心谨慎，否则可能会损坏万用表或造成人身伤害事故，在使用万用表进行测量时，应注意以下几点：

1）测量前应选好量程。如果事先不知道被测量的大小，则应选择量程最大一档进行估测，再根据指针偏转情况选择合适的量程。

2）在使用万用表时，人体不得接触被测端，也不得接触万用表上裸露的带电部分，以防触电和短路事故的发生。不允许在带电情况下转动转换开关，防止产生电弧，烧坏万用表转换开关的触点。测量完电流后，必须先切断电源，才能拆下表棒，避免发生仪表烧毁或人身安全事故。

3）测量电阻时，必须在被测电阻不带电的情况下进行测量。

4）测量高电压或大电流时，最好单手操作，即先将一根表棒固定，再用单手操作另一根表棒。有的表在测高电压或大电流时有专用的测量插孔和表棒。

5）万用表表盘上有多条刻度线。读数前应仔细看清测量档位相应刻度线，再进行观察、读数。

6）测量完毕后，应将转换开关旋转至交流电压最高档（有 OFF 档的，应置于 OFF 档）。

2.5.2　数字式万用表

数字式万用表是大规模集成电路和数字显示技术综合应用的产物，它具有测量精度高、速率快、功能多等诸多优越的性能，并以其良好的性价比得到了广泛的应用。数字式万用表除具备指针式万用表的基本功能外，很多型号的表还可以测量温度、频率、占空比等，并能保持测量数值以便观察等，如图 2-19 所示。数字式万用表的功能比较多，使用时应根据说明书的要求使用，以免使用不当而损坏万用表。测量操作基本与指针表相同，但在使用中仍需注意以下几点：

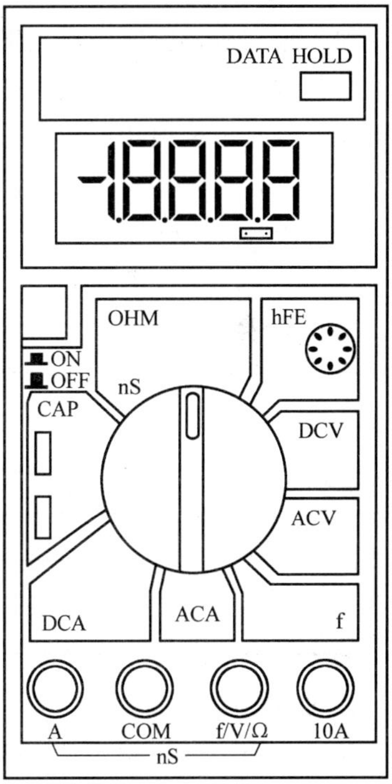

图 2-19　数字式万用表的面板

1）首次使用前要仔细阅读使用说明，明确使用条件及范围。观察万用表面板布置，熟悉各开关和插孔的位置及作用。了解显示屏显示的内容或符号的含义。

2）测量前检查表棒及线的绝缘情况，不应出现破损。核对功能（量程）转换开关的位置是否正确，确保万用表和测量人员的安全。

3）测量时不可带电改变功能（量程）转换开关的位置。严禁带电对电阻进行阻值的测量。

4）数字万用表一般没有欧姆调零的功能，在测量较小电阻时，应先将表棒短接，把此时显示的数值作为测量时的修正值（测量结果为电阻测量值减去修正值）。

5）测量时，如果显示屏只有最高位显示“1”，则说明量程选择不合适，超出了测量范围，应选择更高的量程进行测量。

6）数字式万用表使用时应注意表内电池的电量，当出现欠压信号（显示屏上出现一个电池的符号或“BAR”等）时，应及时更换电池以免产生较大的测量误差。

7）使用完毕应将开关置于“OFF”档（如没有“OFF”档，应将转换开关置于交流电压最高档），长期不用时应取出电池。

2.6 绝缘电阻和接地电阻的测量

绝缘电阻（Insulation Resistance）和接地电阻（Ground Resistance）是电气设备两个很重要的指标，其是否达到规定的要求直接关系到设备和使用者的安全，本节着重介绍绝缘电阻和接地电阻的测量。

2.6.1 绝缘电阻的测量

电气设备绝缘性能的好坏，直接关系到设备的运行和操作人员的人身安全，为了对绝缘材料因发热、受潮、老化、腐蚀等原因所造成的损坏进行检测，或检查修复后电气设备的绝缘电阻是否达到规定的要求，都需要经常测量电气设备的绝缘电阻。绝缘电阻表（Megohmmeter）是用于测量各种电气设备的绝缘电阻的仪表。一般绝缘材料的电阻都在兆欧级以上，绝缘电阻表标度尺的单位以兆欧（MΩ）表示，所以绝缘电阻表又叫兆欧表。因在测量过程中需手摇内置发电机摇柄，因而又被叫做摇表。绝缘电阻表由手摇发电机、比率表和测量电路组成，在使用时要注意以下几个问题。

1. 绝缘电阻表的选择

绝缘电阻表的额定电压应根据被测电气设备的额定电压参阅表 2-2 来进行选择。绝缘电阻表电压选得过高，有可能损坏设备的绝缘。此外选择绝缘电阻表还应注意它的测量范围和被测量的绝缘电阻值相适应，以免引起过大的读数误差。

表 2-2 绝缘电阻表电压等级选择

测量对象	被测设备的额定电压/V	所选绝缘电阻表的额定电压/V
一般电器的线圈	≤500	500
	>500	1000
电动机的绕组	≤500	500
	>500	1000 或 2500
电力变压器	—	1000 或 2500
电器设备	≤500	500 或 1000
	>500	2500
瓷瓶、母线、刀开关	—	2500

2. 使用前的检查

绝缘电阻表使用时要水平平稳放置，同时要检查偏转情况：先将绝缘电阻表端钮开路，摇动手柄达到发电机的额定转速（约 120r/min），观察指针是否指到“∞”处；然后将“地”（E）和“线”（L）端钮短接，缓缓摇动手柄（**注意**：不可过快，以免损坏测量机构），观察指针是否指“0”。如指示不对，则需调整后再使用。

3. 注意安全

为了保证安全，不可在设备带电的情况下，测量其绝缘电阻。对具有电容的高压设备在停电后，还必须进行充分放电，然后才可测量。测量后也要及时加以放电。

4. 接线方法

一般测量时，将被测物接在端钮“线”（L）和“地”（E）之间，如图 2-20 所示。“屏蔽”（G）端钮是用来屏蔽表面电流的，以保证测量结果的准确（常用于有屏蔽层的电缆测量）。“屏蔽”端钮又称为保护环端钮。测量时，绝缘电阻表和被测物的连接，要用绝缘良好的单根导线。如果导线绝缘不好或用双股线连接时，都会影响测量结果。

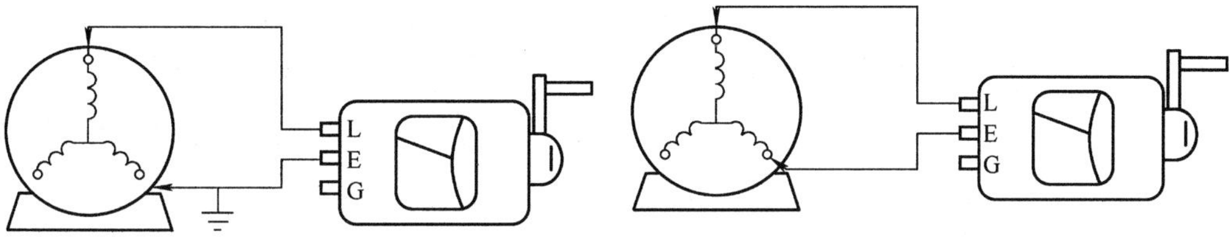

a) 电动机绕组对外壳的绝缘电阻　　b) 电动机绕组相间的绝缘电阻

图 2-20　绝缘电阻表的接线方法

5. 测量操作

开始测量时，手摇速度应注意慢些，以防止在被测物有短路时损坏表具。测量中，手柄的转速应尽量接近额定转速。为了获得准确的测量结果，要求手摇发电机在额定转速下工作一分钟后读数（如遇被测物电容较大时，应等绝缘电阻表指针稳定后再读数）。

6. 测量收尾工作

测量完毕后，在绝缘电阻表手柄没有停止转动（或电容性被测物没有放电）前，绝不可用手去触及被测物的测量部分或进行拆线。

2.6.2　接地电阻的测量

在电气系统中，为了防止设备的绝缘层被击穿和因漏电使设备的外壳带电，一般要把设备的外壳接地。此外，为了防止雷电袭击，高大建筑物和高压输电线都需装设避雷装置（包括避雷针、避雷线和避雷器等），这些装置都要可靠接地。接地装置必须十分可靠，其接地电阻必须保证在一定的范围之内。接地电阻测量仪（Earth Resistance Meter）是专用于测量各种装置接地电阻的仪表。下面介绍一下接地电阻测量仪的使用方法，只有正确使用和接线才能得到正确的测量值。

1）测量接地电阻，应选择在土壤导电率最低及土壤干燥的时期（如冬季最冷的时候或夏季）进行。在测量前，应先将被测设备停电。为了防止其他接地装置影响测量结果，应将待测接地极与其他接地装置临时断开，待测量完毕再将断开处可靠连接。

2）测量前先将接地电阻测量仪水平放置并调零，检查检流计的指针是否指在中心线上（如不在中心线上，应调整到中心线上）。

3）按所使用的接地电阻测量仪说明书的要求接线。三端钮式测量仪的接线如图 2-21a 所示，四端钮式测量仪的接线如图 2-21b 所示。两根探测针（P′和 C′）都需垂直插入地下 40cm 以上。

4）将接地电阻测量仪的粗调倍率旋钮置于最大倍数位置，一面缓慢转动手柄，一面调节粗调旋钮，使检流针的指针接近中心红线位置，当检流计接近平衡时，再加快手柄的转速使之达到额定转速（约 120r/min）；同时调节测量标度盘细调拨盘，使检流计指针直至居

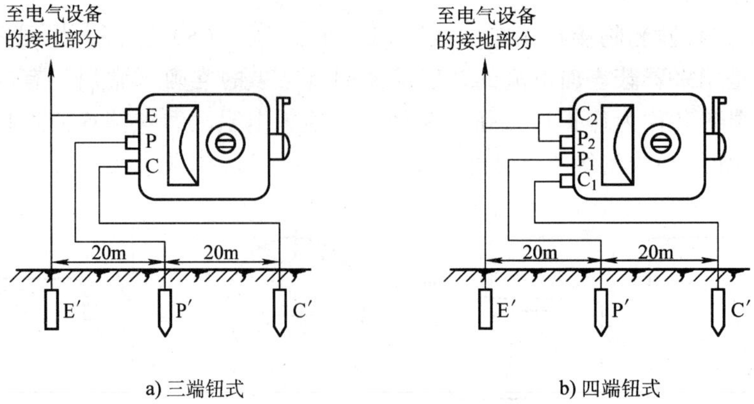

图 2-21　接地电阻测量仪的接线

中，稳定地指在红线位置为止；这时，用测量标度盘（表头）的读数乘以粗调倍率旋钮的定位倍数，即为接地装置的接地电阻值。

5）如果测量标度盘的读数小于 1Ω，则应将粗调倍率旋钮置于倍数较小的档，并重新测量和读数。

6）为了保证测得的接地电阻值准确可靠，应在测量完毕后移动两根探测针，更换另一个地方进行再次测量，一般每次所测得的接地电阻值不会完全相同，最后取多次测得值的平均数，确定为该接地装置的电阻值。

电气设备接地电阻的测量应该定期进行。接地电阻按要求在一年中任何时候都不能大于规定的数值，所测接地电阻小于规定值才算真正符合要求。

2.7　电桥

电桥（Bridge）是一种测量电参数的比较仪器，具有灵敏度高、测量精度高等很多优点，应用极为广泛。电桥分为直流电桥和交流电桥两大类。直流电桥主要测量电阻，又有单臂电桥和双臂电桥之分；交流电桥主要用于测量电感量、电容量等。

2.7.1　单臂电桥

直流单臂电桥又称惠斯通电桥（Wheatstone Bridge），一般适用于测量 10Ω 以上的中值电阻，图 2-22 为 QJ23 型直流单臂电桥的面板布置，以下介绍以此为例。

直流单臂电桥的使用：

1. 校正零位

先将检流计锁扣 G 打开，将检流计指针调节到零位。

2. 连接线路

将被测量电阻接到电桥上标有“R_x”的两个端钮上。接线时，尽量使用短而粗的导线，以减少引线电阻，最好不要使用导线夹连接被测电阻，因为导线夹一旦脱落，检流计就会损坏。

3. 选择适当的比率臂倍率

对被测量电阻应先有个估测值，然后根据这个估测值选择合适的倍率，以减少不必要的测量步骤。

4. 电桥平衡的调节

测量时，首先接通电源按钮 B（为方便测量可以锁住此按钮），然后点按检流计按钮 G，观察检流计指针偏转情况，调节比较臂（如果检流计正向偏转，就应增加比较臂电阻，反之应减少比较臂电阻），直到检流计指针指向零为止，说明此电桥已达到平衡状态。调节过程中电桥尚未接近平衡时，通过检流计的电流可能很大，因此不能将检流计按钮 G 锁住，只能在每次调节时短时按下；当检流计偏转不大时，可将检流计按钮 G 锁住后进行调节。

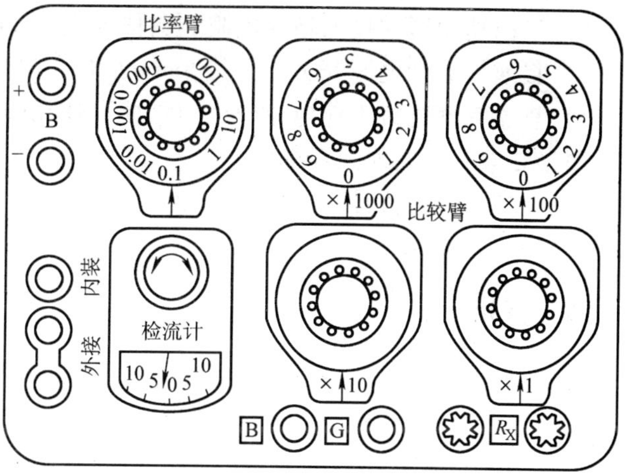

图 2-22　QJ23 型直流单臂电桥的面板

5. 测量完成

应先松开检流计按钮 G，再松开电源按钮 B，以防止电源突然断电，含有电感量的被测电阻产生自感电动势损坏检流计。

6. 读取数据，计算被测值

$$被测量\ R_x = 比率臂倍率 \times 比较臂数值$$

2.7.2　双臂电桥

直流双臂电桥也称凯尔文电桥（Kelvin Bridge），通常用来测量 10Ω 以下的低值电阻，图 2-23 为 QJ44 型直流双臂电桥的面板布置。

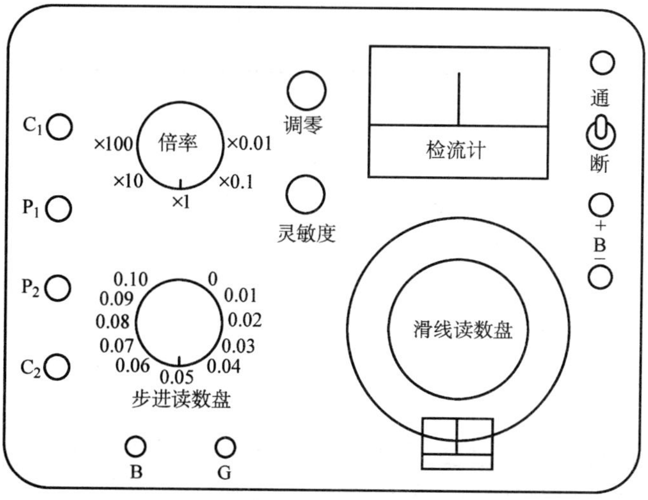

图 2-23　QJ44 型直流双臂电桥的面板

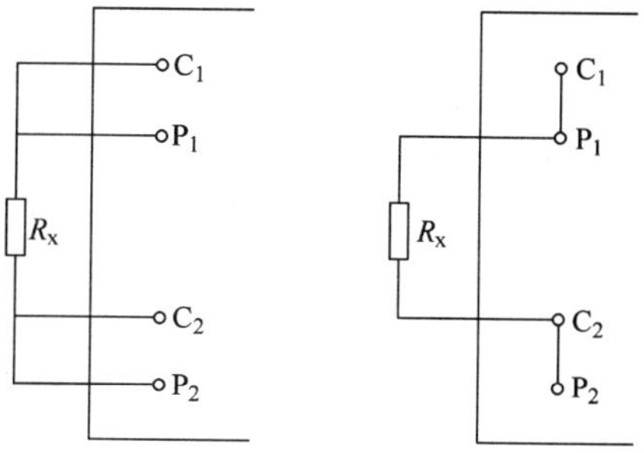

a) 正确接法　　b) 错误接法

图 2-24　双臂电桥被测电阻的接法

直流双臂电桥的使用方法及步骤与单臂电桥基本相同，但还应注意以下几点：

1）以四端钮形式接入被测电阻，具体如图 2-24 所示。

2）接通检流计电源开关，预热 5min 左右，调节“调零”旋钮使检流计指针指零。

3）直流双臂电桥工作电流较大，因此可使用外接电源。测量时操作要快，以免耗电过多，测量结束后应立即关断电源。

4）使用外接检流计时，电桥灵敏度调节仍起作用，内接检流计自动断开，但用户仍应关闭内接检流计电源。

2.7.3 万用电桥

交流电桥（Alternating-Current Bridge）主要用于交流等效电阻及时间常数、电容及介质损耗、自感及品质因数等的精确测量，并可以做成具有多用途的万用电桥，图 2-25 是 QS18A 型万用电桥的面板布置。万用电桥通过测量线路的切换，具有测量电容、电感、电阻等多种功能，应用十分广泛。

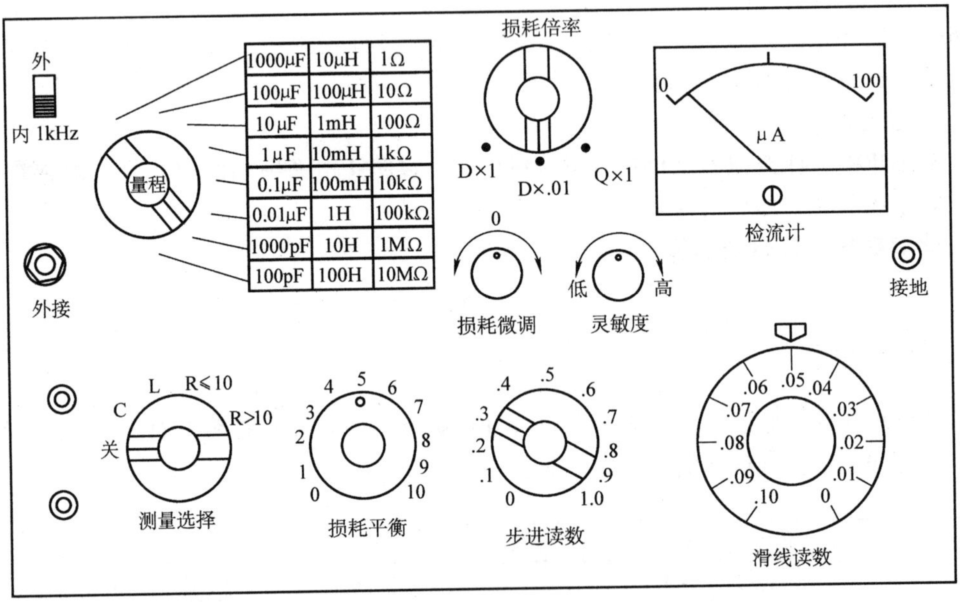

图 2-25 QS18A 型万用电桥的面板

1. 电容的测量

测量电容时接成维恩电桥（Wien Bridge），测量步骤如下：

1）估计一下被测电容的大小，然后旋动量程开关放在合适的量程上。

2）旋动测量选择开关放在“C”的位置，损耗倍率开关放在“D×.01”（一般电容器）或“D×1”（大电解电容器）的位置，损耗平衡盘放在“1”左右的位置，损耗微调按逆时针旋到底。

3）将灵敏度调节逐步增大，使电表指针偏转略小于满刻度即可。

4）首先调节电桥的读数盘，然后调节损耗平衡盘，并观察电表的动向，使电表趋零，然后再将灵敏度增大到使指针小于满刻度，反复调节电桥的读数盘和损耗平衡盘，直至灵敏度调到足够满足分辨出测量精度的要求，电表仍指零或接近于零，此时电桥便达到最后平衡。

$$被测量\ C_X = 量程开关指示值 \times (步进读数 + 滑线读数)$$

$$被测量\ D_X = 量程开关指示值 \times 损耗平衡盘的示值$$

5）如果不知电容器电容的大概值，可按如下方法进行测量：

① 将测量选择开关放在“C”位置，损耗倍率开关放在“D×.01”（指一般电容器）或“D×1”（大电解电容器）的位置上，损耗平衡旋钮指在“1”左右的位置，损耗微调按逆时针旋到底。

② 将量程开关指在“100pF”位置。

③ 将“读数”的第一位步进开关指在“0”的位置，将第二位滑线盘旋到“.05”左右的位置。

④ 转动灵敏度旋钮，使电表指针指在30μA左右的位置。

⑤ 旋动量程开关，由100pF、1000pF……1000μF进行逐档切换，同时观察指示电表的动向，看变到哪一档量程时电表的指示最小，此时就把量程开关停留不动。再旋动第一位读数开关使电表更加指零。

⑥ 再将灵敏度增大使指针小于满刻度（小于100μA），分别调节损耗平衡盘和第二位读数滑线盘使指针仍指零或近于零，被测量就能粗略地在读数盘上读出，然后可重复上述步骤，进行精细的测量。

2. 电感的测量

测量电感时接成麦克斯韦电桥（Maxwell Bridge），测量步骤如下：

1）估计一下被测电感量的大小，然后旋动量程开关放在相应的量程上。

2）旋动测量选择开关放在“L”位置上。

3）在测量空心线圈时，损耗倍率开关放在“Q×1”位置；在测量高 Q 滤波线圈时，损耗倍率开关放在“D×.01”的位置；在测量迭片铁心电感线圈时，损耗倍率开关放在“D×1”位置。

4）将损耗平衡旋钮大约旋在“1”左右的位置，然后把灵敏度调节增大，使电表指针偏转略小于满刻度。

5）首先调节电桥的“步进读数”盘，开关可放在“.9”或“1.0”位置，再调节滑线盘，然后调节“损耗平衡”旋钮使电表指针的偏转最小，再将灵敏度增大些，再反复调节电桥的滑线盘和损耗平衡旋钮，直至将灵敏度调到足够满足测量精度的分辨率（一般使用不必把灵敏度开足），电表的指针偏转指于零或接近于零的位置，此时电桥达到最后平衡。

$$被测量\ L_x = 量程开关指示值 \times (步进读数 + 滑线读数)$$

$$被测量\ Q_x = 损耗倍率指示 \times 损耗平衡旋钮的指示值$$

若损耗倍率指示在D位置时，电桥平衡后则按 $Q = 1/D$ 计算。

6）如果不知被测电感的大概值，则可按如下方法进行测量：

① 将测量选择开关放在L位置，测量一般空心线圈时，损耗倍率开关放在“Q×1”位置；测量高 Q 值滤波线圈时，损耗倍率开关放在“D×.01”位置；测量迭片铁心电感线圈时，损耗倍率开关放在“D×1”位置；损耗平衡放在1左右位置，损耗微调逆时旋到底。

② 将量程开关放在“10μH”位置。

③ 将“读数”的第一位步进开关放在“0”的位置，将第二位滑线盘旋到0.05左右的

位置。

④ 将灵敏度调节逐步增大，使电表指针指在30μA左右，将量程开关从“10μH”到“100H”进行逐档切换，同时观察电表动向，试看变到哪一档时电表的指示最小，此时即停留在这一档上，再旋动第二位滑线盘使电表更加指“0”。

⑤ 余下步骤参照测未知电容的方法进行。

3. 电阻的测量

测电阻时与“损耗倍率”无关，测量的方法和前文直流电桥的使用基本一致，故不再具体讲解。

2.8 示波器

示波器（Oscillograph）是一种直接显示电压或电流变化规律的电子仪器，通过它可以直接观察被测电信号的变化规律或变化过程，测量电信号幅度、频率等参数，并具有信号观察直观性好、灵敏度高、工作频带宽、响应速度快、输入阻抗高等特点。示波器的应用非常广泛，种类也很多，这里只介绍几种常见的示波器。

2.8.1 单踪示波器

单踪示波器的面板如图2-26所示。

1. 主要开关和旋钮的作用

（1）电源（POWER） 按下即接通电源。

（2）聚焦（FOCUS） 调节光迹的清晰度。

（3）亮度（INTENSITY） 调节光迹的亮度。

（4）校准信号（CAL） 输出电压幅度为0.5V（峰-峰值）、频率为1kHz方波信号，用于校正10:1探极以及示波器的垂直和水平偏转因素等。

（5）垂直或水平移位（POSITION） 调节光迹在屏幕上的位置。

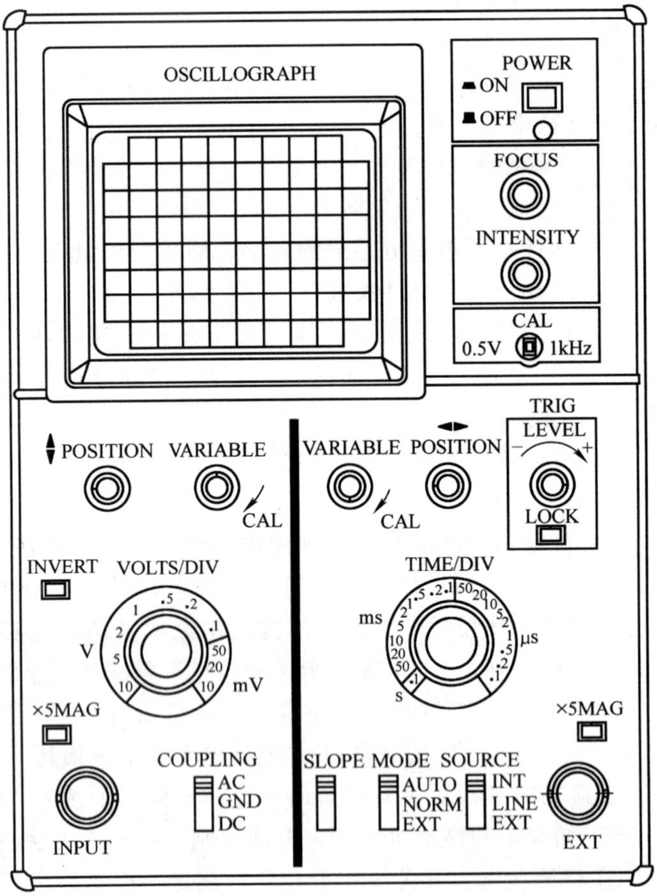

图2-26 单踪示波器面板布置

（6）垂直或水平微调（VARIABLE） 顺时针旋到底时处于校准位置。

（7）垂直方向衰减（VOLTS/DIV） 用于选择垂直偏转灵敏度的调节，如果使用的是

10:1 的探极，则计算时应将幅度 ×10。

(8) 扫描时间因数 (TIME/DIV)　用于设定扫描速率。

(9) 垂直或水平扩展 (×5MAG)　按下此键，则屏幕上的波形在垂直或水平方向上扩展为原来的 5 倍。此时，垂直方向衰减或扫描时间因数是选择开关指示值的 1/5。

(10) 信号取反 (INVERT)　按下此键时屏幕将显示反相的电压波形。

(11) 触发电平 (TRIG LEVEL) 和锁定 (LOCK)　用于调节触发电平，使被测信号达到某一电平时开始触发扫描；按下 "LOCK"，能自动调整触发电平，显示较稳定信号。

(12) 触发极性 (SLOPE)　用于选择信号的上升沿 (+)、下降沿 (-) 或同步于电视场信号 (TV) 触发。

(13) 触发方式 (MODE)　①自动 (AUTO)，采用连续扫描方式，因此无信号时，屏幕上显示光迹，有信号时与 "电平" 旋钮配合，自动转换到触发扫描方式，稳定地显示波形；②常态 (NORM)，无信号时屏幕上无光迹，有信号时与 "电平" 旋钮配合稳定地显示波形；③外接 (EXT)，时间轴不产生扫描，而是接通外接输入信号，此时示波器不是用于观察被测信号对时间的变化情况，而是用于比较被测和外接两个输入信号。

(14) 触发源 (SOURCE)　①内触发 (INT)，被测信号就是触发信号；②电源触发 (LINE)，示波器电源是触发信号；③外触发 (EXT)，触发信号由外接信号提供。

(15) 信号耦合 (COUPLING)　①交流 (AC)，信号输入端由电容耦合，输入信号经电容耦合输入，只能通过交流信号；②直流 (DC)，信号不经电容耦合，含有直流分量；③接地 (GND)，信号输入端被接地。

(16) 信号输入 (INPUT)　探极连接在此处，是被测信号的输入端。

(17) 外接输入 (EXT)　外接信号的输入端。

2. 操作方法

(1) 开机和测量前准备　开机前按表 2-3 设定各旋钮和开关的初始位置，按下电源开关，预热后屏幕上出现光迹，适当调节聚焦和亮度，使光迹清晰。

表 2-3　旋钮和开关的初始位置

旋钮或开关名称	初 始 位 置	旋钮或开关名称	初 始 位 置
聚焦	居中	亮度	居中
垂直移位	居中	水平移位	居中
垂直方向衰减	0.1V 或合适档	扫描时间因数	0.2ms 或合适档
垂直微调	校准位置	水平微调	校准位置
触发极性	+	触发方式	自动
触发电平	锁定	触发源	内触发
信号耦合	按被测信号要求		

(2) 交流电压的测量　当只需测量被测信号的交流成分时，应将输入信号的耦合方式开关置于 "AC" 位置，将垂直微调旋钮置于校准位置，调节垂直方向衰减开关，使波形在屏幕中显示的幅度适中，调节触发电平旋钮 (或按下锁定键)，使波形稳定，调节垂直移位旋钮，使波形显示值方便读取，根据垂直方向衰减开关的指示值和波形在垂直方向显示的坐标格数，可以求得波形的峰-峰值。

（3）直流电压的测量　当需测量被测信号的直流或含直流成分的电压时，应先将信号耦合方式开关置于“GND”位置，调节垂直移位旋钮使扫描线与某一水平刻度线重合（此水平线可作为电压零值标线，即“X”轴线），再将耦合方式开关转换到“DC”位置，调节触发电平（或按下锁定键）使波形稳定（如果被测信号不含交流分量，则波形仍是一根水平线，但高低位置已有变动）。根据波形偏移电压零基准线的垂直距离，可读取该信号的电压值。

（4）周期测量　对某信号的周期或该信号任意两点间时间的测量，可将水平微调旋钮置于校准位置，调节扫描时间因数开关，使波形在屏幕中显示的宽度适中，调节水平移位旋钮，使波形显示值方便读取，根据扫描时间因数开关的指示值和波形在水平方向显示的坐标格数，可以求得该信号的周期或需测量的两点间波形的时间量。

2.8.2　双踪示波器

使用单踪示波器时只能观察一个输入波形，而在实际工作中常常需要同时观察两个波形，这就需要用到双踪示波器，面板布置如图 2-27 所示。双踪示波器有两组完全相同的轴放大器，所以能实现双通道同时工作，对两个不同的被测信号（前提条件是这两个信号必须有公共的接地端）同时进行定性、定量的测量、分析。可以把两个被测波形同时在屏幕上显示，也可以使两个被测信号叠加显示，还可以选择某一通道独立工作，进行单踪显示。

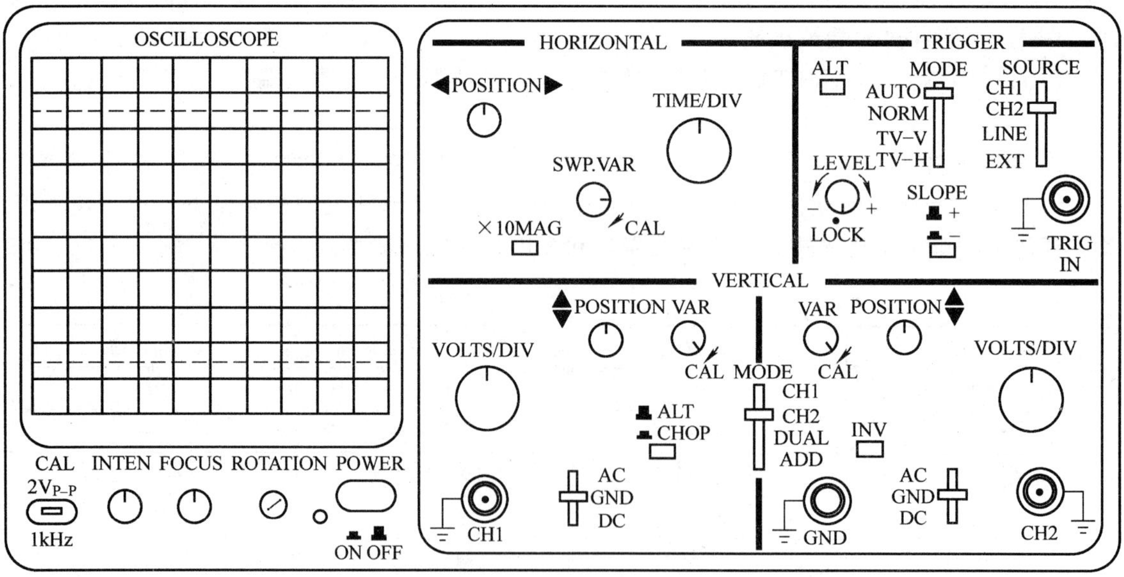

图 2-27　双踪示波器面板布置

双踪示波器主要开关和旋钮的作用及基本操作方法和单踪示波器一样，但由于可同时观测两个不同信号，使用要有所选择，因此多了几个新的开关和旋钮：

（1）光迹旋转（ROTATION）　用来调整水平光迹与刻度线的平行。

（2）工作模式（VERTICAL MODE）　“CH1”或“CH2”用来选择信号 1 或信号 2 单独显示；“DUAL”为两个信号同时显示；“ADD”将显示两个信号叠加后的信号（CH1 + CH2），若按下“CH2 INV”，则显示两信号的差值（CH1-CH2）。

（3）交替/断续（ALT/CHOP）　在双踪显示时，放开此键表示信号1和信号2交替显示（通常用于扫描速度较快的情况），按下此键时信号1和信号2同时断续显示（通常用于扫描速度较慢的情况）。

（4）触发源（SOURCE）“CH1”或“CH2”可选择在“DUAL”或“ADD”工作模式时以信号1或信号2作为内部触发信号源，当只显示单个信号时，应与所观测的信号通道保持一致。

（5）交替触发（TRIGGER ALT）　按下此键，当触发源选择“CH1”或“CH2”且工作模式选择“DUAL”或“ADD”时，示波器会交替选择信号1和信号2作为内部触发信号源。

（6）触发方式（TRIGGER MODE）“TV-V”用于观测电视场信号，“TV-H”用于观测电视行信号。仅当同步信号为负脉冲时，方可同步电视场和电视行。

使用时，将工作模式选择“DUAL”或“ADD”就能进行两个信号的观测、比较，要注意的是两个输入信号必须有公共端（通常为公共接地或接零），并只要有其中一根探极的接地极接入公共端就可测量。如果两个输入信号没有公共端，则可能在测量时引起短路而损坏示波器和被测信号所在电路。

2.8.3　数字双踪示波器

数字双踪示波器与普通示波器相比，具有自动快速设定功能、操作简单、准确度高、可自动测量及读数等优越性能，有些数字示波器还具有波形存储和与计算机配合使用等功能。数字双踪示波器面板布置如图2-28所示，大部分功能开关和旋钮只标明功能而没有可供选择的档位，所有当前设定的参数和信号的值都显示在显示屏上，使用时要仔细观察。

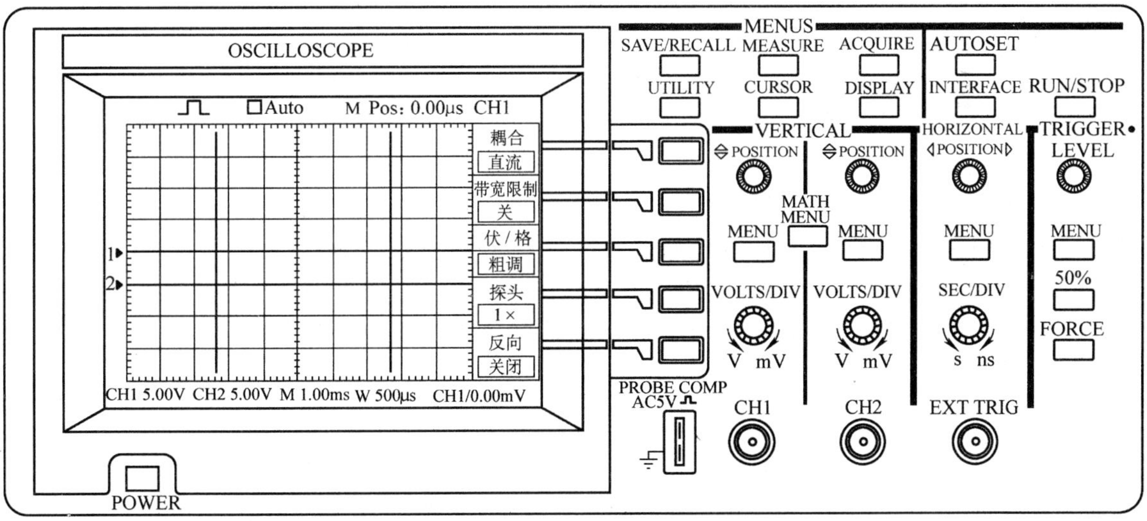

图2-28　数字双踪示波器面板布置

1. 显示屏及主要功能开关和旋钮

（1）显示屏　除了波形图像外，还有有关波形和示波器控制设定值的细节显示。位于波形显示区上方的信息有：采样状态、触发状态、主时基（M）或视窗扩展（W）、触发位置和波形显示区右侧菜单的所属信号；波形显示区下方的信息包括：信号1和信号2的垂直偏转系数（如果在数值前显示向下的箭头，则表示该信号反相被打开）、时基设定（M）和扩展时基设定（W）、触发源及触发斜率；波形显示区右侧为菜单显示区，根据选择要显示的不同菜单显示相应值，并可通过旁边的按钮进行设定。另外在波形显示区内还有波形接地基准指针和测量参数用的光标。

（2）数学功能值菜单（MATH MENU） 显示波形的数学操作功能菜单，当 CH1 和 CH2 反相被关闭时，MATH 值为“CH1 + CH2”；反之若全部打开，则为“ - CH1 - CH2”。

（3）信号功能菜单（VERTICAL CH1/CH2 MENU） 显示信号的输入功能菜单选择，并控制信号显示的接通或关闭。

（4）水平功能菜单（HORIZONTAL MENU） 用于显示水平功能菜单。

（5）中点设定（50%） 触发电平设定在信号电平的中点。

（6）强制触发（FORCE） 无论示波器是否检测到触发，按下此钮可完成当前波形捕获。这在“单次”及“正常”触发模式中很有用。在“自动”模式下，如果未检测到触发，示波器会周期性地强制触发。但如果示波器设置在“STOP”时，强制触发则不起作用。

（7）储存/调出（SAVE/RECALL） 显示储存/调出功能菜单，用于设置波形显示。

（8）测量（MEASURE） 按此键，即进入周期方均根值、平均值、周期、峰-峰值和频率等的自动测量操作。

（9）获取（ACQUIRE） 显示获取功能菜单，这个菜单里有 3 种获取方式，即采样、峰值采样和平均。当在采样方式时，即为正常的获取，采集的数据直接显示；当在峰值采样方式时，仪器可采集到低频信号中的高频分量；当在平均方式时，按设定的平均次数采样，相应的数据经过平均处理后显示，平均方式可去掉被测信号中的噪声。

（10）显示（DISPLAY） 调用显示类型功能菜单。此菜单包含：类型（矢量或光点）、格式（YT 或 XY）、持续时间（关闭或无限，在关闭方式为正常显示，当设定为无限时，显示的记录点一直积累地显示在屏幕上，直至控制状态被改变为止。）、对比度增加和减小（调节显示屏的对比度）5 个功能表。

（11）光标（CURSOR） 显示光标功能菜单。此菜单包含：类型（电压、时间或关闭）、信源（信号 1、信号 2 或数学值）、增量（显示光标间的差值）、光标 1 和光标 2（显示光标处的时间和电压信息，时间以触发位置为基准，电压以接地点为基准）5 个功能表。当显示光标功能菜单时，用 CH1 和 CH2 的垂直位置控制钮来调整光标位置。当屏幕不显示光标功能菜单时，光标仍将被保持显示（除非关闭），但不能进行调整。

（12）辅助功能（UTILITY） 显示辅助功能菜单。

（13）自动设定（AUTOSET） 根据被测信号自动设定仪器各项控制值（见表 2-4），无需人工干预即可使输入信号以合适的设置来稳定显示。

（14）接口（INTERFACE） 启动与计算机接口（常用的有 RS-232 或 USB）的通信，使用相关软件可实现更多功能。

（15）启动/停止（RUN/STOP） 启动和停止波形获取。

（16）探极补偿器（PROBE COMP） 用来使探极补偿与输入电路相匹配。

2. 简单使用

数字双踪示波器的功能比较多，而且随着技术的不断进步，将会不断地有新功能可以实现，使用时务必仔细参阅使用说明后再使用，这里仅介绍一下数字示波器的简单用法。

表 2-4　自动设定时功能项目

功　能	设　定	功　能	设　定
触发状态	自动	获取状态	采样
垂直耦合	交流(如选择接地,则为直流)	垂直"VOLTS/DIV"	根据信号已调节
水平位置	居中	水平"SEC/DIV"	根据信号已调节
触发类型	边沿	触发信源	显示 CH1,当 CH1 关闭时显示 CH2
触发耦合	AC	触发释抑	500ns
触发斜率	上升	显示格式	YT
触发电平	中点		

1）迅速显示该信号，请按如下步骤操作：

① 如果被测信号的幅度估计可能在几十伏或者频率很高，请将探极的菜单衰减系数设定为“10 ×”，并将探极上的开关设定为“10 ×”。

② 将探极与信号 1 相连接，并连接到电路测试点。

③ 按下“AUTOSET”按钮。示波器在自动设置完成后，屏幕将显示一个稳定的波形。如果认为波形的显示还没有完全符合要求，可以进一步手动调整垂直偏转系数（VOLTS/DIV）和扫描时基（SEC/DIV）。

2）自动测量。按下“MEASURE”按钮以显示自动测量菜单。

① 测量峰-峰值。选择信源：CH1；测量类型：峰-峰值。此时可以看到在该类型的下方显示信号的这一参数。测量结果在屏幕上的显示会因为被测信号的变化而改变，当无信号输入时，显示值为直线。

② 周期、方均根值、平均值的测量。测量的操作方法同上。

2.9　晶体管图示仪

晶体管图示仪是测试晶体管特性的专用仪器，从屏幕上可直接观测被测管的特性曲线，并可读出相关参数。晶体管图示仪的面板如图 2-29 所示，另有一个测试台如图 2-30 所示。

1. 旋钮和开关功能介绍

（1）*Y* 轴部分　控制的是电流，选择开关上分集电极电流 I_C 和反向漏电流 I_R 两类参数；垂直位移旋钮兼做倍率开关，拉出时刻度读数应 ×0.1（有指示灯会亮）；增益一般不需要经常调节。

（2）*X* 轴部分　用于控制电压，选择开关上有集电极电压 U_{CE} 和基极电压 U_{BE} 之分；增益同样不需要经常调节。

（3）阶梯信号　用来控制屏幕显示曲线的参数，分电流和电压两类，在控制电压参数时还需与串联电阻配合；“级/簇”旋钮用来调节阶梯信号的级数；“调零”旋钮用来调节阶梯信号起始级的位置；“重复/关”开关决定了阶梯信号是否输出，当置于“重复”时，可以观测较稳定的特性曲线，当置于“关”时，只有按下“单簇”按钮时才显示一次特性曲线，对测试大功率管很有用。

（4）集电极电源　通过“峰值电压范围”选择开关和“峰值电压%”旋钮配合使用可

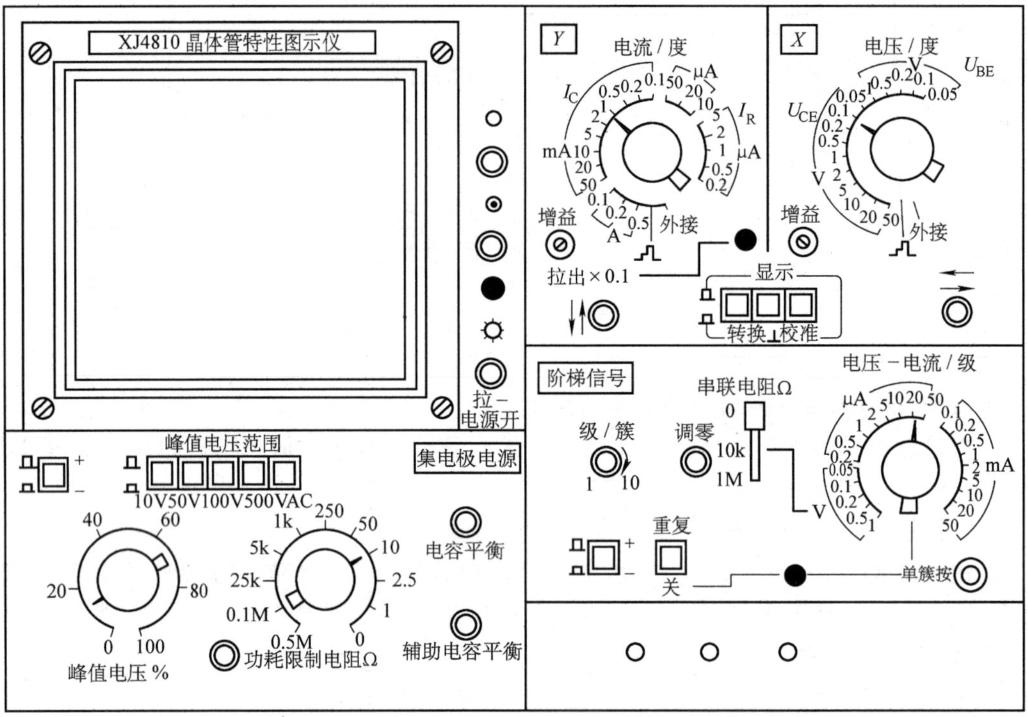

图 2-29　XJ4810 晶体管图示仪面板布置

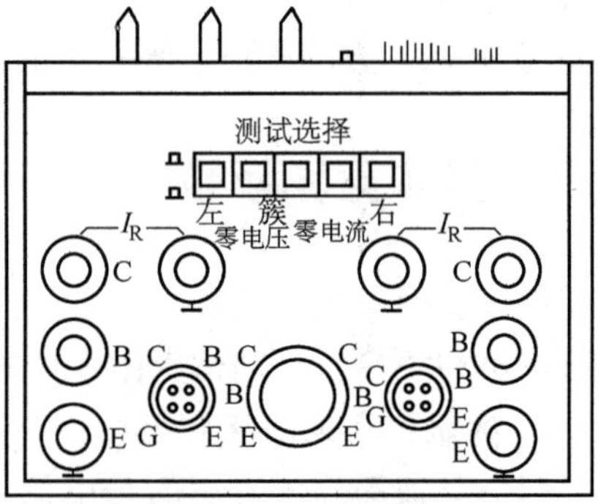

图 2-30　测试台面板

以得到一定的集电极电压，当接通“AC”开关时可以完整地观测晶体管正向和反向特性。

（5）显示　包括“转换”、“⊥”和“校准”三个按钮：“转换”可以将 X 轴和 Y 轴的极性颠倒；“⊥”按下时 X 轴和 Y 轴的输入为零电位，屏幕上光点应在左下角（通过移位旋钮可调整光点至正确位置）；“校准”按下时 X 轴和 Y 轴输入基准电压，屏幕上光点应在右上角（通过增益可调整光点至正确位置）。

（6）测试台　可同时测试两个管子。通过“测试选择”开关选择“左”、“右”或“二簇”可分别用来测试左侧管、右侧管或两管同时对比测试；“零电流”按下时基极开路；“零电压”按下时基极接地。

2. 晶体管测试举例

测试晶体管时，除了要熟悉仪器上各控制开关和旋钮外，还应明确测试条件和被测管的性能；测试前要根据被测管的被测参数调整仪表；测量完毕后应将峰值电压旋钮调到零。使用晶体管图示仪可以测量晶体管的很多参数，在此仅以测量晶体管的放大倍数和击穿电压为例作介绍，其他参数测量可参阅仪表使用说明。

（1）放大倍数 β 的测量　放大倍数是晶体管的重要参数之一，测量时可将测试条件设为：$U_{CE}=6V$，$I_C=10mA$，根据这个测量条件可把 Y 轴转换开关调至“$I_C=2mA/div$”、X 轴转换开关调至“$U_{CE}=1V/div$”、峰值电压范围选择“10V”、阶梯信号的“级/簇”调至“10”。开机预热后调整光点至屏幕左下角，将被测管插入测试孔，逐渐增大峰值电压，使屏幕上的“6V，10mA”的交点包含在扫描线区域内（可适当调整阶梯信号的“电压-电流/级”旋转开关），调节阶梯信号的“调零”使最下面的一根扫描线基本与屏幕的零刻度线重合，如图 2-31a 所示。数出“6V，10mA”的交点处（屏幕中心点偏右一格）扫描线的数量，依照“电压-电流/级”旋转开关的位置乘扫描线数量可算出基极电流，再由公式 $\beta=I_C/I_B$ 就能计算出放大倍数。

（2）击穿电压 $U_{(BR)CEO}$的测量　假定测试条件为：$I_{CEO}=0.2mA$，根据此条件可将 Y 轴转换开关调至“$I_C=0.2mA/div$”，峰值电压范围选择“10V”（X 轴转换开关依照此值作适当调整），逐渐增加峰值电压，直至出现如图 2-31b 所示曲线（增加电压过程中如需改变峰值电压范围，应将峰值电压降到 0 以后再切换峰值电压开关，并适当调整 X 轴转换开关档位）。特性曲线开始上翘处电压即为击穿电压。

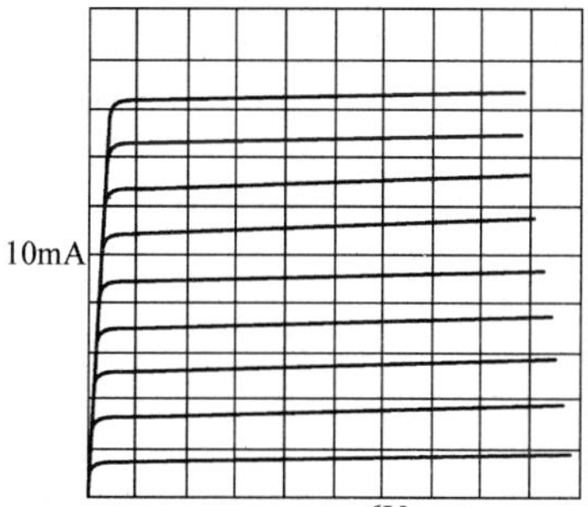

a) 放大倍数

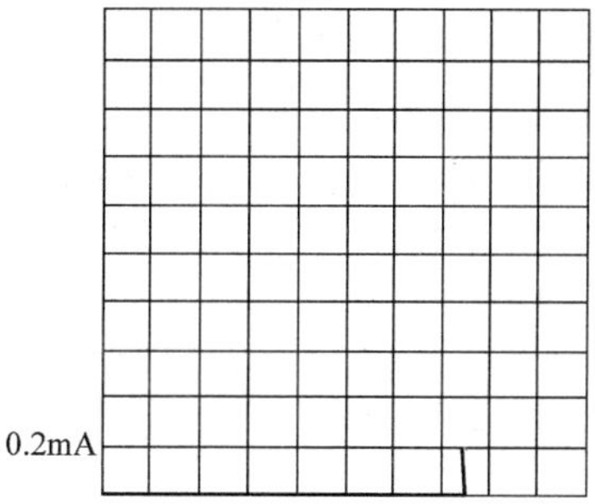

b) 击穿电压

图 2-31　晶体管特性曲线

2.10　信号发生器

信号发生器是一种用于产生频率与幅度在一定范围内可连续调节的不同波形信号的仪器。在电路的测试中，信号发生器通常作为输入信号源使用；此外有些信号发生器还具有对外部信号进行频率、电压等的测量功能。

2.10.1　函数信号发生器

函数信号发生器能产生频率（1Hz ~ 1MHz）、幅度（峰-峰值 0 ~ 20V）连续可调的波形（正弦波、方波、三角波）信号，其面板如图 2-32 所示。

函数信号发生器的使用方法如下：

（1）波形的选择　可以通过按“波形选择”按钮，实现不同波形间的切换。

（2）频率的调节　通过“频率倍乘”按钮和调节拨盘进行调节，信号发生器的输出频率为拨盘刻度和“频率倍乘”的乘积。

（3）幅度的调整　调节“幅度”旋钮可使输出信号在零至最大值间变化。另可通过

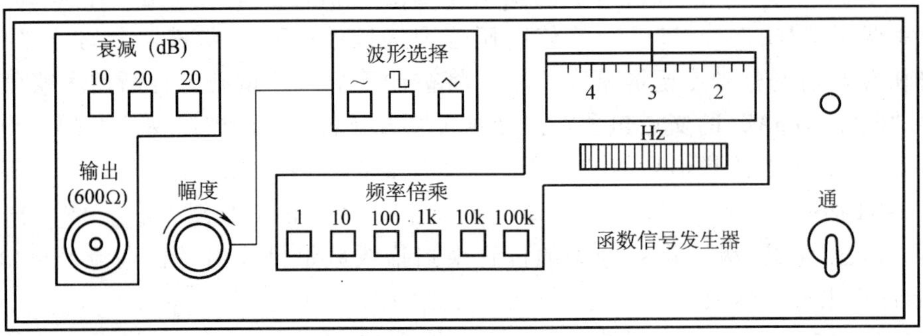

图 2-32 函数信号发生器面板布置

“衰减”按钮使输出信号按一定的分贝数衰减。

2.10.2 低频信号发生器

低频信号发生器的频率可调范围为 20Hz ~ 200kHz；与函数信号发生器相比，输出的正弦波信号的非线性失真要小很多；除同样有电压信号输出外，还具有 5W 以上的功率输出。因此，低频信号发生器可作为放大器和电声设备等检测和调试时的信号源，其面板如图 2-33 所示。

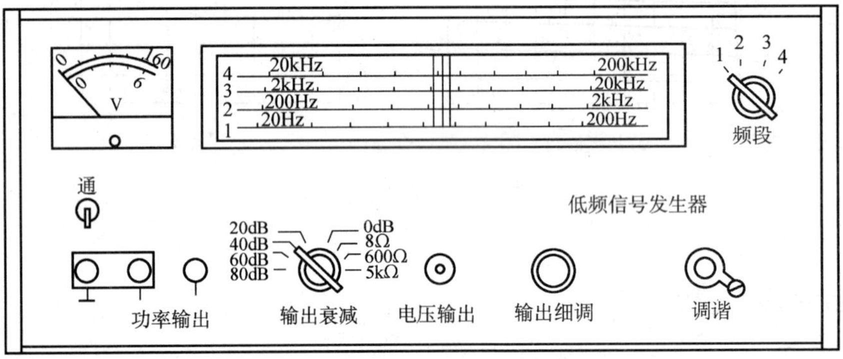

图 2-33 低频信号发生器面板布置

低频信号发生器的使用方法如下：

（1）频率调节 先把“频段”开关置于相应频段，调节“调谐”旋钮使指针指在所需频率刻度上。

（2）电压输出 电压信号从“电压输出”端钮取得，其输出阻抗是不固定的，随“输出细调”电位器的位置调整而改变。

（3）功率输出 功率信号可从“功率输出”端钮输出，并可通过调节“输出衰减”得到较小信号输出。输出有不平衡输出和平衡输出两种形式：“不平衡输出”形式，这时应用接地片把中间红色接线端钮与黑色接线端钮接通，作为输出信号的接地端；“平衡输出”时，把中间接线端钮的“接地片”取下，负载接在两个红色接线端钮上。为了使负载获得最大功率，应使信号发生器的输出阻抗与负载阻抗相匹配。

2.11　实习课题

课题 1：安装单相电能表组成的量电装置

实习目的：

1）学会单相电能表的安装方法。

2）学会从电能表上读取用电量的方法。

实习所需设备：

DT86-1.5（6）A 单相电能表、HK2-60/2 单相瓷底胶盖刀开关、配线板等。

实习材料：

BV-2.5mm^2（1/1.76）绝缘铜塑线、ϕ3.5mm × 25mm 木螺钉、钢精轧头及钢钉或塑料卡钉等。

实习内容及要求：

1）根据给定电能表的要求设计电路图。

2）在配线板上进行板前明线安装。

3）检查无误后通电试运行。

4）读出试运行期间的用电量。

课题 2：安装经电流互感器接入单相电能表组成的量电装置

实习目的：

1）学会经电流互感器接入的单相电能表的安装方法。

2）掌握从电能表上读取用电量的方法。

实习所需设备：

LMZ-0.5（40/5）电流互感器、DT86-1.5（6）A 单相电能表、HK2-60/2 单相瓷底胶盖刀开关、配线板等。

实习材料：

BV-2.5mm^2（1/1.76）绝缘铜塑线、ϕ3.5mm × 25mm 木螺钉、钢精轧头及钢钉或塑料卡钉等。

实习内容及要求：

1）根据给定电能表和电流互感器的要求设计电路图。

2）在配线板上进行板前明线安装。

3）检查无误后通电试运行，读出试运行期间的用电量。

课题 3：三相异步电动机的电阻测量

实习目的：

1）学会万用表电阻档的使用方法

2）学会绝缘电阻表的使用方法。

实习所需设备：

三相异步电动机、MF-50 万用表和 ZC25-3 绝缘电阻表。

实习内容及要求：

1）使用万用表测量三相异步电动机绕组的电阻。

2）使用绝缘电阻表测量三相异步电动机绕组对外壳和绕组间的绝缘电阻。

3）根据测量得到的数值判断三相异步电动机的好坏。

课题4：电阻阻值测量

实习目的：

1）掌握使用万用表测电阻的方法。

2）学会直流单臂（或双臂）电桥的使用方法。

实习所需设备：

MF-50 万用表、QJ23 直流单臂电桥和 QJ44 直流双臂电桥。

实习材料：

电阻若干。

实习内容及要求：

1）使用万用表对未知电阻进行阻值测量。

2）根据测量结果选用直流单臂（或双臂）电桥进行阻值的精确测量。

课题5：晶体管测试

实习目的：

1）学会使用晶体管图示仪测晶体管放大倍数。

2）学会使用晶体管图示仪测晶体管击穿电压。

实习所需设备：

XJ4810 晶体管图示仪。

实习材料：

晶体管。

实习内容及要求：

1）根据测试条件“$U_{CE}=6V$，$I_C=10mA$”，用晶体管图示仪测给定晶体管的放大倍数。

2）测试晶体管在 $I_{CEO}=0.2mA$ 时的击穿电压。

思考与练习题

一、判断题

1. 指针万用表电阻档刻度是不均匀的。 （ ）
2. 绝缘电阻表的接线端有三个端钮，其中 L 为线路端、E 为接地端、G 为屏蔽端。 （ ）
3. 使用晶体管图示仪时，在开机后需预热几分钟后再使用。 （ ）

二、填空题

1. 电工仪表大致可以分为________、________和________三类。

2. 根据测量误差产生的原因，可以将测量误差分为________、________和________三类。

3. 万用表测量直流电压时，两表棒应________接在被测电路两端，且________表棒接高电位端，________表棒接低电位端；用它测量直流电流时，两表棒应________接在被测电路中，且红表棒接________端，黑表棒接________端。

4. 交流电流表和电压表可以与________配合使用来测量更大的电流和电压。

5. 钳形电流表是________与________的组合，最大特点是________就能测量所需的电流值。

6. 单臂直流电桥适于测量________电阻，双臂直流电桥适于测量________电阻；交流电桥主要用来测量________等。

7. 绝缘电阻表又叫__________，用于测量__________。

8. 使用示波器时，板面上调节为“0.5V/DIV”、“25ms/DIV”，若使用衰减倍数为10:1的探针，则示波器屏幕每格显示的电压为__________，时间为__________。

三、单选题

1. 万用表测量电阻时，若用手同时触及被测电阻两端，读数将（　　）。

A）增大　　B）减小　　C）不变

2. 绝缘电阻表在工作时，其摇速应在（　　）r/min。

A）50　　B）120　　C）200

四、多选题

在使用万用表时注意（　　）。

A）正确选择测量的功能和档位　　B）合理的量程

C）找准相应的标度尺　　D）测量前调零

E）仪表放置方式　　F）表棒的连接位置

G）不带电测量　　H）严禁带电测量电阻等元件

五、简答题

1. 测量误差产生的主要原因有哪些？

2. 万用表上的欧姆调零旋钮起什么作用？如何调节？

3. 使用万用表应注意哪些问题？

4. 使用互感器必须注意哪些问题？

5. 使用直流电桥应注意哪些问题？

6. 使用绝缘电阻表时应注意哪些问题？

第3章 常用低压电器及成套设备

本章教学基本要求：

- 了解低压电器的定义、分类、用途及常用电工术语；
- 了解电磁机构的原理，电接触及灭弧工作原理；
- 了解常用低压电器的结构、原理、选用及安装维护；
- 了解低压成套设备的基本结构与技术要求及设计原则。

本章要求掌握的基本技能：

- 掌握常用低压电器的安装及调试；
- 掌握交流接触器的拆装；
- 掌握常用低压电器的选择并按控制要求完成电路设计；
- 能按要求完成简单的低压成套设备的设计。

3.1 概述

3.1.1 低压电器的定义和用途

低压电器通常是指用于额定电压交流1200V或直流1500V及以下电路中的电器。低压电器在电路中的用途是根据外界施加的信号或要求，自动或手动地接通或分断电路，从而连续或断续地改变电路的参数或状态，以实现对电路或非电对象的切换、控制、保护、检测、变换和调节。

3.1.2 低压电器的分类

低压电器的种类很多，按不同的分类方式有着不同的类型，以下介绍4种分类方式。

1. 按用途分类

（1）配电电器　配电电器主要用于低压供电系统，主要包括刀开关、断路器、转换开关和熔断器等。

（2）控制电器　控制电器主要用于电力拖动控制系统，包括接触器、继电器、起动器和主令电器等。

2. 按操作方式分类

（1）自动电器　自动电器是指通过电磁或气动机构动作来完成接通、分断、起动和停止等动作的电器。它主要包括接触器、断路器和继电器等。

（2）手动电器　手动电器是指通过人力来完成接通、分断、起动和停止等动作的电器，是一种非自动切换的电器。主要包括刀开关、转换开关和主令电器等。

3. 按工作条件分类

（1）一般工业用电器　这类电器用于机械制造等正常环境条件下的配电系统和电力拖

动控制系统，是低压电器的基础产品。

（2）化工电器　化工电器的主要技术要求是耐腐蚀。

（3）矿用电器　矿用电器的主要技术要求是能防爆。

（4）牵引电器　牵引电器的主要技术要求是耐振动和冲击。

（5）船用电器　船用电器的主要技术要求是耐潮湿、颠簸和冲击。

（6）航空电器　航空电器的主要技术要求是体积小、重量轻、耐振动和冲击。

4. 按工作原理分类

（1）电磁式电器　电磁式电器的感测元件接受的是电流或电压等电量信号。

（2）非电量控制电器　这类电器的感测元件接受的是热量、温度、转速或机械力等非电量信号。

3.1.3　低压电器常用电工术语（摘自 GB/T 2900.18—1992）

1. 一般术语

（1）操（动）作　电器的活动零部件（如动触头）从一个位置转换至另一个相邻位置。

（2）控制　使电气设备的工作状态适应于变化的运行要求。

（3）闭合　使电器的动、静触头在规定位置上建立电接触的操作过程。

（4）断开　使电器的动、静触头在规定位置上解除电接触的操作过程。

（5）接通　由于电器的闭合，而使电路内电流导通的操作过程。

（6）分断　由于电器的断开，而使电路内电流被截止的操作过程。

（7）可逆转换　通过电器主触头的转换改变电动机定子回路上的电源相序，以实现电动机反向运转的过程。

（8）不间断工作制（长期工作制）　没有空载期的工作制。

（9）短时工作制　有载时间和空载时间相交替，且前者比后者较短的工作制。

（10）周期工作制　不管负载变动与否，总是有规律地反复进行的工作制。

（11）操作频率　开关电器在每小时内可能实现的操作循环次数。

（12）密接通断（点动）　在很短时间内多次通断电动机或线圈电路，使被驱动的机构得到小的移动。

（13）反接制动与反向　在电动机运转时用反接电动机定子绕组相序的方法而使电动机快速停止或反向。

2. 设计参数

（1）电气间隙　具有电位差的两个导电部件之间的最短直线距离。

（2）极间电气间隙　相邻极间的任何部件的电气间隙。

（3）对地电气间隙　任何导电部件和任何接地部件或用作接地部件之间的电气间隙。

（4）行程　运动部件上一点的位移（平移或旋转）。

（5）额定工作电流　在规定条件下，保证开关电器正常工作的电流值。

（6）短路电流　由于电路中的故障或连接错误造成的短路而引起的过电流。

（7）熔断短路电流　用熔断器作限流装置的一种限制短路电流。

（8）吸合电流（电压）　使电磁系统的衔铁能可靠吸合到最终位置的最小电流（电压）。

（9）释放电流（电压）　使电磁系统的衔铁能可靠释放至起始位置的最高电流（电压）。

(10) 电流整定值　继电器或脱扣器所调整到的动作电流值，此值与其动作特性有关，并按此值确定了继电器或脱扣器动作的主电路电流值。

(11) 额定工作电压　在规定条件下，保证电器正常工作的工作电压值。

(12) 额定绝缘电压　在规定条件下，用来度量电器及其部件的不同电位部分的绝缘强度、电气间隙和爬电距离的标称电压值。除非另有规定，此值为电器最大额定工作电压。

(13) 冲击耐压　在规定的试验条件下，不造成击穿的具有一定形状和极性的冲击电压最高峰值。

(14) 工频耐压　在规定的试验条件下，不造成击穿的工频正弦电压的有效值。

3.1.4　电磁机构原理

各类电磁式低压电器的工作原理和结构基本相同，主要由电磁机构（感测部件）和触头系统（执行部件）两部分组成。电磁机构由吸引线圈和铁心两部分组成。吸引线圈在电压或电流的作用下产生磁场，使衔铁（动铁心）在电磁吸力的作用下产生机械位移动作使铁心吸合，从而带动触头动作，以实现触头的闭合和断开。静铁心又称为磁轭，有时简称为铁心，属于静止部件，衔铁可以相对运动，属于运动部件。

电磁机构按励磁电流不同可分为交流电磁铁和直流电磁铁两类。

1. 直动式电磁机构

常用直动式电磁机构按静铁心和动铁心结构的不同分为单山式电磁铁、双山式电磁铁和螺管式电磁铁 3 种，其结构如图 3-1 所示。

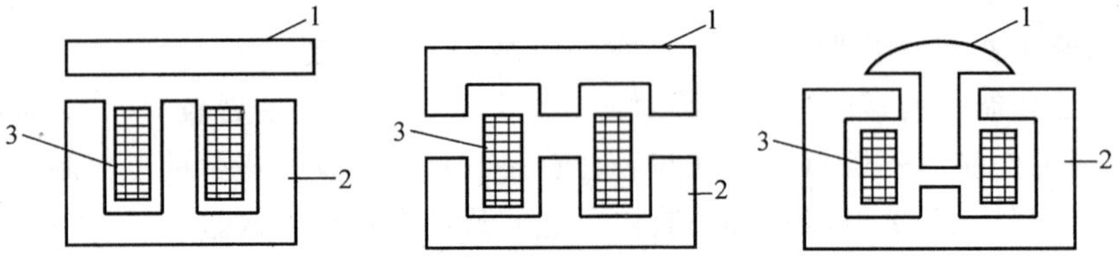

a) 单山式电磁铁　　b) 双山式电磁铁　　c) 螺管式电磁铁

图 3-1　直动式电磁机构

1—动铁心　2—静铁心　3—吸引线圈

2. 拍合式电磁机构

拍合式电磁机构的原理是通过动铁心绕某一支点转动，以完成触头系统动作。常用的拍合式电磁机构按结构不同分为沿角转动式电磁铁和沿轴转动式电磁铁两种，其结构如图 3-2 所示。

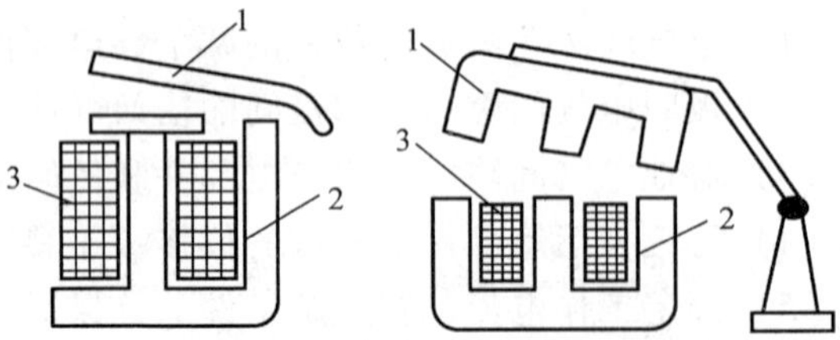

a) 沿角转动式电磁铁　　b) 沿轴转动式电磁铁

图 3-2　拍合式电磁机构

1—动铁心　2—静铁心　3—吸引线圈

3.1.5　电接触及灭弧工作原理

低压电器的基本结构主要由触头系统和电磁机构两大部分组成。触头系统的接触电阻和产生的电弧，对电器系统的安全运行起着至关重要的作用。

触头是电磁式低压电器的执行部分，用于接通和分断被控制的电路。因此，触头能否正常工作，将直接影响到整个低压电器的工作性能。

在闭合状态下，动、静触头完全接触，保证有工作电流通过导体时的联系称为电接触。电接触的状况将直接影响触头的工作可靠性和使用寿命。

1. 触头的接触形式

触头的接触形式和结构形式很多，常用的接触形式有点接触、线接触和面接触 3 种，如图 3-3 所示。

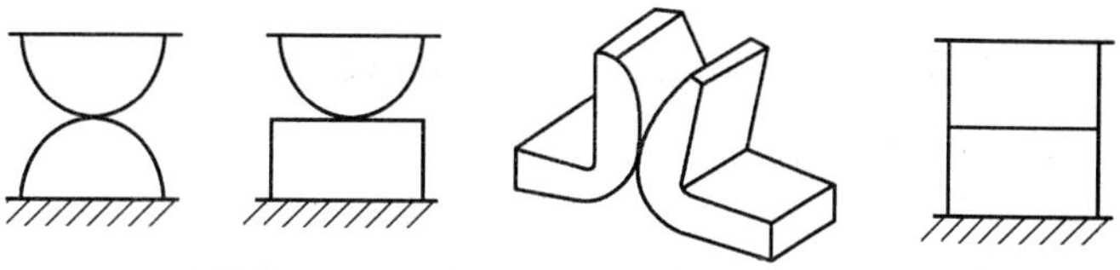
a) 点接触　b) 线接触　c) 面接触

图 3-3　触头的接触形式

2. 触头的分类

触头的分类方法很多，按其是否动作可分为静触头和动触头。静触头固定不动，动触头可以滑动或移动，它们成对配置。

按触头的初始状态，分为常开触头和常闭触头。常开触头又叫接通触头或动合触头，常闭触头又叫分断触头或动断触头。

另外，按触头在控制电路中所起的作用，又分为主触头和辅助触头。

3. 电弧的产生

当带负载的电路被开关电器切断时，由于触头在分离瞬间间隙很小，电路电压几乎全部加在触头之间，从而在触头间形成很强的电场。此时，处在负极的自由电子会逸出到气隙中，并在电压的作用下高速向正极运动。运动途中与空气分子相撞，使空气发生电离现象，产生新的电子和离子。这些新的电子和离子，又被加速去撞击其他空气分子，重新产生撞击电离，这种连锁反应使空气隙中自由电子数量剧增，空气开始导电，在两触头间出现大量电子流并产生高温和发出强光，即产生了电弧。电弧产生后，温度猛然升高，会使弧隙间气体发生热离，又加剧了空气分子的电离，使电弧继续燃烧，从而加大了熄灭电弧的难度。电弧的产生，可能会使触头烧坏，严重时会造成短路，甚至发生事故。因此，必须采取有效措施，迅速将电弧熄灭，保证开关电器正常工作。

4. 灭弧方法

在触头的分断过程中，由于电离作用会产生电弧。而与此同时，在弧隙中游离的电子和正负离子在相遇时会复合，重新形成中性的气体分子，即出现消电离现象而减弱了电离过程。因此，电离和消电离是同时存在的，当电离速度大于消电离速度时，电弧会持续燃烧；反之，电弧会熄灭。

5. 交流电弧和直流电弧的差异

交流电弧的燃弧过程和熄弧过程与直流电弧有所不同。交流电弧的熄灭问题，主要是电流过零点后如何防止重燃，所以交流电弧比较容易熄灭。而直流电流因没有过零点的特性，产生的电弧相对不容易熄灭，仅靠增大触头开距是不够的，一般还应附加其他灭弧措施。

3.2 刀开关和隔离器

3.2.1 主要用途和分类

1. 主要用途

刀开关和隔离器主要用于成套配电设备中隔离电源之用，刀开关亦可作为不频繁地接通和分断电路之用。

2. 分类

刀开关和隔离器按极数分，有单极、双极和三极；按结构分，有平板式和条架式；按操作方式分，有直接手柄操作式、杠杆操作机构式、旋转操作式和电动操作机构式；按转换方式分，有单投和双投，双投即为刀形转换开关。

3. 结构

刀开关是由手柄、触刀、静插座（简称插座）、铰链支座和绝缘底板所组成，绝缘底板一般用酚醛玻璃布板或环氧玻璃布板等压板制造，也有的采用陶瓷材料。绝缘手柄多用塑料压制。触刀材料为硬纯铜板，静插座及铰链支座采用硬纯铜板或黄铜板制成。

3.2.2 刀开关和隔离器的安装、使用和维护

1. 刀开关（或隔离器）的安装

刀开关应垂直安装在开关板上，并要使静插座位于上方。若静插座位于下方，则当刀开关的触刀拉开时，如果铰链支座松动，触刀等运动部件就可能会在自重作用下向下掉落，同静插座接触，发生误动作而造成严重的事故。

2. 刀开关（或隔离器）的使用和维护

1）刀开关作电源隔离开关使用时，合闸顺序是先合上刀开关，再合上其他用以控制负载的开关电器。分闸顺序则相反，要先使控制负载的开关电器分闸，然后再让刀开关分闸。

2）对于多极的刀开关，应保证各极动作的同步性，而且应接触良好。否则，当负载是三相异步电动机时，便有可能发生电动机因缺相运转而烧坏的事故。

3）如果刀开关未安装在封闭的控制箱内，则应经常检查，防止因积尘过多而发生相间闪络现象。

4）当对刀开关进行定期检修时，应清除底板上的灰尘以保证良好的绝缘性；检查触刀的接触情况，如果触刀（或静插座）磨损严重或被电弧过度烧坏，则应及时更换。

3.3 熔断器

3.3.1 熔断器的用途、结构和工作原理

熔断器是一种结构简单、使用方便、价格低廉的保护电器，广泛应用于低压配电系统和控制电路中，主要作为短路保护元件，也可作为单台电气设备的过载保护元件。

熔断器的结构主要由熔体、安装熔体的熔管（或盖、座）、触头和绝缘底板等组成。

熔断器的工作原理是：它串联在被保护的电路中，当电路为正常负载电流时，熔体的温度较低；而当电路中发生短路或过载故障时，通过熔体的电流随之增大，熔体开始发热。当电流达到或超过某一定值时，熔体温度将升高到熔点，便自行熔断，从而分断故障电路，起到保护作用。

3.3.2　熔断器的主要技术参数和特性

1. 额定电压

额定电压是指保证熔断器能够长期正常工作时承受的电压。

2. 额定电流

额定电流是指熔断器长期工作时，各部件温升不超过规定值时所能承受的电流。

3. 分断能力

熔断器的分断能力是指熔断器在额定电压等规定的工作条件下，可以分断的预期短路电流值，也就是熔断器可以分断的最大电流值。

4. 保护特性

熔断器的保护特性（又称安秒特性），是指熔体的熔化电流与熔断时间的关系（熔断时间为熔化时间与燃弧时间之和），这一关系与熔体材料和结构有关，其特征曲线是反时限的。

3.3.3　常用的熔断器

1. 无填料密闭管式熔断器

无填料密闭管式熔断器是一种可拆卸的熔断器，其特点是当熔体熔断时，管内产生高气压，能加速灭弧；另外，熔体熔断后，使用人员可自行拆开，装上新熔体后可尽快恢复供电；还具有分断能力大、保护特性好和运行安全可靠等优点，常用于频繁发生过载和短路故障的场合。

常用的无填料密闭管式熔断器产品主要有RM10系列。

RM10系列熔断器的外形和结构如图3-4所示，主要由熔管、熔体和夹座等组成。其中，15A和60A熔断器的熔管由钢纸管（俗称反白管）、黄铜套和黄铜帽等组成；100A及以上的熔断器熔管由钢纸管、黄铜套、黄铜帽和触刀等组成。熔片由变截面锌片制成，中间有几处

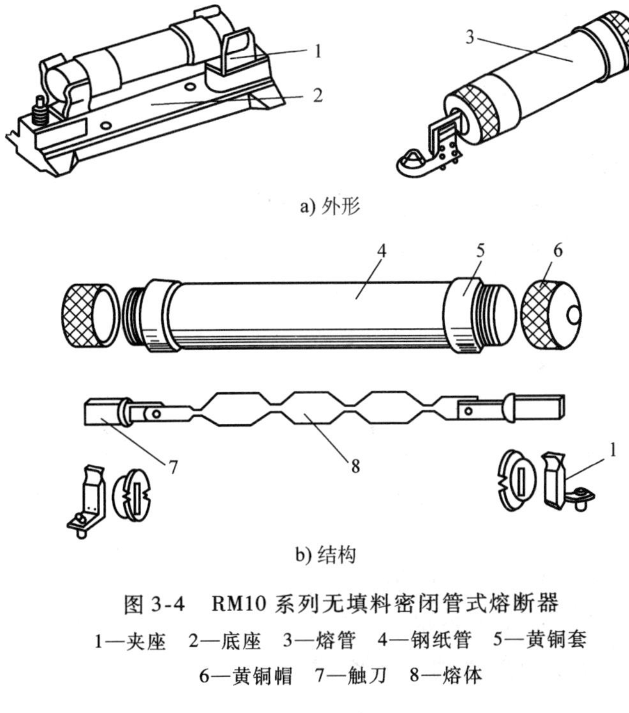

a) 外形

b) 结构

图3-4　RM10系列无填料密闭管式熔断器
1—夹座　2—底座　3—熔管　4—钢纸管　5—黄铜套
6—黄铜帽　7—触刀　8—熔体

狭窄部分。当短路电流通过熔片时，首先在狭窄处熔断，熔管内壁在电弧的高温作用下，分解出大量气体，使管内压力迅速增大，很快将电弧熄灭。

2. 有填料封闭管式熔断器

有填料封闭管式熔断器是一种为增强熔断器的灭弧能力，在其熔管中填充了石英砂等介质材料而得名。石英砂具有较好的导热性能、绝缘性能，而且其颗粒状的外形增大了同电弧的接触面积，便于吸收电弧的能量，使电弧快速冷却，从而加快了灭弧过程。

有填料封闭管式熔断器具有分断能力强、保护特性好、带有醒目的熔断指示器、使用安全等优点，广泛应用于具有高短路电流的电网或配电装置中。

RT 0 系列有填料封闭管式熔断器的外形和结构如图 3-5 所示，它主要由熔管和底座两部分组成。

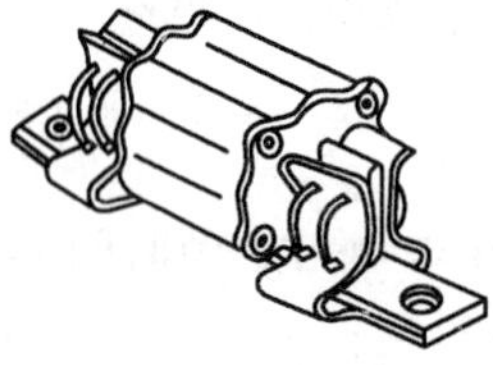

a) 外形

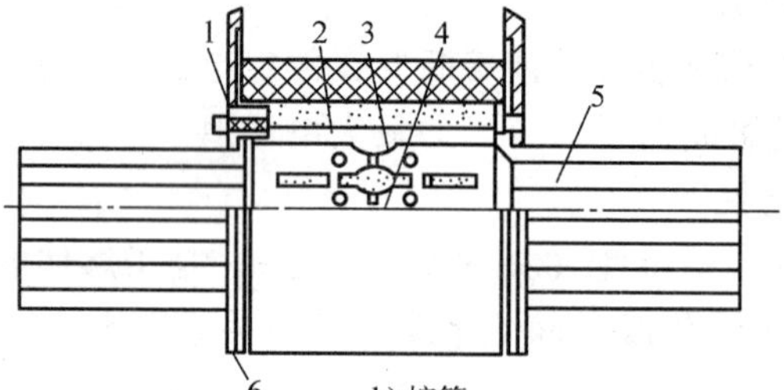

b) 熔管

c) 熔体

图 3-5　RT 0 系列有填料封闭管式熔断器

1—熔断指示器　2—指示器熔体　3—石英砂　4—工作熔体

5—触刀　6—盖板　7—锡桥　8—引燃栅

3. 快速熔断器

随着电子技术的迅猛发展，半导体元器件已开始被广泛应用于电气控制和电力拖动装置中。然而，由于各种半导体元器件的过载能力很差，通常只能在极短的时间内承受过载的电流，时间稍长就会将其烧坏。因此，一般熔断器已不能满足要求，应采用动作迅速的快速熔断器进行保护，快速熔断器又称为半导体器件保护熔断器。

目前，常用的快速熔断器主要有 RS 系列有填料快速熔断器、RLS 系列螺旋式快速熔断器和 NGT 系列半导体器件保护用熔断器 3 大类。

图 3-6 为 RS3 系列快速熔断器的结构图，它主要由瓷熔管、石英砂填料、熔体和接线端子等组成。

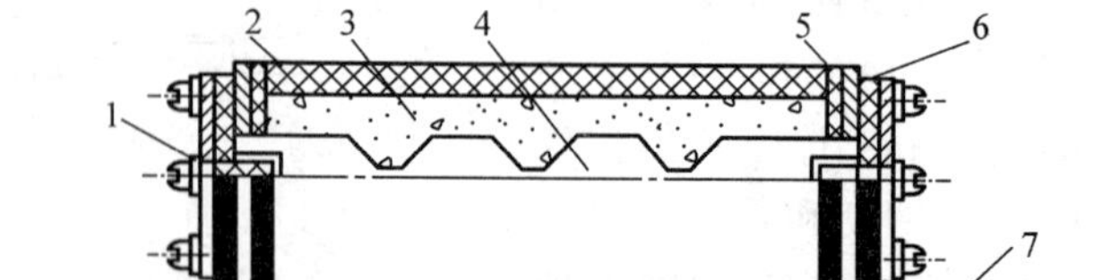

图 3-6　RS3 系列快速熔断器的结构

1—熔断指示器　2—熔管　3—石英砂　4—熔体

5—绝缘垫　6—端盖　7—接线端子

其中，熔管一般用高频陶瓷制成，熔管内填充石英砂填料；熔体一般由性能优于铜的纯银片制成，银片上开有 V 形深槽，使熔片的狭窄部分特别细，因此，过载时极易熔断。另外，熔体沿轴向还设有多个断口以适应熄弧的需要。还有，为缩小安装空间和保证接触良好，快速熔断器的接线端子一般做成表面镀银的汇流排式。以上结构使熔断器达到快速熔断的要求。

4. 自复熔断器

自复熔断器是一种大功率非线性电阻元件，具有良好的限流性能。自复熔断器本身不能分断电路，常与低压断路器串联使用，以提高其分断能力。这种熔断器的优点是当故障排除后能迅速复原，再次投入运行，不需更换熔体。

自复熔断器是利用金属钠在高温下电阻急剧增大的特性工作的。在正常工作下，电流从左侧电流端子，经过氧化铍陶瓷绝缘管细孔内金属钠熔体，再到右侧电流端子形成电流通路。当发生短路故障时，短路电流将金属钠加热气化成高温高压的等离子状态，使其电阻急剧增加，从而起到限流作用。此时，熔体气化后产生的高压推动活塞向右移动，压缩氩气。当断路器切断由自复熔断器限制了的短路电流后，金属钠蒸气温度下降，压力也随之下降，原来受压的氩气膨胀，推动活塞向左移动，从而使熔断器迅速复原，金属钠蒸气又凝结成液态和固态，其电阻也降低为原值，供再次使用。

3.3.4 熔断器的选择

1. 熔断器的选择原则

1）根据熔断器使用条件确定熔断器的类型。

2）选择熔断器的规格应先选定熔体的规格，然后再根据熔体去选择熔断器的规格。

3）熔断器的保护特性应与被保护对象的过载性有良好的配合。

4）对于保护电动机的熔断器，应注意电动机起动电流的影响。熔断器一般只作为电动机的短路保护，过载保护应采用热继电器。

5）熔断器的额定电流应不小于熔体的额定电流，额定分断能力应大于电路中可能出现的最大短路电流。

2. 熔断器类型的选择

熔断器主要根据负载的情况和电路短路电流的大小来选择类型。对于短路电流较大的电路或有易燃气体的场合，宜采用具有高分断能力的 RLS 系列螺旋式熔断器或 RT（包括 NT）系列有填料封闭式熔断器；对于保护硅整流器件及晶闸管的场合，应采用快速熔断器。

3. 熔体额定电流的选择

1）对于照明电路和电热设备等电阻性负载，因为其负载电流比较稳定，可用作过载保护和短路保护，所以熔体的额定电流（I_{rn}）应等于或稍大于负载的额定电流（I_{fn}），即

$$I_{rn} = 1.1 I_{fn}$$

2）电动机的起动电流很大，因此对电动机只宜做短路保护，对于保护长期工作的单台电动机，考虑到电动机起动时熔体不能熔断，即

$$I_{rn} \geqslant (1.5 \sim 2.5) I_{fn}$$

式中，轻载起动或起动时间较短时，系数可取近 1.5；带重载起动，起动时间较长或起动较

频繁时，系数可取近2.5。

3）对于保护多台电动机的熔断器，考虑到出现尖峰电流时不熔断熔体，熔体的额定电流应等于或大于最大一台电动机的额定电流的1.5～2.5倍，加上同时使用的其余电动机的额定电流之和，即

$$I_{rn} \geqslant (1.5 \sim 2.5) I_{fnmax} + \sum I_{fn}$$

式中，I_{fnmax}是多台电动机中容量最大的一台电动机的额定电流；$\sum I_{fn}$是其余各台电动机额定电流之和。

必须说明，由于电动机负载情况不同，其起动情况也不相同，因此，上述系数只作为确定熔体额定电流的参考数据，精确数据需在实践中根据使用情况确定。

3.3.5 熔断器的安装

1）安装前，应检查熔断器的额定电压是否大于或等于线路的额定电压，熔断器的额定分断能力是否大于线路中预期的短路电流，熔体的额定电流是否小于或等于熔断器支持件的额定电流。

2）熔断器一般应垂直安装，应保证熔体与触刀以及触刀与刀座的接触良好，并能防止电弧飞落到邻近带电部分上。

3）安装时应注意使熔断器周围介质温度与被保护对象周围介质温度尽可能一致，以免保护特性产生误差。

4）安装必须可靠，以免有一相接触不良，致使电动机因断相运行而烧毁。

5）熔断器的安装位置应便于更换熔体。带有熔断指示器的熔断器，其指示器的方向应安装在便于观察的位置。

3.4 断路器

3.4.1 断路器的用途

低压断路器俗称自动开关，是指按规定条件，对匹配电路，电动机或其他用电设备实行通断操作并起保护作用，即当电路内出现过载、短路或欠电压等情况时能自动分断电路的开关电器。通俗地讲，断路器是一种可以自动切断故障线路的保护开关，它既可用来接通和分断正常的负载电流、电动机的工作电流和过载电流，也可用来分断短路电流，在正常情况下还可以用于不频繁地接通和断开电路以及控制电动机的起动和停止。

3.4.2 断路器的结构和工作原理

断路器的种类虽然很多，但它的基本结构和工作原理基本相同。

1. 断路器的结构

断路器的结构主要由触头系统、操作机构、各种脱扣器和灭弧装置等部分组成。

（1）触头系统　触头系统是断路器的执行元件，它一般由动触头、静触头和连接导线等组成，主要用来接通和分断电路。

（2）灭弧装置　断路器灭弧装置的主要作用是用于熄灭触头在切断电路时所产生的

电弧。

(3) 脱扣器　脱扣器是断路器的感测元件，也是断路器的保护装置，当接到操作人员的指令或继电保护信号后，可通过传递元件使断路器跳闸而切断电路。常用的脱扣器有过电流脱扣器，欠电压脱扣器，分励脱扣器和半导体脱扣器等。

2. 断路器的工作原理

断路器的工作原理如图 3-7 所示，断路器的 3 个主触头串联在 3 个主电路中，电磁脱扣器的线圈及脱扣器的热元件也与主电路串联，欠电压脱扣器的线圈与主电路并联。当断路器闭合后，3 个主触头由锁键钩住钩子，克服弹簧的拉力，保持闭合的状态。而当电磁脱扣器吸合或热脱扣器的双金属片受热弯曲或欠电压脱扣器释放，三者中任何一个动作，就可将杠杆顶起，使钩子和锁键脱开，于是主触头就分断电路。

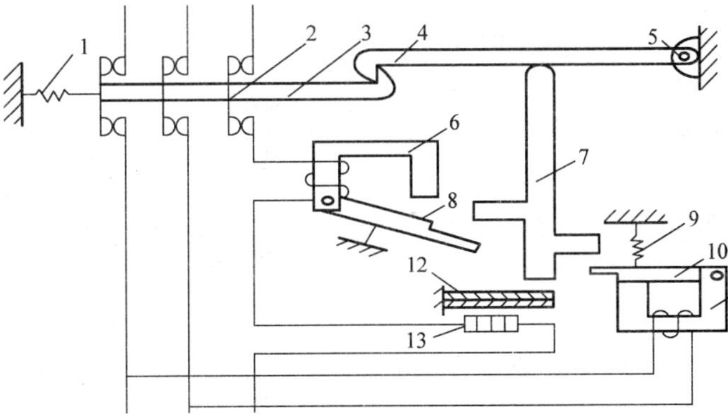

图 3-7　断路器的工作原理图

1、9—弹簧　2—主触头　3—锁键　4—钩子　5—轴
6—电磁脱扣器　7—杠杆　8、10—衔铁　11—欠电压脱扣器
12—热脱扣器双金属片　13—热脱扣器的热元件

3.5　接触器

3.5.1　接触器的原理及用途

接触器是一种用于远距离频繁地接通和分断交直流主电路和大容量控制电路的电器。还具有低电压释放保护功能，使用安全方便等优点，主要用于控制交直流电动机、小型发电机、电热装置电焊机和电容器组等设备。接触器能接通和断开负载电流，但不能切断短路电流，因此，常与熔断器和热继电器等配合使用。

1. 接触器的分类

(1) 按操作方式分类　有电磁接触器、气动接触器和液压接触器。

(2) 按接触器主触头控制的电流分类　有交流接触器和直流接触器。

(3) 按灭弧介质分类　有空气式接触器、油浸式接触器和真空接触器。

(4) 按有无触头分类　有有触头式接触器和无触头式接触器。

(5) 按主触头的极数分类　有单极、双极、三极、四极和五极等。

2. 接触器的结构和工作原理

(1) 接触器的结构　接触器主要由电磁系统、触头系统和灭弧系统 3 部分组成。电磁系统是感测驱动部分，它接受操作信号，并通过本身的动作将操作信号转换为执行信号；触头系统是执行部分，它在接受来自电磁系统的执行信号后，就通过本身的动作执行操作者的指令——闭合或断开主电路。接触器一般都设有灭弧装置，从结构方面考虑，常将它同触头列在一起，统称为触头-灭弧系统。

（2）接触器的工作原理 因接触器最主要的用途是控制电动机，下面介绍接触器控制电动机的工作原理。

如图 3-8 所示，当将按钮向下揿时，接触器中的电磁线圈就从按钮得到一个信号，即通过按钮中常开触头的闭合动作，电磁线圈就经过按钮和熔断器接到电源上。当线圈通电后，产生一个磁场将静铁心磁化，吸引动铁心，使它向着静铁心运动，并最终吸合在一起。接触器触头系统中的动触头是同动铁心机械地固定在一起的，当动铁心被静铁心吸引向下运动时，动触头也随之向下运动，并与静触头闭合。这样，电动机便经接触器的触头系统和熔断器接通电源，开始起动运转。一旦电源电压消失或明显降低，以致电磁线圈没有励磁或励磁不足，动铁心就会因电磁吸力消失或过小而在释放弹簧的反作用力作用下释放，脱离静铁心。与此同时，和动铁心固定安装在一起的动触头也与静触头脱离，使电动机与电源脱开，停止运转，这就是所谓失电压保护。

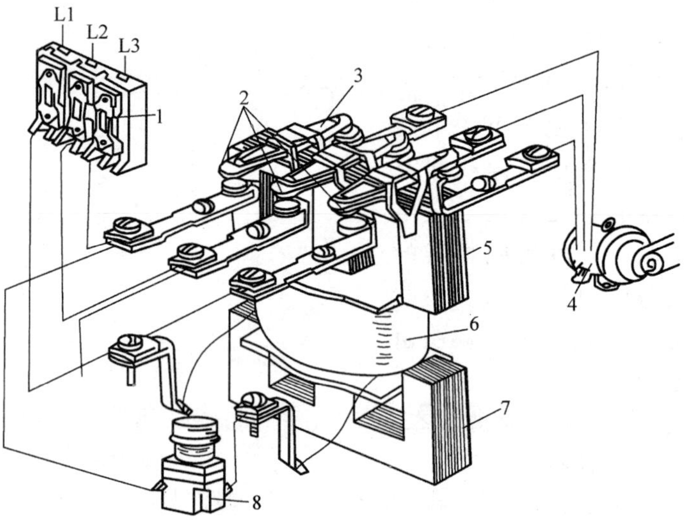

图 3-8 接触器工作原理示意图

1—熔断器 2—静触头 3—动触头 4—电动机 5—动铁心 6—线圈 7—静铁心 8—按钮

3. 真空接触器

真空接触器是一种将通断主电路的触头密封在真空泡之中的新型接触器。相对常规的空气接触器而言，拥有长得多的使用寿命。它们既不在空气中产生电弧，又不会在通断时产生开关气体，这意味着主触头的磨损率非常小。在某些需要频繁通断、重载起动或电压达到 1000V 的应用场合，真空接触器的技术、经济上的优势极为明显。它能提高设备的性能和有效性，增强人员和设备的安全性。

3.5.2 接触器的选择和维护

1. 接触器的选择

由于接触器的安装场所与控制的负载不同，其操作条件与工作的繁重程度也不同。因此，必须对控制负载的工作情况以及接触器本身的性能有一个较全面的了解，力求经济合理，因此，在选择接触器时应注意以下几点：

1）选择接触器的类型。接触器的类型应根据电路中负载电流的种类来选择。也就是说，交流负载应使用交流接触器，直流负载应使用直流接触器。

2）选择接触器主触头的额定电流。接触器的额定工作电流应不小于被控电路的最大工作电流。

3）选择接触器主触头的额定电压。接触器的额定工作电压应不小于被控电路的最大工作电压。

4）接触器的额定通断能力应大于通断时电路中的实际电流值；耐受过载电流能力应大于电路中最大过载电流值。

2. 接触器的使用和维护

接触器经过一段时间使用后，应进行维修。维修时，首先应先断开主电路和控制电路的电源，再进行维护。

3.6　继电器

3.6.1　中间继电器

中间继电器是用来转换控制信号的中间元件，其输入信号为线圈的通电或断电信号，输出信号为触头的动作。其触头数量较多，触头容量较大，各触头的额定电流相同。

中间继电器的主要用处是：当其他继电器的触头数量或容量不够时，可借助中间继电器来扩大它们的触头数或触头容量，起到中间转换作用。

中间继电器采用电磁结构，与小容量制动式交流接触器相似，也是由电磁系统和触头系统组成。中间继电器的结构如图 3-9 所示。

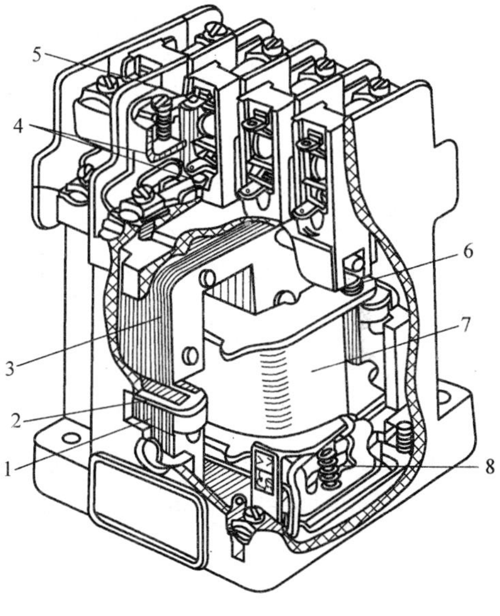

图 3-9　中间继电器的结构

1—静铁心　2—短路环　3—动铁心
4—动合（常开）触头　5—动断（常闭）触头
6—复位弹簧　7—线圈　8—反作用弹簧

3.6.2　时间继电器

从得到输入信号（线圈的通电或断电）开始，经过一定的延时后才输出信号（触头的闭合或断开）的继电器，称为时间继电器。时间继电器被广泛应用于电动机的起动控制和各种自动控制系统。

1. 时间继电器的分类

（1）按动作原理分类　时间继电器的种类很多，按动作原理分类主要有电磁式，同步电动机式，空气阻尼式，晶体管式（又称电子式）等。

（2）按延时方式分类

1）通电延时。

2）断电延时。

2. 常用时间继电器

（1）空气阻尼式时间继电器　空气阻尼式时间继电器由电磁系统、延时机构和触头系统等3部分组成。电磁机构有交流和直流两种。延时方式有通电延时和断电延时型。JS 7—A系列空气阻尼式时间继电器工作原理如图3-10所示。

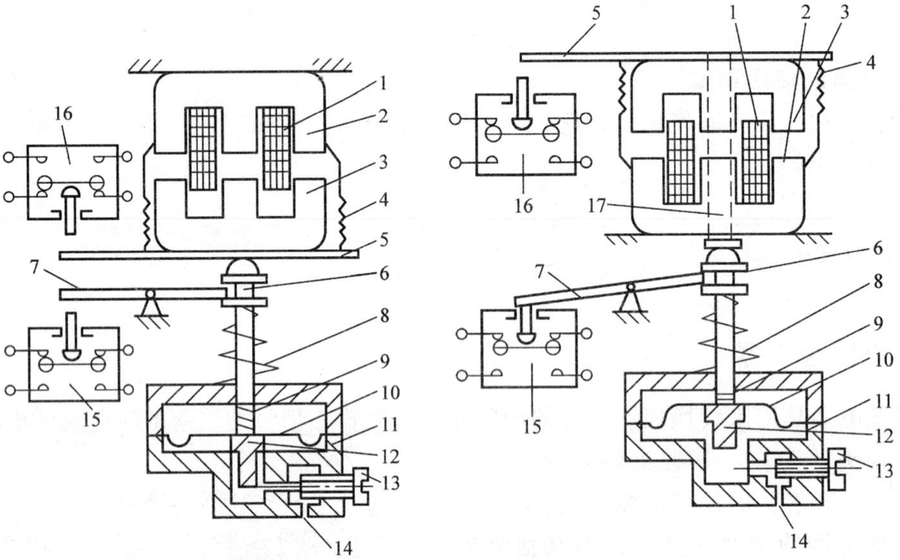

a) 通电延时型　　b) 断电延时型

图3-10　JS 7—A系列空气阻尼式时间继电器工作原理图

1—线圈　2—静铁心　3—动铁心　4—反力弹簧　5—推板　6—活塞杆　7—杠杆　8—塔形弹簧　9—弱弹簧　10—橡皮膜　11—空气室壁　12—活塞　13—调节螺钉　14—进气孔　15、16—微动开关　17—推杆

（2）晶体管时间继电器　晶体管时间继电器也称为半导体式时间继电器或电子式时间继电器。晶体管时间继电器除了执行元件外，均由电子元器件组成，没有机械零件，因而具有寿命和精度较高，体积小，延时范围宽，控制功率小等优点。

（3）同步电动机式时间继电器　同步电动机式时间继电器（简称电动机式或电动式时间继电器）是由微型同步电动机驱动减速齿轮组，并由特殊的电磁机构加以控制以获得延时的继电器。它也分为通电延时型和断电延时型两种。

3. 时间继电器的选用

1）时间继电器延时方式有通电延时型和断电延时型两种，因此选用时应确定采用哪种延时方式更方便组成控制线路。

2）凡对延时精度要求不高的场合，一般宜采用价格较低的电磁阻尼式（电磁式）或空气阻尼式（气囊式）时间继电器；若对延时精度要求很高，则宜采用电动机式或晶体管式时间继电器。

3）应注意电源参数变化的影响。例如，在电源电压波动大的场合，采用空气阻尼式或电动机式比晶体管式好；而在电源频率波动大的场合，则不宜采用电动机式时间继电器。

4）应注意环境温度变化的影响。通常在环境温度变化较大处，不宜采用空气阻尼式和晶体管式时间继电器。

5）对操作频率也要加以注意。因为操作频率过高不仅会影响电气寿命，还可能导致延时误动作。

3.6.3 热继电器

热继电器是热过载继电器的简称，它是依靠电流通过发热元件所产生的热量而动作的一种电器。

1. 热继电器的用途和分类

热继电器具有结构简单、体积小、价格低和保护性能好等优点。热继电器是一种利用电流的热效应来切断电路的保护电器，常与接触器配合使用，主要用于电动机的过载、断相电流不平衡运行的保护及其他电气设备发热状态的控制。

热继电器按动作方式可分为3种：

（1）双金属片式 利用双金属片（用两种膨胀系数不同的金属，通常为锰镍和铜板轧制成），受热弯曲去推动执行机构动作。双金属片式热继电器的结构如图3-11所示。

（2）热敏电阻式 利用电阻值随温度变化而变化的特性制成的热继电器。

（3）易熔合金式 利用过载电流发热使易熔合金达到某一温度时，合金熔化而使继电器动作。

上述3种热继电器中，双金属片式由于结构简单、体积较小和成本较低，同时选择适当的热元件可以得到良好的反时限特性，所以应用最广。

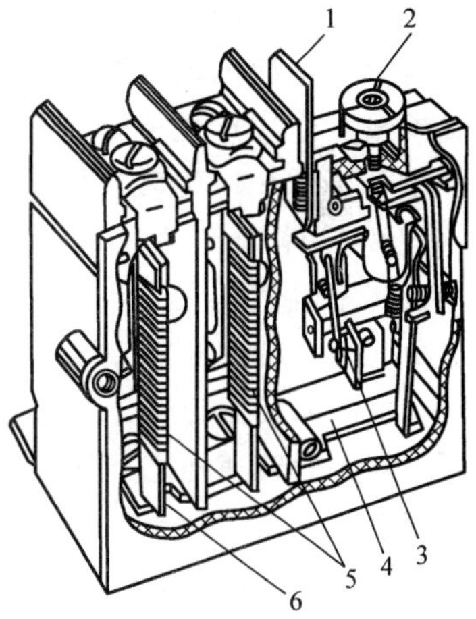

图3-11 双金属片式热继电器的结构
1—复位按钮 2—电流调节旋钮 3—触头 4—推杆 5—加热元件 6—双金属片

2. 热继电器的选用

热继电器选用是否得当，直接影响对电动机过载保护的可靠性。通常选用时应按电动机形式、工作环境、起动情况及负载情况等几方面综合加以考虑。

1）原则上热继电器（热元件）的额定电流等级一般略大于电动机的额定电流。

2）一般情况下可选用两相的热继电器。对于电网电压均衡性较差，无人看管的电动机或大容量电动机共用一组熔断器时，宜选用三相结构的热继电器。定子三相绕组为三角形联结的电动机，应采用有断相保护的三元件热继电器作过载和断相保护。

3）热继电器的工作环境温度与被保护设备的环境温度的差别不应超出15～25℃。

4）双金属片式热继电器一般用于轻载、不频繁起动的电动机的过载保护。对于重载、频繁起动的电动机，则可用过电流继电器（延时动作型）做它的过载和短路保护。因为热元件受热变形需要时间，故热继电器不能作短路保护。

3.6.4 速度继电器

1. 速度继电器的用途

速度继电器是当转速达到规定值时动作的继电器。它常被用于电动机反接制动的控制电路中，当反接制动的转速下降到接近零时，它能自动地及时切断电源。

2. 速度继电器的结构与工作原理

感应式速度继电器是依靠电磁感应原理实现触头动作的，因此，它的电磁系统与一般电磁式继电器的电磁系统是不同的，而与交流电动机的电磁系统相似，即由定子和转子组成其电磁系统，如图 3-12 所示。

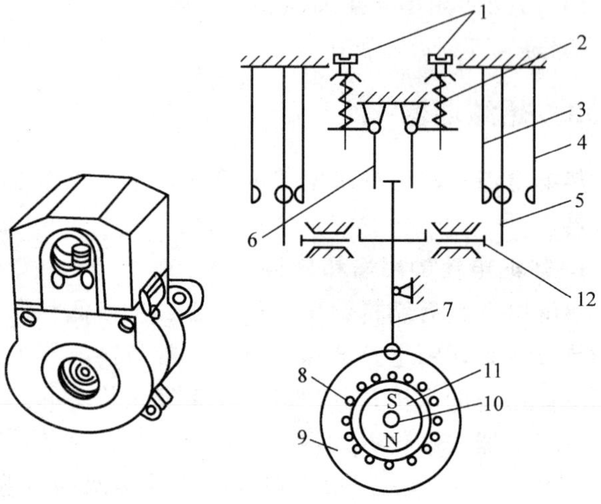

a) 外型　　b) 结构

图 3-12　JFZO 系列速度继电器的外形极结构

1—螺钉　2—反力弹簧　3—常闭触头　4—常开触头　5—静触头　6—返回杠杆　7—杠杆　8—笼形导体　9—定子　10—转轴　11—转子　12—推杆

速度继电器的转轴 10 与电动机轴相连接，当电动机转动时，继电器的转子 11 随着一起转动，使永久磁铁的磁场变成旋转磁场。定子 9 内的笼形导体 8 因切割磁力线而产生感应电动势并产生感应电流。载流导体与旋转磁场相互作用产生电磁转矩，于是定子跟着转子相应偏转。转子转速越高，定子导体内产生的电流就越大，电磁转矩也就越大。当定子偏转到一定角度时，带动杠杆 7 推动触头，使常闭触头断开，常开触头闭合。在杠杆 7 推动触头的同时，也压缩反力弹簧 2，其反作用力阻止了定子继续偏转。当电动机转速下降时，速度继电器的转子的转速随之下降，定子导体内产生的电流也相应减小，因而电磁转矩也相应减小。当速度继电器的转子的速度下降到一定数值时，电磁转矩小于反力弹簧的反作用力矩，定子便返回到原来的位置，使对应的触头恢复到原来状态。

3.7 主令电器

3.7.1 按钮

1. 按钮的用途

按钮又称按钮开关或者控制按钮，是一种短时间接通或断开小电流电路的手动控制器，一般用于电路中发出启动或停止指令，以控制电磁启动器、接触器和继电器等电器线圈电流的接通或断开，再由它们去控制主电路。按钮也可用于信号装置的控制。

2. 按钮的分类

随着工业生产的需求，按钮的规格品种也在日益增多。驱动方式由原来直接推压式，转化成旋转式、推拉式、杠杆式和带锁式。传感接触部件也发展为平头、蘑菇头以及带操纵杆式等多种形式。按钮的具体分类如下：

1）按按钮的用途和触头的结构分，有启动按钮（动合按钮）、停止按钮（动断按钮）和复合按钮（动合和动断组合按钮）等 3 种。

2）按按钮的结构形式分，有防护式、有开启式、防水式、紧急式、旋钮式、保护式、防腐式、钥匙式和带指示灯式等。

3. 按钮的结构和工作原理

按钮的外形及结构如图 3-13 所示，它主要由按钮帽、复位弹簧、触头、接线柱和外壳等组成。按钮的工作原理：当用手按下按钮帽时，动断触头断开，动合触头接通；而当手松开后，复位弹簧便使按钮的触头恢复原位，从而实现对电路的控制。

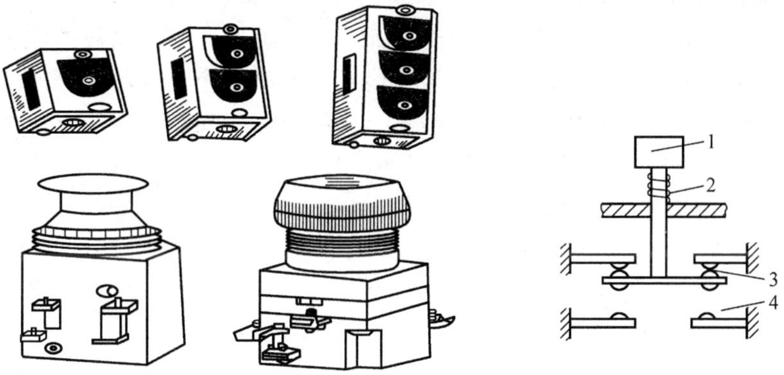

a) 外形　　b) 结构

图 3-13　按钮的外形及结构

1—按钮帽　2—复位弹簧　3—动断触头　4—动合触头

3.7.2　行程开关

1. 行程开关的用途和结构

（1）行程开关的用途　行程开关又叫限位开关，是实现行程控制的小电流（5A 以下）主令电器，其作用与控制按钮相同，只是其触头的动作不是靠手按动，而是利用机械运动部件的碰撞使触头动作，即将机械信号转换为电信号，通过控制其他电器来控制运动部件的行程大小、运动方向或进行限位保护。

（2）行程开关的结构　行程开关的结构如图 3-14 所示。

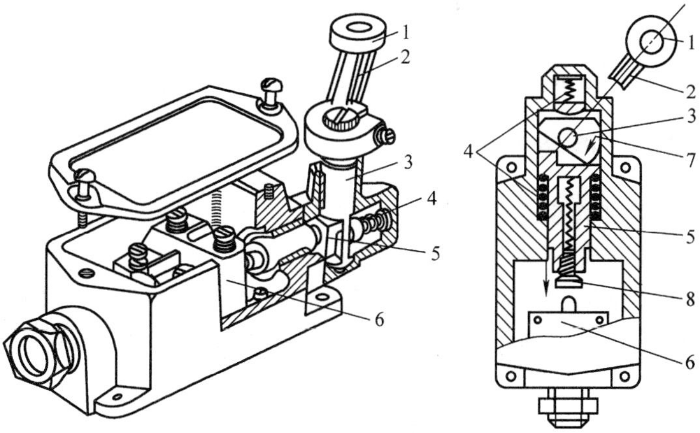

图 3-14　行程开关的结构

1—滚轮　2—杠杆　3—转轴　4—复位弹簧　5—撞块　6—微动开关　7—凸轮　8—调节螺钉

2. 行程开关的使用和维修

1）行程开关安装的时候，应注意滚轮的方向，不能接反。与挡铁碰撞的位置应符合控制电路的要求，并确保能与挡铁可靠碰撞。

2）应经常检查行程开关的动作是否灵活或可靠，螺钉有无松动现象，发现故障要及时排除。

3）应定期清理行程开关的触头，清除油垢或尘垢，及时更换磨损的零部件，以免发生误动作而引起事故的发生。

3.7.3 接近开关

1. 接近开关的用途

接近开关又称感应式开关，是理想的电子开关量传感器。当金属被测体接近开关的区域时，开关就能检测到被测物体而迅速发出电气信号，准确反应出运动机构的位置和行程，若用于一般的行程控制，其定位精度、操作频率、使用寿命、安装调整的方便性和对恶劣环境的适用能力，比一般机械式行程开关更好。

2. 接近开关的结构和工作原理

接近开关的种类很多，其中以高频率振荡型最为常用，它占全部接近开关产量的80%以上。高频率振荡型接近开关主要由传感器（感应头）、振荡器、开关电路、输出电路以及稳压电源等组成。接近开关结构原理方框图如图3-15所示。

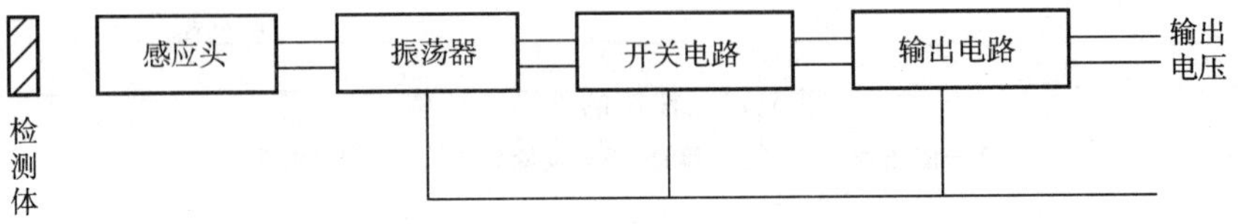

图3-15　接近开关的结构原理方框图

其工作原理：当装在生产机械上的金属检测体（铁磁件）接近感应头时，由于感应作用，处于高频率振荡器线圈磁场中的金属检测体内部产生涡流损耗（如果是铁磁金属物体，则还有磁滞损耗），这时，振荡器的回路电阻增大，能量损耗增加，以致振荡减弱，直至终止。因此，接在振荡电路后面的开关动作，发出相应的信号，即能检测出金属检测体的存在。当金属检测体离开感应头后，振荡器即恢复振荡，开关恢复为原始状态。

3.7.4 万能转换开关

1. 万能转换开关的用途

万能转换开关简称转换开关，主要用于各种控制线路的转换，电气测量仪表的转换，以及配电设备（高压油断路器、低压空气断路器等）的远距离控制，也可用于控制小容量电动机的起动、制动、正反向转换及双速电动机的调速控制。由于它触头档数多、换接线路多且用途广泛，所以常被称为“万能”转换开关。

2. 万能转换开关的分类

1）按手柄形式分，有旋钮、普通手柄、带定位可取出钥匙的和带信号灯指示的等。

2）按定位形式分，有复位式和定位式。定位角分30°、45°、60°和90°等数种。它由具体系列规定。

3）按接触系统档数分，如LW5分1、2、3、4、5、6、7、8、9、10、11、12、13、14、15和16等16种单列转换开关。

3. 转换开关的结构

转换开关是由多组相同结构的触头组件叠装而成的，它由操作机构、定位装置和触头等

3 部分组成。LW5 系列转换开关的结构如图 3-16 所示。

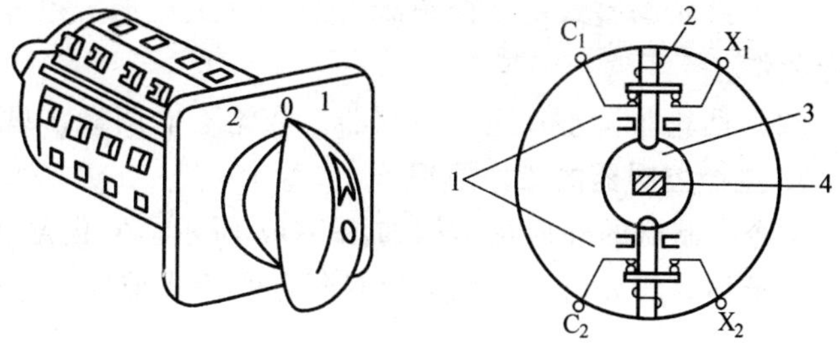

a) 外形图　　b) 结构原理图

图 3-16　转换开关的结构

1—触头　2—触头弹簧　3—凸轮　4—转轮

触头为双断点桥式结构，动触头设计成自动调整式以保证通断时的同步性。静触头装在触头座内。定位装置采用滚轮卡棘轮辐射形结构。操作时滚轮与棘轮之间的摩擦为滚动摩擦，故所需操作力小、定位可靠、寿命长。另外，这种机构还起一定的速度作用，既有利于提高分断能力，又能加强触头系统动作的同步性。

触头的通断由凸轮控制。由于凸轮与触头支架之间为塑料与塑料或塑料与金属滚动摩擦，所以有助于减小摩擦力和提高使用寿命。

4. 转换开关的工作原理

在操作转换开关时，手柄带动转轴和凸轮一起旋转。当手柄在不同操作位置，利用凸轮顶开和靠弹簧力恢复动触头，控制它与静触头的分与合，从而达到对电路断开和接通的目的。

3.7.5 主令控制器

1. 主令控制器的用途

主令控制器（又称主令开关）是用来频繁地转换复杂的多个控制电路的主令电器。用它在控制系统中发出命令，通过接触器来实现控制电动机的起动、调速、制动和反转。

主令控制器主要用于力传动装置中，按一定顺序分合触头，以达到发布命令或其他控制线路联锁和转换的目的。

2. 主令控制器的分类

主令控制器按结构类型可分为以下两类：

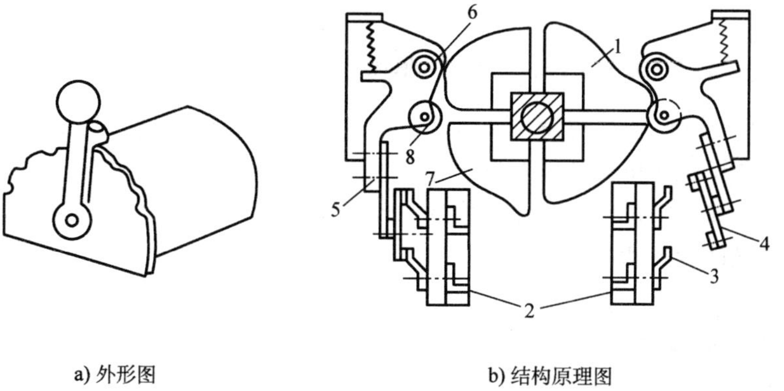

a) 外形图　　b) 结构原理图

图 3-17　主令控制器的外形及结构

1、7—凸轮块　2—接线柱　3—静触头　4—动触头　5—支杆　6—转动轴　8—小轮

（1）凸轮调整式主令控制器　凸轮片上开有孔和槽，凸轮片的位置能按给定的分合表进行调整。

（2）凸轮非调整式主令控制器　凸轮不能调整，只能按触头分合表作适当的排列组合。

3. 主令控制器的工作原理

主令控制器的外形及结构如图3-17所示。它由触头、凸轮、定位机构、转动轴、面板及其支承件等部分组成。触头为双断点的桥式结构，适用于按顺序操作多个控制电路。

3.8 低压成套开关设备

由一个或多个低压开关电器和相应的控制、保护、测量、信号、调节装置以及所有内部的电气、机械的相互连接和结构部件组成的成套配电装置，称为低压成套开关设备。

低压成套开关设备种类繁多，使用场所广泛，在整个低压电网的各级配电及控制系统中都要用到。相应的国家标准是GB 7251—1997《低压成套开关设备和控制设备》。

3.8.1 低压成套开关设备的分类

1. 按供电系统的要求和使用的场所分类

（1）一级配电设备　统称为动力配电中心（PC），俗称为低压开关柜，也叫低压配电屏。他们集中安装在变电所，把电能分配给不同地点的下级配电设备。

（2）二级配电设备　是动力配电柜和电动机控制中心（MCC）的统称。这类设备安装在用电比较集中、负荷比较大的场所，如生产车间、建筑物等场所，对这些场所进行统一配电，即把上一级配电设备某一电路的电能分配给附近的负荷。

（3）末级配电设备　是照明配电箱和动力配电箱的统称。他们远离供电中心，是分散的小容量配电设备，对小容量用电设备进行控制、保护和监测。

2. 按结构特征分类

1）固定面板式开关柜。

2）封闭式开关柜。

3）抽出式开关柜。

4）动力、照明配电控制箱。

3.8.2 开关柜设计的主要内容与基本原则

低压开关柜的设计包括结构设计和电气设计两大部分。结构设计是基础，它具体确定了产品的结构和性能（包括机械性能和部分电气性能），它同时对电气设计也有很大影响，决定着电器元件的选择、安装方式和操作性能。结构设计与电气设计必须相互配合与协调。

1. 开关柜设计的主要内容

1）开关柜的外形尺寸和内部空间的整体布局。

2）外壳与柜体骨架。

3）隔板和活门。

4）联锁，即“5防”。

电气设计包括以下主要内容：

1）主回路，包括一次接线方案、电器元件的选择以及母线的选择。

2）辅助回路，包括开关电器的控制电路、保护电路、测量电路和信号电路等。

3）防电击（接地保护）。

4）绝缘配合。

5）内部故障防护。

2. 开关柜设计的基本原则

开关柜设计应严格遵循相关标准，如低压开关柜的设计应遵循 GB 7251—1997《低压成套开关设备和控制设备》的标准。开关柜的结构与电器元件的外形和安装尺寸有着紧密的联系，必须解决电器元件的安装方式、外形和安装尺寸与开关柜的外形尺寸和结构相互协调配合的问题。

3.8.3　低压成套开关设备的基本结构与技术要求

1. 低压成套开关设备的基本结构

低压成套开关设备的种类繁多，结构差异较大，其中以抽出式低压开关柜的结构最为复杂。图 3-18 所示为 GCKI 型低压抽出式开关柜的结构示意图。

低压成套开关设备各组成部分阐述如下：

（1）运输单元　低压成套开关设备的一部分，不需拆开而适合运输。

（2）柜架单元　低压成套开关设备中连续的两个垂直分解面之间的一种结构单元。

（3）框架单元　同一框架单元内的连续的两个水平分界面之间的一种结构单元。

（4）功能单元　低压成套开关设备的组成部分，包括能完成某一功能的所有主回路和辅助回路组件。

（5）进线单元　把电能馈送到成套开关设备中的一种功能单元。

（6）出线单元　把电能输送给一个或多个出线电路的功能单元。

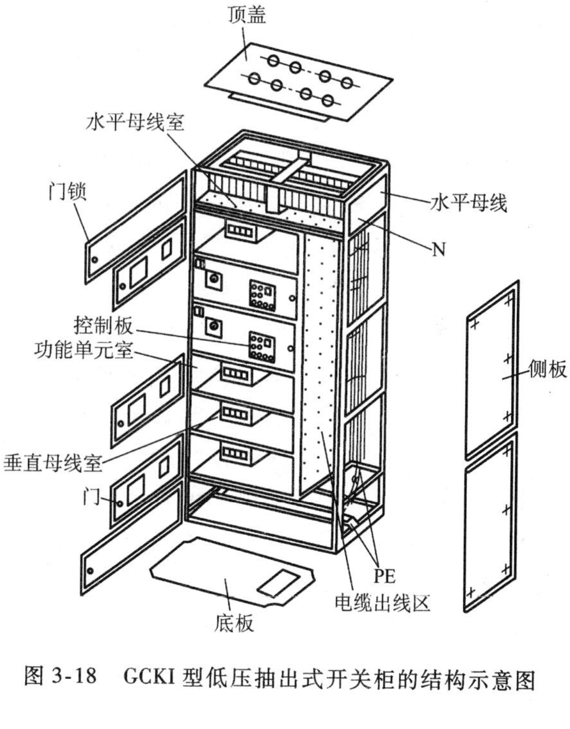

图 3-18　GCKI 型低压抽出式开关柜的结构示意图

（7）功能组　为完成某些运行功能而在电气上相互连接的几个功能单元的组合。

（8）带有挡板的框架单元或柜架单元　为防止拆装元件时意外地触及邻近设备而设计和配备的一种带挡板的柜架或框架单元。

（9）主回路　传送电能的所有导电回路。

（10）辅助回路　除主回路外的所有控制、测量、信号和调节回路内的导电回路。

（11）水平母线　贯穿于抽出式成套开关设备，水平安置的主母线。

（12）垂直母线　垂直安装于一个柜体中，将水平母线的电能分配给各功能单元的导体。

（13）分支线　在一个柜体中，将每个功能单元分别接于水平母线或垂直母线的导体。

（14）母线系统　由母线与有关的连接件和绝缘支撑件所组成。

（15）固定式部件　设计成固定安装在一个公共支架上完成电器设备装配和配线的一个部件。

（16）可移开部件　能够从低压成套开关设备中完全移除或加以替换的部件，主回路带电时也不例外。

（17）可抽出部件　低压成套开关设备中一种可移动的部件，可以移动到使分离的触头之间构成一个隔离断口或分隔，但与外壳仍保持机械联系。

（18）连接位置　又叫工作位置或接通位置，是可移开部件或可抽出部件处于完全连接的位置。

（19）实验位置　可抽出部件的一种位置，使主回路形成隔离断口或分隔，而辅助回路是接通的。

（20）断开位置　又叫分离位置，是可抽出部件的一种位置，使主回路形成隔离断口或分隔，并使可抽出部件仍与外壳保持机械联系，而辅助回路可以不断开。

（21）抽出位置　可移开部件的一种位置，可移开部件与低压成套开关设备的外壳脱离机械联系和电气联系。

（22）隔室　低压成套开关设备的组成部分，除因实现电气连接、控制、通风或必须在隔板上开孔外，所有隔室呈封闭状态或相互隔开。

（23）母线隔室　用接地的金属板或绝缘板封闭，用于装设水平母线或垂直母线的空间。

（24）单元隔室　用接地的金属板或绝缘板封闭，用于装设功能单元的空间。

（25）电缆隔室　用接地的金属板或绝缘板封闭，用于敷设电缆的空间。

（26）出线端子隔室　用接地的金属板或绝缘板封闭，用于连接电缆的空间。

（27）安装板　用于支撑各种元件并且适合于在成套开关设备中安装的一种板。

（28）安装框架　用于支撑各种元件并且适合于在成套开关设备中安装的一种框架。

（29）外壳　低压成套开关设备的一部分，在规定的防护等级下，它能保护内部设备不受外界影响，防止人体和外物接近带电部分或触及运动部分。

（30）骨架　用于支撑成套开关设备中的各种元件及外壳的一种结构部件。

（31）覆板　外壳上的一种部件。

（32）门　一种带铰链或可滑动的覆板。

（33）可拆式覆板　用来遮盖外壳上的开口的一种覆板，当进行某些操作或维修时可将其移开。

（34）挡板　用以对来自入口处的各个方向的直接接触和来自开关设备的电弧进行局部防护的一种部件。

（35）屏障　用以防止无意识的直接接触，但不能防止有意接触的一种部件。

（36）活动挡板　一种能够移动的部件，在下述两种位置之间移动：一种是允许可移开部件上的触头与静触头连接；另一种是当移开部件移出时，作为一个覆部件（或隔板）将静触头遮蔽起来。

（37）隔板　用于将一个隔室与另一个隔室隔开的部件。

（38）电缆引入部件　一种带有开口的部件，此开口用以将电缆引至成套开关设备上，该部件可同时兼作电缆封装接头。

2. 低压成套开关设备的技术要求

低压成套开关设备的设计与制造必须符合有关技术标准，如国家标准 GB 7251—1997《低压成套开关设备和控制设备》、机械行业标准（JB/T 9661—1999）《低压抽出式成套开关设备》和（JB/T 5877—1991）《低压固定封闭式成套开关设备》等。

（1）正常使用条件　低压成套开关设备应在下述正常使用条件下保证正常工作：

1）周围空气温度不得超过 +40℃，而且一昼夜的平均温度不超过 +35℃。周围空气温度的下限为 -5℃。

2）大气条件为空气清洁，污染等级为 3。在最高温度为 +40℃时，相对湿度不超过 50%；在较低温度时，允许有较大的相对湿度（如 +20℃时允许为 90%），但要考虑到由于温度变化可能产生的凝露，在这种情况下，一般应采取措施（如柜内装设防凝露装置）。

3）安装使用地点的海波不高于 2000m，否则应进行特殊设计，如加强绝缘、主要电器元件要降容使用等。

（2）电气参数　额定工作电压：

1）主电路额定工作电压有 220V、380V 和 660V。

2）辅助电路额定工作电压有交流 6V、12V、24V、36V、42V、48V、110V、127V、220V、380V；直流 6V、12V、24V、36V、48V、110V 和 220V。

额定电流：

1）水平母线额定电流有 630A、800A、1000A、1250A、1600A、2000A、2500A、3150A、4000A 和 5000A。

2）垂直母线额定电流有 400A、630A、800A、1000A、1600A 和 2000A。

3）母线额定短时耐受电流（1S）有 15kA、30kA、50kA、80kA 和 100kA。

4）母线额定峰值耐受电流有 30kA、63kA、105kA、176kA 和 200kA。

额定分散系数：

低压成套设备中有若干主电路，在任一时刻所有主电路通过的电流最大值的总和与该成套设备所有主电路额定电流总和的比值称为额定分散系数。额定分散系数常用于温升试验。

3. 柜架结构

设备的柜架可采用焊接或由螺钉连接而成。柜架和外壳应有足够机械强度和钢度，应能承受所安装元件及短路时所产生的机械应力和热应力，并应考虑防止构成足以引起较大涡流损耗的磁性通路。同时，不能因设备的吊装、运输等情况而影响设备的性能。

4. 隔离和通风

可利用隔板将设备分成若干个隔室，如母线隔室、单元隔室、电缆隔室、出线端子隔室等。隔室应能防止触及相邻功能单元的带电部件，能防止事故电弧的扩大，能防止固体外来物从一个单元进入相邻的单元。

设备采用通风孔散热时，通风孔的设计和安装应使得当熔断器、断路器在正常工作或短路情况时没有电弧或可熔金属喷出。如果喷弧源距通风孔较近，则允许在二者之间加装隔弧板。隔弧板应为接地的金属板或耐弧的绝缘板，其尺寸每边大于通风孔外形10mm。通风孔的设置不应降低设备的外壳防护等级。

5. 铰链

门的铰链应是金属制的，铰链的每对合页可靠地固定在设备的外壳和门上，如无定位，其固定点一般不少于两点。装有铰链的门应能承受4倍于它本身重量（但不小于10kg）的载荷，铰链应没有永久变形。

6. 功能单元

功能单元应设计成即使主电路带电（但功能单元的主开关处于分断位置）也能用手直接或借助工具安全地将功能单元插入或抽出柜体。功能单元应有3个明显的位置：连接位置、试验位置和分离位置。

7. 联锁

为了确保操作程序以及维修时的人员安全，设备都应具备联锁机构。

8. 电气间隙、爬电距离和隔离距离

低压成套开关设备内裸露的带电导体和端子（如母线、电器之间的连接和电缆接头）或冲击耐受电压至少应符合与其直接相连的电器元件的有关规定。

9. 设备内的电气连接、母线与绝缘导线

正常的温升、绝缘材料的老化和正常工作时所产生的振动不应造成载流部件的连接有异常变化，尤其应考虑到不同金属材料的热膨胀和电化学腐蚀作用以及实际温度对材料耐久性的影响。

10. 元件的选择与安装

设备内安装的元件电气参数应符合设备额定参数的要求。若元件的短路耐受强度或分断能力不足以承受安装场合可能出现的应力时，应利用限流保护器件（如熔断器或断路器）对元件进行保护。

11. 保护接地

设备的保护电路由单独的保护导体和导电的结构部件组成，其电阻值应不大于0.01Ω。它可防止设备内部故障引起的后果，也可防止向设备供电的外部电路的故障引起的后果。

12. 温升

开关柜温升的计算是非常困难的。要计算插入式触头、母线、插入式母线和各元件外表面的温升，就要知道各组成部分或电器元件的功耗。因此，一般是通过试验的方法来测量温升，以查验各自是否超过允许温升极限。

13. 短路保护与短路耐受强度

低压成套开关设备必须能够耐受最大至额定短路电流所产生的热应力和电动应力，可采用断路器、熔断器或两者组合等作为短路保护器。

此外，低压成套开关设备的防护等级应符合GB/T 4942.2—1993《低压电器外壳防护等级》的规定。机械、电气装配应符合设计要求，动作正常。

3.8.4 保护接地的形式

我国220/380V低压配电系统广泛采用中性点直接接地的运行方式，而且引出有中性线（代号N）、保护线（代号PE）或保护中性线（代号PEN）。

中性线（N线）的功能，一是用于接额定电压为相电压的单相用电设备；二是用于传导三相系统中的不平衡电流和单相电流；三是减小负荷中性点的电位偏移。

保护线（PE线），是为保障人身安全、防止发生触电事故用的接地线。

保护中性线（PEN线）兼有中性线（N线）和保护线（PE线）的功能，这种保护中性线在我国通称为“零线”，俗称“地线”。

低压配电系统按保护接地形式，分为TN系统、TT系统和IT系统。

N线和PEN线用蓝色标标识，PE线用黄绿相间的色标标识。

3.8.5 保护电路的连续性

低压成套开关设备应设置良好的保护电路，即柜门、柜体和抽屉等非载流回路的所有金属部件均应接地，而且要使保护电路是连续的。

低压成套开关设备应通过直接的相互有效连接，或通过由保护导体完成的相互有效连接以确保保护电路的连续性。对确定保护导体的截面积，应考虑与保护器动作值配合，在保护器件动作电流和时间范围内，不会损坏保护导体或破坏它的连续性，具体要求如下：

1）当设备中的一个部件从外壳中取出时，设备其余部分的保护电路不应当被切断。

2）如果抽出式部件配备有金属支撑表面，而且它们对支撑表面施加的压力足够大，则认为这些支撑面能充分保证保护电路的连续性。从连接位置到分离位置，抽出式部件的保护电路应一直保持其有效性。

3）在盖板、门、遮板和类似部件上面，如果没有安装电气设备，通常的金属螺钉连接和金属铰链连接则被认为足以能够保证保护电路的连续性。

4）设备中保护电路所有部件的设计应使它们足以能够承受设备在安装场地可能遇到的最大热应力和电动应力。

3.8.6 低压一次电器元件的选择

1. 额定电压

在开关电器元件的产品样本中，给出了额定工作电压和额定绝缘电压两个数值。不论是按额定工作电压还是按额定绝缘电压选择都是可以的。开关电器的额定工作电压，对低压断路器来说，关系到它的通断特性参数；对接触器来说，关系到工作制和使用类别。

2. 额定电流

开关电器的额定电流应不小于它安装位置的最大负荷电流，同时应考虑它的工作制（长期连续工作制、断续周期工作制或短时工作制）。

3. 额定分断能力

对于断路器来说，额定短路分断能力是指断路器在1.1倍额定工作电压、额定频率与规定的功率因数时能断开的短路电流，它应不小于安装地点短路电流周期分量的有效值。

4. 动、热稳定

开关电器的额定短时耐受电流I_{cw}（即热稳定电流）应满足下式

$$I_{cw}^2 T \geqslant I^2 T_{ima}$$

式中，T是开关电器热稳定试验时间（s）；I是电网短路稳态电流（A）；T_{ima}是等效短路时间，一般为实际短路时间+0.05s

动稳定性的校验条件是：开关电器的额定峰值耐受电流不小于短路冲击电流。

3.8.7 低压成套开关设备的试验

低压成套开关设备性能试验包括形式试验和出厂试验。

1. 形式试验

形式实验是验证给定形式的低压成套开关设备是否符合 GB 7251.1—1997 标准的要求，包括下列项目：

1）温升极限。

2）介电性能。

3）短路耐受强度。

4）保护电路有效性。

5）电气间隙和爬电距离。

6）机械操作性能。

7）防护等级。

2. 出厂试验

出厂试验是用来检查工艺和材料是否合格的试验。出厂试验是在每一台装配好的成套设备或在每一个运输单位上进行，在安装工地上不做另外的出厂试验。出厂试验包括：

1）检查接线，必要时可进行通电操作试验。

2）介电强度试验。

3）防护措施和保护电路连续性检查。

3.9 实习课题

课题 1：交流接触器的拆装

实习目的：

1）掌握接触器的结构。

2）了解接触器的工作原理。

实习所需设备：

尖嘴钳、十字螺钉旋具、一字螺钉旋具。

实习材料：

交流接触器。

实习内容及要求：

要求学生了解交流接触器的工作原理，掌握交流接触器拆装的基本方法和技巧。掌握各类工具和仪表的使用。

操作步骤：

1）拆下灭弧罩。

2）拆松静触头上的螺钉，用尖嘴钳拉出静触头。

3）拆开底盖。

4）取出静铁心及线圈。

5）取出动铁心及动触头。

6）装配过程与拆卸过程相反。

7）通电调试。

操作注意事项：

1）取出线圈时应注意线圈出线与外引接点之间的连接，以免拉断线圈出线。

2）一般情况下动触头无需从触头架上取下，如需更换应小心取下，以防止弹簧跳掉。

课题2：低压成套开关设备的设计

实习目的：

1）掌握低压开关柜的结构。

2）掌握低压开关柜的设计要求。

3）掌握低压开关柜的安装过程。

实习所需设备：

低压开关柜、尖嘴钳、十字螺钉旋具、一字螺钉旋具、钢丝钳、剥线钳和万用表等常用工具

实习材料：

隔离开关、断路器、熔断器、交流接触器、端子板、电流互感器、电压互感器和接地母线等。

实习内容及要求：

要求学生了解低压开关柜的设计原则以及元件之间的参数设定，能够对简单的低压开关柜进行设计及应用。

操作步骤：

1）根据实际的配电要求设计出主电路、控制电路及安装方式和配线方式。

2）根据负荷的大小及控制要求能准确的选用所需的元件。

3）根据负载实际的保护要求选择元件的型号。

4）设计主电路及控制电路。

5）按设计要求安装电气元件。

6）测试一次元件的绝缘是否达到设计要求。

7）通电调试及记录相关数据。

思考与练习题

一、判断题

1. 手动电器是指通过人力来完成接通、分断、启动和停止等动作的电器。　（　）
2. 配电电器主要用于低压供电系统，主要包括刀开关、断路器、转换开关和熔断器等。　（　）
3. 控制电器主要用于电力拖动控制系统，包括接触器、继电器、启动器和主令电器等。　（　）
4. 自动电器是指通过电磁或气动机构动作来完成接通、分断、启动和停止等动作的电器。　（　）
5. 低压电器通常是指用于额定电压交流1200V或直流1500V及以下电路中的电器。　（　）
6. 电磁机构按励磁电流不同可分为交流电磁铁和直流电磁铁两类。　（　）
7. 低压电器的基本结构主要由触头系统和电磁机构两大部分组成。　（　）
8. 触头的分类方法很多，按其是否动作可分为静触头和动触头。　（　）
9. 按触头在控制电路中所起的作用，又分为主触头和辅助触头。　（　）

10. 刀开关和隔离器主要用于成套配电设备中隔离电源之用。 ( )

11. 刀开关和隔离器按极数分，有单极、双极和三极。 ( )

12. 刀开关应垂直安装在开关板上，并使静插座位于上方。 ( )

13. 熔断器的结构主要由熔体、安装熔体的熔管（或盖、座）、触头和绝缘底板等组成。 ( )

14. 自复熔断器是一种大功率非线性电阻元件，具有良好的限流性能。 ( )

15. 自复熔断器是利用金属钠在高温下电阻急剧增大的特性工作的。 ( )

16. 熔断器一般应垂直安装，应保证熔体与触刀以及触刀与刀座的接触良好，并能防止电弧飞落到邻近带电部分上。 ( )

17. 断路器的结构主要由触头系统、操作机构、各种脱扣器和灭弧装置等部分组成。 ( )

18. 接触器是一种用于远距离频繁地接通和分断交直流主电路和大容量控制电路的电器。 ( )

19. 接触器主要由电磁系统、触头系统和灭弧系统 3 部分组成。 ( )

20. 真空接触器是一种将通断主电路的触头密封在真空泡之中的新型接触器。 ( )

21. 中间继电器是用来转换控制信号的中间元件，其输入信号为线圈的通电或断电信号，输出信号为触头的动作。 ( )

22. 时间继电器的种类很多，按动作原理分类主要有电磁式、同步电动机式、空气阻尼式和晶体管式等。 ( )

23. 热继电器具有结构简单、体积小、价格低和保护性能好等优点。 ( )

24. 速度继电器是当转速达到规定值时动作的继电器。 ( )

25. 按按钮的用途和触头的结构分，有起动按钮、停止按钮和复合按钮等 3 种。 ( )

26. 接近开关又称感应式开关，是理想的电子开关量传感器。 ( )

27. 万能转换开关简称转换开关，主要用于各种控制线路的转换，电气测量仪表的转换，以及配电设备的远距离控制。 ( )

28. 由一个或多个低压开关电器和相应的控制、保护、测量、信号、调节装置以及所有内部的电气、机械的相互连接和结构部件组成的成套配电设备，称为低压成套开关设备。 ( )

29. 低压开关柜的设计包括结构设计和电气设计两大部分。 ( )

30. 低压成套开关设备的种类繁多，结构差异较大，其中以抽出式低压开关柜的结构最为复杂。 ( )

31. 低压成套开关设备性能试验包括形式实验和出厂试验。 ( )

二、简答题

1. 简述电弧产生的原因及灭弧方法。
2. 刀开关和组合开关的结构及主要部件，选择安装时注意事项有哪些？
3. 断路器在结构上由哪几部分组成，各起什么作用，选择安装时注意事项有哪些？
4. 常用熔断器有哪几种，选择安装时注意事项有哪些？
5. 主令电器有哪几种，主要作用是什么？
6. 交流接触器的作用是什么，选择安装时注意事项有哪些？
7. 常用继电器有哪些，它们的作用是什么？
8. 什么是低压成套开关设备，设计原则是什么？

第4章 机床线路

本章教学基本要求：

- 了解电气控制系统图的读图方法；
- 熟悉机床线路的基本环节；
- 掌握各类电气原理图及排故方法。

本章要求掌握的基本技能：

- 掌握电气图的基本知识；
- 掌握绘制电路图的基本方法；
- 具有分析电气控制系统图的能力；
- 能基本实现三相异步电动机各类线路的安装和调试；
- 能掌握各类电气控制原理和电气排故方法。

4.1 电气图的基本知识

4.1.1 电气原理图

电气原理图是根据电气设备和控制元件动作原理，采用电器元件展开的形式绘制成的表示电气控制线路工作原理的图形，在电气原理图中只包括所有电器元件的导电部件和接线端点之间的相互关系，但并不按照各电器元件的实际安装位置和实际接线情况来绘制，也不反映电器元件的大小，主要是便于操作者阅读和分析电气线路。下面结合图4-1所示某机床的电气原理图来说明绘制电气原理图的基本规则。

1）原理图一般分主电路、控制电路和辅助电路。主电路就是从电源到电动机绕组的大电流通过的路径。控制电路是按功能布置，并按工作顺序由继电器的线圈和触头、接触器的线圈和辅助触头、按钮、行程开关及保护电路等构成。辅助电路包括照明灯、信号灯和控制变压器等。一般画在左边（或上部）；控制电路、辅助电路画在右边（或下部）。

2）原理图中，各电器元件不画实际的外形图，而采用国家规定的统一标准图形符号来画，为了准确表达或区分，图中还辅以文字符号，文字符号也要符合国家标准。属于同一元件的文字符号，其表示应一致。当使用相同类型电器时，可在文字符号后加注阿拉伯数字序号来区分。

3）原理图中，各电器元件的导电部分如线圈和触头的位置等，应根据阅读、分析和寻找维修方便的原则绘制，同一电器元件的各部件可以不画在一起。

4）原理图中所有电器的触头，都按没有通电或没有外力作用时的开闭状态画出。如行程开关在没有达到极限行程前的位置；带零位的手动控制开关在零位位置等。

5）原理图中，交叉导线的连接点，要用黑圆点表示。反之，没有连接关系的交叉点不能画黑圆点。

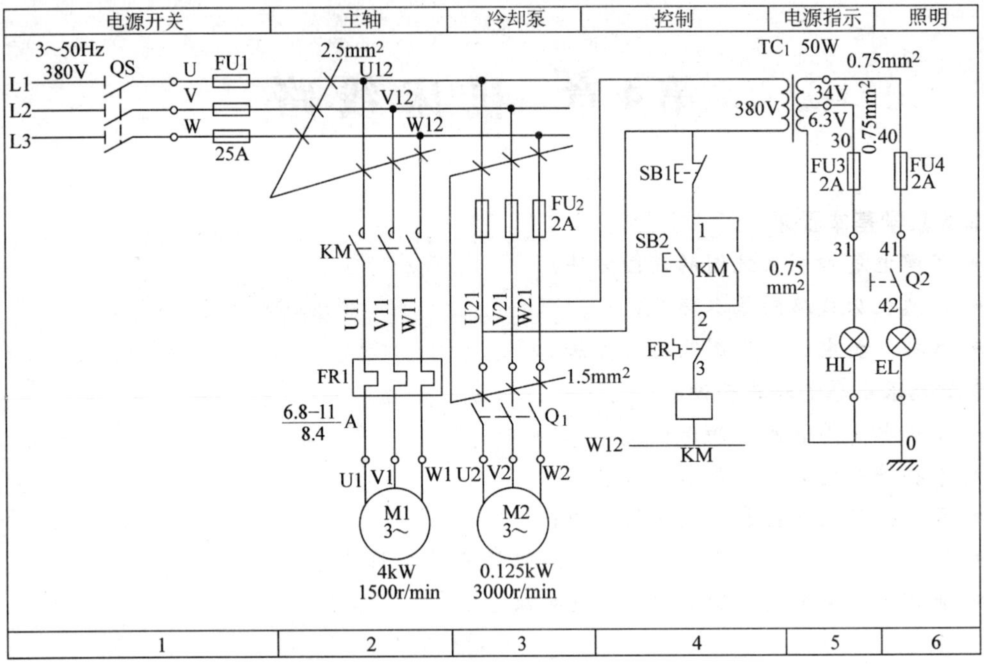

图 4-1 某机床电气原理图

6）原理图中，不管是主电路、控制电路，还是辅助电路，各电器元件一般应按动作顺序由上到下，由左到右依次垂直（或水平）布置排列，并尽可能减少线条和避免线条交叉。

7）在原理图上方将图分成若干区，并标明该区电路的主要用途与作用。继电器和接触器线圈的下方标有图区序号，列有线圈和触头在各图区的位置。

4.1.2 电气安装接线图

电气安装接线图主要表示电气控制系统中各电器实际安装位置和配线情况，是检查和维修电气控制线路故障不可缺少的依据。在图中要表示出电气设备之间的实际接线情况，并标注出外部接线所需的数据，在接线图中各电气元件的文字符号、元件连接顺序和线路号码编制都必须与电气原理图一致。

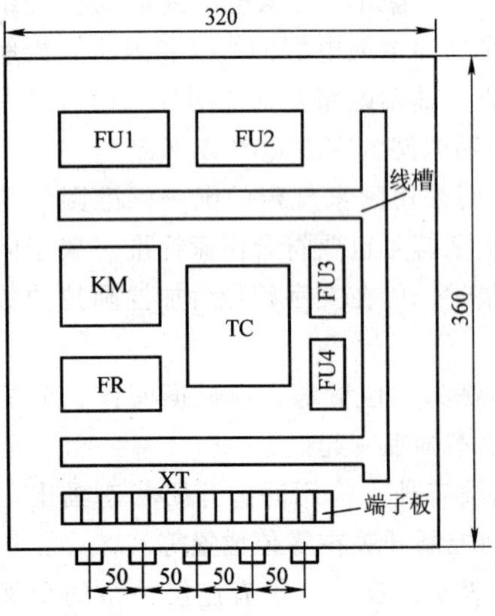

图 4-2 电器安装位置图

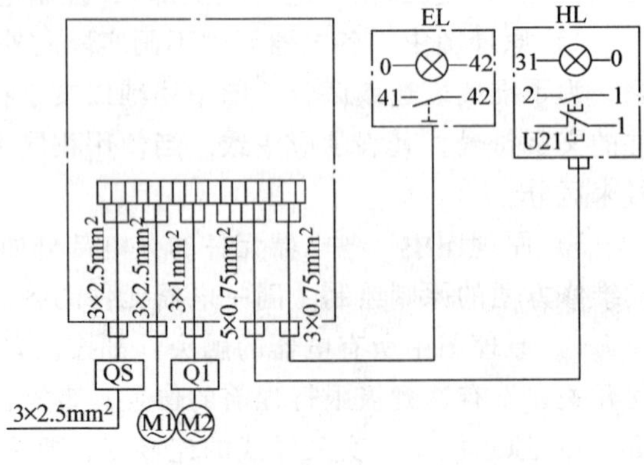

图 4-3 电气设备出线图

电气安装接线图包括电器安装位置图和电气设备出线图。对于某些较为复杂的电气设备，当电气安装板上元件较多时，可先绘制电器安装位置图说明各元件的安装位置，并用电气设备出线图来表明电气设备外部元件的相对位置及与它们之间的电气连接。下面图 4-2 和图 4-3 是根据图 4-1 的电气原理图绘制的。

4.2 机床控制线路的基本环节

实践表明，电气控制系统图的复杂性除了由于被控制设备要求的特殊性外，就是由于电气图中包括较多的基本电路，因此熟悉机床控制电路的基本电路是阅读电气控制系统图的基础，下面主要介绍三相异步电动机及其他一些设备的基本控制电路的阅读方法。

4.2.1 三相异步电动机的起动控制线路

三相异步电动机的起动控制线路一般有全压直接起动和减压起动两种方式。当电动机容量较大时，由于起动电流较大，可达额定电流的 4～7 倍，会影响其他用电设备，因此采用减压起动方式来降低起动电流。

1. 全电压直接起动控制线路

(1) 单向全电压起动控制　常用于普通机床上的冷却泵、小型台钻和砂轮机等小容量电动机，一般采用控制开关全电压直接起动。如图 4-4a 所示。

图 4-4b 所示是采用接触器直接起动电动机的单向全电压起动控制线路，主电路由刀开关 QS、熔断器 FU、接触器 KM 的主触头、热继电器 FR 的热元件与电动机 M 组成。控制电路由熔断器 FU2、热继电器 FR 的常闭触头、停止按钮 SB1、起动按钮 SB2、接触器 KM 的线圈及其常开辅助触头组成。

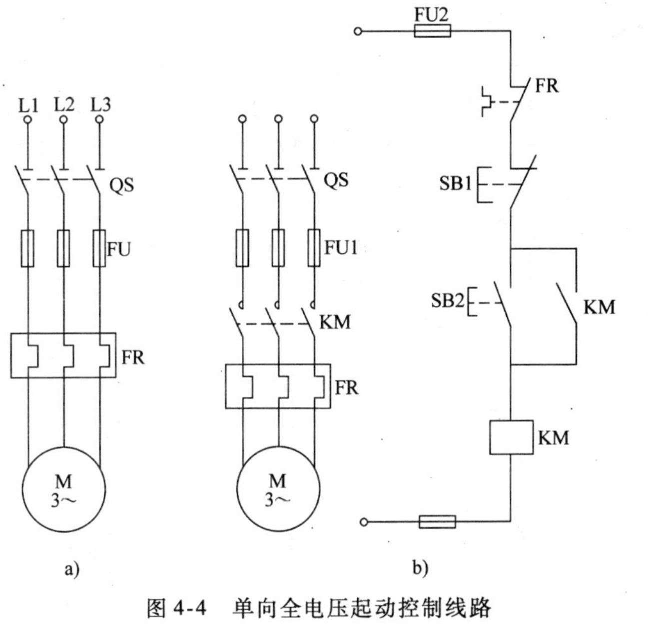

图 4-4　单向全电压起动控制线路

工作原理如下：由刀开关 QS 接通三相电源，按下起动按钮 SB2，接触器 KM 通电，其主触头闭合，电动机直接起动运行，同时与 SB2 并联的辅助（动合）触头 KM 闭合，将 SB2 短接，这种依靠接触器自身的辅助触头使其线圈保持通电的现象称自锁（或自保）。带有自锁功能的控制线路具有失电压保护作用。起自锁作用的辅助触头称为自锁触头。

电动机停止转动时，只要按停止按钮 SB1，则接触器 KM 的线圈断电，其常开主触头断开，电动机停止。

(2) 点动控制　所谓点动，即按下按钮时电动机转动工作，松开按钮时电动机停止工

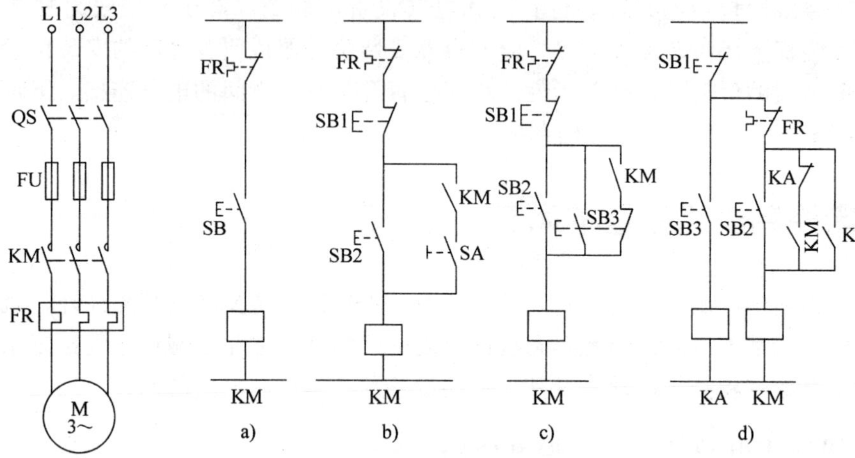

图 4-5　实现点动控制的几种线路

作。点动控制多用于机床刀架、横梁、立柱等快速移动和机床对刀等场合，如图 4-5 所示。

图 4-5 中列出了实现点动控制的几种常见控制线路。图 4-5a 是基本的点动控制线路；图 4-5b 是带手动开关 SA 的点动控制线路，其中打开 SA 将自锁触头断开，可实现点动控制，合上 SA 可实现连续控制；图 4-5c 增加一个点动用的复合按钮 SB3，要实现点动状态时，利用其常闭触头断开接触器 KM 的自锁触头，即可实现点动控制。图 4-5d 是采用中间继电器 KA 实现点动的控制线路，电动机点动时按 SB3，中间继电器 KA 的常闭触头断开接触器 KM 的自锁触头，KA 的常开触头使 KM 通电，控制电动机的点动运行。

（3）多点控制　大型机床为了操作方便，常常要求在两个或两个以上的地点都能进行操作。实现多点控制的控制线路如图 4-6a 所示，即在各操作地点各安装一套按钮，其接线原则是各按钮的常开触头并联连接，常闭触头串联连接。多人操作的大型冲压设备，为了保证操作安全，要求几个操作者都发出主令信号（如按下起动按钮）后，设备才能压下。此时应将起动按钮的常开触头串联，如图 4-6b 所示。

2. 减压起动控制线路

为减少起动电流，对于较大容量（大于 10kW）的笼型异步电动机都采用减压起动的方

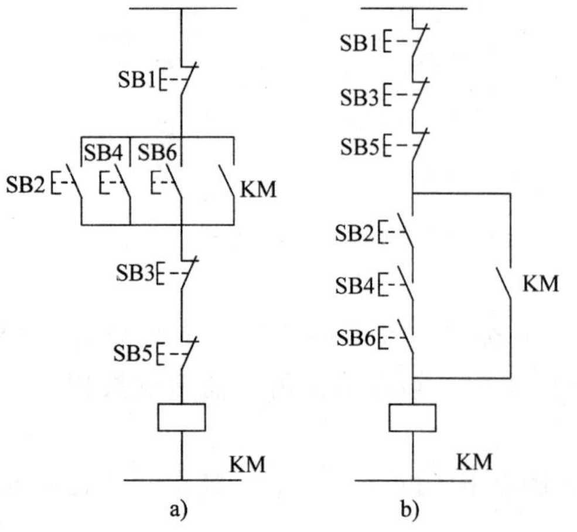

图 4-6　多点控制线路

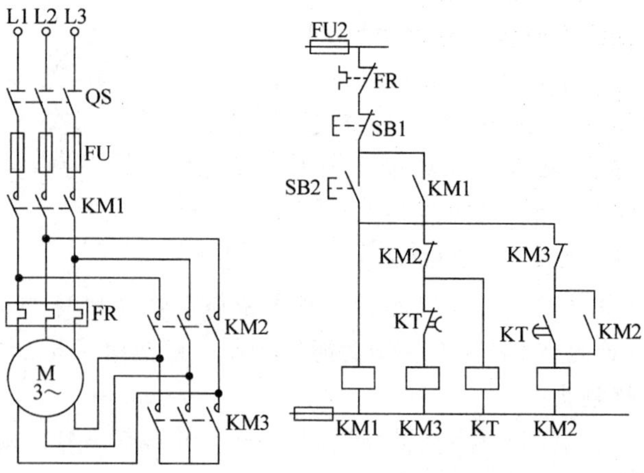

图 4-7　星形—三角形减压起动控制线路

式起动，下面介绍星形—三角形减压起动及自耦变压器减压起动的方法。

（1）星形—三角形减压起动控制线路　凡是正常运行时定子绕组接成三角形的三相异步电动机，都可采用星形—三角形减压起动方法。起动时，定子绕组首先接成星形，起动电压为三角形直接起动电压的 $1/\sqrt{3}$，起动电流为三角形直接起动电流的 1/3，经一段延时后，待转速迅速上升到接近额定转速时再接成三角形。

图 4-7 所示为容量在 10kW 以上的电动机所采用的由 3 个接触器接成的星形—三角形减压起动控制线路。起动时，按 SB2，接触器 KM1、KM3 和 KT 线圈得电，KM1、KM3 的主触头使定子绕组接成星形，电动机减压起动。时间继电器 KT 线圈得电后，经一段延时电动机已达到额定转速，其延时断开常闭触头 KT 断开，使 KM3 失电，而延时闭合常开触头 KT 闭合，接触器 KM2 线圈得电，使电动机定子绕组由星形转换到三角形连接，实现全电压运行。

图 4-7 中 KM3 动作后，它的常闭触头将 KM2 的线圈断开，这样防止了 KM2 再动作。同样 KM2 动作后，它的常闭触头将 KM3 的线圈断开，可防止 KM3 再动作。这样的两对常闭触头，常称为“互锁”触头（也称“联锁”触头）。这种互锁关系，可保证起动过程中 KM2 与 KM3 的主触头不能同时闭合，以防止电源短路。KM2 的常闭触头同时也使时间继电器 KT 断电。

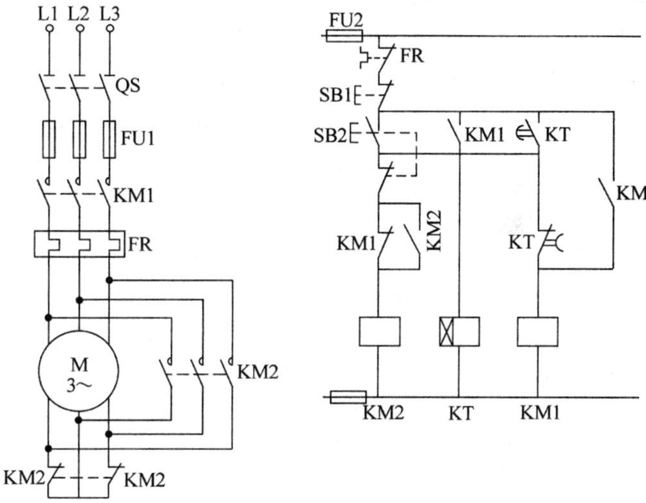

图 4-8　两个接触器组成的星形—三角形减压起动控制线路

容量在 10kW 以下的电动机，可采用图 4-8 所示的由两个接触器换接的星形—三角形降压起动控制线路。其工作原理与图 4-7 基本相同，星形—三角形之间的转换是由接触器 KM2 来实现的，起动过程可自行分析。

（2）自耦变压器减压起动控制线路　对于容量较大的正常运行时定子绕组接成星形的笼型异步电动机，可采用自耦变压器降低电动机的起动电压。如图 4-9 所示为自耦变压器减压起动控制线路。

起动时，合上电源开关 QS，按起动按钮 SB2，接触器 KM1 线圈和时间继电器 KT 线圈得电，

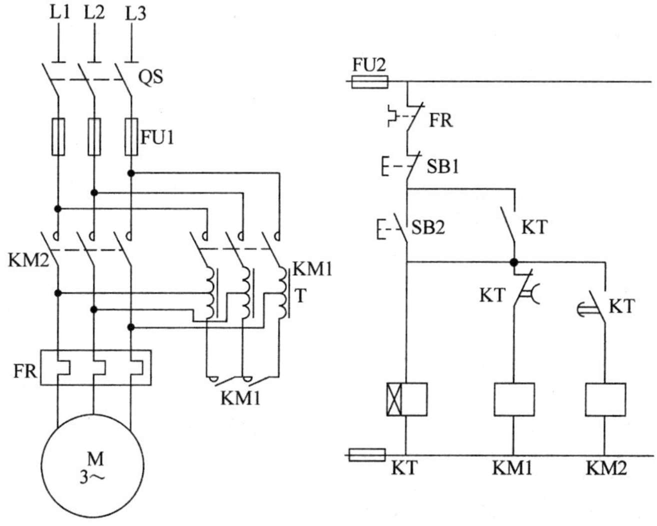

图 4-9　自耦变压器减压起动控制线路

由 KT 瞬时动作的常闭触头闭合自锁，接触器 KM1 主触头闭合，将电动机定子绕组经自耦变压器接至电源，定子绕组得到的电压是自耦变压器的二次电压，电动机减压起动。经过一段延时后，时间继电器延时断开常闭触头 KT 断开，使 KM1 失电，自耦变压器从电网上切除。而延时常开触头闭合，接触器 KM2 线圈得电，于是电动机直接接到电网上进入全电压正常运行。

4.2.2 三相异步电动机的运行控制线路

1. 三相异步电动机的正、反转控制线路

在实际应用中，往往要求电动机能实现正、反两个方向的转动。由三相异步电动机的工作原理可知，只要将电动机接到三相电源中的任意两相电源连线对调，即可实现电动机反转。为此，只要用两个交流接触器就能实现这一要求（如图 4-10a 所示）。如果这两个接触器同时工作，这两根对调的电源线将通过它们的主触头引起电源短路。所以，在正、反转控制线路中，对实现正、反转的两个接触器之间要互相联锁，保证它们不能同时工作。电动机的正、反转控制线路实际上是由互相联锁的两个相反方向的单向运行线路组成的。

（1）三相异步电动机的“正—停—反”控制线路　下图 4-10b 控制线路中，两个接触器的常闭触头 KM1、KM2 起互锁作用。其动作过程如下：当按下按钮 SB2 时，线圈 KM1 得电，从而使得其常闭触头断开，切断 KM2 回路，防止误动作；KM1 的常开主触头闭合，电动机正转，同时 KM1 的常开辅助触头闭合自锁，松开 SB2 电动机仍正转。按下 SB1，KM1 线圈失电，KM1 常开触头断开，电动机停止工作，KM1 常闭触头恢复闭合。反转过程与正转过程基本相同。

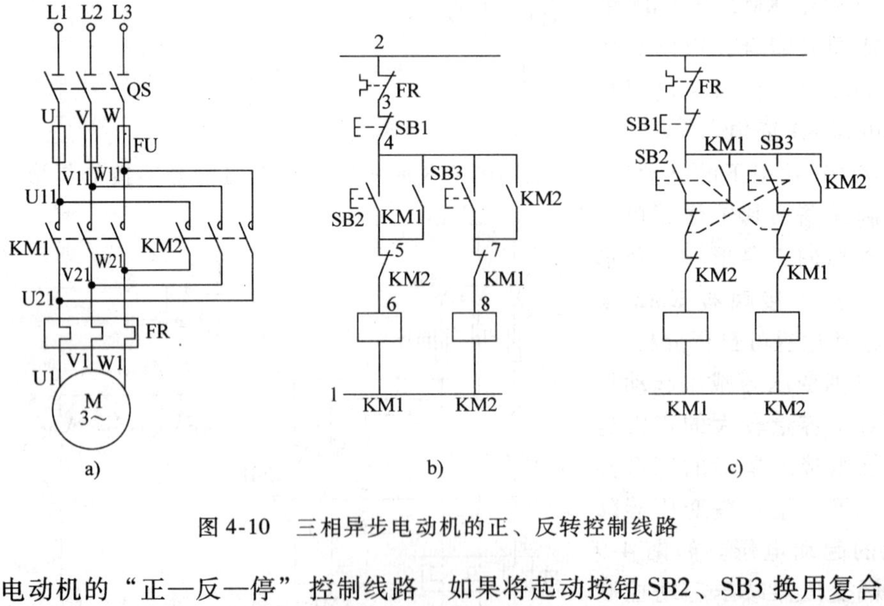

图 4-10　三相异步电动机的正、反转控制线路

（2）电动机的“正—反—停”控制线路　如果将起动按钮 SB2、SB3 换用复合按钮，用复合按钮的常闭触头来断开转向相反的接触器线圈的通电回路，即能实现直接按反转按钮使电动机换向的目的。控制线路如图 4-10c 所示。当按下 SB2（或 SB3）时，首先使按钮的常闭触头断开使 KM2（或 KM1）断电释放，然后使按钮的常开触头闭合使 KM1 线圈（或 KM2 线圈）通电吸合，电动机正向运转（或反向运转）。本电路由于电动机运转时可按反转起动

按钮直接换向，常称为“正—反—停”控制线路。

显然采用复合按钮也起到互锁作用，但只用按钮联锁而不用接触器常闭触头进行联锁是不可靠的。因为当接触器主触头被强烈的电弧“烧焊”在一起或者接触器机构失灵使衔铁卡死在吸合状态，如果另一只接触器动作，就会造成电源短路事故。若有接触器常闭触头互相联锁，则只要一个接触器处在吸合状态位置时，其常闭触头必然将另一个接触器线圈电路切断，故能避免电源短路事故的发生。

2. 电动机的正、反转自动循环控制线路

图4-11是利用行程开关实现的电动机正、反转自动循环控制线路，机床工作台的往返循环由电动机拖动，当工作台运动行程到达一定的行程位置时，利用挡块压行程开关（替代了人按按钮）来实现电动机正、反转。图中SQ1与SQ2分别为工作台左行与工作台右行限位开关，SB2与SB3分别为电动机正转与反转起动按钮。

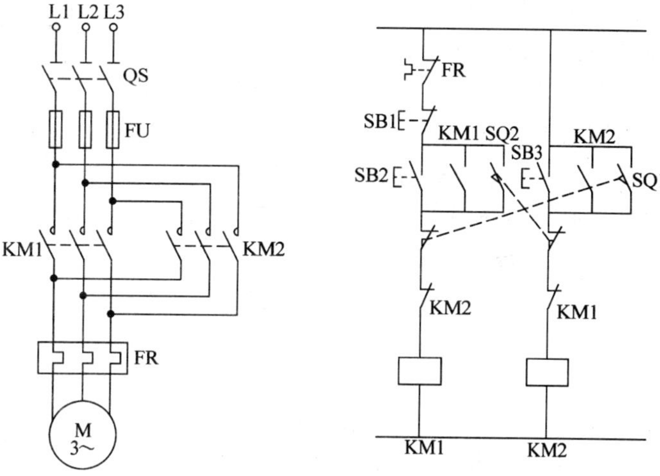

图4-11 电动机正、反转自动循环控制线路

按正转起动按钮SB2，接触器KM1通电吸合并自锁，电动机正转使工作台左移。当运动到左端时，挡块压下左行限位开关SQ1，其常闭触头使KM1断电释放，同时其常开触头使KM2通电吸合并自锁，电动机反转使工作台右移。当运动到挡块压下右行限位开关SQ2时，使KM2断电释放，KM1又得电吸合，电动机又正转使工作台左移，这样一直循环下去。SB1为自动循环停止按钮。

3. 双速电动机的高低速控制线路

双速电动机作为电动机变速机组能简化齿轮传动变速箱，在车床、磨床、镗床等机床中应用很多。双速电动机是通过改变定子绕组接线的方法，以获得两个同步转速。

图4-12为4/2极双速电动机定子绕组接线示意图，图4-12a将定子绕组的U1、V1、W1接电源，而U2、V2、W2接线端悬空，则定子绕组接成三角形，每相绕组中的两个线圈串联，电流方向如图中虚线箭头所示，磁场具有四个极，电动机为低速。若将接线端U1、V1、W1连在一起，而U2、V2、W2接电源，则三相定子绕组变为双星形，每相绕组中的两个线圈并联，电流方向如图中实线箭头所示，磁场变为两极，电动机为高速。

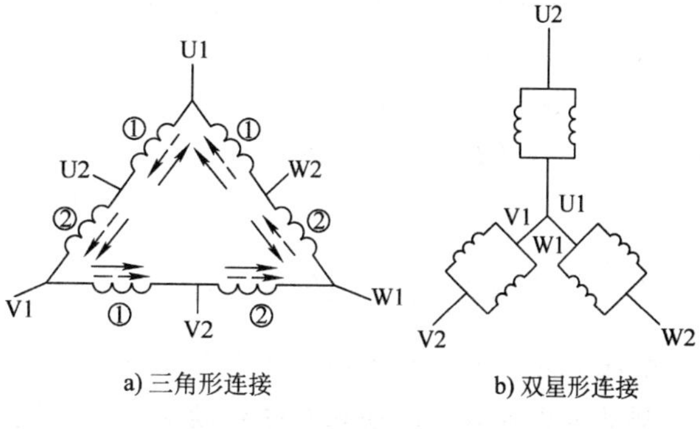

a) 三角形连接　　b) 双星形连接

图4-12 4/2极双速电动机定子绕组接线示意图

图4-13为双速电动机采用复合按钮连锁的高、低速直接转换的控制线路。按下低速起动按钮SB2，接触器KM1通电吸合，电动机定子绕组接成三角形，电动机以低速运转。若按下高速起动按钮SB3，则KM1断电释

放，并接通 KM2，电动机定子绕组接成双星形，电动机以高速运转。

4. 两台电动机行程控制线路

图 4-14 所示是两个动力头的行程控制线路，它是由行程开关来实现动力头的往复运动的。工作循环的动作顺序首先是动力头 1 由位置 a 移动到位置 b 停下；然后动力头 2 由位置 c 移动到位置 d 停住；接着动力头 1 和 2 同时退回原位停下。

限位开关 SQ1、SQ2、SQ3、SQ4 分别装在床身的 a、b、c、d 处，动力头 1、2 分别由电动机 M1、M2 拖动，在原位时分别压下 SQ1 和 SQ3。线路工作过程如下：

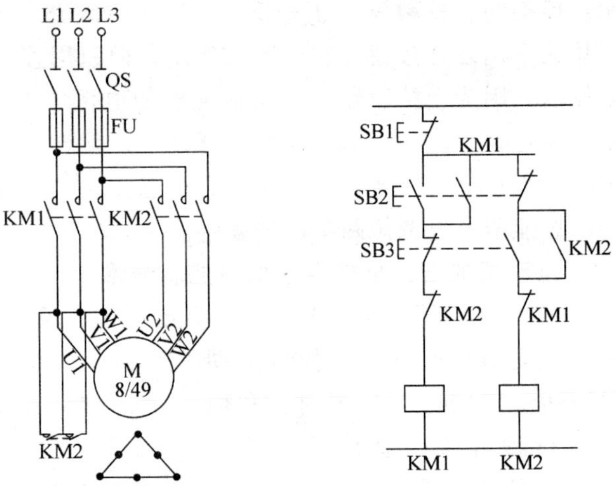

图 4-13　双速电动机的控制线路

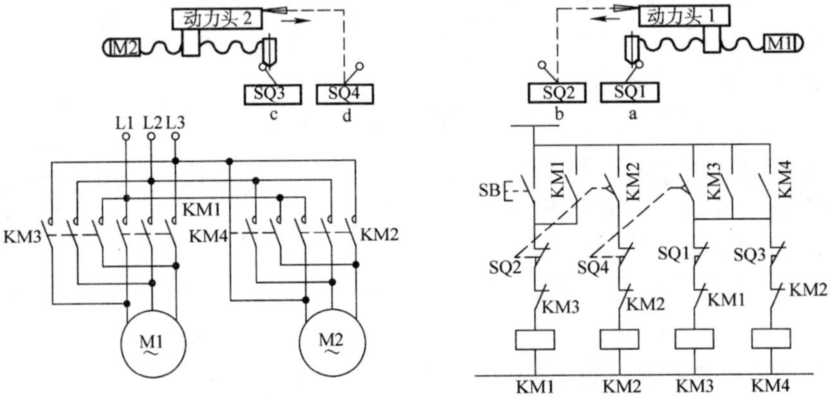

图 4-14　两台电动机行程控制线路

按起动按钮 SB，接触器 KM1 得电吸合并自锁，电动机 M1 正转，动力头 1 由原位 a 点向 b 点前进。当动力头 1 到达 b 点位置时，限位 SQ2 被压下，使 KM1 失电，动力头 1 停止。同时 KM2 得电动作，电动机 M2 正转，动力头 2 由原位 c 点向 d 点前进。当动力头 2 到达 d 点位置时，限位 SQ4 被压下，使 KM2 失电，电动机 M2 失电，动力头 2 停止。这时，KM3、KM4 得电吸合并自锁，电动机 M1 与 M2 都反转，使动力头 1 和 2 都向原位退回。当退到原位时，限位开关 SQ1、SQ3 分别被压下，使 KM3 和 KM4 失电，两个动力头都停在原位。

4.2.3　三相异步电动机的制动控制线路

机床一般都要求能迅速停车和准确定位，因此要求对电动机进行制动，强迫其立即停车。制动方法有电气制动和机械制动两大类。机械制动是用机械抱闸或液压制动器等机械装置制动的。电气制动实质上是在电动机停车时产生一个与转子原来转动方向相反的制动转矩，迫使电动机迅速停车。下面介绍机床上常用的两种电气制动控制线路——能耗制动和反接制动。

1. 能耗制动控制线路

能耗制动是在电动机按停止按钮切除三相电源的同时，定子绕组接通直流电源，产生静止磁场，利用转子感应电流与静止磁场的作用，产生电磁制动转矩而制动的。能耗制动的优点是制动准确、平稳、能量消耗小。缺点是需要一套整流设备，故适用于要求制动平稳、准确和起动频繁的容量较大的电动机。

图4-15是按能耗制动时间控制原则用时间继电器进行控制的单向能耗制动控制线路。停车时，按下复合停止按钮SB1，接触器KM1断电释放，电动机脱离三相电源，接触器KM2和时间继电器KT同时通电吸合并自锁，KM2主触头闭合，将直流电源接入定子绕组，电动机进入能耗制动状态。当转子转速接近零时，时间继电器延时断开常闭触头动作，KM2线圈断电释放，断开能耗制动直流电源。常开辅助触头KM2复位，断开KT线圈电路，电动机能耗制动结束。

图4-16是用速度继电器控制的单向能耗制动控制线路。速度继电器KS与电动机同轴安装，用其常开触头KS取代了图4-15控制线路中时间继电器KT延时断开的常闭触头。电动机转动时，转速较高，速度继电器KS的常开触头闭合，为接触器KM2线圈通电作好准备。按下停止按钮SB，KM1线圈断电释放，电动机脱离三相电源作惯性转动，接触器KM2线圈通电吸合并自锁，直流电源被接入定子绕组，电动机进入能耗制动状态。当电动机转子的惯性转速接近零时，KS常开触头复位，KM2线圈断电释放，能耗制动结束。

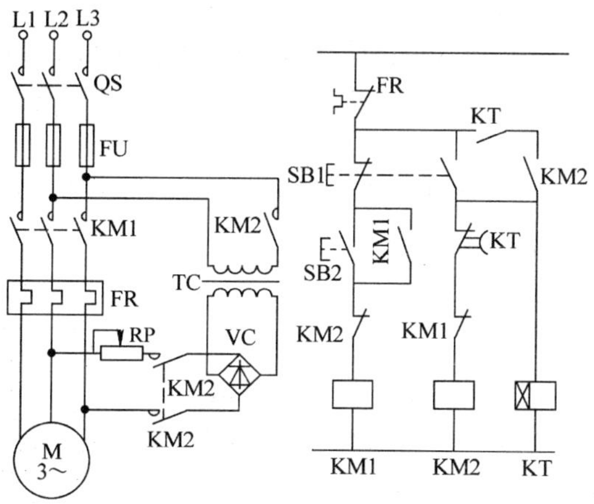

图4-15 时间原则控制的单向能耗起动线路

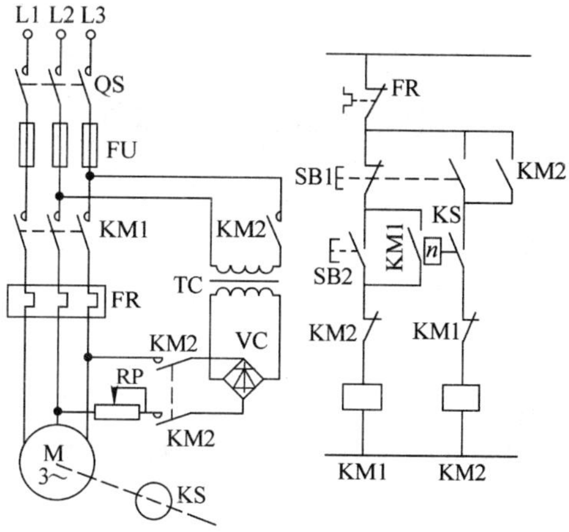

图4-16 速度原则控制的单向能耗制动线路

2. 反接制动控制线路

反接制动是停车时利用改变电动机定子绕组中三相电源的相序，产生与转动方向相反的转矩而起制动作用的。为了防止电动机制动时反转，必须在电动机转速接近零时，及时将反接电源切除，电动机才能真正停下来。机床中广泛应用速度继电器来实现电动机反接制动的自动控制。电动机与速度继电器转子是同轴连接在一起的，当电动机转速在120～3000r/min范围内时，速度继电器的触头自动闭合，当转速低于120r/min时，其触头自动恢复原位。

图4-17是电动机单向反接制动控制线路。电动机转动时，速度继电器KS的常开触头闭合，为反接制动时接触器KM2线圈通电作好准备。停车时，按下复合按钮SB1，KM1线圈断电释放，电动机脱离三相电源作惯性转动。同时接触器KM2线圈通电吸合并自锁，使电

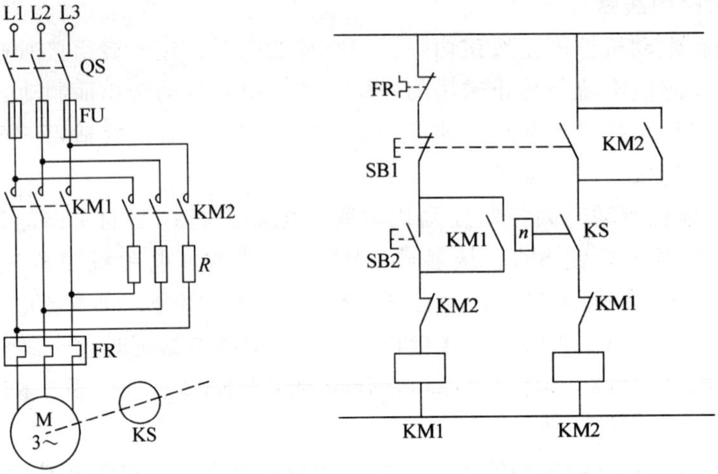

图 4-17　电动机单向反接制动控制线路

动机定子绕组中三相电源的相序反相，电动机进入反接制动状态，转速迅速下降。当电动机转速低于 120r/min 时，速度继电器 KS 的常开触头复位，KM2 线圈断电释放，切断了电动机的反相相序电源，反接制动结束。

反接制动时，由于旋转磁场的相对速度很大，定子电流也很大，因此制动迅速。但制动时冲击大，对传动部件有害，能量消耗也较大。通常仅适用于不经常起动和制动的 10kW 以下的小容量电动机。为了减小冲击电流，可在主电路中串入电阻 *R* 来限制反接制动的电流。

4.2.4　电动机控制的保护环节

为了确保设备长期、安全、可靠和无故障地运行，机床电气控制系统都必须有保护环节，用来保护电动机、电网、电气控制设备以及人身安全。电气控制系统中常用的保护环节有短路保护、过载保护、零电压和欠电压保护以及弱磁保护等。

1. 短路保护

电动机绕组或导线的绝缘损坏或线路发生故障时，都可能造成短路事故。短路时，若不迅速切断电源，会产生很大的短路电流和电动力，使电气设备损坏。常用的短路保护元件有熔断器和断路器。

2. 过载保护

电动机长期超载运行，其绕组温升将超过允许值，会造成绝缘材料老化，寿命减少，甚至使电动机损坏。常用的过载保护元件是热继电器。由于热惯性的原因，热继电器不会受电动机短时过载冲击电流或短路电流的影响而瞬时动作，所以在使用热继电器作过载保护的同时，还必须设有短路保护。

3. 过电流保护

过电流保护广泛应用于直流电动机或绕线转子异步电动机。对于三相笼型异步电动机，由于其短时过电流不会产生严重后果，故可不设置过电流保护。过电流保护元件是过电流继电器。过电流往往是由于不正确的使用和过大的负载引起的，一般比短路电流要小。但产生过电流比发生短路的可能性更大，尤其是在频繁正、反转起动、制动的重复短时工作制电动机中。直流电动机和绕线转子异步电动机控制线路中，过电流继电器也起着短路保护的作用，一般过电流的动作值为起动电流的 1.2 倍。

4. 零电压和欠电压保护

当电动机正在运行时，如果电源电压因某种原因突然消失，那么在电源电压恢复时，必须防止电动机自行起动。否则，将可能造成生产设备的损坏，甚至发生人身事故。对电网来说，若同时有许多电动机自行起动会引起不允许的过电流及瞬间电网电压的下降。这种为了防止电网失电后恢复供电时电动机自行起动的保护叫零电压保护。

当电动机正常运转时，如果电源电压严重降低，将引起一些电器释放，造成控制线路工作不正常，可能产生事故。电源电压过低，对电动机来说，如果负载不变，则会造成绕组电流增大，电动机发热甚至烧坏。还会引起转速下降甚至停转。因此，在电源电压降到允许值以下时，需要采用保护措施将电源切断，这就是欠电压保护。

5. 弱磁保护

直流电动机在磁场有一定强度下才能起动，如果磁场太弱，则电动机的起动电流就会很大。当直流电动机正在运行时，磁场突然减弱或消失，其转速就会迅速升高，甚至引发“飞车”而发生事故，因此需要采取弱磁保护，弱磁保护是通过电动机励磁回路中串入欠电流继电器来实现的。在电动机运行中，如果励磁电流消失或降低过多，那么欠电流继电器就会释放，其触头切断控制线路的电源，使电动机断电停车。

4.2.5 电气原理图阅读分析的方法与步骤

要读懂电气原理图，首先应该掌握识图的基本方法与步骤，熟记电气图形符号所代表的电气设备、装置和控制元件，应该熟悉电气控制电路中常见的保护环节、自锁环节、互锁环节，应该熟悉和掌握电气控制最常用的几种基本电路。具体的阅读分析方法与步骤如下：

1. 分析主电路

主电路是指给用电器（如电动机、电磁阀等）供电的电路，是受控制电路控制的电路，又称主回路。

在实际工作中，一般从主电路入手，看它的电源类型和电压等级（如交流、直流、380V、220V、24V 等）。根据每台电动机和电磁阀等执行电器的控制要求，了解电气设备和装置的类别、用途以及接线方式，再分析它们的控制内容和方法，控制内容包括起动方式、方向控制、调速和制动等。

2. 分析控制电路

控制电路是指给控制元件（如接触器、继电器、主令开关等）供电的电路，是控制主电路动作的电路，也可以说是给主电路发出指令信号的电路，又称控制回路。

首先控制电路中的控制元件所需的电源类型和电压等级必须相符于控制电路。然后根据主电路中各电动机和电磁阀等执行电器的控制要求，逐一找出控制电路中的控制环节，了解各控制元件与主电路中用电器的相互控制关系和制约关系，充分利用前面学过的基本环节的知识，按功能不同划分成若干个局部控制线路进行分析。

3. 分析辅助电路

辅助电路主要有电源、工作状态显示、照明和故障报警等部分，它们的工作状态大多由控制电路中的元件来控制。

4. 分析联锁与保护环节

机床对于电气控制线路的安全性和可靠性具有很高的要求，除了合理地选择电气控制方案以外，还应设置一系列电气保护环节和必要的电气联锁。

5. 总体检查

综上所述，电路中所有的电气设备、装置、控制元件都不是孤立存在的，而是相互之间都有密切关系的。研究电路工作原理，是进行电路识图的重要步骤。特别要从整体角度进一步检查和理解各控制环节之间的联系，理解电路中每个元件所起的作用，这是阅读分析电气原理图最基本的方法与步骤。

4.3 机床控制线路的维修

机床控制线路在运行中会发生各种故障，造成停机，并影响生产，严重时还会造成事故，如电动机绕组与电器线圈的烧毁、电器元件的绝缘击穿与短路，以及负载异常引起电动机过载等，但大多数故障是由于控制线路中电器元件调整不当、动作失灵或零件损坏引起的。因此，必须加强机床控制线路的维护与检修，及时排除故障，确保其安全运行。

4.3.1 机床控制线路的维护

机床控制线路的日常维护包括电动机、电器元件及电气线路的维护，具体要求如下：

1）电动机的日常维护应按《电动机的使用和维护》要求进行，并定期进行小修和大修。

2）电器元件的日常维护应按《常用低压控制电器的选择和使用》要求进行。

3）不得随意改变热继电器和断路器的整定值及熔体的额定电流。

4）注意检查接触器、继电器及接线端子等的接点是否松动、损坏或脱落等。

5）注意检查各电器元件和导线是否浸油或绝缘损伤。

6）注意检查连接导线是否有断裂、脱落或绝缘老化等现象。

7）为防止金属屑或油污进入电动机、控制箱和电气线路中，致使绝缘电阻下降、触头接触不良及散热条件恶化，甚至造成短路，应注意保持机床电气设备的清洁。

8）加强在高温、雨季及严寒季节对电气设备的维护检查，尤其应检查其接地和接零是否可靠。

4.3.2 机床控制线路的检修

机床控制线路是多种多样的，它们的故障又往往和机械、液压气动系统交错在一起，较难分辨，必须掌握正确的检修方法。

1. 故障调查

故障调查就是在处理故障前，学会利用观察法来判断电气故障。所谓观察法就是利用人的眼、鼻、耳、手通过问、看、闻、听、摸来进行直观检查，了解出现故障的详细情况，以便迅速地判断出故障的部位，并准确地排除故障。

（1）问　向操作者详细了解故障发生的前后情况，一般询问的项目：故障是经常发生还是偶尔发生；有哪些主要不良现象（如异常的振动、响声、火花或冒烟等）；故障发生前有无频繁起动、停止或过载等；是否经历过维护、检修及改动线路等。

（2）看 巡视线路和设备，通过查看现象、状态、颜色等判断线路上有无明显问题；观察熔体是否熔断；电源是否缺相和三相不平衡；电器元件是否安装有缺陷、变形，有无放电、发热、烧毁；触头是否磨损、熔焊；接线有否松动、脱落、断线或绝缘破损；线路和设备周围有无严重污垢和腐蚀；操作者的操作程序是否正确、规范等。

（3）听 通常电动机、变压器和电器元件正常运行时的声响应为均匀的“嗡嗡”声。如果电动机声响则可能是由于绝缘老化、内部接线错误、转子部件松动，或由于负载超重造成长期超载运行等。而变压器和电器元件声响或振动过大，则可能是内部零件松动、铁心间隙太大、有污物、线圈被烧坏、线圈制造先天不良等原因。倾听电动机、变压器和电器元件运行时的声音是否正常，以便帮助寻找故障部位。

（4）摸 一旦电动机、变压器和电磁线圈等发生故障，温度会显著上升，可以切断电源用手触摸电气设备不带电的外壳、绝缘导线的外皮、电缆的外皮等进行检查。通常用手摸能坚持10s的温度为60℃左右。当手感振动剧烈、发麻则说明电气设备的振动太大。

（5）闻 由于电流过大的作用会发热并放出橡胶烧焦的难闻气味，则说明接头松动或因氧化而使接触电阻增大，甚至烧坏接头。电动机及电磁铁的绝缘漆也会由于电流过大而放出油漆焦糊味，或因温度过高绝缘烧坏而发出的特别气味等。一般轻微的气味是正常的，当人不能忍受时，则说明电流太大，应进行相应的紧急处理。

“问”、“看”、“听”、“摸”、“闻”是寻找故障的第一步，有些故障还应作进一步检查。

2. 逻辑检查法

简单的机床控制线路，对每个电器元件及每根导线逐一进行检查，也能找出故障部位，但复杂的机床控制线路，往往有上百个电器元件及成千条连线，采取逐一检查不仅耗费大量的时间，而且也容易发生遗漏，故往往采用逻辑检查法检查。

逻辑检查法是根据机床控制线路的工作原理，结合故障现象进行故障分析，以便收缩目标，迅速判断故障部位。当故障的可疑范围较大时，按部就班地逐级检查，可从故障范围的中间某环节开始检查，以便缩小范围，迅速找出故障部位。

3. 试验法

当外部检查发现不了故障时，可对机床控制线路作通电试验检查。

1）通电试验检查时，应尽量使电动机和传动机构脱开，调节器和相应的转换开关置于零位，行程开关还原到正常位置。若电动机和传动机构不易脱开时，可将主电路熔体或开关断开，先检查控制电路，待其正常后，再恢复接通电源检查主电路。开动机床时，应在操作者配合下进行，以免发生意外事故。

2）通电试验检查时，应先用试灯或万用表检查电源电压是否正常、有无缺相或严重不平衡情况。

3）通电试验检查应先易后难，分步进行。每次检查的部位及范围不要太大，范围越小，故障情况越明显。检查的顺序是：先控制电路后主电路，先辅助系统后主转动系统，先开关电路后调整电路，先重点怀疑部位后一般怀疑部位。

较为复杂的机床控制线路检查时，应拟定一个检查步骤，即将复杂线路划分成若干简单的单元或环节，按步骤、有目的地进行检查。

4）通电试验检查也可采用分片试送法。即先断开所有的开关，取下所有的熔体，然后按顺序逐一插入要检查部位的熔体；合上开关，观察有无冒烟、冒火及熔断器熔断现象，如无异常现象，给以动作指令，观察各接触器和继电器是否按规定顺序动作，即可发现故障。

4. 测量法

测量法是实际工作中用来准确判断故障点的有效检查方法，在检修机床控制线路时，常用的测试工具有万用表、试灯、电池灯、电笔、钳形电流表及兆欧表等，用以测量线路中的电压与电流、线圈的电阻、电气设备的绝缘及线路的通断等情况。如果机床电气控制线路中采用的是晶闸管自动调速系统，则用示波器观察波形，对于检测、查找故障点更直观有效。

（1）电压法　使用万用表测量电压，测量范围较大，交直流电压均能测量，是使用最多的一种测量工具。检测前应熟悉可能有故障的线路及各点的编号，清楚线路的走向以及元件位置；明确线路正常时应有的电压值；将万用表的转换开关拨至合适的电压倍率档，将测量值与正常值比较，作出分析判断。电压法测量有以下两种方法：

1）电压分阶测量法（如图 4-18 所示）。接通控制电路电源，当按下起动按钮 SB1（或 SB3），KM 不吸合，则说明控制电路有问题。先用电压交叉测量法找出熔断器（FU2）有无故障（L1-0、L2-1），然后按图 4-18 所示分阶测量 0-2（检查 SB3）、0-3（检查 SB1）、0-4（检查 FR）、0-5（检查 KM）。

2）电压分段测量法（如图 4-19 所示）。接通控制电路电源，当按下起动按钮 SB3（或 SB4），KM 不吸合，则说明控制电路有问题。先用电压交叉测量法找出熔断器（FU2）有无故障，然后按图 4-19 所示分段测量 1-2（检查 SB1）、2-3（检查 SB2）、3-4（检查 SB3 或 SB4）、4-5（检查 FR）、5-0（检查 KM）。

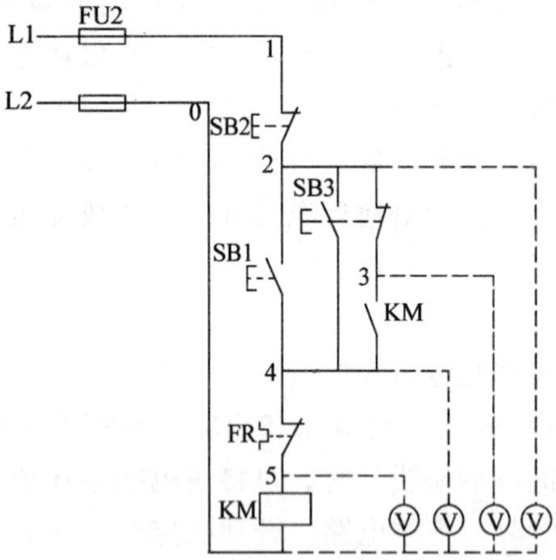

图 4-18　电压分阶测量法

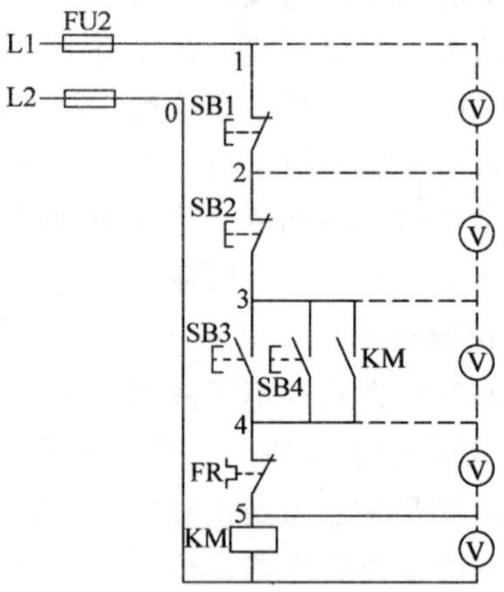

图 4-19　电压分段测量法

（2）电阻法　电阻法就是在电路切断电源后用仪表测量两点之间的电阻值，通过对电阻值的对比，进行电路故障检查的一种方法。在继电接触器控制系统中，当电路存在断路故障时，利用电阻法对线路中的断线、触头虚接触以及导线虚焊等故障进行检查，可以找到故障点。

采用电阻法查找故障的优点是安全，缺点是测量电阻值不准确时易产生误判断，快速性和准确性低于电压法。因此，电阻法检查电路故障时应注意：检查故障时必须断开电源；如被测电路与其他电路并联连接时，则应将该电路与其他并联电路断开，否则会产生误判断；

测量高电阻值的元器件时，万用表的选择开关应旋至合适的电阻档。

1）电阻分阶测量法（如图4-20所示）。控制电路电源正常，按下起动按钮（SB1或SB3），接触器（KM）不吸合，表明控制电路存在断路故障。电阻法测量前先断开电源，将万用表转换开关置于R×100（或R×1k）档，按图4-20所示方法测量0-1（检查SB2）、0-2（检查SB1或SB3）、0-3（检查FR）、0-4（检查KM）。

2）电阻分段测量法（如图4-21所示）。测量检查时先切断电源，再用合适的电阻档逐段测量相邻点之间的电阻，1-2（检查SB1）、2-3（检查SB2）、3-4（检查SB3或SB4）、4-5（检查FR）、5-0（检查KM）。

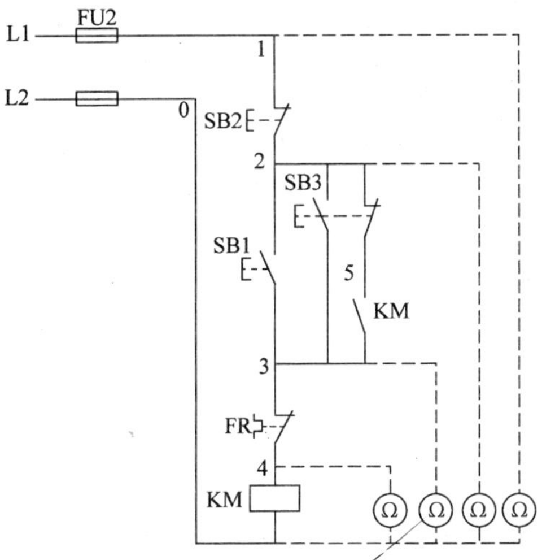

图4-20 电阻分阶测量法

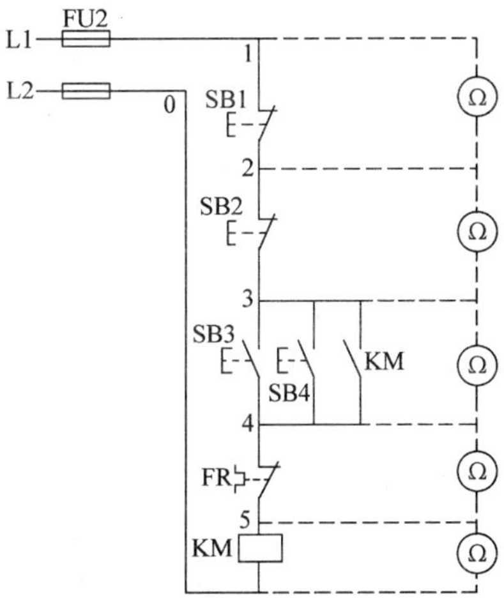

图4-21 电阻分段测量法

注意： *在用测量法查找故障点时，一定要先检查各种测量工具和仪表完好，且使用方法正确、合理。要注意防止感应电、回路电和其他并联支路的影响，避免产生误判断。*

5. 元件替代法

主要是利用相同型号、规格的元件去替代可能有故障的元件，替代以后看设备故障是否消除。元件替代法可核实采用电压法和电阻法所确定的故障点；核实模棱两可而无法确定的故障；核实元件参数选用不当带来的故障。元件替代法也常用于电子线路的检查和消除故障。

6. 电气故障的修复

当找出电气设备的故障点后，应及时进行修复、试运转和记录等，然后交付使用，但必须注意如下事项：

1）在找出故障点和修复故障时，应注意不能把找出的故障点作为寻找故障的终点，还必须进一步分析，查明产生故障的根本原因。例如：在处理某台电动机因过载烧毁的事故时，决不能认为将烧毁的电动机重新修复或换上一台同型号的新电动机就算完事，而应进一步查明电动机过载的原因，到底是因负载过重，还是电动机选择不当、功率过小所致，因为两者都将导致电动机过载。所以在处理故障时，修复故障应在找出故障原因并排除之后进行。

2）找出故障点后，一定要针对不同故障情况和部位，采取相应正确的修复方法，不要轻易采用更换元器件和补线等方法，更不允许轻易改动线路或更换规格不同的元器件，以防产生人为故障。

3）在故障点的修理工作中，一般情况下应尽量做到复原。但是，有时为了尽快恢复机床的正常运行，根据实际情况也允许采取一些适当的应急措施，但绝不可凑合行事。

4）电气故障修复完毕，需要通电试运行时，应和操作者配合，避免出现新的故障。

5）每次排除故障后，应及时总结经验，并做好维修记录。记录的内容包括：机床的型号、名称、编号、故障发生日期、故障现象、部位、损坏的电器、故障原因、修复措施及修复后的运行情况等。记录的目的主要是作为档案以备日后维修时参考，并通过对历次故障的分析，采取相应的有效措施，防止类似事故的再次发生或对电气设备本身的设计提出改进意见等。

机床控制线路的故障，不是千篇一律的，就是同一故障现象，发生的部位也不尽相同，故理论与实践应密切结合，注重经验积累，灵活处理，切不可生搬硬套。

4.3.3 典型机床控制线路的故障分析与处理

1. C6150普通车床控制线路的故障分析与处理

C6150普通车床能够车削外圆、内圆、端面、螺纹和螺杆，能够切削定型表面，并可用钻头、铰刀等刀具进行钻孔、车孔、倒角、割槽及切断等加工工作。

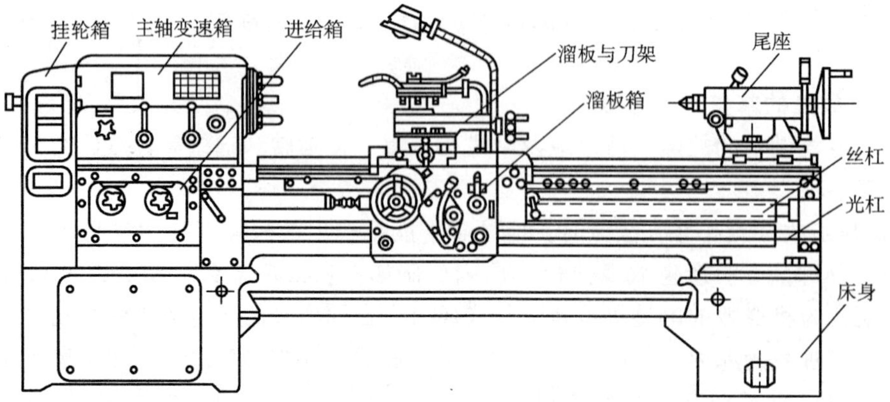

图4-22 C6150普通车床的外型结构

C6150普通车床的外型结构如图4-22所示。它主要由床身、主轴变速箱、尾座、床鞍、刀架、溜板箱、进给箱、挂轮箱、中心架和电动机装置的组成。车削的主运动是主轴通过卡盘式顶尖带动工件的旋转运动，它承受车削加工时主要切削功率。进给运动是溜板带动刀架的纵向或横向运动。为了保证螺纹加工的质量，要求工件的旋转速度与刀具的移动速度之间具有严格的比例关系。为此，运动从主电动机传到主轴变速箱，当接通电磁离合器 YC1 时使主轴得到正转。如果接通电磁离合器 YC2 时，则通过传动链使主轴得到反转。速度的变换，是通过变速手柄操作实现的，可以得到正、反转各 17 种转速。C6150 普通车床的元器件位置如图 4-23 所示。

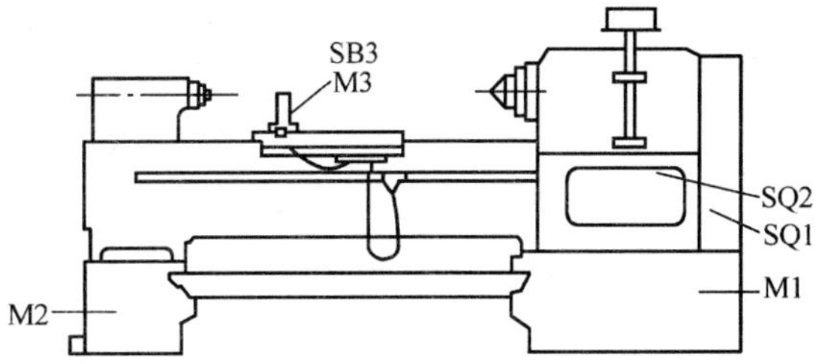

图 4-23 C6150 普通车床的元器件位置图

(1) C6150 普通车床的主电路分析（如图 4-24 所示） 主电路由 QF1 断路器控制，它具有过载和短路保护。

M1 为主电动机，由 KM1 接触器和 KM2 接触器的主触头控制正、反转。

M2 为润滑泵电动机，由 QF2 断路器控制，具有短路和过载保护。

M3 为冷却液泵电动机，由 KM3 接触器控制，由 FR 热继电器作过载保护。

M4 为快速移动电动机，由 SA1 三位置自动复位开关控制，由 FU1 熔断器作短路保护。

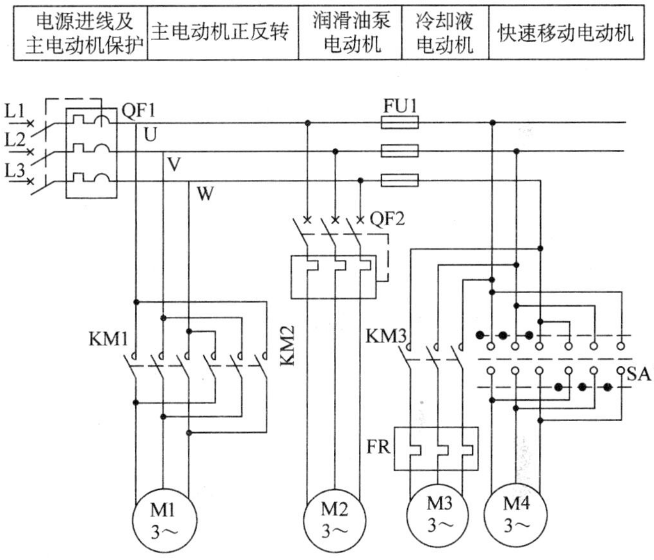

图 4-24 C6150 普通车床的主电路

(2) C6150 普通车床的控制电路分析（如图 4-25 所示） 主电动机转向的变换由 SA2 主令开关来实现。主轴的转向与主电动机的转向无关，而是取决于进给箱或溜板箱操作手柄的位置。手柄的动作使行程开关、继电器及电磁离合器产生相应的动作，使主轴得到正确的转向。

当 SA2 选在主电动机正转向位置时，按下起动按钮 SB3，接触器 KM1 线圈通电，KM1 主触头接通，M1 主电动机正转。同时 KM1 的常开触头将 305 和 307 两点接通，而 KM2 的常闭触头仍将 303 和 309 两点接通。此时如把操作手柄拉向右面（或向上面），SQ3 或 SQ4 组合行程开关的触头接通，主轴正转继电器 KA1 线圈通电，KA1 常开触头闭合，YC2 电磁离合器通电，带动主轴正转。若把操作手柄拉向左面（或向下），SQ5 或 SQ6 组合行程开关的触头闭合，主轴反转继电器 KA2 线圈通电，KA2 常开触头闭合，YC1 电磁离合器通电，带动主轴反转。

当 SA2 选在主电动机反转位置时，按下 SB3 按钮，KM2 接触器线圈通电，KM2 主触头

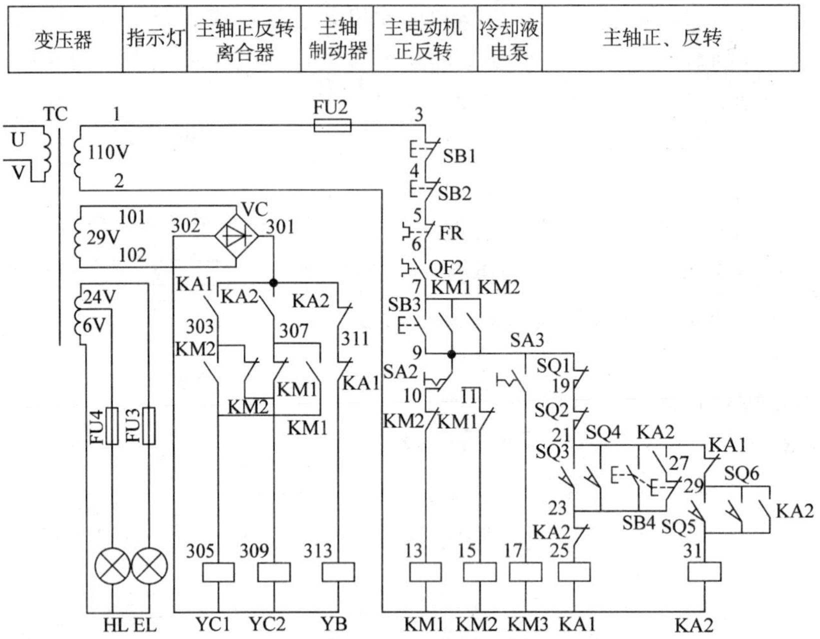

图 4-25　C6150 普通车床的控制电路

接通，M1 主电动机反转。同时 KM2 的常开触头将 303 和 305 两点接通，而 KM1 的常闭触头仍将 307 和 309 两点接通。此时如把操作手柄拉向右面（或向上面），SQ3 或 SQ4 组合行程开关的触头接通，KA1 继电器线圈通电，KA1 常开触头闭合，将使 YC1 电磁离合器通电，带动主轴正转。若把操作手柄拉向左面（或向下面），SQ5 或 SQ6 组合行程开关的触头闭合，KA2 继电器线圈通电，KA2 常开触头闭合，YC2 电磁离合器通电，带动主轴反转。操作者控制主轴的正、反转是通过进给箱操作手柄或溜板箱操作手柄来进行控制的，如图4-26 所示。

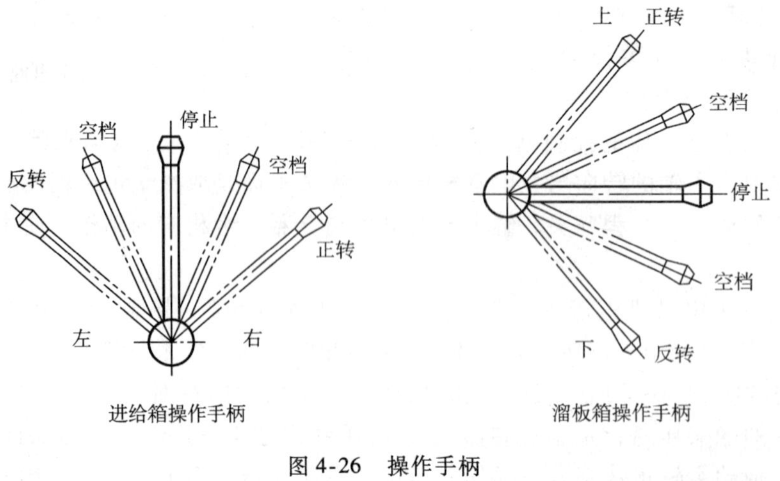

图 4-26　操作手柄

操作手柄有两个空档、正转、停止（制动）和反转等 5 档位置。若需要正转，只要把手柄向右（或向上）一拉，手放松后，手柄自动回到右面（或上面）的空档位置，因 KA1 继电器吸合后触头自锁，保持主轴正转。若需要反转，只要把手柄向左（或向下）一拉，手放松后，手柄自动回到左面（或下面）的空档位置，因 KA2 继电器吸合后触头自锁，保持主轴反转。若需要主轴停止（制动），只要把手柄放在中间位置，SQ1 或 SQ2 组合行程开关常闭触头断开，切断 KA1 和 KA2 继电器的电源，YC1 和 YC2 电磁离合器断电，主轴制动电磁离合器 YB 通电，使主轴制动。

如果需要微量转动主轴，可以按 SB4 点动按钮。

EL 为机床照明灯，HL 为电源指示灯。

（3）C6150 普通车床的常见故障举例　C6150 车床共有 4 台电动机。主电路故障主要表现在 M1 与 M4 正转或反转缺相、正反转均缺相，M2 与 M3 缺相等故障。控制电路故障主要表现在电路无法起动，主轴正转或反转无法起动，主轴无制动等。

1）电动机 M1 正转或反转缺相、正反转均缺相。

故障分析：电源缺相，电动机绕组损坏，KM1 与 KM2 接触器的动合触头损坏，连接导线断线或接触不良。

故障检查：正转或反转缺相。用万用表交流电压 500V 档测量 U，V，W 线电压，如不正常，则再测量 M1 或 M2 上电压。如测量 U，V，W 线电压正常，可拆下 M1 电动机接线，用万用表电阻档测量电动机接线是否断线及检查线路中连接导线是否接触不良或断线。正、反转均缺相，除检查上述各点外，尚需检查 QF1 断路器上电压，及检查电动机绕组是否断线。更换元件或导线，修理电动机。

2）电动机 M4 正转或反转缺相、正反转均缺相。

故障分析：电源缺相，电动机绕组损坏，SA1 倒顺开关损坏，连接导线断线或接触不良。

故障检查：正、反转均缺相，用万用表交流电压 500V 档测量 QF1、FU1 上电压，及用电阻档 R×1 测量电动机连接线及电动机绕组是否断线。正转或反转缺相，检查 SA1 开关接触是否良好，连接导线有否断线。检查到故障后，予以修理或调换元件或导线。

3）电动机 M2 正转缺相。

故障分析：电源缺相，QF1 或 QF2 触头损坏，电动机绕组断线，连接导线断线。

故障检查：用万用表交流电压 500V 档测量 QF1 或 QF2，检查 U，V，W 三相电压是否正常。用万用表电阻档测量连接导线是否断线，电动机绕组是否断线。

4）电动机 M3 正转缺相。

故障分析：电源缺相，QF1 与 QF2 触头损坏及熔体熔断，KM3 交流接触器触头或 FR 触头损坏，电动机绕组断线，连接导线断线。

故障检查：用万用表交流 500V 档测量 QF1，FU1，KM3，FR 及 U，V，W 上的三相电压是否正常。用万用表电阻档测量连接导线是否断线，电动机绕组是否断线。找出故障予以修复。

5）控制电路不能起动。

故障分析：控制变压器 TC 坏，FU1，FU2 熔体断，SB1、SB2、FR 或 QF2 触头坏。

故障检查：用万用表交流电压 500V 档测量 FU1 及 TC，再将万用表量程改为 250V 档测量变压器二次绕组电压是否为交流 110V，再以 2 号线为基准依次测 3、4、5、6、7 号线端，应均为交流 110V 电压。如测到哪号线端无电压，则断开电源检查该处触头和连接导线。

6）主轴正转无法工作。

故障分析：主轴正转有两种情况，在 $n2$ 的转速下，主轴正转决定于 KM1 接触器、M1 正转、行程开关 SQ3 和 SQ4、KA1 继电器和 YC2 离合器。在 $n1$ 转速下，主轴正转决定于 KM2 接触器、M1 反转、行程开关 SQ3 和 SQ4、KA1 继电器和 YC1 离合器。$n2$ 与 $n1$ 转速下，主轴正转还与变压器二次绕组交流电压 29V（102、101）以及 VC 桥式整流器是否正常有关。

故障检查：当 SA2 主令开关置于 $n2$ 转速时，接通 9 号与 11 号线端，按 SB3，检查 KM1 接触器是否接通。将操作手柄置于主轴正转位置（右或上），KA1 应吸合，KA1 动合触头 301、303 接通 YC2 离合器。KM1 不吸合，用万用表交流电压 250V 档，以 2 号为基准，依次测量 11 号与 13 号的电压应均为 110V。KA1 不吸合依次测量 19 号、21 号、23 号、25 号线也应为 110V 电压。如 23 号无电压，应检查 SQ3 或 SQ4 行程开关触头及 23 号连线。YC2 离合器不吸，用万用表直流电压 50V 档测量 301 与 302 线端及 302、303 线端均应为直流 24V。如为 12V，则应检查 VC 整流器中二极管是否烧断。如电压正常，应断开电源、检查 YC2 离合器，直流电阻正常值为 33Ω，低于此值则 YC 线圈短路或烧断。当 SA2 置于 $n1$ 转速时，9 号、15 号接通。按 SB3，KM2 吸合，M1 主电动机反转，操作手柄置于主轴正转位置，压 SQ3 或 SQ4，KA1 吸合，接通 YC1 离合器，主轴做正转。检查过程与 $n2$ 转速时基本相同。

7）主轴无制动。

故障分析：YB 为制动离合器，当操作手柄置于停止位置时，断开 SQ1 或 SQ2，使 KA1 或 KA2 均断开电源，KA1 及 KA2 的动断触头 301 号、311 号、313 号接通，使 YB 离合器吸合。主轴无制动，重点是 KA1 及 KA2 动断触头有故障。

故障检查：用万用表直流电压 50V 档以 302 为基准依次测量 301 号、311 号、313 号应为直流 24V。如测到哪点无电压，则断开电源，检查此处触头与连接导线，并予以修理或更换。

2. Z3040 摇臂钻床控制线路的故障分析与处理

钻床是一种孔加工机床。可用来进行钻孔、扩孔、绞孔、攻螺纹及修刮端面等多种形式的加工。钻床按用途和结构可分为立式钻床、台式钻床、多轴钻床、摇臂钻床及其他专用钻床等。在各类钻床中，摇臂钻床操作方便、灵活，适用范围广，具有典型性，特别适用于单件或批量生产中带有多孔大型零件的孔加工，是一般机械加工车间常见的机床。

（1）Z3040 摇臂钻床的主要结构　摇臂钻床主要由底座、内立柱、外立柱、摇臂、主轴箱及工作台等部分组成，如图 4-27 所示。

内立柱固定在底座的一端，在它的外面套有外立柱，外立柱可绕内立柱回转 360°。摇臂的一端为套筒，它套装在外立柱上，并借助丝杆的正、反转，可沿着外立柱作上下移动。由于丝杆与外立柱连成一体，而升降螺母固定在摇臂上，所以摇臂不能绕外立柱转动，只能与外立柱一起绕内立柱回转。主轴箱是一个复合部件，它由主传动电动机、主轴和主轴传动机构、进给和变速机构以及机床的操作机构等部分组成。主轴箱安装在摇臂的水平导轨上，可以通过手轮操作，使其在水平导轨上沿摇臂移动。当进行加工时，由特殊的夹紧装置将主轴箱紧固在摇臂导轨上，外立柱紧固在内立柱上，摇臂紧固在外立柱上，然后进行钻削加工。钻削加工时，钻头一面旋转进行切削，同时进行纵向进给。

摇臂钻床的主运动为主轴的旋转运动；进给运动为主轴的纵向进给。辅助运动有：摇臂

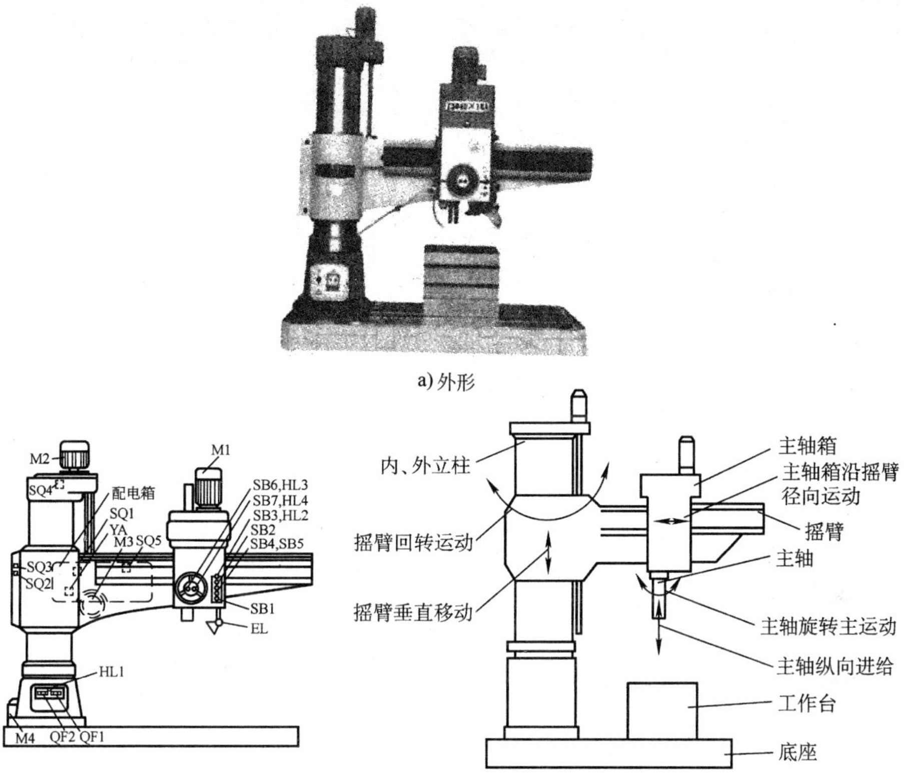

a) 外形

b) 结构

c) 元器件位置图

图 4-27　Z3040 摇臂钻床的主要结构

沿外立柱垂直移动，主轴箱沿摇臂长度方向的移动，摇臂与外立柱一起绕内立柱的回转运动。

（2）Z3040 摇臂钻床的电力拖动特点及控制要求

1）摇臂钻床运动部件较多，为简化传动装置，采用多台电动机拖动。通常设有主轴电动机、摇臂升降电动机、立柱夹紧放松电动机及冷却泵电动机。

2）摇臂钻床为适应多种形式的加工，要求主轴及进给有较大的调速范围。主轴一般速度下的钻削加工常为恒功率负载；而低速时主要用于扩孔、绞孔和攻丝等加工，这时则为恒转矩负载。

3）摇臂钻床的主运动与进给运动皆为主轴运动，为此这两个运动由一台主轴电动机拖动，分别经主轴与传动机构实现主轴旋转和进给。所以主轴变速机构与进给变速机构均装在主轴箱内。

4）为加工螺纹，主轴要求正、反转。摇臂钻床主轴正、反转一般由机械方法获得，这样主轴电动机只需单方向旋转。

5）摇臂钻床具有两套液压系统，一个是操纵机构液压系统，一个是夹紧机构液压系统。前者装在主轴箱内，用以实现主轴正反转、停车制动、空档、预选及变速；后者安装在摇臂背后的电器盒下部，用以夹紧松开主轴箱、摇臂及立柱。

6）具有必要的联锁与保护。

（3）Z3040 摇臂钻床主电路如图 4-28 所示　M1 为主轴电动机，M2 为摇臂升降电动机，M3 为液压泵电动机，M4 为冷却泵电动机。

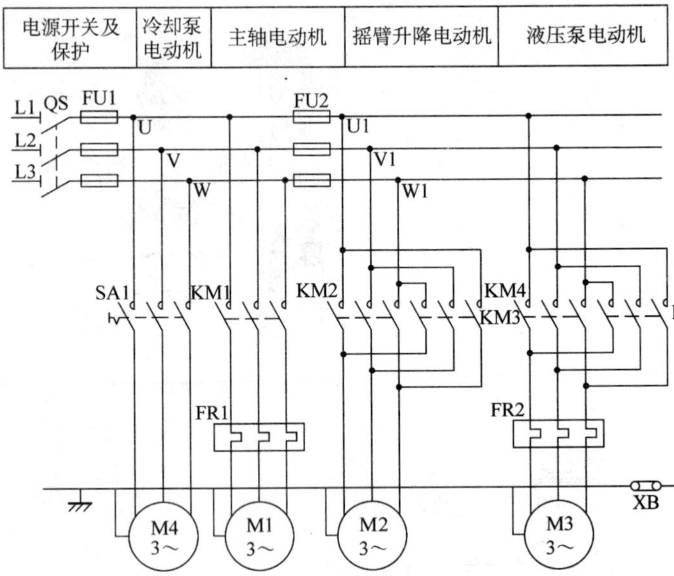

图 4-28　Z3040 摇臂钻床主电路

M1 为单方向旋转，由 KM1 控制，主轴的正、反转则由机床液压系统操纵机构配合正、反转摩擦离合器实现的，并由热继电器 FR1 作电动机 M1 过载保护。

M2 由接触器 KM2 和 KM3 控制实现正、反转。控制电路保证在操纵摇臂升降时，首先使液压泵电动机起动旋转，供出压力油，经液压系统将摇臂松开，然后才使电动机 M2 起动，拖动摇臂上升或下降。当移动到位后，控制电路又保证 M2 先停下，再自动通过液压系统将摇臂夹紧，最后液压泵电动机才停下。M2 为短时工作，不设过载保护。

M3 由 KM4、KM5 实现正、反转控制，并由热继电器 FR2 作过载保护。

M4 电动机容量小，仅 0.125kW，由开关 SA1 控制直接起动。

（4）Z3040 摇臂钻床控制电路如图 4-29 所示　由按钮 SB1、SB2 与 KM1 构成主轴电动机 M1 的单向起动与停止电路。M1 起动后，指示灯 HL3 点亮表示主轴电动机在旋转。

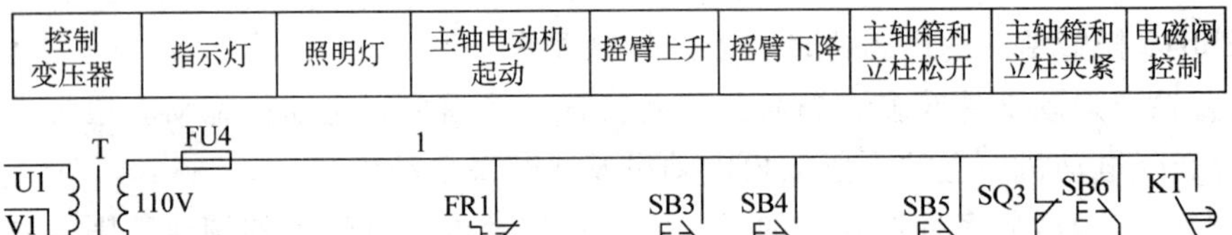

图 4-29　Z3040 摇臂钻床控制电路

由摇臂上升按钮 SB3、下降按钮 SB4 及正、反转接触器 KM2、KM3 组成具有双重互锁的电动机正、反转点动控制电路。由于摇臂的升降控制需与夹紧机构液压系统紧密配合，所以与液压泵电动机的控制有密切关系。下面以摇臂的上升为例分析摇臂升降的控制。

按上升点动按钮SB3，时间继电器KT线圈通电，触头KT（1-17）、KT（13-14）立即闭合，使电磁铁YV、KM4线圈同时通电，液压泵电动机起动旋转，拖动液压泵送出压力油，并经二位六通阀进入松开油腔，推动活塞和菱形块，将摇臂松开。同时，活塞杆通过弹簧片压上行程开关SQ2，发出摇臂松开信号，即触头SQ2（6-7）闭合，SQ2（6-13）断开，使KM2通电，KM4断电。于是电动机M3停止旋转，油泵停止供油，摇臂维持松开状态，同时M2起动旋转，带动摇臂上升。所以，SQ2是用来反映摇臂是否松开并发出松开信号的电器元件。如果SQ2没有动作，则表示摇臂没有松开，KM2、KM3就不能吸合，摇臂就不能升降。

当摇臂上升到所需位置时，松开SB3，线圈KM2和KT断电，M2电动机停止旋转，摇臂停止上升。但由于触头KT（17-18）经1～3s延时闭合，触头KT（1-17）经同样延时断开，所以KT线圈断电经1～3s延时后，KM5通电，YV断电。此时M3反向起动，拖动液压泵，送出压力油，经二位六通阀进入摇臂夹紧油腔，向反方向推动活塞和菱形块，将摇臂夹紧。同时，活塞杆通过弹簧片压下行程开关SQ3使触头SQ3（1-17）断开，使KM5断电，油泵电动机M3停止转动，摇臂夹紧完成。所以，SQ3为摇臂夹紧信号开关。

时间继电器KT是为保证夹紧动作在摇臂升降电动机停止运转后进行夹紧而设的。KT延时长短根据摇臂升降电动机切断电源到停止的惯性大小来调整，应保证摇臂停止运动后才夹紧。

摇臂升降的极限由组合开关SQ1来实现。SQ1有两对常闭触头，当摇臂上升或下降到极限位置时相应触头动作，切断对应上升或下降接触器KM2与KM3，使M2停止转动，摇臂停止移动，实现极限保护。SQ1开关两对触头平时应调整在同时接通位置，一旦动作时，应使一对触头断开，另外一对触头仍保持闭合。

摇臂自动夹紧程度由行程开关SQ3控制。如果夹紧机构液压系统出现故障不能夹紧，那么触头SQ3（1-17）之间断不开，或者SQ3开关安装调整不当，摇臂夹紧后仍不能压下SQ3。这时都会使电动机M3处于长期过载状态，易将电动机烧坏，为此M3采用热继电器FR2作过载保护。

主轴箱和立柱松开与夹紧的控制：主轴箱和立柱的夹紧与松开是同时进行的。当按下松开按钮SB5，KM4通电，M3电动机正转，拖动液压泵，送出压力油，这时YV处于断电状态，压力油经二位六通阀，进入主轴箱松开油腔与立柱松开油腔，推动活塞和菱形块，使主轴箱和立柱实现松开。在松开的同时，通过行程开关SQ4控制指示灯发出信号，当主轴箱与立柱松开，开关SQ4不受压，触头SQ4（101-102）闭合，指示灯HLl亮，表示确已松开，可操作主轴箱与立柱移动。当夹紧时，将SQ4触头（101-103）闭合，指示灯HL2亮，可进行钻削加工。

机床安装后，接通电源，可利用主轴箱和立柱的夹紧、松开来检查电源相序是否正确。相序正确时，按立柱夹紧或松开按钮，夹紧与松开动作正确；如相序接反，则动作正好相反，此时应对调任意两根相线，以改正相序。

（5）Z3040摇臂钻床电气控制常见故障举例　摇臂钻床电气控制的特点是摇臂的控制，它是机、电、液的联合控制。根据电气原理分析，M1为主轴电动机，M2为摇臂升降电动机，M3为液压泵电动机，M4为冷却泵电动机。主电路故障主要表现在M1、M2、M4缺相，

M3 主要表现为易过载停止运转等故障。控制电路故障主要表现为摇臂不能上升或下降，摇臂升降后夹不紧。

1）摇臂不能上升。故障分析：按 SB3 按钮，KT 时间继电器吸合，使 YV 离合器与 KM4 均吸合、M3 电动机运转，摇臂松开，压 SQ2 行程开关，使 KM4 断开，M3 电动机停转。接通 KM2，使 M2 电动机运转，使摇臂上升。所以摇臂上升的前提是摇臂应完全松开，关键在于 SQ2 是否被活塞杆通过弹簧片压上，使触头 6 与 7 接通，6 与 13 断开。

故障检查：断开电源，用万用表电阻档测量 1-5（按下 SB3）、5-6。再测量 7-8、8-9、9 到 KM2 线圈是否断路。手动使 KT 时间继电器的衔铁与铁心闭合，测量 6-14、14-15、15-17、17-20、20-21、21 到 YV 线圈是否断开。如果检查触头接线均良好，则通电检查，用万用表交流 250V 电压档测量 6-7（SQ2 动合两端）电压是否正常。如有电压不正常，则此行程开关 SQ2 可能安装位置不当或发生移位。这样，摇臂虽已松开，但活塞杆仍压不上 SQ2，致使摇臂不能移动。有时也会出现因液压系统发生故障，使摇臂没有完全松开，活塞杆压不上 SQ2。为此，应配合机械及液压进行重新调整 SQ2 位置并安装牢固或调换行程开关 SQ2。

如果电动机 M3 的电源相序接反，此时按下摇臂上升按钮 SB3 时，则电动机 M3 反转，使摇臂夹紧，更压不上行程开关 SQ2，摇臂也不会上升。所以，必须认真检查电源相序及电动机正、反转。

2）摇臂升（或降）后无法夹紧。

故障分析：当摇臂上升或下降到位时，松开按钮 SB3（或 SB4），KM2（或 KM3）和 KT 断电，M2 电动机停止运转，经 KT 延时后，KM5 通电，YV 断电，M3 电动机反向运转。当压下 SQ3 行程开关后，KM5 断电，M3 停转摇臂夹紧。SQ3 为摇臂夹紧信号开关。当摇臂松开时，SQ3 复位（1 号、17 号接通）。当摇臂夹紧时，SQ3 被压，使 1-17 之间断开。所以摇臂升降后，无法夹紧，关键是 SQ3 行程开关通断是否正常。

故障检查：按 SB3 或 SB4，摇臂上升或下降，松开按钮观察 KM5 是否吸合。用万用表交流 250V 电压档测量，1-17 之间如有电压，说明 SQ3 摇臂松开时 SQ3 未复位。拆下 SQ3 检查触头及连接导线。如 SQ3 正常应检查 KT 延时触头（17-18），KM4 动断触头（18-19）及 KM5 线圈。如哪处断开，予以修理或调换。

3）液压泵电动机过载。

故障分析：M3 为液压泵电动机（即控制摇臂的夹紧与松开），摇臂夹紧程度由行程开关 SQ3 控制。如夹紧机构不能夹紧，将形成 SQ3 触头（1-17）断不开，这会导致 M3 处于长期过载状态。

故障检查：断开电源，用万用表电阻档测量 SQ3 行程开关，动断触头 1-17 是否断开，检查 SQ3 安装位置是否恰当，予以重新调整，在断电状态下 SQ3 行程应被压下，使动断触头处于断开位置。

有时电气控制系统工作正常，而液压系统的电磁阀芯卡住或油路堵塞，造成液压控制系统失灵，也会造成摇臂无法移动。因此，在维修工作中应正确判断是电气控制系统还是液压系统的故障，然后根据这两者之间的相互联系，相互配合共同排除故障。

3. M7130 平面磨床控制线路的故障分析与处理

磨床是用砂轮的周边或端面进行加工的精密机床。砂轮的旋转是主运动，工件或砂轮的往复运动为进给运动，而砂轮架的快速移动及工作台的移动为辅助运动。

磨床的种类很多，按其工作性质可分为外圆磨床、内圆磨床、平面磨床、工具磨床以及一些专用磨床（如螺纹磨床、齿轮磨床和导轨磨床等），其中平面磨床应用最为普遍。平面磨床可分为卧轴矩台磨床、立轴矩台平面磨床、卧轴圆台平面磨床及立轴圆台平面磨床等。平面磨床有的用砂轮圆周进行磨削加工，有的用砂轮端面磨削及用成型砂轮进行磨削加工。

（1）M7130 平面磨床的主要结构　M7130 平面磨床的外形结构与元器件位置图如图 4-30所示。

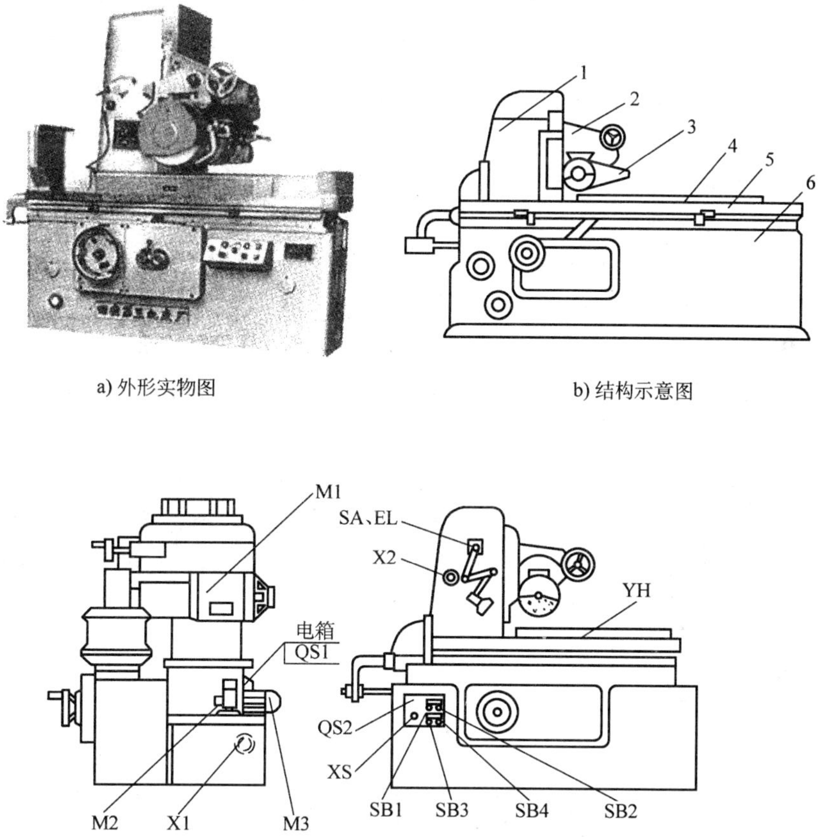

a) 外形实物图　　b) 结构示意图

c) 元器件位置图

图 4-30　M7130 平面磨床的外形结构与元器件位置图

1—立柱　2—滑座　3—砂轮架　4—电磁吸盘　5—工作台　6—床身

M7130 平面磨床的主要电气设备安装在床身后部的电源箱内，控制按钮安装在床身前部的电气操纵盒上。在箱形床身中，装有液压传动装置，工作台通过活塞杆由油压推动作往复运动，床身导轨有自动润滑装置进行润滑。工作台表面有 T 形槽，用以固定电磁吸盘，再由电磁吸盘来吸持加工工件。工作台的行程长度可通过调节装在工作台正面槽中的工作台换向撞块的位置来改变。工作台换向撞块是通过碰撞工作台往复运动换向手柄以改变油路来实现工作台的往复运动的。

在床身上固定有立柱，沿立柱的导轨上装有滑座，砂轮箱能沿其水平导轨移动。砂轮轴由装入式电动机直接拖动。在滑座内部往往也装有液压传动机构。

滑座可在立柱导轨上作垂直上下移动，以调整砂轮架的高度，这一垂直进给运动是通过手轮控制机械传动装置实现的。砂轮箱的水平轴向移动可由砂轮箱横向移动手轮操作，也可由液压传动作连续或间接移动，前者用于调节运动或修整砂轮，后者用于进给运动。

M7130平面磨床砂轮的旋转运动是主运动。进给运动有垂直进给，即滑座在立柱上的上下运动；横向进给，即砂轮箱在滑座上的水平运动；纵向进给，即工作台沿床身的往复运动。工作台每完成一次往复运动时，砂轮箱作一次间断性的横向进给；当加工完整个平面后，砂轮箱作一次间断性的垂直进给。

（2）M7130平面磨床电力拖动特点及控制要求　M7130平面磨床采用多台电动机拖动，其中砂轮电动机拖动砂轮旋转；液压电动机拖动液压泵，供出压力油，经液压传动机构来完成工作台往复纵向运动并实现砂轮的横向自动进给，并承担工作台导轨的润滑；冷却泵电动机拖动冷却泵，供给磨削加工时需要的冷却液。这就使磨床具有最简单的机械传动。

平面磨床是一种精密机床，为保证加工精度，使其运动平稳，确保工作台往复运动换向时惯性小、无冲击，采用液压传动实现工作台往复运动及砂轮箱横向进给。

磨削加工时无调速要求，但要求高速，通常采用两极笼型异步电动机拖动。为提高砂轮主轴刚度，以提高加工精度，采用装入式笼型电动机直接拖动。

为减小工件在磨削加工中的热变形，并冲走磨屑，以保证加工精度，需使用冷却液。为适应磨削小工件的要求，也为工件在磨削过程中受热能自由伸缩，采用电磁吸盘来吸持工件。

为此，M7130平面磨床由砂轮电动机、液压泵电动机、冷却泵电动机分别拖动，且只需单方向旋转。并且冷却泵电动机与砂轮电动机具有顺序联锁关系；在砂轮电动机起动后才可开动冷却泵电动机；无论电磁吸盘工作与否，可开动各电动机，以便进行磨床的调整运动；具有完善的保护环节和照明电路。

（3）M7130平面磨床电气原理图（如图4-31所示）　电气控制电路图由主电路、控制电路、电磁吸盘控制电路及机床照明电路等几部分组成。

1）主电路由砂轮电动机M1、液压泵电动机M3与冷却泵电动机M2组成，其中M1、

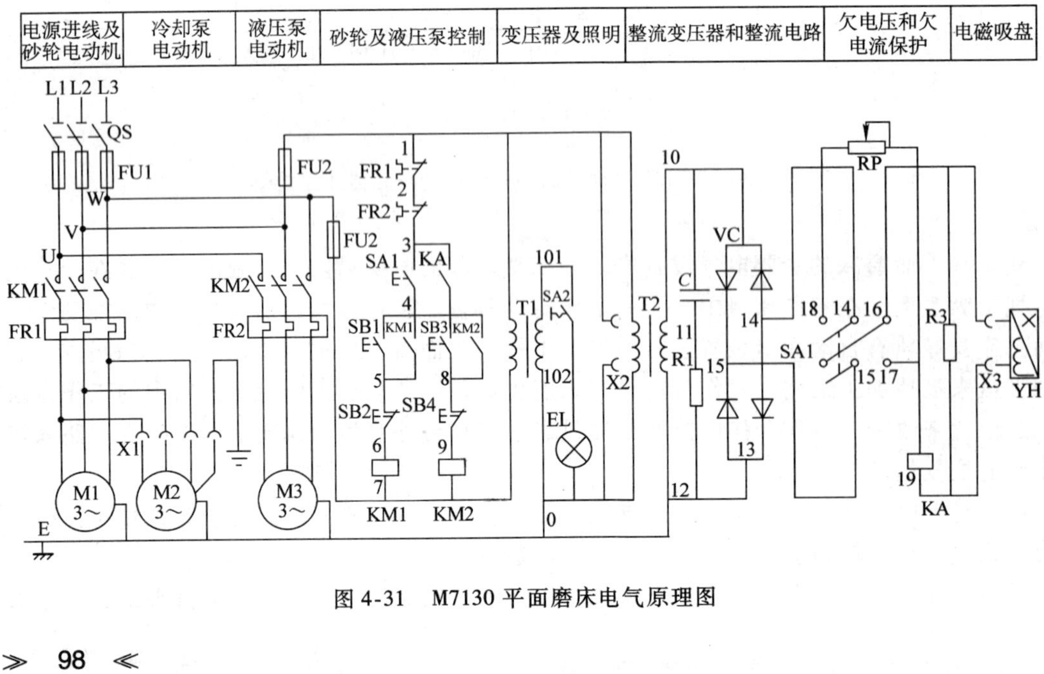

图4-31　M7130平面磨床电气原理图

M2 由接触器 KM1 控制，再经插销 X1 供电给 M2，电动机 M3 由接触器 KM2 控制。

熔断器 FU1 作为电动机 M1、M2、M3 的短路保护，M1 和 M2、M3 分别由 FR1、FR2 作长期过载保护。

2）控制电路由控制按钮 SB1、SB2 与接触器 KM1 构成砂轮电动机 M1 单方向旋转起动或停止控制电路；由 SB3、SB4 与 KM2 构成液压泵电动机 M3 单方向起动或停止控制电路。但电动机的起动必须在电磁吸盘 YH 工作，且欠电流继电器 KA 通电吸合，触头 KA（3-4）闭合，或 YH 不工作，转换开关 SA1 置于“去磁”位置，触头 SA1（3-4）闭合后方可进行。

3）电磁吸盘的构造及原理。电磁吸盘外形有长方形和圆形两种。矩形平面磨床采用长方形电磁吸盘，圆台平面磨床采用圆形电磁吸盘。电磁吸盘工作原理如图 4-32 所示。图中下部为钢制吸盘体，在它的中部凸起的心体 A 上绕有线圈；钢制盖板被隔磁层隔开。在线圈中通以直流电流，心体将被磁化，电磁感应线经盖板、工件、盖板、吸盘体和心体闭合，将工件牢牢吸住。盖板中的隔磁层由铅、铜、黄铜及巴氏合金等非磁性材料制成，其作用是使电磁感应线都通过工件再回到吸盘体，不致直接通过盖板闭合，以增强对工件的吸力。

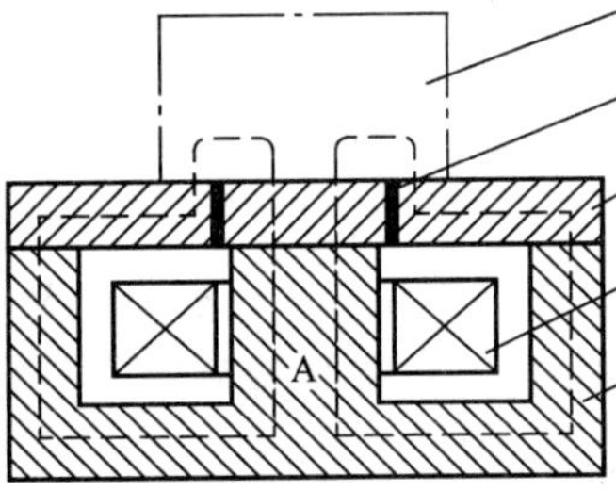

图 4-32　电磁吸盘原理图

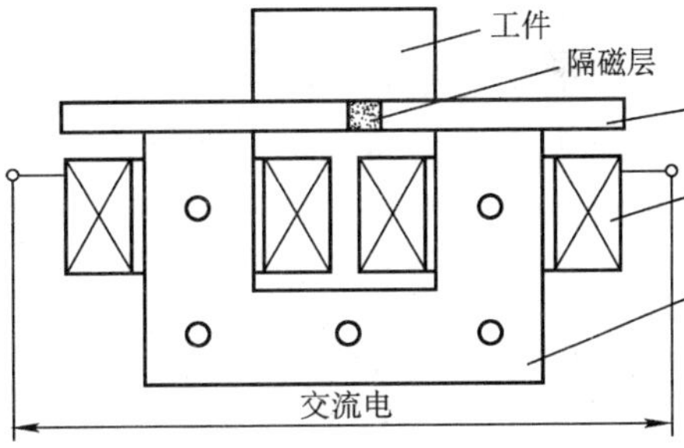

图 4-33　交流去磁器构造图

电磁吸盘的特点：具有夹紧迅速、不损伤工件、加工精度高以及工作效率高等优点。但需用直流电源供电，夹紧力不及机械夹紧和调节方便，也不能吸持非磁性材料工件等。

4）电磁吸盘控制电路由整流装置、控制装置及保护装置等几部分组成。电磁吸盘整流装置由整流变压器 T2 与桥式全波整流器 VC 组成，输出 110V 直流电压对电磁吸盘供电。

电磁吸盘由转换开关 SA1 控制，SAl 有三个位置：充磁、断电与去磁。当开关置于“充磁”位置时，触头（14-16）与触头（15-17）接通；当开关置于“去磁”位置时，触头（14-18）、（16-15）及（4-3）接通；开关置于“断电”位置时，SA1 所有触头都断开。对应开关 SA1 各位置，电路工作情况如下：

当 SA1 置于“充磁”位置，电磁吸盘 YH 获得 110V 直流电压，其极性 19 号线为正，16 号线为负，同时欠电流继电器触头 KA（3-4）闭合，反映电磁吸盘吸力足以将工件吸牢，这时可分别操作按钮 SB1 与 SB3，起动 M1 与 M3 进行磨削加工。加工完成后，按下停止按钮 SB2 与 SB4，M1 与 M3 停止旋转。为便于从吸盘上取下工件，需对工件进行去磁，其方法是将 SA1 扳至“退磁”位置。

当 SA1 扳至“退磁”位置时，电磁吸盘通入反方向电流，并在电路中串入可变电阻 RP，用以限制并调节反向去磁电流的大小，达到既退磁又不致反向磁化的目的。退磁结束将 SA1 扳到“断电”位置，便可取下工件。若工件对去磁要求严格，在取下工件后，还要用交流去磁器进行处理。交流去磁器是平面磨床的一个附件，使用时将交流去磁器插头插在床身的插座 X2 上，再将工件放在去磁器上即可去磁。

交流去磁器的构造和工作原理如图 4-33 所示。主要由硅钢片制成铁心，在其上套有线圈并通以交流电，在铁心柱上装有极靴，在由软钢制成的两个极靴间隔有隔磁层。去磁时线圈通入交流电，将工件在极靴平面上来回移动若干次，即可完成去磁要求。

5）电磁吸盘具有欠电流保护装置、过电压保护装置及短路保护等保护环节。

① 电磁吸盘的欠电流保护。为防止平面磨床在磨削过程中出现断电事故或吸盘电流减小，致使电磁吸盘失去吸力或吸力减小，造成工件飞出，引起工件损坏或人身事故，故在电磁吸盘线圈电路中串入欠电流继电器 KA。只有当直流电压符合设计要求，吸盘具有足够吸力时，欠电流继电器 KA 才吸合，触头 KA（3-4）闭合，为起动电动机 M1 和 M3 进行磨削加工作准备。否则不能开动磨床进行加工；若已在磨削加工中，则 KA 因电流过小而释放，触头（3-4）断开，使得 KM1、KM2 线圈断电，M1 和 M3 立即停止旋转，避免发生事故。

② 电磁吸盘线圈的过电压保护。电磁吸盘线圈匝数多，电感大，通电工作时储有大量磁场能量。当线圈断电时，在线圈两端将产生高电压，若无放电电路，将使线圈绝缘及其他电气设备损坏。为此，在吸盘线圈两端应设置放电装置，以吸收断开电源后放出的磁场能量。该机床在电磁吸盘两端并联了放电电阻 R3。

③ 电磁吸盘的短路保护。在整流变压器 T2 的二次绕组或整流装置输出端装有熔断器 FU3 作短路保护。

此外，在整流装置中还设有 R-C 串联支路并联在 T2 二次绕组，用以吸收交流电路产生的过电压和直流侧电路通断时在 T2 二次绕组产生的浪涌电压，实现整流装置的过电压保护。

6）照明电路由变压器 T1 将 380V 降为 36V，并由开关 SA2 控制照明灯 EL。在 T1 一次绕组装有熔断器 FU2 作短路保护。

（4）M7130 平面磨床电气设备常见故障举例　平面磨床电气控制的主要特点是采用电磁吸盘，在此仅对电磁吸盘的常见故障进行分析。

1）电磁吸盘没有吸力。

首先应检查三相交流电源是否正常，然后检查 FU1、FU2 与 FU3 是否完好，开关 SA1 接触是否正常，再检查接插件 X3 接触是否良好。如上述检查均未发现故障，则进一步检查电磁吸盘电路，包括 KA 线圈是否断开、吸盘线圈是否断路等。

2）电磁吸盘吸力不足。

常见的原因有交流电源电压低，导致直流电压下降，以致吸力不足。若直流电压正常，则可能是接插件 X3 接触不良。

另一原因是桥式整流电路的故障。如整流桥臂发生开路，将使直流输出电压下降一半左右，使吸力减小。若有一臂整流元件击穿形成短路，则与它相邻的另一桥臂的整流元件会因过电流而损坏，此时变压器 T2 也会因电路短路而造成过电流，致使吸力很小甚至无吸力。

3）电磁吸盘退磁效果差而造成工件难以取下。

其故障原因在于退磁电压过高或去磁回路断开，无法去磁或去磁时间掌握不好等。

4. X62W 卧式万能铣床故障分析与处理

（1）X62W 卧式万能铣床主要结构　铣床在机械行业的金属切削加工中是一种很普遍、高效率和多用途的机床。按照结构形式和加工性能的不同，可分为卧式铣床、立式铣床、龙门铣床、万能铣床和各类专用铣床。它选用不同形状的铣刀对各种零件进行平面、斜面、沟槽、螺旋面、凸轮及成型表面的加工，其应用很广泛。常用的万能铣床有两种：一种是主轴与工作台平行，也就是最常见的X62W卧式万能铣床；另一种是主轴与工作台垂直，称立式万能铣床（如X52K)。两者的不同之处是主轴与工作台的位置不同、容量不同，但主轴运动、工作台进给控制方式类同。

X62W卧式万能铣床主要结构由底座、床身、主轴、悬梁、刀杆支架、工作台、溜板和升降台等几部分组成。其结构外形图及元器件位置图如图4-34所示。

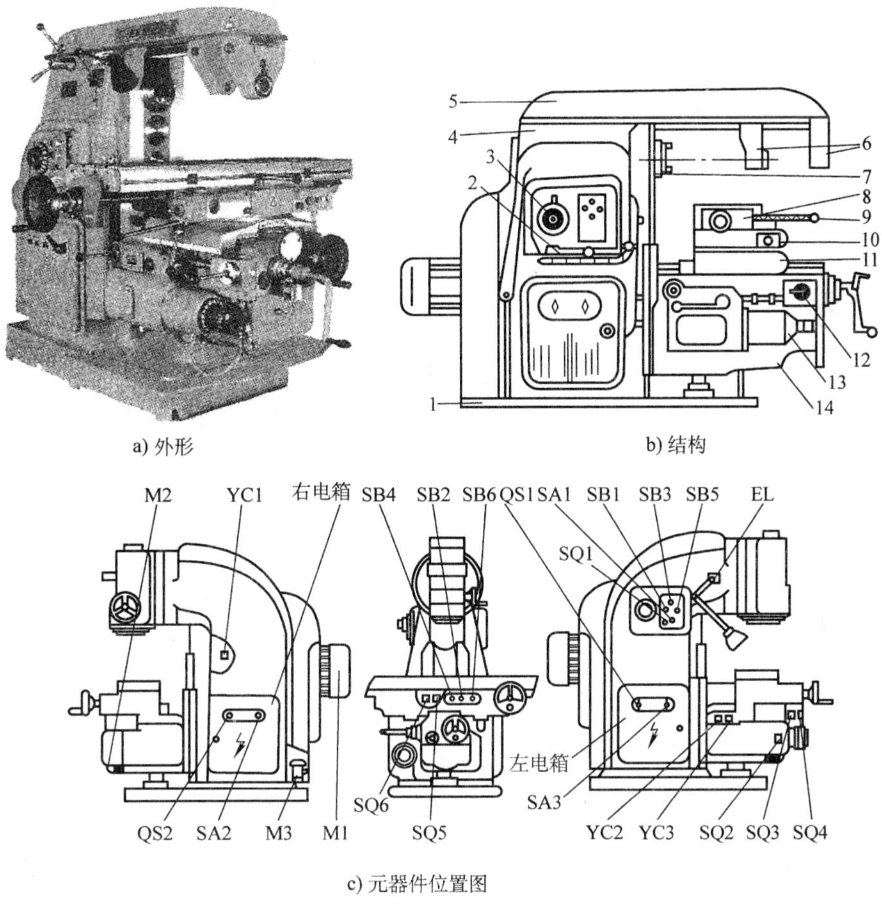

a) 外形

b) 结构

c) 元器件位置图

图4-34 X62W卧式万能铣床结构外形图及元器件位置图

1—底座 2—主轴变速手柄 3—主轴变速数字盘 4—床身 5—悬梁 6—刀杆支架 7—主轴 8—工作台 9—工作台纵向操纵手柄 10—回转台 11—床鞍 12—工作台升降及横向操纵手柄 13—进给变速手轮及数字盘 14—升降台

（2）X62W卧式万能铣床电力拖动特点及控制要求 X62W卧式万能铣床具有主轴转速高、调速范围宽、操作方便和加工范围广等特点。电气控制线路与机械操作配合相当密切，各种运动之间的联锁和各种开关控制进行了巧妙的组合，既达到了一定的控制目标，又进行了完善的电气联锁。控制线路中设置了变速冲动控制，有利于变速齿轮的啮合，使变速顺利进行。为防止刀具和机床的损坏，要求先主轴旋转，才允许有进给运动。采用两地控制，操作更方便。

铣床内装有主轴的传动机构和变速操纵结构。主轴带动铣刀的旋转运动称为主运动，它同工作台的进给运动之间无速度比例协调的要求，故主轴的拖动由一台主电动机承担。为完成顺铣和逆铣，要求在电气上实现正、反转。为减少负载波动对铣刀转速的影响，主轴上装有飞轮，使得转动惯量很大。因此，为了提高工作效率，要求主电动机有停车制动控制。为保证变速时齿轮易于啮合，要求变速时有主电动机的瞬时冲动控制。

床身的前侧面装有垂直导轨，升降台可沿导轨上下移动。在升降台上面的水平导轨上，装有可在平行于主轴轴线方向移动（横向移动，即前后移动）的溜板，溜板上部有可以移动的回转台。工作台装在回转台的导轨上，可作垂直于主轴轴线方向的移动（纵向移动，即左右移动）。工作台上有固定工作的燕尾槽。这样，固定在工作台上的工件可作上下、前后及左右 3 个方向的移动，便于工作调整和加工时进给方向的选择。各运动部件在 3 个方向上的运动由同一台进给电动机拖动（正、反转），但是在同一时间只允许一个方向上的运动，通过机械和电气方式来联锁。还具有变速冲动控制和各方向的快速移动。此外，溜板可绕垂直轴线左右旋转 45°，因此工作台还能在倾斜方向进给，以加工螺旋槽。工作台上还可以安装圆工作台，使用圆工作台可铣削圆弧、凸轮。但此时，其他 3 个方向的移动必须停止，可通过机械和电气方式进行联锁。

（3）主电路分析　X62W 卧式万能铣床电气原理图如图 4-35 所示，M1 为主轴电动机，带动铣刀旋转进行铣削加工，其正、反转由换向组合开关 SA4 实现，正常运行时由 KM1 控制。KM2 的主触头串联两相限流电阻与速度继电器 KS 配合，实现 M1 的停车反接制动，还可以进行变速冲动控制。M2 为工作台电动机，完成升降台及工作台进给，由正、反转接触器 KM3、KM4 主触头控制，YA 为快速移动电磁铁，由 KM5 控制。

M3 为冷却泵电动机，提供切削加工的冷却液，由 KM6 控制。M1、M2、M3 电动机具有过载保护和短路保护。

（4）控制电路分析

1）主电动机的起停控制。在非变速状态，同主轴变速手柄关联的主轴变速冲动限位开关 SQ7 不受压。根据所用的铣刀，由 SA4 选择转向，合上 QS，按起动按钮 SB3 或 SB4 就可使得 KM1 通电，M1 主电动机起动运行。由于本机床较大，为方便操作和提高安全性可在两处起停 M1 主电动机。

需停止时，按停止按钮 SB1 或 SB2，显然 KM1 随即断电。但应注意到速度继电器的正向触头 KS-1 和反向触头 KS-2 总有一个闭合着，故 KM1 断电后，制动接触器 KM2 就立即通电，与速度继电器配合实现反接制动，直至主电动机停转。

2）主轴变速冲动控制。主轴变速时，首先将主轴变速手柄微微压下，使它从第一道槽内拔出，然后拉向第二道槽。当落入第二道槽后，再旋转主轴变速盘，选好速度，将手柄以较快速度推回原位。若推不上时，再一次拉回来、推过去，直至手柄推回原位，变速操作才完成。

在上述的变速操作中，就在将手柄拉到第二道槽或从第二道槽推回原位的瞬间，通过变速手柄连接的凸轮，将压下弹簧杆一次，而弹簧杆将碰撞变速冲动开关 SQ7，使其动作一次并随即复位。这样，若原来主轴旋转着，当将变速手柄拉到第二道槽时，主电动机 M1 被反接制动，速度迅速下降。当选好速度，将手柄推回原位时，冲动开关又动作一次，主电动机

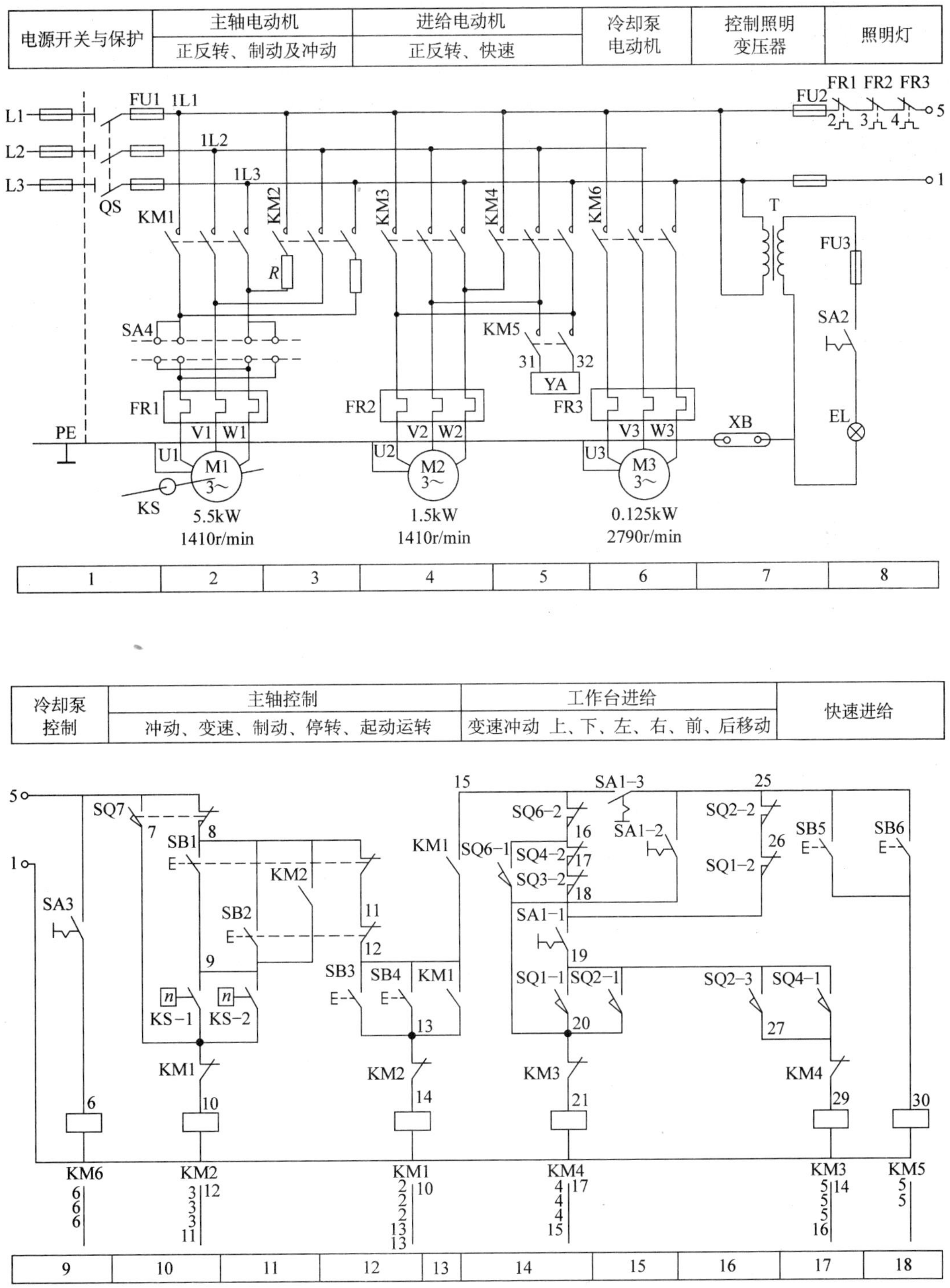

图 4-35　X62W 卧式万能铣床电气原理图

M1 低速反转，有利于变速后的齿轮啮合。由此可见，可进行不停车直接变速。若原来处于停车状态，则不难想到，在主轴变速操作中，SQ7 第一次动作时 M1 反转一下，SQ7 第二次动作时 M1 又反转一下，故也可停车变速。当然，若要求主轴在新的速度下运行，则需要重新起动电动机。

3）工作台移动控制。从图中可见，工作台移动控制电路电源的一端（回路标号 15），串入 KM1 的自锁触头，以保证只有主轴旋转后工作台才能进给的联锁要求。进给电动机 M2 由 KM3、KM4 控制，实现正、反转。工作台移动方向由各自的操作手柄来选择。有两个操作手柄，一个为左右（纵向）操作手柄，有右、中、左 3 个位置，当扳向右时，通过其联动机构将纵向进给离合器合上，同时将向右进给的按钮式限位开关 SQ1 压下，则 SQ1-1 闭合，而常闭触头 SQ1-2 断开；当扳向左时，SQ2 受压。另一个为前后（横向）和上下（升降）十字操作手柄，该手柄有 5 个位置，即上、下、前、后和中间零位。当扳动十字操纵手柄时，通过联动机构，将控制运动方向的机械离合器合上，同时压下相应的限位开关。若向下或向前扳动，则 SQ3 受压；若向上或向后扳动，则 SQ4 受压。

图中的 SA1 为圆工作台转换开关，它是一种二位式选择开关。当使用圆工作台时，SA1-2 闭合，而 SA1-1 与 SA1-3 均断开；当不使用圆工作台而使用普通工作台时，SA1-1 和 SA1-3 均闭合，SA1-2 断开。图中的 SQ6 为进给变速冲动开关。

① 工作台左右（纵向）移动。此时除了 SA1 置于使用普通工作台位置外，十字手柄必须置于中间零位。若要工作台向右进给，则将纵向手柄扳向右，使得 SQ1 受压，KM4 通电，M2 正转，工作台向右进给。KM4 通电的电流通路为：回路标号 15→16→17→18→19→20→21→1。

从此电流通路中不难看到，如果操作者将十字手柄扳向工作位置，则 SQ4-2 和 SQ3-2 中必有一个断开，KM4 线圈根本不能通电。这样，就通过这种电气方式来实现工作台左右、前后及上下各移动之间的互锁。

若此时要快速移动，则要按动 SB5 或 SB6，使得 KM5 以点动方式通电，快速电磁铁线圈 YA 通电，合上快速离合器，工作台向右快速移动。当按钮松手以后，就恢复向右进给状态。

在工作台的左右终端安装了撞块。当不慎向右进给至终端时，左右操作手柄就被右端撞块撞到中间停车位置，用机械方法使 SQ1 复位，KM4 断电，实现了限位保护。

工作台向左移动时，电路的工作原理与向右时相似。

② 工作台前后（横向）和上下（升降）移动。若要工作台向上进给，则将十字手柄扳向上，使得 SQ4 受压，KM3 通电，M2 反转，工作台向上进给。KM3 通电的电流通路为：回路标号 15→25→26→18→19→27→29→1。

上述电流通路中常闭触头 SQ1-2 和 SQ2-2 用于工作台前后、上下及左右各移动之间的互锁。

若要快速上升，按动 SB5 或 SB6 即可。另外，也设置了上下限为保护用终端撞块。工作台的向下移动控制原理与向上移动控制类似。

若要工作台向前进给，则只需将十字手柄扳向前，就使得 SQ3 受压，KM4 通电，M2 正转，工作台向前进给。工作台向后进给，可将十字手柄向后扳动实现。

③ 工作台的主轴停车快速移动。工作台也可在主轴不转时进行快速移动，这时可将主电动机 M1 的换向开关 SA4 扳在停止位置，然后扳动所选方向的进给手柄，按下主轴起动按钮和快速按钮，KM4（或 KM3）及 KM5 通电，工作台便可沿选定方向快速移动。

④ 工作台各运动方向的联锁。在同一时间内，工作台只允许向一个方向移动，各运动方向之间的联锁是利用机械和电气两种方法来实现的。

工作台的向左、向右控制，是一手柄操作的，手柄本身起到左右移动的联锁作用。同理，工作台的前后和上下4个方向的联锁，是通过十字手柄本身来实现的。

工作台的左右移动同上下及前后移动之间的联锁是利用电气方法来实现的，电气联锁原理已在工作台移动控制原理分析中讲到了，此处不再赘述。

⑤ 工作台进给变速冲动控制。与主轴变速类似，为了使变速时齿轮易于啮合，控制电路中也设置瞬时冲动控制环节。变速应在工作台停止移动时进行，操作过程是：先起动主电动机，拉出蘑菇形变速手轮，同时转动至所需要的进给速度，再把手轮用力往外一拉，并立即推回原位。

在手轮拉到极限位置时，其连杆机构推动冲动开关SQ6，使得SQ6-2断开，SQ6-1闭合，由于手轮被很快推回原位，故SQ6短时动作，KM4短时通电，电动机M2短时冲动。KM4通电的电流通路为：回路标号15→25→26→18→17→16→20→21→1。

可见，若左右操作手柄和十字手柄中只要有一个不在中间停止位置，此电流通路便被切断，保证了变速冲动只能在工作台停止移动时进行。

⑥ 圆工作台控制。当需要铣削加工凸轮、弧形槽和弧形面时，可在工作台上加装圆工作台。在使用时，要将圆工作台转换开关SA1置于圆工作台“接通”位置，而且必须将左右操作手柄和十字操作手柄置于中间停止位置。接下去，按下主轴起动按钮SB3（或SB4），主电动机M1便起动，而进给电动机M2也因KM4的通电而旋转，由于圆工作台的机械传动已接上，故也跟着旋转。圆工作台只能沿一个方向做回转运动。这时，KM4的通电电流通路为：回路标号15→16→17→18→26→25→20→21→1。

显见，通路中的SQ1～SQ4 4个常闭触头为联锁触头，起着圆工作台转动与工作台3种移动方式的联锁保护作用，即只有在移动手柄处于“停止”位置时，工作台才能转动。圆工作台也可通过蘑菇形变速手轮变速。另外，当圆工作台转换开关SA1置于“断开”位置，而左右及十字操作手柄置于中间“零位”时，也可用手动机械方式使它旋转。

⑦ 冷却泵电动机的控制。冷却泵电动机M3的起停由转换开关SA3直接控制，无失电压保护功能，不影响安全操作。

（5）辅助电路及保护环节分析　机床的局部照明由变压器T供给36V安全电压，照明灯开关为SA2。

M1、M2和M3为连续工作制，由FR1、FR2和FR3实现过载保护。

由FU1实现主电路的短路保护，FU2实现控制电路的短路保护，FU3实现照明电路的短路保护。另外，还有工作台终端极限保护和各种运动的联锁保护，前面已详细叙述了。

（6）X62W卧式万能铣床电气设备常见故障举例

1）主电动机不能起动。检查三相电源、熔断器、热继电器的触头及有关控制开关、按钮等接触情况。

2）工作台不能进给。工作台各方向都不能进给。先检查圆工作台控制开关是否在“断开”位置；再检查控制电路电压是否正常；若正常，可扳动操纵手柄至任一运动方向，观察其相关接触器是否吸合，若吸合则断定控制电路正常；最后检查电动机主电路是否正常。常见故障有接触器主触头接触不良、电动机接线脱落和绕组断路、控制电路相关元器件坏或连接导线松动、脱落等。

工作台不能向上运动。可能是由纵向操作手柄不在零位造成的；如果操作手柄位置正常，则可能是机械磨损等因素，使相应的电气元件动作不正常或触头接触不良所致。

工作台前后进给正常，但左右不能进给。由于工作台能横向进给，说明接触器 KM3 或 KM4 及电动机 M2 的主电路都正常，故障只能发生在位置开关上，其中的冲动开关由于变速时常受冲击，容易损坏。

变速时冲动失灵。可能是冲动开关的常开触头在瞬间闭合时接触不良；其次是变速手柄（主轴变速）或变速盘（进给变速）在推回原位的过程中，机械装置未碰上冲动行程开关所致。

5. T68 卧式镗床故障分析与处理

（1）T68 卧式镗床的主要结构　T68 卧式镗床的主要由床身、镗头架、工作台、前后立柱和尾座等组成。其结构外形及元器件位置图如图 4-36 所示。

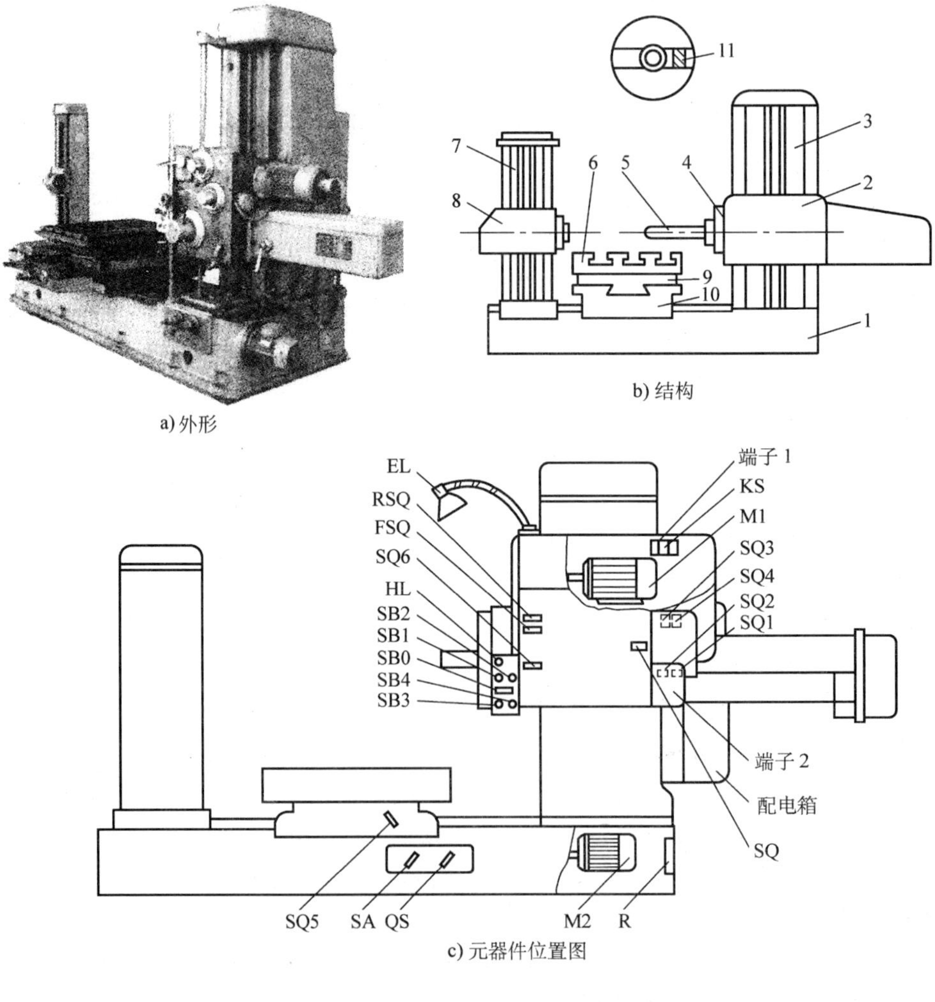

a) 外形

b) 结构

c) 元器件位置图

图 4-36　T68 卧式镗床结构外形及元器件位置图

1—床身　2—镗头架　3—前立柱　4—平旋盘　5—镗轴　6—工作台

7—后立柱　8—尾座　9—上溜板　10—下溜板　11—刀具溜板

（2）T68卧式镗床的电力拖动特点及控制要求　T68卧式镗床用来加工各种复杂和大型工件，如箱体零件、机体等，是一种功能性很广的机床。除了镗孔外，还可以进行钻、扩、铰孔，车削内外螺纹，用丝锥攻螺纹，车外圆柱面和端面，用端铣刀铣削平面等多种工作。因此在这种镗床中，工件一次安装后，即能完成大部分表面的加工，有时甚至可以完成全部加工，这在加工大型及笨重工件时具有特别重要的意义。床身是一个整体的铸件制成，在它的一端装着固定不动的前立柱，在前立柱的垂直导轨上装有镗头架，它可上下移动，并由悬挂在前立柱空心部分内的对重来平衡，在镗头架上集中了主轴部件、变速箱、进给箱与操纵机构等部件。切削刀具安装在镗轴前端的锥形孔里，或装在平旋盘的刀具溜板上。在工作过程中，镗轴一面旋转，一面沿轴向作进给运动。平旋盘只能旋转，装在它上面的刀具溜板可沿垂直与主轴轴线方向的径向作进给运动，平旋盘主轴是空心轴，镗轴穿过其中空部分，通过各自的传动链传动，因此可独立转动。在大部分工作情况下使用镗轴加工，只有在用车刀切削端面时才使用平旋盘。

后立柱上的尾座用来夹持装夹在镗轴上的镗杆的末端，它可以随镗头架同时升降，因而两者的轴心线始终在同一直线上。后立柱可沿床身导轨在镗轴轴线方向上调整位置。

安装工件的工作台安装在床身中部的导轨上，它有下溜板、上溜板和可以回转的工作台。这样，配合镗头架的垂直移动，工作台的横向、纵向移动和回转，就可以加工工件上一系列与轴心线相互平行或垂直的孔。

1）镗床的运动形式有：

主运动：镗轴的旋转运动与平旋盘的旋转运动。

进给运动：镗轴的轴向进给、平旋盘刀具溜板的径向进给、镗头架的垂直进给、工作台横向进给与纵向进给。

辅助运动：工作台的回转、后立柱的轴向移动及尾座的垂直移动。

2）卧式镗床对电力拖动的要求。由于镗床加工范围很广，运动部件多，调速范围广，因此对电力拖动提出了如下要求：

① 主轴应有较大的调速范围，且要求恒功率调速，往往采用机电联合调速。

② 变速时，为使滑动齿轮顺利进入正常啮合位置，应有低速变速冲动。

③ 主轴电动机能正转、反转，且为了适应加工要求，能作正、反转低速点动调整。

④ 主轴电动机应具有迅速、准确的停车制动效果，镗床采用反接制动。

⑤ 由于进给运动直接影响切削量，而且切削量又与主轴转速、刀具、工件材料和加工精度等因素有关，所以，一般卧式镗床主运动与进给运动由一台主轴电动机拖动。为缩短辅助时间，还应有快速移动，由另外一台快速移动电动机拖动。

⑥ 由于镗床运动部件较多应设置必要的联锁与保护，并使操作尽量集中。

（3）T68型卧式镗床主电路分析　如图4-37所示为T68卧式镗床电气原理图。

图中M1为主轴与进给电动机。M1为一台4/2极的双速电动机，绕组接法为△/YY。电动机M1由7只继电器、接触器控制，其中KA1、KM1、和KA2、KM2为电动机正、反转控制，KM3为制动电阻短接接触器，KM4为低速运转接触器，KM5为高速运转接触器，实现△-YY变速切换。主轴电动机正、反转停车时，均由速度继电器KS控制，实现反接制动，另外还设有短路保护和过载保护。

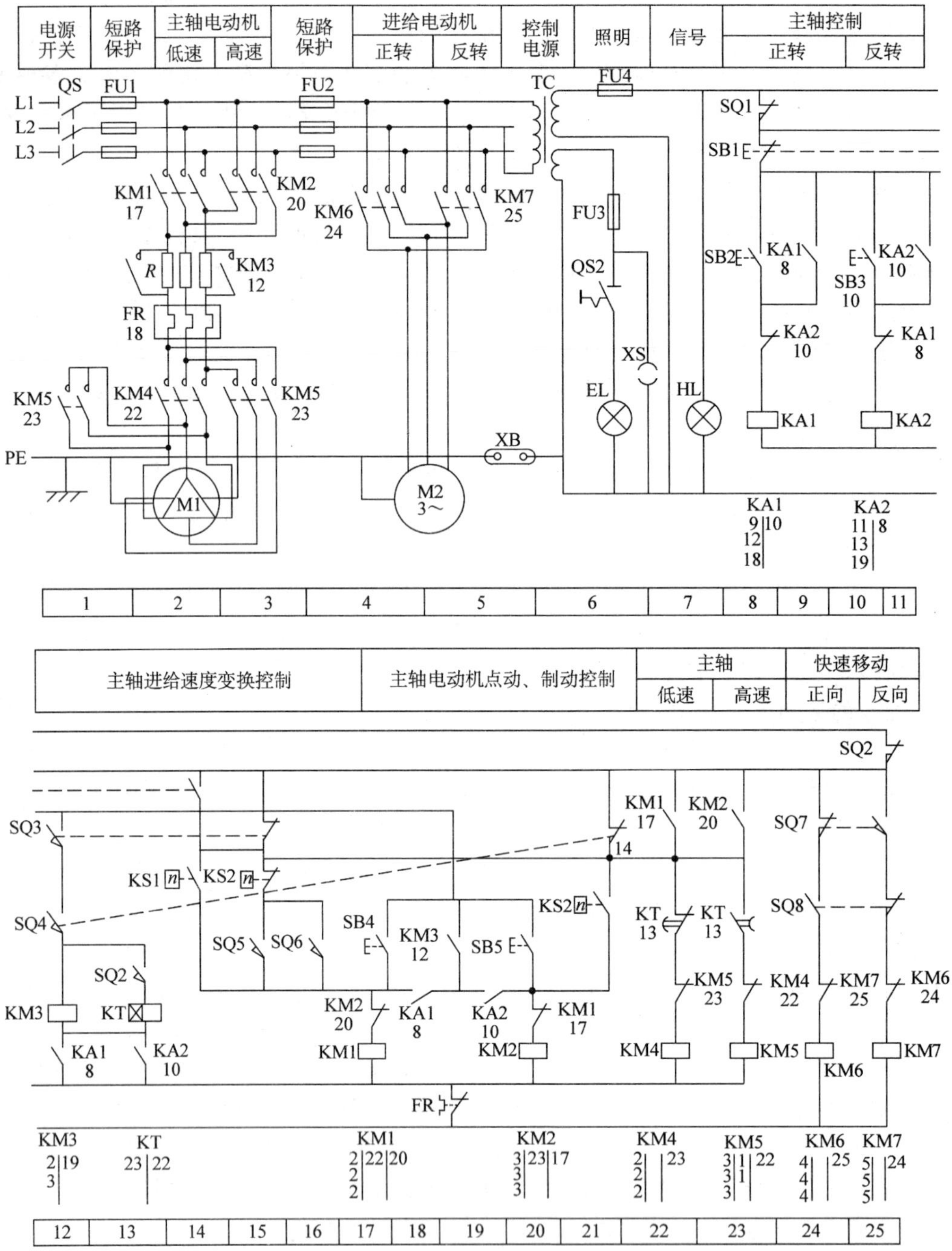

图 4-37　T68 卧式镗床电气原理图

M2 为快速移动电动机。M2 由 KM6、KM7 接触器实现正、反转控制，设有短路保护。因快速移动为点动控制，所以 M2 为短时运行，无须过载保护。

（4）T68 型卧式镗床控制电路分析

1）主轴电动机的正、反向起动控制。合上电源开关 QS，信号灯 HL 亮，表示电源接通。调整好工作台和镗头架的位置后，便可开动主轴电动机 M1，拖动镗轴或平旋盘正、反转起动运行。

电路由正、反转起动按钮SB2、SB3，正、反转中间继电器KA1、KA2和正、反转接触器KM1、KM2等构成主轴电动机起动控制环节。另设有高、低速选择手柄，选择高速或低速运行。当要求主轴低速运行时，将速度选择手柄置于低速档，此时与速度选择手柄有联动关系的行程开关SQ不受压，触头SQ断开。要使电动机正转运行，可按下正转起动按钮SB2，中间继电器KA1通电并自锁，KA1触头断开了KA2电路；KA1触头闭合，使KM3线圈通电（SQ3、SQ4正常工作时处于受压状态，因此常开触头是闭合的），限流电阻R被短接；KA1两触头闭合，使KM1、KM4相继通电。电动机M1在△接法下低速起动运转。而M1电动机反转时，则按SB3，其动作原理与正转类同，只是中间继电器KA2和接触器KM2相继动作。

若将速度选择手柄置于高速档，经联动机构将行程开关SQ压下，触头SQ闭合。这样，在KM3通电的同时，时间继电器KT也通电。于是，电动机M1在低速△接法起动并经一定时限后，因KT通电延时断开的触头KT断开，使KM4断电；触头KT延时闭合，使KM5通电。从而使电动机M1由低速△接法自动换接成YY接法，构成了双速电动机的加速控制环节，即电动机按低速档起动再自动换成高速档运转的自动控制过程。

2）主轴电动机的停车与制动。主轴电动机M1在运行中可按下停止按钮SB1来实现主轴电动机的停止与反接制动（当将按到底时）。由SB1、KS、KM1、KM2和KM4构成主轴电动机正、反转反接制动控制环节。

以主轴电动机运行在低速正转状态为例，此时KA1、KM1、KM3、KM4均通电吸合，速度继电器KS-2闭合，为正转反接制动作准备。当停车时，按下SB1，触头SB1断开，KA1、KM3断电释放，使主轴电动机定子串入限流电阻，触头KA1、KM3断开，使KM1断电，切断主轴电动机正向电源。而KM1常闭触头闭合，使KM2通电，其常开触头闭合，使KM4继续保持通电，于是主轴电动机进行反接制动。当电动机转速低到KS释放值时，触头KS释放，使KM2、KM4相继断电，反接制动结束。

若主轴电动机已运行在高速正转状态，当按下SB1后，立即使KA1、KM3、KT断电，再使KM1断电，KM2通电，同时KM5断电，KM4通电。于是主轴电动机串入限流电阻，接成△接法，进行反接制动，直至KS释放，反接制动结束。

3）主轴电动机的点动控制。主轴电动机由正、反转点动按钮SB4、SB5，接触器KM1、KM2和低速接触器KM4构成正、反转低速点动控制环节，实现低速点动调整。点动控制时，由于KM3未通电，所以电动机串入电阻接成△接法低速起动运行。点动按钮松开后，电动机自然停车，若此时电动机转速较高，则可按下停止按钮SB1，但要按到底，以实现反接制动，实现迅速停车。

4）主轴电动机与进给电动机变速控制。通过变速操纵盘改变传动链的传动比来实现。电气上要求电动机先制动，然后在低速状态下实现机械换档，接着再起动。图中行程开关SQ3、SQ4起到速度变换时使电动机制动、起动的作用，SQ5、SQ6则起到冲动啮合齿轮的作用。下面以主轴变速为例，说明其变速控制。

主轴变速时，首先将变速操作盘上的操纵手柄拉出，然后转动变速盘，选好速度后，将变速操纵手柄推回。在拉出或推回变速手柄的同时，与其联动的行程开关SQ3（主轴变速时自动停车与起动开关）、SQ5（主轴变速齿轮啮合冲动开关）相应动作，在手柄拉出时开关

SQ3 不受压，SQ5 受压。推上手柄时压合情况正好相反。

主轴在运行中需要变速，可将主轴变速操纵手柄拉出，这时与变速操纵手柄有联系的行程开关 SQ3 不再受压，触头 SQ3 断开，KM3、KM1 断电，将限流电阻 R 串入 M1 定子电路；另一触头 SQ3 闭合，且 KM1 已断电释放，于是 KM2 经 KS 触头而通电吸合，使电动机定子串入电阻进行反接制动。如电动机运行在低速档，此时 KM4 仍保持通电，电动机△接法串入电阻进行反接制动；若电动机运行在高速档，则此时将 YY 接法换接成△接法，串入 R 进行反接制动。然后，转动变速操纵盘，转至所需转速位置，速度选好后，将变速操纵手柄推回原位。若此时因齿轮啮合不上而使变速操纵手柄推不上时，行程开关 SQ5 受压，触头 SQ5 闭合，KM1 经触头 KS-2、SQ3 接通电源，同时 KM4 通电，使主轴电动机串入电阻 R 接成△接法而低速起动。当转速升到速度继电器动作时 KS-2 的动断触头断开，使 KM1 断电释放；动合触头闭合，使 KM2 通电吸合，对主轴电动机进行反接制动，使转速下降。当转速降至速度继电器释放值时，KS-2 复位，反接制动结束。若此时变速操纵手柄仍推不上时，则电路重复上述过程，从而使主轴电动机处于瞬时起动和制动状态，获得变速时的低速冲动，便于齿轮啮合，直至变速操纵手柄推合为止。手柄推合后，压下 SQ3，而 SQ5 不再受压，上述变速冲动才结束。此时由触头 SQ5 切断上述瞬动控制电路，而触头 SQ3 闭合，使 KM3、KM1 相继通电吸合，主轴电动机自行起动，拖动主轴在新选定的转速下旋转。

至于在主轴电动机未起动前，主轴速度的操作方法及控制过程与上述完全相同。

进给变速控制与主轴变速控制相同。它是由进给操纵盘来改变进给传动链的传动比来实现的，其变速操作过程与主轴变速时相似。首先，将进给变速操纵手柄拉出，此时与其联动的行程开关 SQ4、SQ6 相应动作（当手柄拉出时 SQ4 不受压，SQ6 将受压；当变速手柄推回时，则情况相反）；然后转动进给变速操纵盘，选好进给速度；最后将变速操纵手柄推合。若手柄推合不上，则电动机进行瞬时的低速变速冲动，有利于齿轮啮合，直至手柄推合上，变速控制结束。

5）镗头架、工作台快速移动控制。为缩短辅助时间，提高生产率，由快速电动机经传动机构拖动镗头架和工作台快速移动。运动部件及其运动方向的预选，由安装在工作台前方的操纵手柄进行，而控制则用镗头架上的快速操作手柄控制。当扳动快速操作手柄时，将相应压合行程开关 SQ7（或 SQ8），接触器 KM6（或 KM7）通电，实现 M2 的正转（或反转），再通过相应的传动机构，使操作手柄预选的运动部件按选定方向快速移动。当镗头架上的快速移动操作手柄复位时，M2 停止旋转，快速移动结束。

6）机床的联锁保护。当工作台或镗头架自动进给时，不允许主轴或平旋盘刀架进行自动进给，否则将发生事故，为此设置了两个联锁保护行程开关 SQ1 和 SQ2。其中 SQ1 是工作台和镗头架自动进给手柄联动的行程开关，SQ2 是与主轴和平旋盘刀架自动进给手柄联动的行程开关。将 SQ1、SQ2 常闭触头并联后串接在控制电路中，若扳动两个自动进给手柄，将使触头 SQ1 与 SQ2 断开，切断控制电路，使主轴电动机停止，快速移动电动机也不能起动，实现联锁保护。

（5）辅助电路及保护环节分析　机床的局部照明由变压器 T 供给 36V 安全电压，照明灯 HL 开关为 SA2。电源指示灯 EL 为 6.3V。

由 FR 对 M1 实现过载保护。而 M2 为瞬动控制工作，无过载保护。

由 FU1、FU2 实现主电路的短路保护，FU4 实现控制电路的短路保护，FU3 实现照明电路的短路保护。

（6）T68 型卧式镗床电气设备常见故障举例　T68 卧式镗床具有万能性特点，且采用△/YY 接法的双速电动机，在运行过程中会出现一些特有的故障。

1）主轴转速级数比变化。T68 卧式镗床主轴有 18 种转速，是采用双速电动机和机械滑移齿轮来实现变速的。主轴电动机的高低速的转换是靠行程开关 SQ 的通断来实现。行程开关 SQ 安装在主轴调速手柄的旁边，主轴调速机构转动时推动一个撞钉，撞钉推动簧片使 SQ 通或断。所以在安装调整时，应使撞钉的动作与标牌指示相符。如 T68 镗床的第一档 12r/min，第二档 20r/min，主轴电动机以 1430r/min 的转速运转；第三档 25r/min，主轴电动机以 2900r/min 的转速运转；第四档 30r/min，主轴电动机又以 1430r/min 的转速运转，以后依次类推。所以标牌指示在第一、二挡时，撞钉不推动簧片，行程开关 SQ 不动作；标牌指示在第三挡时，撞钉推动簧片，使 SQ 动作。如果安装调整不当，使 SQ 动作恰恰相反，则会发生主轴转速级数比标牌指示数多一倍或少一倍。

2）主轴电动机只有高速档，没有低速档，或只有低速档，没有高速档。常见的故障有时间继电器 KT 不动作，或行程开关 SQ 安装的位置移动，造成 SQ 总是处于通或断状态。如果 SQ 总处于通的状态，则主轴电动机只有高速；如果 SQ 总处于断开状态，则主轴电动机只有低速。此外当时间继电器 KT 的延时触头损坏，接触器 KM5 无法吸合，其主触头也不会闭合，则主轴电动机 M1 便不能转换到高速档运转，只能停留在低速档运转。

3）主轴变速手柄拉出后，主轴电动机不能冲动；或者变速完毕合上手柄后，主轴电动机不能自动开车。

当主轴变速手柄拉出后，通过变速机构的杠杆、压板使行程开关 SQ3 动作，主轴电动机断电而制动停车。速度选好后推上手柄，行程开关动作，使主轴电动机低速冲动。行程开关 SQ3 和 SQ6 装在主轴箱下部，由于位置偏移，触头接触不良等原因而无法完成上述动作。又由于行程开关的质量等原因，有时绝缘击穿，造成手柄拉出后，SQ3 尽管已动作，但由于短路接通，使主轴仍以原来的转速旋转，此时变速亦将无法进行。

4.4　实习课题

课题 1：三相异步电动机单向运行控制线路

实习目的：

1）了解常用低压电器的结构与工作原理，掌握低压电器的正确安装和使用方法。

2）了解三相异步电动机单向运行控制线路的工作原理及应用。

3）学会看懂电气原理图，能按图正确接线。

实习器材：

电工常用工具、万用表、三相异步电动机、刀开关、熔断器、接触器、热继电器、动力板、起动按钮、停止按钮、接线端子和导线若干等。

控制线路原理图见前图 4-4 单向运行控制线路。

实习步骤：

1）检查各电器元件的质量情况，了解其使用方法。

2）按元器件的安装工艺要求安装模拟板。

3）按电气原理图和布线的工艺要求正确连接线路，先接主电路，再接控制电路。

4）检查后提请老师监督，操作起动、停止按钮，观察电动机运转情况。

5）安全、规范操作。

工艺要求：

（1）元器件的安装工艺要求

1）按元器件装配图进行合理布局、定位和钻孔，将各元器件用标准件固定安装。

2）元器件安装必须牢固、可靠、正确，不可有松动现象。

3）在元器件安装定位后，可在醒目处贴上编号。

4）熔断器的进线和出线端位置不能装错。

5）各元器件的铭牌标记朝上，让人一目了然。

6）各元器件安装位置应整齐、匀称、合理，元器件相互之间存有一定间隙，便于元器件的通风散热。

7）紧固各元器件时，要用力均匀，紧固程度适当。尤其是对熔断器和接触器等易碎裂元件紧固时，应更加谨慎，以免损坏。

（2）按电气安装接线图（线槽）布线的工艺要求

1）导线布线必须按线槽位置方向走线。进入线槽的导线要完全置于走线槽内，并能方便盖上线槽盖。一般装线不超过其线槽容量的70%，以便装配和维修。

2）布线通道尽可能少，同路并行导线按主、控电路分类集中，单层密排，紧贴安装面布线。

3）各电器元件接线端子上引进（或引出）的导线，除间距很小或元件机械强度很差（如时间继电器 JS7-A 型同一只微动开关的同一侧常开与常闭触头的连接导线）允许直接架空敷设外，其他导线必须经过走线槽进行连接。

4）同一平面的导线应高低一致，不能交叉。非交叉不可时，该根导线在接线端子引出时，应水平架空跨越，但必须走线合理。

5）布线应横平竖直，分布均匀、成束，变换走向时应垂直。

6）布线时严禁损伤线芯和导线绝缘。

7）布线顺序一般以接触器为中心，由里向外，由低至高，先控制电路，后主电路进行，以不妨碍后续布线为原则。

8）在每根剥去绝缘层的导线的两端，可套上符合图纸要求编码的套管，以便于检查和维修。

9）板上所有从一个接线端子（或接线桩头）到另一个接线端子（或接线桩头）的导线必须连续，中间无接头。

10）导线与接线端子（或接线桩头）连接时，不得压入绝缘层，也不能露铜过长。

11）同一个元件、同一回路的不同接点的导线间距离应保持一致。

12）一个电器元件接线端子上的连接导线不得多于两根，每个接线端子板上的连接导线一般只允许连接一根。

13）主电路和控制电路的连线最好用颜色线加以区别，便于检查。其导线的规格应按电动机的有关技术要求合理选用。

课题 2：三相异步电动机正、反转运行控制线路

实习目的：

1）掌握低压电器的正确安装和使用方法，了解低压电器的结构与工作原理。

2）了解三相异步电动机正、反转运行控制线路的工作原理。

① 了解接触器起动控制线路的工艺要求。

② 掌握接触器起动控制线路的工作原理及应用。

③ 熟练掌握接触器起动控制线路的安装方法。

④ 能看懂电气原理图，能按图正确接线。

实习器材：

电工常用工具、万用表、三相异步电动机、刀开关、熔断器、接触器、热继电器、动力板、起动按钮、停止按钮、接线端子和导线若干等。

控制线路原理图见前图4-10正、反转运行控制线路。

实习步骤：

1）检查各电器元件的质量情况，了解其使用方法。

2）按课题工艺要求理解、学会正确画图。

3）按电气原理图正确连接线路，先接主电路，再接控制电路。

4）按检查、调试要求操作起动（正转、反转）及停止按钮，观察电动机运转情况。

5）操作过程中若出现不正常现象时，应立即断开电源，并再次仔细检查。

工艺要求：

1. 按正、反转电气原理图画元器件布置图、敷线图（接线图）、按钮图、互连图的方法

1）元器件布置图如图4-38a所示。

2）敷线图（接线图）如图4-38b所示。

3）按钮图如图4-38c所示。

4）互连图如图4-38d所示。

2. 按电气原理图检查、调试要求

（1）准备工作

1）连接电动机和按钮金属外壳的保护接地线。

2）连接电源、电动机、按钮开关等配电盘外部的导线。

3）安装完毕的控制线路板，必须经过认真检查以后，才允许通电试车，以防止接错、漏接造成不能正常运转或短路事故。

4）电动机在高、低速时的额定电流并不相同，因此，热继电器要根据不同保护电路分别调整好整定值，不能搞错。

5）安装好熔丝，测试接触良好。

6）连接电动机的导线必须穿在导线通道内加以保护，或采用坚韧的四芯橡套电缆或塑料护套线进行临时通电校验。

（2）检查方法

1）按电气原理图从电源端开始，逐段核对，有无漏接、错接之处。

2）检查导线接点压接是否牢固，接触是否良好，以免带负载运行时产生闪弧现象。

3）用万用表检查线路的通断情况，对控制电路的检查，可将表笔分别搭在电源U、V线端上，读数应为“∞”。按下SB时，读数应为接触器线圈的直流电阻值。然后断开控制

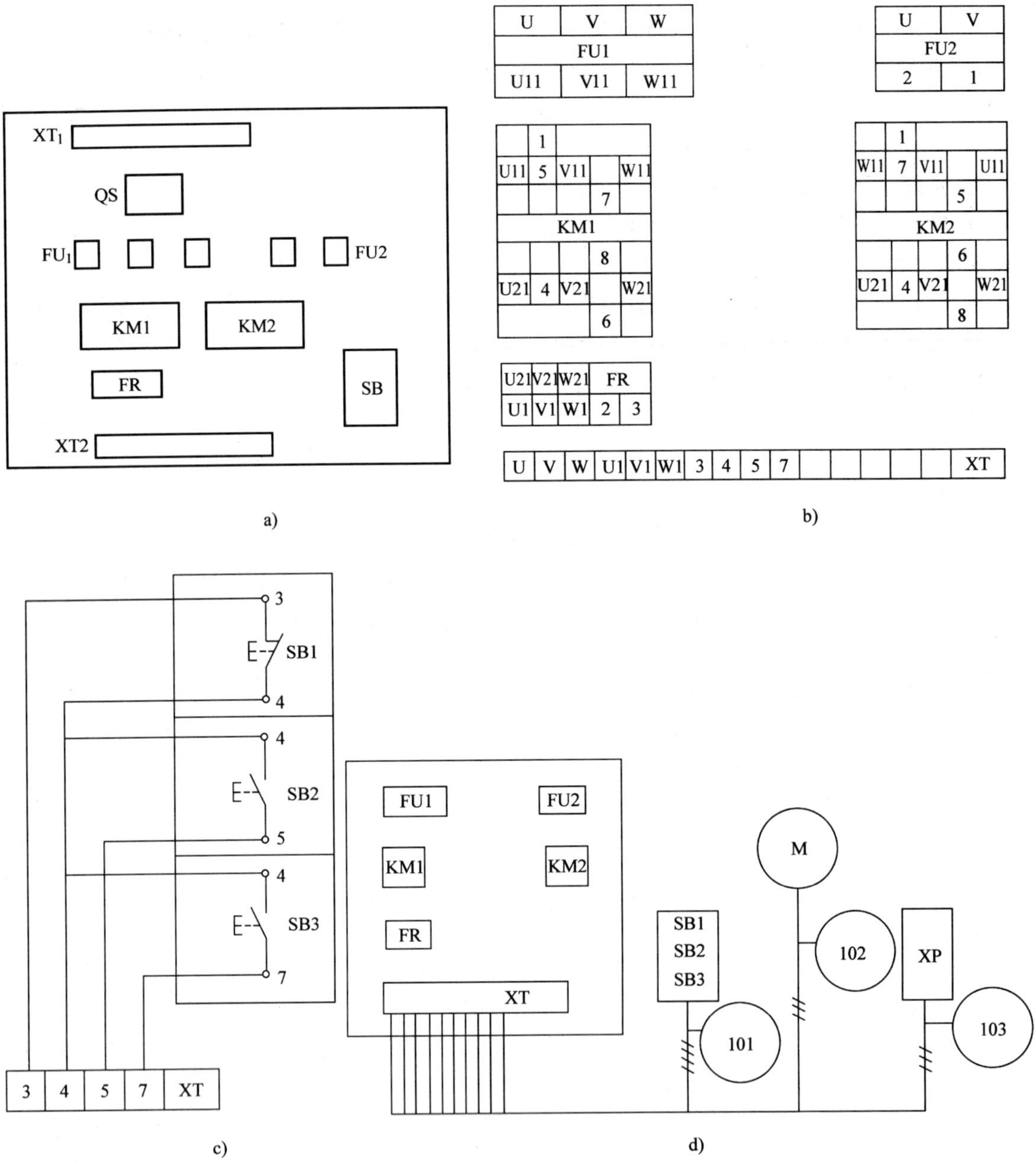

图 4-38

电路再检查主电路有无断路或短路现象。

4）检验控制板内部布线的正确性，一般应在不通电的情况下进行，必要时也可进行通电校验，但鉴于学员的操作条件和考虑安全等因素，一般不允许进行通电情况下检验。

5）控制板外部配线时，必须使导线有适当的机械保护，需以能确保安全为条件，如对电动机或可调整部件上电气设备的配线，可以采用多芯橡套电缆或塑料护套软线来保证。

6）用兆欧表检查线路的绝缘电阻应大于 1MΩ。

（3）通电调试

1）通电试车时，必须一人监护（征得教师同意接通三相电源 L1、L2、L3），一人操作。

2）合上电源开关后，用验电笔检查电源是否接通。按下 SB，观察接触器动作情况是否正常，电动机运行是否正常等。当电动机运转平稳后，用钳形电流表测量三相电流是否平衡。

3）出现故障后，学生应独立进行检修。若需带电进行检查时，教师必须在现场监护。

4）通电试车完毕后切断电源，先拆除电源线，再拆除电动机线。

课题 3：Y-△减压起动控制线路

实习目的：

1）掌握低压电器的正确安装和使用方法，了解低压电器的结构与工作原理。

2）了解Y-△减压起动控制线路的工作原理。

3）掌握接触器起动控制线路的接线和调试方法。

4）掌握三相异步电动机接线盒的连接方法。

实习器材：

电工常用工具、万用表、Y-△接法的三相异步电动机（2.2kW、380V、10A）1 台、DZ47-63 型断路器 1 只、HG30-32 熔断器 5 只、JS7-2A 型空气阻尼式时间继电器 1 只、T16 热继电器 1 只、B16 交流接触器 3 只、L18 按钮 2 只、导线若干（BVR1.5mm^2、BVR1mm^2、BVR0.5mm^2、四芯橡套电缆）、控制箱 1 只和 20 档接线柱 2 根等。

控制电路原理图如图 4-39 所示。

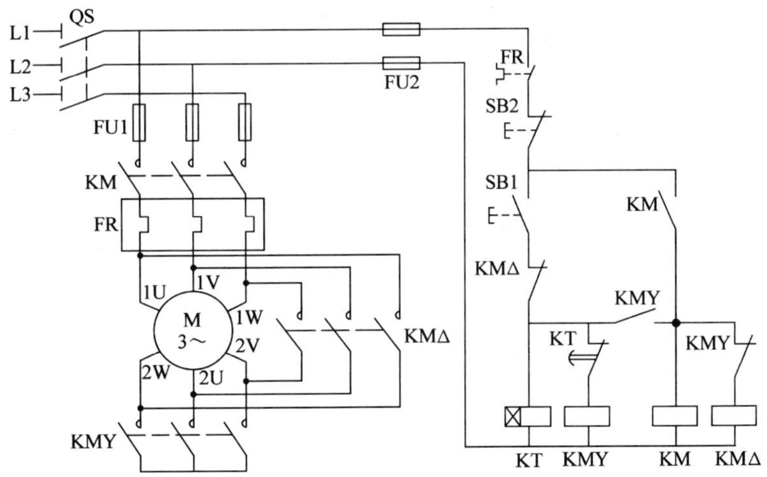

图 4-39 Y-△减压起动控制线路

实习步骤：

1）检查各电器元件的质量情况，了解其使用方法。

2）按电气原理图正确连接线路，先接主电路，再接控制电路。

3）操作起动、停止按钮，观察电动机Y-△减压起动的运转情况。

4）操作过程中若出现不正常现象时，应立即断开电源，并分析故障原因。

工艺要求：

三相异步电动机接线盒的连接方法如图 4-40 所示。

三相异步电动机定子铁心嵌有三相对称绕组，接线盒中的 6 个引线端排列次序，如图

4-40a、图 4-40b 所示。定子绕组接成星形还是三角形，要根据电源电压和电动机铭牌数据而定。

1）三相进线接到电动机和按钮的导线必须通过接线柱引出，并应有保护接零。

2）安装完毕后应在实习指导教师认可的情况下方可通电试验。

3）通电时允许检查主电路及控制电路的熔丝好坏，但不能对线路是否正确进行带电检查。

4）出现故障时必须断电检查，经检修后必须再次向实习指导教师提出通电调试。

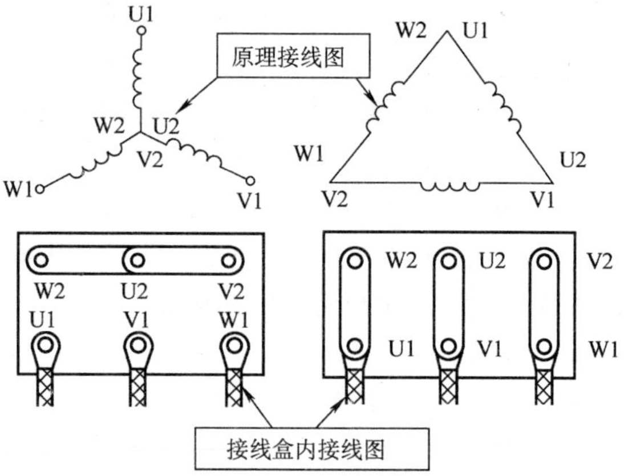

a）绕组丫形接法　　b）绕组△形接法

图 4-40　电动机接线盒

课题 4：双速电动机自动加速控制线路

实习目的：

1）了解低压电器的结构与工作原理，掌握低压电器的正确安装和使用方法。

2）了解双速电动机自动加速控制线路的工作原理。

3）掌握接触器起动控制线路的接线和调试方法。

实习器材：

电工常用工具、万用表、三相异步电动机、刀开关、熔断器、时间继电器、接触器、低速按钮、高速按钮、选择开关和导线若干等。

实习步骤：

1）检查各电器元件的质量情况，了解其使用方法。

2）按电气原理图正确连接线路，先接主电路，再接控制电路。

3）操作低速按钮、高速按钮、选择开关，观察双速电动机运转情况。

4）操作过程中若出现不正常现象时，应立即断开电源，并分析故障原因。

控制线路原理图如图 4-41 所示。

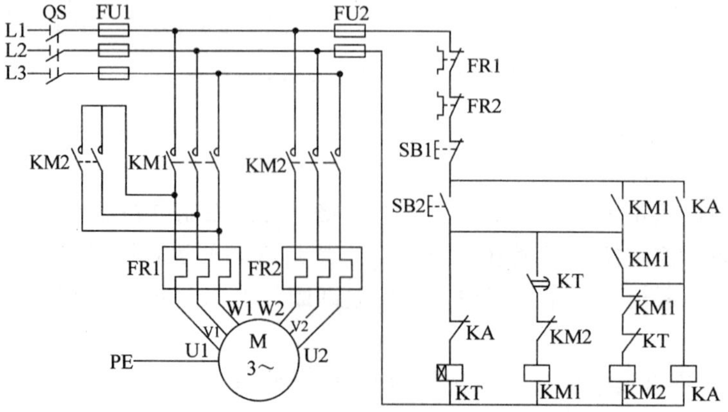

图 4-41　双速电动机自动加速控制线路

课题5：异步电动机反接制动控制线路

实习目的：

1）掌握低压电器的正确安装和使用方法，了解速度继电器的结构与工作原理。

2）了解异步电动机反接制动控制线路的工作原理。

3）掌握接触器起动控制线路的接线和调试方法。

实习器材：

电工常用工具、万用表、三相异步电动机、刀开关、熔断器、时间继电器、热继电器、接触器、速度继电器、起动按钮、停止按钮和导线若干等。

控制线路原理图如图4-42所示。

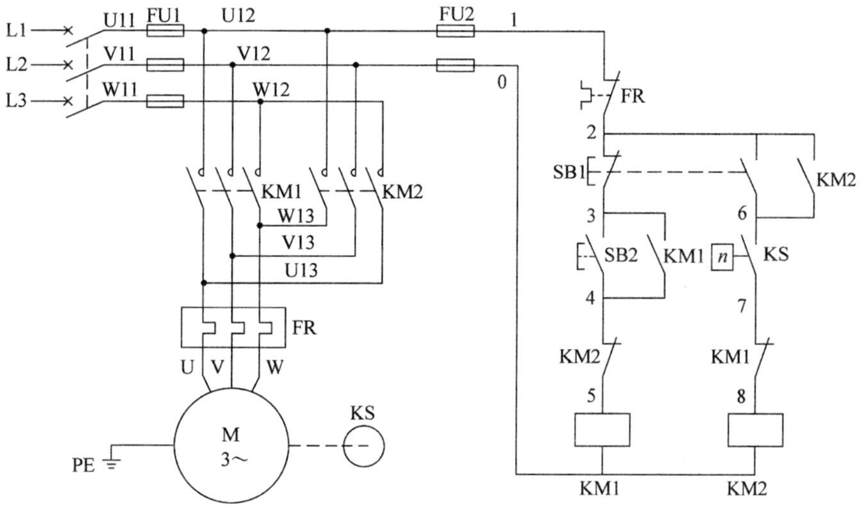

图4-42 异步电动机反接制动控制线路

实习步骤：

1）检查各电器元件的质量情况，了解其使用方法。

2）按电气原理图正确连接线路，先接主电路，再接控制电路。

3）操作起动、停止按钮，观察电动机反接制动运转情况。

4）操作过程中若出现不正常现象时，应立即断开电源，并分析故障原因。

思考与练习题

1. 什么是电气原理图、电器布置图和电气安装接线图？

2. 电气控制系统分析的任务是什么？分析哪些内容？应达到什么要求？

3. 说明电气原理图分析的基本方法与步骤是什么？

4. 请写出文字符号KM、KA、KT、SB、QF、SQ的意义？

5. 三相交流异步电动机允许采用直接起动的容量大小是如何规定的？

6. 电器元件安装前应如何进行质量检验？

7. 什么叫自锁控制？什么是欠电压保护？什么是失电压保护？为什么说接触器自锁控制线路具有失电压和欠电压保护作用？

8. 在电动机的控制线路中，短路保护和过载保护各由什么电器来实现？它们能否相互代替使用？为什么？

9. 什么叫反接制动？什么叫能耗制动？各有什么特点及适用场合？

10. 什么是星形—三角形减压起动？对电动机有何要求？

11. 在修复机床故障时应注意什么问题？

12. 在 C6150 普通车床中，若主轴电动机 M1 只能点动，则可能的故障原因是什么？从主电路的组成说出 C6150 普通车床主轴电动机 M1 的工作状态和控制要求是什么？

13. 试述 C6150 普通车床主轴电动机的控制特点及时间继电器 KT 的作用？

14. C6150 普通车床电气控制具有哪些保护环节？

15. C6150 普通车床的主轴电动机因过载而自动停车后，操作者立即重新扳动主轴启动操作手柄，但电动机仍不能起动，试分析可能的原因？

16. Z3040 摇臂钻床在摇臂升降的过程中，液压泵电动机 M3 和摇臂升降电动机 M2 应如何配合工作？并以摇臂上升为例叙述电路的工作情况？

17. 在 Z3040 摇臂钻床电路中，时间继电器 KT 的作用是什么？

18. 在 Z3040 摇臂钻床电路中 SQ1、SQ2、SQ3、SQ4 各开关的作用是什么？结合电路工作情况进行说明。

19. Z3040 摇臂钻床大修后，若摇臂升降电动机 M2 的三相电源相序接反会发生什么事故？

20. Z3040 摇臂钻床大修后，若 SQ3 安装位置不当，会出现什么故障？

21. M7130 平面磨床电力拖动特点有哪些？检修时应注意什么？

22. 在 M7130 平面磨床电路中，照明灯工作正常，当按下起动按钮 SB1，砂轮电动机 M1 不工作，试分析原因？

23. 在 M7130 平面磨床电路中，砂轮电动机 M1 起动运行正常，但液压泵电动机 M3 不起动，试分析原因？

24. 电磁吸盘 YH 吸力不足是什么原因？

25. M7130 平面磨床砂轮在加工中对调速有要求吗？

26. X62W 卧式万能铣床电气控制有哪些特点？

27. X62W 卧式万能铣床主轴变速能否在主轴停止或主轴旋转时进行？为什么？

28. 如果 X62W 卧式万能铣床的工作能纵向（左右）进给，但不能横向（前后）和垂直（上下）进给，试分析故障原因。

29. 在 T68 镗床电路中，主轴电动机只能点动运行，而不能正向起动运转，试分析原因？

30. 在 T68 镗床电路中，主轴电动机只有低速运转，而不能高速运转，试分析原因？

第5章　低压室内配电线路

本章教学基本要求：

- 了解室内配线的组成及敷设方式和要求；
- 了解导线的选择、连结及接头制作工艺；
- 了解照明装置的安装和保护及运行维护；
- 了解动力配线中电缆和母线的选择及安装方法；
- 了解接地形式的选用及接地装置的安装。

本章要求掌握的基本技能：

- 掌握室内照明布线及动力配线的方法；
- 掌握照明装置的安装和调试方法；
- 掌握导线连接头及电缆接头制作方法；
- 能根据实际进行简单的室内线路设计。

低压配电线路是将额定电压为380V或220V的电能传送给用电装置的线路。按其配线地点不同，可分为室内配线和室外配线两种。室内配线专指敷设在建筑物内的电气线路。

5.1　室内配线的组成

室内是人们经常活动的场所，由于室内空间狭窄，人接触线路的机会较多，电路若采用裸导线配线，则安全距离难以解决，故室内配线应采用符合国标规定的绝缘电线。室内配线分为照明线路和动力线路两种类型。

5.1.1　照明线路的组成

一般室内照明线路主要由电源、用电设备、导线和开关控制设备组成。线路首先进入配电箱（或配电盘），然后由分支线接到各个电灯或插座上。接线时要注意把熔体和开关接在相线上，这样开关断开后，开关以下的导线、插座和灯头等部件均不带电。

5.1.2　动力线路的组成

室内动力线路与照明线路一样，也是由电源、用电设备、导线和开关控制设备组成的。室内是人们经常活动的场所，为了保证用电安全，在配线时必须考虑到保护接地或保护接零。

5.2　配线的要求与敷设方式

室内配线无论采用哪种方式，都必须保证其敷设后达到安全可靠、经济合理、整齐美观、使用方便和便于维修。配线的布置及其导线型号、规格应符合设计规定。配线工程施工中，当无设计规定时，不同敷设方式导线线芯的最小截面应满足机械强度的要求。质量应符合 GB 50258—1996《电气装置安装工程 1kV 及以下配线工程施工及验收规范》的要求。

5.2.1 室内配线的一般要求

1）在同一根管或线槽内有几个回路时，所有绝缘电线和电缆都应具有与最高标称电压回路绝缘相同的绝缘等级。塑料管、塑料线槽及附件，应采用难燃型制品。

2）为防止雨水沿导线进入室内，导致配电箱、盘受潮，因此入户线应穿管进入室内，穿墙管的外侧应有防水弯头。

3）照明和动力线路、不同电压的线路应十分明显地分开敷设。

4）导线不得直接贴在木头上敷设，管内、木槽板内的导线不得有接头。管内导线的总面积（包括外绝缘层）不应超过管子有空总截面积的 40%。接线盒应放在便于检查和检修的位置上。

5）电线管与热水管、蒸汽管同侧敷设时，应敷设在热水管、蒸汽管的下面。

6）电气线路穿过建筑物、构筑物的沉降和伸缩缝时，应装设补偿装置，导线应留有余量。

7）顶棚内由接线盒引向器具的绝缘导线，应采用可绕金属电线保护管或金属软管等保护。当导线互相交叉时，为避免碰线，在每根导线上应套以塑料管或其他绝缘管，并将套管固定。

8）不同相序的导线的颜色应易于区分，一般 L1、L2、L3 的相色分别用黄、绿、红色线。相线与中性线的颜色应不同，同一建筑物中的导线，其颜色选择应统一。保护线（PE 线）应采用黄绿颜色相间的绝缘导线；中性线（N 线）宜采用淡蓝色绝缘导线；保护中性线（PEN 线）用竖条间隔淡蓝色绝缘导线；接地线（E 线）明敷部分为深黑色绝缘导线。

9）采用的管卡、支架、吊钩、拉环和盒（箱）等黑色金属附件，均应镀锌或涂防腐漆。

10）配线工程施工后，应进行各回路的绝缘检查，绝缘电阻值应符合现行国家标准《电气装置安装工程电器设备交接试验标准》的有关规定，并应做好记录。

11）配线工程中所有正常情况下不带电的外露部分，应可靠的进行保护接地或保护接零。对带有漏电保护装置的线路应做模拟动作试验，并做好记录。

5.2.2 导线的选择及连接

1. 导线截面的选择

室内配电的导线截面的选择应根据导线的连续允许通过电流（即允许载流量）、导线的机械强度和允许电压损失值等条件来确定。照明线路对电压水平要求较高，一般先按允许电压损失选择导线截面，然后再按其他条件校验。

2. 导线的连接和封端

（1）导线连接的基本要求

1）无设计要求时，导线的芯线应采用焊接、压板压接或套管连接。铜铝线间的连接应用铜铝过渡接头或铜线上挂锡。

2）剖开导线绝缘层时，不应损伤线芯；线芯连接后，绝缘带应包缠均匀紧密，其绝缘强度不应低于导线原绝缘层的绝缘强度。

3）在配线的分支线接头连接处，干线不应受到支线的横向拉力；接头处也不应受到大的拉力。接头连接后的机械强度不小于原导线机械强度的 80%。

4）连接接头的电阻值不应大于相同长度导线的电阻值。

（2）导线的连接方法

1）单股绝缘导线在接线盒内的连接，如图 5-1 所示。

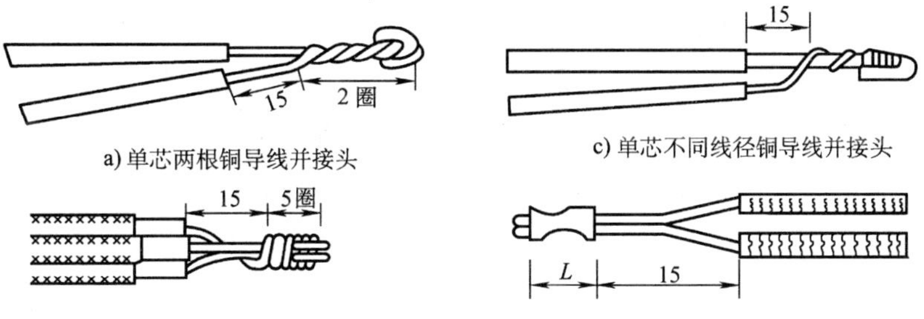

a) 单芯两根铜导线并接头　　c) 单芯不同线径铜导线并接头

b) 单芯三根及以上铜导线并接头　　d) 单股铝导线并头管压接

图 5-1　单芯线并接头

① 两根铜导线连接时，将线头相并，在距绝缘层 15mm 处将两芯线互相缠绕两圈，再把两线头折回压紧。如图 5-1a 所示。3 根及以上单芯铜导线连接方法同上，如图 5-1b 所示。

② 不同直径铜导线接头，如软导线与单股导线连接，应先挂锡，后将软线头部搭在单股导线距离绝缘层 15mm 处，向单股导线头部缠绕 7～8 圈，再将单芯线头部折回，压在软线上，如图 5-1c 所示。

③ 铝导线的连接，根据导线的截面和连接根数，选用合适的端头压接管，把线芯插入铝管内，用压接钳将铝管线芯压实两处，如图 5-1d。

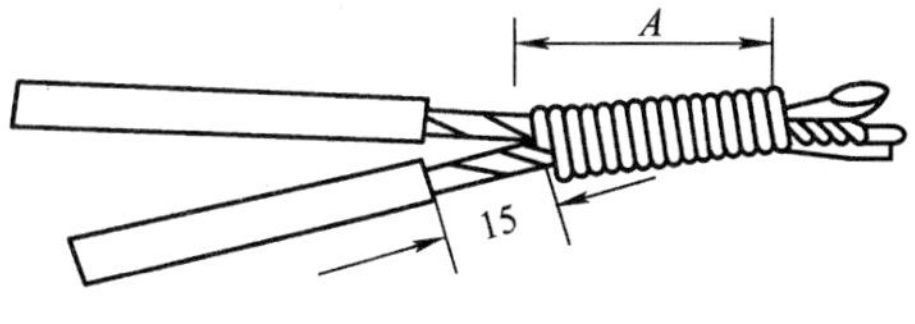

图 5-2　多股铜导线并接头

2）多股绝缘绞线在接线盒内的连接。

① 铜绞线对接时，将绞线芯线并拢，用多芯导线在并拢线上缠绕。缠圈长度为导线直径的 8 倍，如图 5-2 所示。

② 导线利用盒内接线端子接头，导线接头不宜太多太大。

③ 采用塑料螺旋接线钮接头，剥掉导线绝缘后，把导线芯并齐捻绞在一起，然后顺时针方向旋进接线钮的空腔内，绝缘部分旋进为止。如图 5-3a 所示。

④ 使用塑料绝缘压接帽做头，剥去导线绝缘插入压线帽内，再用专用阻尼式手握压力钳压实。塑料绝缘压接帽是一种新型导线连接器。如图 5-3b 所示。

3）多股导线（铜线、铝线）与接线端子的连接。

根据导线截面，选用相应规格的接线端子（铜、铝），采用压接方法进行连接。先剥去长度为接线端子内孔的深度加 5mm 的导线绝缘，除去接线端子内壁和导线表面的氧化膜，涂上中性凡士林油膏，再把芯线插进接线端子进行压接。选好对应的压接钳模孔，开始在 L_1 处靠近导线绝缘压接第一个坑，后压另外一个坑。如图 5-4 所示。

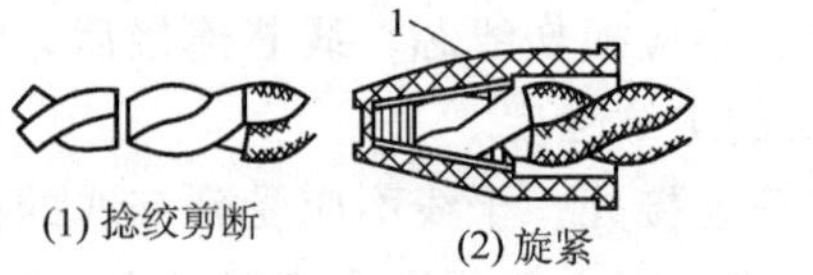

a) 塑料绝缘螺旋接线钮安装示意图

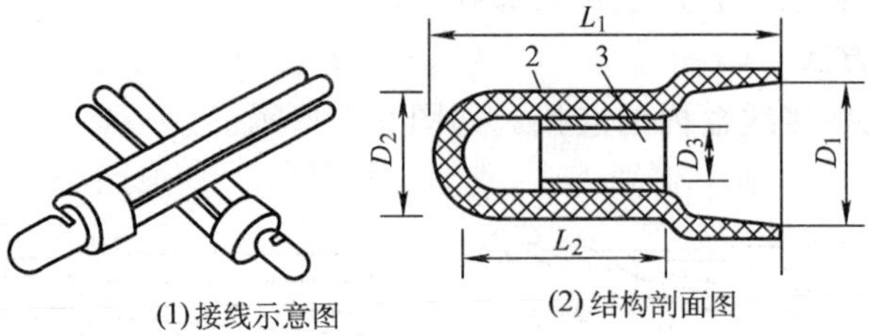

b) 塑料压接帽安装示意图

图 5-3　塑料绝缘螺旋接线钮和压接帽

1—塑料绝缘螺旋接线钮　2—塑料压线帽　3—导线连接管

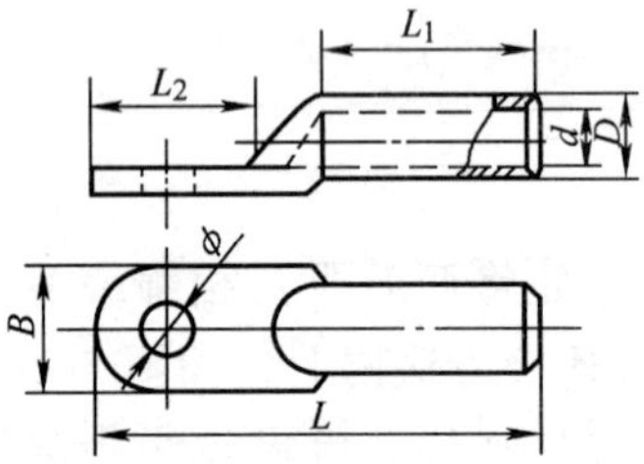

a) 铝接线端子

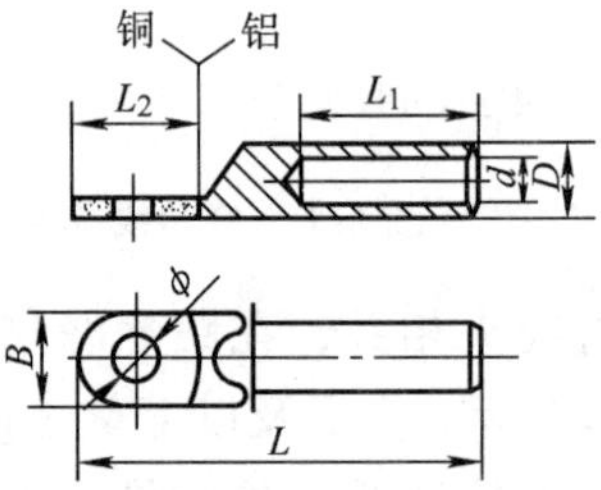

b) 铜铝接线端子

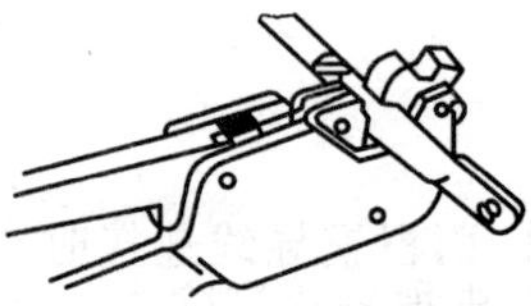

c) 压接钳

图 5-4　多股导线（铜线、铝线）与接线端子压接

4）导线的直线和分线连接。

① 绞接法。适用于 $4mm^2$ 以下单芯直线连接和分支连接。直线连接是将两线相交叉互绕两圈，后扳直两头与导线成 90°，再相互缠绕 5 圈，如图 5-5a 所示。双线芯直线绞接方法同上，如图 5-5b 所示。

单芯丁字分支连接，将导线芯线与干线交叉，先打结以防松脱，然后再密绕 5 圈，如图 5-5c、d 所示。

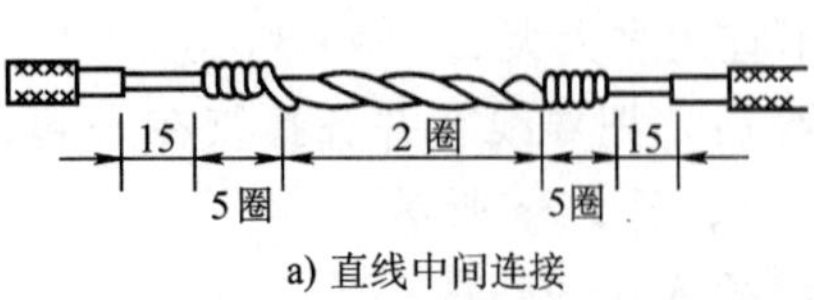

a) 直线中间连接

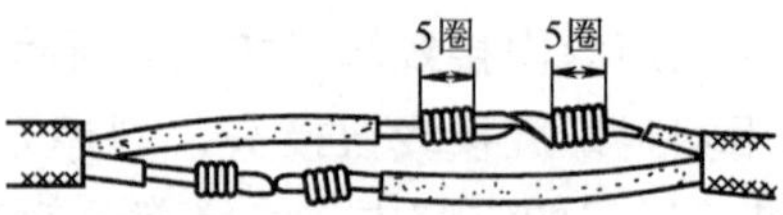

b) 双线芯直线连接

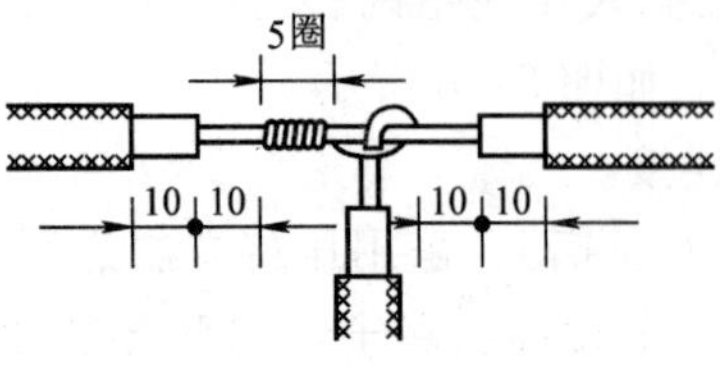

c) 丁字打结分线连接

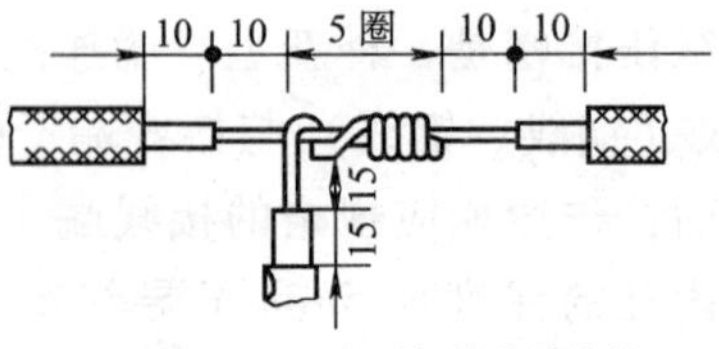

d) 丁字不打结分线连接

图 5-5　导线的绞接法

② 缠绕绑接。适用于 $6mm^2$ 以上单芯导线直线连接与分支连接。直线连接是将两线相并，加上辅助线，然后用绑线在合并部位中间向两边缠绕，长度是导线直径的 10 倍，再将两线芯端头折回，绑线再向两端缠 5 圈后与辅助线缠在一起，如图 5-6a、5-6b 所示。

单芯丁字分支连接，将分支导线弯成 90°，然后方法同上，如图 5-6c 所示。

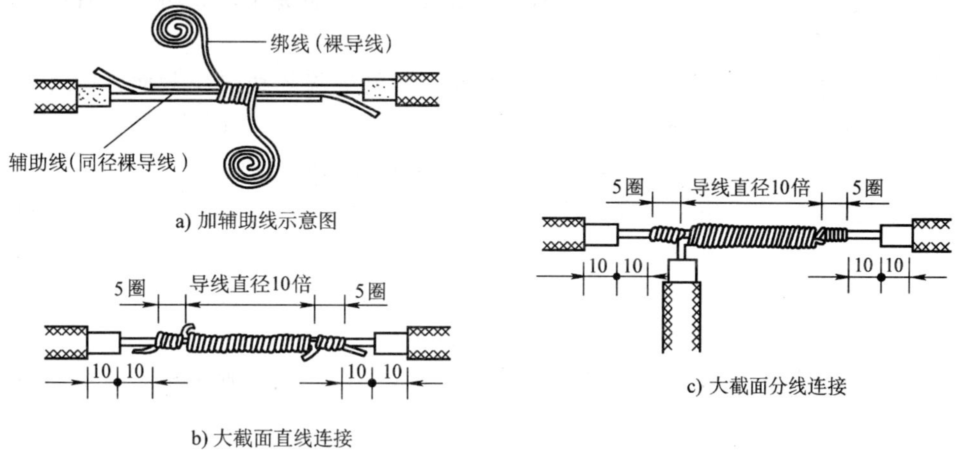

图 5-6　单芯导线缠绕绑接法

③ 多芯导线的直线连接。先将导线两端绝缘层剥去，然后把芯线打开并逐根拉直，再用细沙皮把氧化层除去，将芯线弯成喇叭状。将各自中间一根芯线交插打一个回头后缠紧，两个头的其他芯线交替互插并将其压实压平成为一体。另取一根芯线做绑线，将绑线中部搭在连接头中部，开始用绑线向两端分别缠绕，缠绕长度为导线直径 10 倍，余线与其中一根连接芯线捻绞两圈后剪断，如图 5-7a 所示。

④ 多芯导线的分线连接。先将分线折成 90°紧靠干线，另取一根绑线折成 90°与分线重合靠紧，用长端向另一端缠绕，长度达到导线直径的 10 倍时，将绑线两头捻绞两圈后剪断，如图 5-7b 所示。

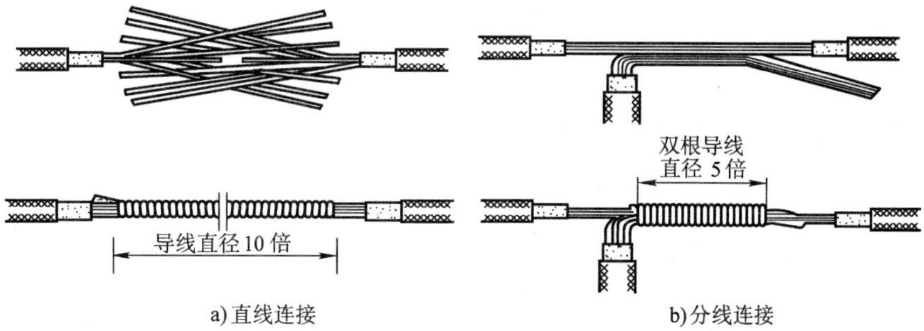

图 5-7　多心导线缠绑接法

（3）导线接头包缠绝缘　导线连接处，为了恢复绝缘，应包缠绝缘带，绝缘强度应不低于原有绝缘层。缠绕时绝缘带应与导线成 60°的斜角，包缠时压叠带宽的一半，先在一端完好的绝缘层上包缠两周后开始包扎。包扎过程中尽可能收紧绝缘带，同样在另一端绝缘层上也要包缠两周，再进行回缠，连接线的中部应多包两层。连接电气设备的导线端子和铜接头端，须用黄蜡布或橡胶带先缠两层，再用胶带缠绕。

5.2.3 导线的敷设方式及选择

1. 穿管配线

将绝缘导线穿在管子内的配线方式叫做穿管配线，先按设计要求选择金属管或塑料管（明配或暗配）把管子配好，待建筑物抹灰、地面工程及设备完工后，再进行管内穿线。管内线路敷设要求如下：

1）按设计要求，选择穿管导线的规格、型号。穿管绝缘导线最小截面，铜线不得小于 $1.0mm^2$、铝线不得小于 $2.5mm^2$。两根绝缘导线穿管时，其总截面不得大于管内截面的60%，两根绝缘导线以上穿管时，其总截面不得大于管内截面的40%。

2）低压线路穿管均采用额定电压不低于500V的绝缘导线，应尽量使用不同颜色的导线，以便于识别及接线。

3）导线在管内不应有接头和扭结，接头设在接线盒内，导线穿好后，伸出接线盒口导线的长度不小于0.15m，箱内长度为箱体半周长，出户线为1.6m。

4）电压等级不同的导线，交流与直流导线，不应穿在同一根管子里。防止短路及干扰故障的发生。

2. 塑料护套线配线

塑料护套线具有双层保护层，线芯绝缘为内层，外层为统包塑料绝缘护套，具有防潮、耐酸和耐腐蚀、线路造价低和安装方便等优点。选取塑料护套线时，其截面不宜大于 $6mm^2$，最小线芯截面，铜线不应小于 $1.0mm^2$，铝线不应小于 $2.5mm^2$。

1）明配塑料护套线。在已预埋（如没预埋应打孔后埋设木钉或塑料胀管）好的木砖、木钉的建筑物表面上，用钉子直接将铝线卡钉牢，然后把护套线拉直敷在线卡上收紧卡牢。如使用塑料线卡，则应先把卡子卡在线上，再用钉子钉牢。

2）暗配塑料护套线。塑料护套线穿过空心楼板孔暗配敷设，可使建筑物更美观。在穿入导线时，楼板孔径要足够大，不要损伤护套层。

3. 线槽配线

线槽配线就是将导线放在线槽的槽盒内，外加盖板。线槽有金属和塑料两种，可分为明配和暗配两种敷设方式。

5.3 照明装置及其安装

5.3.1 照明装置安装的基本要求

1）安装前应认真检查，灯具及其配件是否齐全，灯泡（管）标注的额定电压是否符合电源电压的要求。

2）在砖混结构中安装电气照明装置时，应采用预埋吊钩、螺栓、螺钉、膨胀螺栓、尼龙塞或塑料塞等固定，严禁使用木楔。上述固定件的承载能力应与电气照明装置的重量相匹配。

3）灯具不得直接安装在可燃构件上，灯具表面高温部位靠近可燃物时，应采取隔热、散热措施。

4）在变电所内，高压、低压配电设备及母线的正上方，不应安装灯具。当在配电室内裸导体的上方布置灯具时，其与裸导体的水平净距不应小于1m，灯具不得采用吊链和软线吊装。

5）灯具在墙上安装时，距地面的高度不应小于2.2m。潮湿危险场所不低于2.5m，低于2.5m的灯具外壳应妥善接地。在特别潮湿、有腐蚀性气体的场所，以及易燃、易爆的场所，应分别采用合适的防潮、防爆的灯具和开关。一般生产车间、办公室、商店以及住房居民用电的灯头应不低于2m。

6）安装在绝缘台上的电气照明装置，其导线的端头绝缘部分应伸出绝缘台的表面。为防止触电，螺口灯头的相线应接到中心触点的端子上，中性线应接在螺纹的端子上。

7）嵌入顶棚内的灯具安装时，电源线不能贴近灯具的发热表面；同时为检修方便，导线在灯盒内应留有余量；为保证装饰效果，灯具应固定在专设的框架上。

8）采用钢管作灯具的吊杆时，钢管内径应不小于10mm；钢管壁厚度应不小于1.5mm。螺纹连接要求牢固可靠，灯架和吊管内的导线不得有接头，灯线不应受拉力。每个灯具固定用的螺钉或螺栓应不少于2个；当绝缘台直径为75mm及以下时，可采用1个螺钉或螺栓固定。

9）为了保障导线能承受一定的机械应力和可靠地安全运行，引向每个灯具的导线线芯最小截面应符合规定。

10）电气照明装置的接线应牢固，电气接触应良好；需保护接地或保护接零的灯具、开关及插座等非带电金属部分，应装有具有明显标志的专用接地螺钉。

11）安装36V及以下电压的安全灯时，为保证低压变压器安全可靠供电，电源侧应有短路保护，其熔丝的额定电流应不大于变压器的额定电流。不允许用自耦变压器或在附加电阻上抽取电压作为行灯电源。外壳、铁心和低压侧的任意一端或中性点，均应作保护接地或保护接零。

5.3.2 照明电路

1. 电压选择

照明电路一般采用交流380/220V三相四线制中性点直接接地系统，一般场所的照明灯具电压常选用220V。一般照明用的白炽灯电压等级主要有220V、110V、36V、24V和12V等，荧光灯的电压为110V和220V。采用直流应急照明电源时，其电压可根据容量大小和使用要求确定。

下列特殊场所应使用安全电压照明器：

1）隧道、人防工程、高温或有导电灰尘等场所的照明，电源电压应不大于36V。

2）潮湿和易触及带电体的场所的照明电源电压不得大于24V。

3）在特别潮湿的场所、导电良好的地面（如金属或其他特别潮湿的土、砖、混凝土地面等）、锅炉或金属容器内工作的照明电源电压不得大于12V。

4）使用干式照明变压器降压的380V/220V/36～12V供电电源，必须使用双绕组变压器，严禁使用自耦变压器。

2. 照明电路的配置要求

1）照明线路一般为单相交流220V的两线制、380V/220V的三相四线制或带保护线PE

的三相五线制供电。由地区公用低压电网供电的220V照明线路电流不超过30A时，可用220V单相供电；超过30A以上的多层、多单元建筑，应以三相四线制或三相五线制供电，三相负荷应均衡分配。

2）若采用动力和照明合一的方式供电时，照明电源应接在动力总开关之前，以保证一旦动力总开关跳闸时仍有照明电源。

3）重要场所或装有气体放电灯具的照明线路，其中性线截面应与相线截面相同。

4）接入高温灯具的线路应采用耐热导线配线或采取其他隔热措施。

5）障碍标志灯电源应按主体建筑中最高负荷等级要求供电，并应采用自动通断其电源的控制装置。

6）应急照明电路应有独立的供电电源，并与工作照明电源分开，或者应急照明电路接在工作照明电路上，一旦后者发生故障，借助自动换接开关，接入备用的应急照明电源。

7）备用照明应用两路电源或两回路供电，当备用照明作为正常照明一部分同时使用时，其配电线路及控制开关应分开装设。

8）插座宜由单独的回路配电，同一个房间内的插座应由同一回路配电。

3. 照明器开关的控制方式

从配电箱引出的连接照明器的线路，需要用开关对照明器进行控制，开关应接在相线上，以保证安全。常用照明器开关的控制方式如表5-1所示。

表5-1 照明器开关的控制方式

线路名称和用途	接线图	说明
一只单联开关控制一盏灯	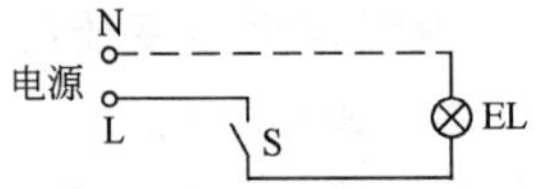	开关应装在相线上，修理较安全
一只单联开关控制一盏灯，并与插座连接	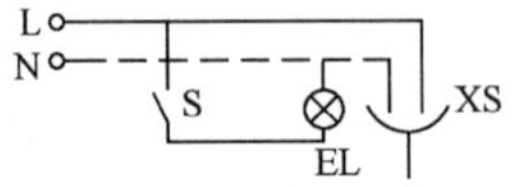	电线用量较少，但有中间接头，日久易松动，增加接触电阻而产生高温，不太安全
	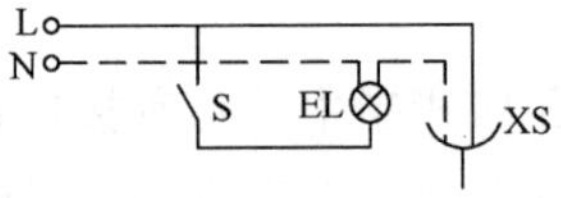	电路中无接头，较安全。照明电路大多采用此种方式
一只单联开关控制两盏灯或两盏以上的灯	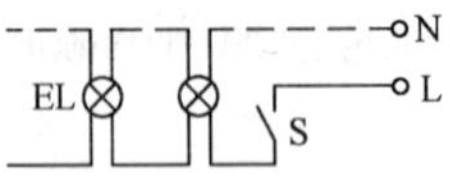	在连接多盏灯时，开关的容量应满足要求
两只双联开关在两个地方控制一盏灯。另外，还可增加一只三联开关在三个地方控制一盏灯（此图未画出）	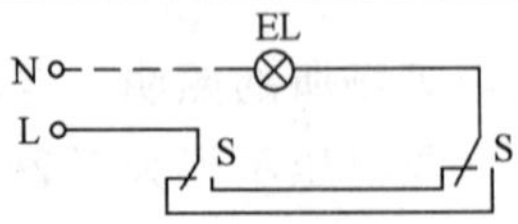	适用于楼上楼下同时控制一盏灯，或在走廊两端同时控制中间的一盏灯
两只110V相同功率灯泡串联	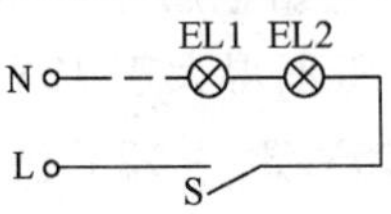	注意两灯泡的功率必须一样，否则小功率灯泡会烧坏

4. 照明线路的保护

照明线路的保护一般分为短路保护和过负荷保护。照明电路中需要电气保护的是灯泡、灯座、开关、插座及其连接导线。这些元件是连接在照明支路上，通常不对每个器件进行单独保护，而采用照明支路的保护装置兼作它们的短路保护。

5.3.3　照明器具及其安装

照明器具一般包括照明灯泡（灯管）及其附件（灯口、灯座、灯架、吊灯线、吊线盒、以及镇流器、电容等）。

1. 白炽灯的安装

室内白炽灯的安装通常有吸顶式、壁式和悬吊式 3 种，如图 5-8 所示。

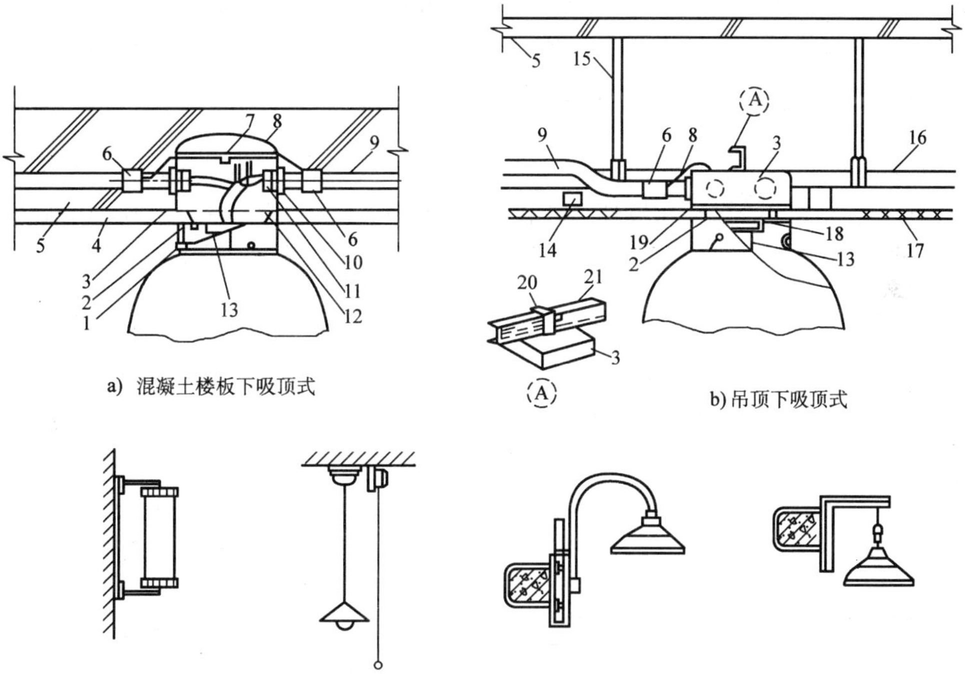

a) 混凝土楼板下吸顶式　　b) 吊顶下吸顶式

c) 壁式　　d) 软线悬吊式　　e) 钢管悬吊式　　f) 链悬吊式

图 5-8　白炽灯的安装方式

1—安装灯罩　2—灯具安装板　3—接线盒　4—抹面　5—混凝土楼板　6—地线夹　7—地线端子
8—接地线　9—电线管　10—根母　11—护口　12—缩口盖　13—灯座　14—轻钢龙骨
15—吊顶吊杆　16—吊顶主龙骨　17—吊板饰面板　18—安装灯具
19—接线盒盖　20—安装金具　21—型钢
Ⓐ—接线盒安装金具

2. 卤钨灯的安装、使用

1）安装卤钨灯时，灯脚引入线应采用耐高温的导线，灯脚和灯座件的接触应良好，以免灯脚高温氧化而引起灯管封接处炸裂。

2）为使卤钨顺利循环，管形卤钨灯工作时需水平安装，倾角不得大于 ±4°，以延长灯管的使用寿命。

3）卤钨灯应配备专用的灯罩，灯管必须装在专用的有隔热装置的金属灯架上，切不可安装在易燃的木质灯架上。

4）功率在1000W以上的卤钨灯，不应安装一般电灯开关，而应安装胶盖瓷底刀开关。

5）由于卤钨灯耐震性差，不能作移动式局部照明使用。

3. 荧光灯的安装、使用

（1）荧光灯的安装方式　荧光灯一般采用吸顶式、链吊式、钢管式，嵌入式等安装方法。紧贴于平顶（吸顶）安装的荧光灯，架内镇流器应有适当的通风措施，也可将吸顶安装的镇流器放在荧光灯架外，便于散热。

（2）荧光灯的接线　荧光灯有多种接线方法，在正常电压下，虽然都能使荧光灯管发光，但其启动的性能是不一样的。将与启动器的双金属片动触头相连的接线柱接在与镇流器相连的一侧的灯脚上，另一双金属片静触头接线柱接在与零线相连的一侧的灯脚上，如图5-9a所示。这种接线不但启动性能好，而且能迅速点燃并可延长灯管寿命，其他接线方法是不可行的。荧光灯接线应将相线接入开关，否则不但接线不安全，而且在开断电源后易发生“余辉”现象。

荧光灯使用双线圈镇流器接线如图5-9b所示。由于一次、二次线圈的极性是反向连接，因此接线时应注意线圈的标号和极性。若将二次线圈两线头（3与4）接反，则启跳变慢，且发亮时较启跳时更亮，此时将3与4端头对调即可。启动器结构如图5-9c所示。

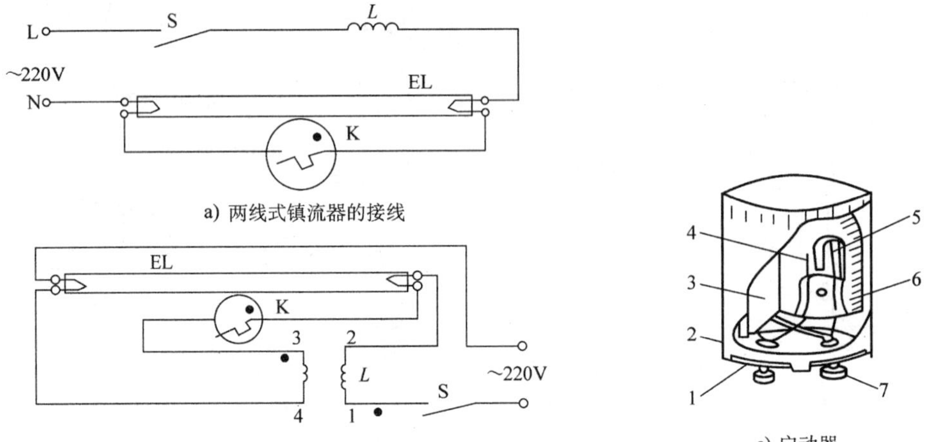

a) 两线式镇流器的接线

b) 四线式镇流器的接线

c) 启动器

图5-9　荧光灯的电路及启动器的结构

1—底座　2—外壳　3—电容器　4—静触头　5—双金属片　6—壳内气体　7—电极　S—开关　L—镇流器　EL—灯管　K—启动器

4. 高压汞灯的安装、使用

1）高压汞灯有自镇流式和外镇流式两种，自镇流式高压汞灯可直接接入220V交流电路使用。要使镇流器功率与灯泡的功率相匹配，否则会使灯泡损坏或者启动困难。

2）高压汞灯要配用瓷质螺口灯座和带有反射罩的灯具，灯功率在125W及以下的，应配用E27型瓷质灯座，功率在175W及以上的，应配用E40型瓷质灯座。相线应接在通入灯座内部弹簧片的接线柱上。

3）供给高压汞灯的电压应尽可能稳定。因为当电压降低5%时，灯泡会自灭，再要启动，需要5~10min，所以它不能作事故照明和要求迅速点亮的场所，如在线路电压变动较大的场所使用时，可加装稳压器或自动调压器。

4）高压汞灯工作时，外玻璃壳温度很高，安装时所配用的灯具需具有良好的散热条件，否则要加装通风设备，以免影响灯的性能和寿命。

5. 霓虹灯的安装、使用

1）霓虹灯变压器的二次电压较高，约为6000～15000V，故二次回路与所有金属构架、建筑物等应加以绝缘。如高压线采用单股铜芯线，则应穿玻璃管绝缘，以防止漏电。

2）霓虹灯专用变压器所供灯管长度不应超过允许负载长度。

3）高压线路离地应有一定的高度，以防止人体触及。

4）霓虹灯变压器电抗大，线路功率因数低，约为0.2～0.5左右，所以需配相应的电容器进行补偿。

6. 开关、插座的安装

（1）开关、插座的分类　插座的作用是供移动式灯具或其他移动式电器设备接通电源。按其结构分为单相双孔插座、单相带接地的三孔插座以及三相带接地线的四孔插座；按其安装方式分为明装式和暗装式两大类；按额定电压等级可分为50V、250V和380V插座。生活中用电插座多是单相二孔及单相三孔。

开关的作用是接通和断开电路。开关按其安装方式可分为明装开关和暗装开关两种；按其开关的操作方式不同又可分为拉线开关、扳把开关、跷板开关和床头开关等；按其接通方式有单投式、双投式和双控式开关。

（2）插座的选择　0.25kW及以下的电感性负荷或1kW及以下的电阻性负荷的日用电器，可采用插头和插座作为隔离电器，并兼作功能性开关。插座应根据线路明敷或暗敷的需要，选择明装式或暗装式，并应适合安装环境条件的要求。

1）根据不同电压等级，应采用与其相应的电压等级的插座，该电压等级的插座不应被其他电压等级的插头插入。

2）干燥场所采用普通型插座，当需要连接带接地线的日用电器时，必须带接地孔。二孔插座专为外壳不需要接地的移动电器供电；三孔插座专为金属外壳需接地的移动电器供电。带指示灯插座，指示灯能显示有无工作电压。

3）对插拔插头时触电危险性大的日用电器，宜采用带开关能切断电源的插座。

4）在潮湿场所，应采用密封良好的防水型插座。

5）在儿童专用的活动场所，应采用安全型插座。

6）住宅内插座，若安装高度能满足要求时，可采用一般型插座；当插座需要降低安装高度时，应选用安全型（带保护门）插座。

（3）插座的接线

1）同一场所的三相插座，其接线的相位必须一致。

2）插座的接地（中性）线应采用铜芯导线，其截面不应小于相线的截面。插座的接地端子不应与零线端子直接连接，不应将工作零线兼做保护接地或保护零线使用，且在接线中应注意其连续性。

3）插座的接线应按一定的位置排列，尤其是单相带保护接地插孔的三孔插座，接错后容易发生触电事故。插座接线时，应仔细辨认识别盒内的分色导线，正确地与插座进行连接。对于单相双孔插座，当垂直排列时，上孔接相线，下孔接中性线；水平排列时，右孔接相线，左孔接中性线。单相三孔插座，上孔接保护接地（或中性）线，右孔接相线，左孔接工作中性线。三相四孔插座，正上方孔接保护接地（或中性）线，下孔从左侧起分别接在 L1、L2、L3 相线上，同样用途的三相插座，相序应排列一致，如图 5-10 所示。在地面不导电的屋内，单相电源采用的两孔插座的接线要求如图 5-10a、b 所示；单相电源采用的三孔插座，在低压中性点接地系统中，最大的孔眼接保护中性线 PEN 或接保护地线 PE，如图 5-10c 所示；图 5-10d 为三相四孔插座，其中较大的一个孔眼接保护中性线 PEN 或接保护地线 PE。

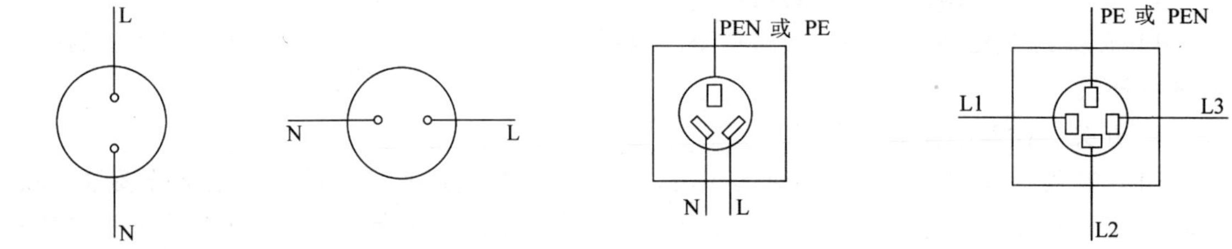

a) 二孔插座垂直安装　b) 二孔插座水平安装　c) 单相保护接零或保护接地接线　d) 三相四通插座接线

图 5-10　插座的接线要求

L—相线　N—工作中性线　PEN—保护接零线　PE—保护接地线　L1、L2、L3—三相线

7. 照明配电箱

（1）照明配电箱的概况　照明配电箱，根据安装方式可分为明装（悬挂式）和暗装（嵌入式）；根据制作材质可分铁制、木制及塑料制配电箱；还有标准与非标准之分，标准箱系由工厂成套生产组装的，非标准箱是根据实际需要自行设计制作或定制加工而成的。

照明配电箱型号众多，其型号含义各有不同，现以 PZ20 系列和 PZ30 系列为例说明之。PZ20 系列和 PZ30 系列为模数化终端组合电器，适用于额定电压为 220V 或 380V 负载总电流不大于 100A 的单相三线或三相五线的末端电路中，作为对用电设备进行控制、配电以及线路的过载、短路、漏电、过电压保护之用。

PZ20、PZ30 系列模数化终端组合电器的型号如下：

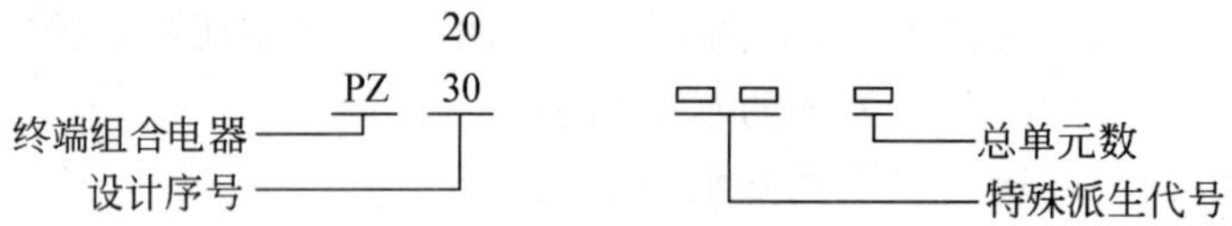

第一位：S——阻燃工程塑料外壳；J——金属薄板外壳；
H——不锈钢外壳
第二位：M——明装式；无 M 为嵌墙式

（2）照明配电箱的选择　照明配电箱应根据使用要求、进户线制式、用电负荷大小、分支回路数等以及设计要求，选用符合标准的配电箱。其外壳结构通常分墙挂式（明装）和嵌入安装式（暗装）两种。电路结构主要为出线（分支线）是单相多回路的，也有三相四线或二相三线出线的；进线一般为三相四线，有的设有电源进线开关，有的则没有。

5.3.4　照明装置的保护

1. 照明装置的漏电保护

（1）漏电保护器　漏电保护器是利用电气线路或电气设备发生单相接地短路故障时，

会产生剩余电流，从而利用这种剩余电流来切断故障线路或设备电源的保护电器。由于漏电保护器动作灵敏，切断电源时间短，因此对于保护人身安全、防止设备损坏和预防火灾的发生有明显的作用。

漏电保护器按工作原理可分为电压动作型和电流动作型；按动作时间可分为快速型和延时型；按其脱扣器种类可分为电磁式和电子式。

根据保护功能和结构特征的不同，漏电保护电器的类型又可分为漏电断路器、漏电继电器、漏电保护插座和漏电开关等。

（2）漏电保护器的工作原理　漏电保护器是在规定条件下，当漏电电流达到或超过给定值时能自动断开电路的机械开关电器或组合电器。现在生产的漏电保护器都属电流动作型，图 5-11 为单相漏电保护器原理图。在电器设备正常运行时，线路各相上的电流相量和为零，即 $\dot{I}_1-\dot{I}_2=0$。当线路或电气设备绝缘损坏而发生漏电、接地故障或人触及外壳带电的设备时，则有漏电电流通过地线、人体或大地而流向电源。此时线路上的电流相量满足 $\dot{I}_1-\dot{I}_2=\dot{I}_0$，$\dot{I}_0$ 经高灵敏零序电流互感器检出，并在其二次回路感应出电压信号，经过电子放大器放大。当漏电电流达到或超过给定值时，漏电脱扣器立即动作，带动开关切断电源，从而起到了漏电保护作用。此外，在一般电流型漏电保护器的基础上，增加一套鉴相鉴幅装置，构成交流脉冲型漏电保护器，是利用触电前后漏电电流的突变量起动的，即同时兼有漏电和脉冲动作功能。这种类型的保护器能克服漏电型保护器对触电时电网合成漏电流反而减小的情况下不能实行保护的缺点，而漏电动作电流一般可选得较大，脉冲动作电流选得较小，因而投运率较高，但也存在一定的不动作死区，因此，现已生产出直接利用触电电流起动的无死区的相量差型保护器。

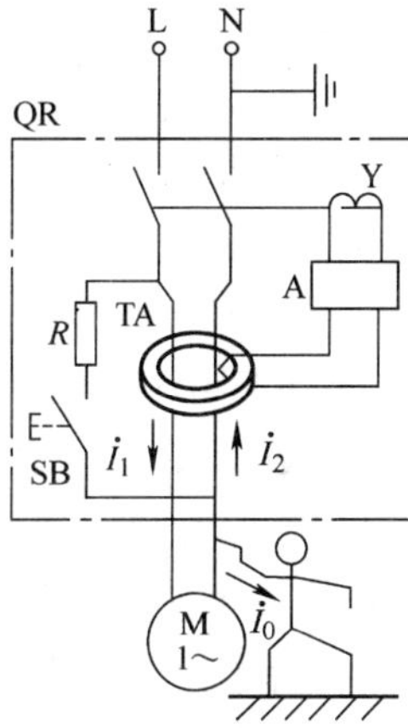

图 5-11　单相漏电保护器原理图

QR—漏电保护器　Y—漏电脱扣器　A—电子放大器　TA—零序电流互感器　SB—试验按钮　*R*—试验电阻　M—电动机

（3）设置漏电保护器的场所

1）手握式及移动式用电设备，用作保护狭窄场所内手持式电动工具的漏电保护器应装设在狭窄场所外面，工作时应有人监护。

2）建筑施工工地的用电设备，但对 36V 及以下的用电设备，若工作环境干燥可免装漏电保护器。

3）环境特别恶劣或潮湿场所（如锅炉房、食堂、地下室及浴室）的电气设备。

4）住宅建筑每户的进线开关和插座专用回路。

5）TT 系统供电的用电设备。

6）与人体直接接触的医用电器设备。

（4）漏电保护器的选用

1）漏电继电器的零序电流互感器按不同的场合可接在主回路中，多用作总保护。

2）漏电保护插座具备触电保护功能，适用于移动设备和家用电器。

3）漏电断路器，因除有断路器的功能外还有漏电保护功能，所以根据其容量大小，使用在各级漏电保护方式中。单相漏电末级保护多采用漏电断路器。

4）根据使用目的，根据被保护回路的泄漏电流等因素选用。

5）照明负载。对照明电路是否要装漏电断路器，要视实际具体情况而定。

6）热负载。电热负载的特点是工作电流随温度升高而降低，但漏电电流则随温度升高而增大。因此，对电热负载应按热态时的漏电状态选择额定漏电动作电流值。

2. 照明装置的接地保护

电气照明装置需要保护接地或保护接零的灯具、开关、插座等非带电金属部分，应装有具有明显标志的专用接地螺钉。

1）各种照明电器需要作保护接零时，必须采用单独的导线与保护中性（PEN）线连接，不允许将几台照明电器的接零线串联，因为串联接线中的任何一处接触不良时其后面的设备便失去保护。

2）在一般情况下，灯具外壳的保护接零应用第三根引出分支线与保护中性线连接，即采用 TN－C－S 接地形式，使建筑物内 PE 线、N 线分别接至配电箱，在此合成 PEN 线。

3）发电厂中正常时以交流电源供电，而在事故时以直流操作电源供电的事故照明线路，不允许利用其中性线来作接零线，而应设置单独的保护接零线。

4）当中性线被用作保护接零时，中性线的末端应重复接地。为此，中性线的末端可与不同配电箱或不同分支线的中性线相连，或与其他接地体连接。

5）在用作保护接零的中性线上，不允许装设熔体和开关。

6）携带式用电设备应采用携带型导线的特备线芯接零，这条线芯不能用来传导电流。在供携带式用电设备用的插座上，应备有专供接零用的插孔。

5.4 室内电缆配线

5.4.1 电缆的结构特点

电力电缆的基本结构由导电线芯、绝缘层和保护层三部分组成。为了改善电场的分布情况，减少切向应力，有的电缆加有屏蔽层。多层电缆绝缘线芯间还增加了填芯及填料，以便将电缆绞制成圆形及增加抗拉强度。

电力电缆的型号用来说明电缆的结构特征，同时也表明电缆的使用场合。我国电力电缆产品型号及其表示方法如下：

1）用汉语拼音大写字母表示绝缘种类、线芯材料、内护层材料和结构特点。如 Z 表示纸；L 代表铝；Q 代表铅；F 代表分相；ZR 代表阻燃。

2）电缆型号由电缆结构各部分的代号组成，以下角形式用数字表示外护层结构。

3）电缆产品用其型号和规格的表示方法，是在型号后再加上说明芯数和截面积、额定电压、长度的数字。

5.4.2 室内电缆穿管敷设

1）电缆保护管的内径与电缆外径之比不得小于 1.5，混凝土管、陶土管、石棉水泥管除应满足上述规定外，其保护管内径应不小于 100mm。

2）硬质塑料管不得用在温度过高或过低的场所。在易受机械损伤的地方和在受力较大处敷设时，应采用足够强度的管材。当电缆金属护套和钢管之间有电位差存在时，它们容易受到腐蚀，致使电缆发生故障，故非塑料护套电缆尽可能少用钢管作保护管。

3）电缆保护管的弯曲。在敷设电缆时应尽量减少弯头，保护管的弯曲半径一般取管径的10倍，同时应不小于所穿入电缆的允许弯曲半径。一根电缆保护管的弯曲不应超过3个，直角弯不应超过2个。在实际施工中不能满足时，可采用内径较大的管子或在适当部位设置拉线盒，以利电缆的穿设。

4）电缆保护钢管连接时，不宜直接对焊，因对焊可能在接缝口内部出现疤瘤，而损伤电缆，应采用管套或螺纹连接。连接应牢固，密封应良好，管口应对齐。利用电缆保护钢管作接地线时，应在穿电缆前，在管接头两侧焊好跨接地线，有螺纹的管接头也应跳线焊接。

5）硬质塑料电缆保护管采用套接或插接连接时，插入深度应不小于管外径的1.1~1.8倍，在插接面上应涂胶合剂粘牢密封；如采用套管连接时，套管长度宜为管外径的1.5~3倍，套管两端应密封。

6）电缆穿管明敷时，电缆管应安装牢固，不应将电缆管直接焊接在支架上。当塑料管的直线长度超过30m时，应加装伸缩节。

7）电缆在穿入保护管前，应先清理管内积水和杂物。

5.4.3 低压电缆头的制作安装

1. 电缆终端和接头制作的一般规定

1）在电缆终端和接头的制作前，应检查电缆型号、规格是否与设计一致；附件规格与电缆是否一致；零部件是否齐全无损伤；绝缘是否良好，电缆是否受潮。如发现受潮，应逐步将受潮部分的电缆割掉，并应用1000V兆欧表测量电缆绝缘，绝缘电阻应在10MΩ以上。

2）制作现场的环境条件应满足施工要求，严禁在雾天或雨天施工，因为它直接影响着电缆终端及接头的绝缘处理效果。制作塑料绝缘电力电缆终端及接头时，应防止尘埃、杂物落入绝缘内。

3）电缆终端及接头的型式、规格与电缆的电压等级、线芯、截面、护层结构和环境要求一致。且应结构简单、紧凑，便于安装，材料、零部件应符合技术要求，主要性能应符合现行国家标准。

4）采用的附加绝缘材料除电气性能应满足要求外，尚应与电缆本体绝缘具有相容性。橡塑绝缘应采用弹性大、粘接性能好的材料作为附加绝缘。

5）电缆线芯连接金具，应用符合标准的连接管和接线端子，其内径应与电缆线芯紧密配合，截面宜为线芯截面的1.2~1.5倍。

6）电力电缆应采用铜绞线或镀锡铜编织线做接地线。

7）电缆线芯沿绝缘表面至最近接地点（屏蔽或金属护套端部）的最小距离为50mm（1kV电压等级）。

8）电缆终端和接头制作完后，质量一定要达到基本要求。

2. 低压电缆终端头的制作安装

1）根据设计图纸规定的位置，将电缆终端按实际需要切取一定裕量的长度。

2）剥去电缆金属护套，在距护套切口20mm的铠装上，用直径为2.1mm的铜线作临时绑扎线将铠装绑住，然后在靠电缆末端一侧的钢带铠装处环锯 1/2 铠装厚度，将钢带挑起并撕掉。在铠装切口以上，留出 5 ~ 10mm 的塑料内护层，并切除其余内护套及黄麻填充物。

3）拆除临时绑扎线，在钢带铠装焊接处除锈、挂锡后，将接地线平贴在钢带上，然后用直径 2.1mm 的铜扎线将接地线箍扎 5 道，再在绑扎处用锡焊固。施工结束后，应将接地线妥善、可靠地接到接地装置上。

4）使用分支手套前，应先在手套筒体与电缆套接的外护层部位和手套指端部位的线芯绝缘层外，分别包缠塑料胶粘带作填充物，然后套上分支手套。

5）剥削电缆端头线芯绝缘，进行压（或焊）接线端子，再用塑料胶粘带缠包端部成防潮锥体。

6）为了保护线芯绝缘，可采用塑料胶粘带从接线端子至手套指部，以叠包的方式先自上而下，再自下而上来回缠包两层。

7）用黄、绿、红及淡蓝四色塑料胶带在手指防潮锥上端缠包一层，分别表示三相色标志（L1、L2、L3）及中性线（N），再在外层缠包一层透明的聚氯乙烯带加以保护。

8）电缆头制作完毕后，应进行绝缘测试及必要时的核相。

3. 低压电缆中间头的制作安装

1）根据接头盒管的规格，按图 5-12 所示的尺寸，锯钢甲，剖铅。

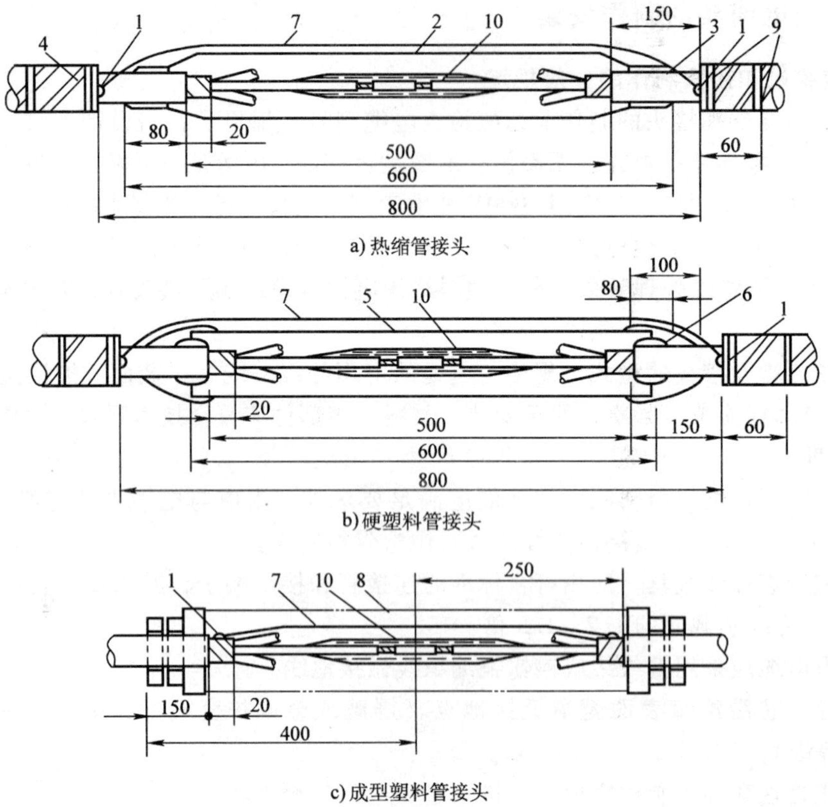

图 5-12　低压电缆中间头的制作安装

1—封焊接地线　2—热塑管　3—铅包　4—钢甲　5—硬塑料料管　6—包塑料袋球　7—地线　8—成型塑料管接头　9—钢带卡子　10—套管

2）电缆一侧用塑料布包封，穿上接头套管。

3）留20mm，统包布带，扎牢三芯根部。

4）根据接管长度，切去线芯绝缘。

5）擦净线芯，将线芯夹圆后套上接管，进行压接。

6）按图5-12b、c长度在线芯上包塑料带2层，接管上包4层，包长200mm。

7）四芯中间加塑料带卷，使相间距离保持10mm后扎紧四芯。

8）按图5-12b两端包塑料球后套入塑料管，再用塑料带封好，并涂胶合剂，或按图5-12c套入塑料接头盒，用扳手上紧橡胶垫，或按图5-12a穿上大于电缆直径一倍的热缩管，管内涂热溶胶后加温密封，加热时应特别注意加热时间和距离，要按一定方向转圈，不停进行加热收缩，防止出现气泡和局部烧伤，以保证接头的绝缘强度。

9）封焊接地线，且用钢带卡子压牢。

10）将接头用塑料布统包两层并用塑料带扎紧后，将接头放入水泥保护盒内或砌砖沟内加盖保护。

5.4.4 接地与接地装置

1. 接地形式的选择

根据电网的结构特点、运行方式、工作条件和安全要求等方面的情况，从安全、经济和可靠性出发，合理选择接地形式。

低压电网的中性点可直接接地或不接地。当安全要求较高，对称三相负载且装有迅速而可靠地自动切除故障的装置时，电网宜采用中性点不接地的方式。从经济方面考虑，低压配电系统通常采用中性点直接接地方式，以三相四线或五线制供电，可供动力负荷与照明负荷，以节约投资。

电气装置的金属外壳，配电装置的构架和线路杆塔，由于绝缘损坏，有可能带电，为防止危及人身和设备的安全而设的接地，称为保护接地，如TT系统、IT系统中电气设备的外露可导电部分所做的接地；在中性点直接接地系统中，将电气设备外露可导电部分与零线进行连接，成为保护接零，如TN-C系统接地形式。由此可见，保护接地适用于中性点不接地系统中；在中性点直接接地系统中，宜采用保护接零，且土壤电阻率较低，可采用保护接地，并装设漏电保护器来切除故障。TN、TT及IT三种接地形式，如图5-13所示。

2. 电气装置接地的保护范围

凡是在正常情况下不带电，而当绝缘损坏、碰壳短路或发生其他故障时，有可能带电的电气设备外露金属部分及其附件都应实行保护接地或保护接零。接地范围主要包括以下几个方面：

1）电机、变压器、电器和其他电气设备的金属外壳、基座以及电力设备的传动装置。

2）配电、控制、保护用的屏（柜、箱）及操作台的框架和基座，室内、外配电装置的金属构架及靠近带电部分的金属遮拦和金属门，钢筋混凝土构架的钢筋等。

3）线路的金属保护管、各种金属接线盒（如开关、插座等金属接线盒）、敷设的钢索和起重运输设备轨道。

4）电缆桥架、支架和井架，电缆的金属保护层及其接线盒、终端盒和膨胀器的金属外壳等。

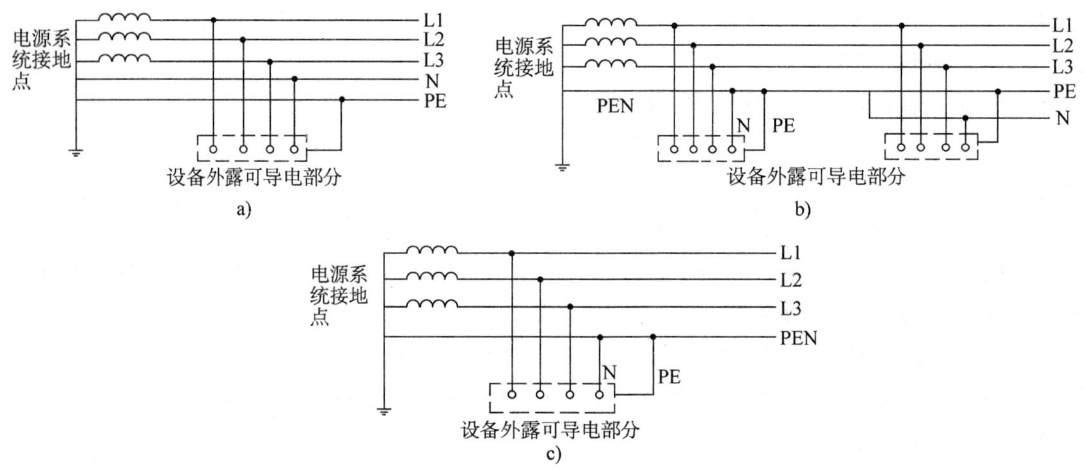

TN 系统图

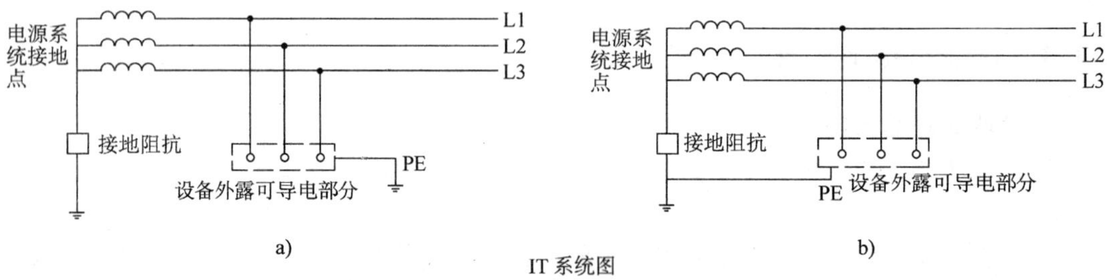

IT 系统图

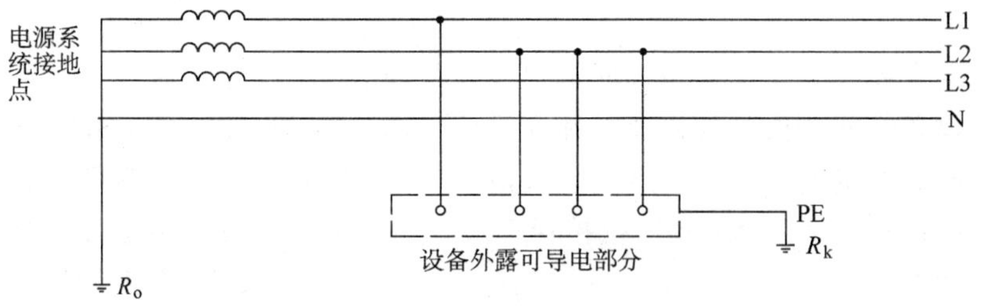

TT 系统图

图 5-13　TN、TT 及 IT 三种接地形式

5）照明灯具、电扇及电热设备的金属底座和外壳及电除尘器的构架等。

6）电流互感器和电压互感器的二次绕组。

7）超过安全电压而未采用隔离变压器的手持电动工具或移动式电气设备的金属外壳等。

3. 接地保护线、保护中性线的连接

（1）接地保护线的连接

1）保护线应采取保护措施，免受机械和化学的损伤腐蚀并耐受电动力。

2）保护线的接头应便于检查和测试。

3）开关电器严禁接入保护线。

4）检测对地导通的动作线圈严禁接入保护线，如 PE 线不准穿过漏电电流动作保护器中电流互感器的磁回路。

5）布线的护套或金属外皮的电气持续性不受机械、化学或电化学的损伤腐蚀和导电性符合保护线最小截面积的要求时，方可用作相应回路的保护线。电气用的其他金属管严禁用作保护线。

6）利用装置的金属外护物或框架作保护线时，应在每个预定的分接点上与其他保护线相互连接。

（2）保护中性线的连接

1）TN 系统中，固定装置中铜芯截面不小于 $10mm^2$ 或铝芯截面不小于 $16mm^2$ 的电缆，当所供电的那部分装置不经由剩余电流工作保护器时，其中的单根线芯可兼作保护线和中性线。

2）采用单芯导线作 PEN 干线时，其截面不小于 $10mm^2$（铜材）、$16mm^2$（铝材）或 $4mm^2$（多芯电缆的线芯）。

3）保护中性线应采取防止杂散电流的绝缘措施。成套开关设备和控制设备内部的保护中性线无需绝缘。

4）当从装置的任何一点起，中性线及保护线分开设置时，从该点起不应将两导线连接。在分开点，应分别设置保护线及中性线用端子或母线。

5）在 TN-C 系统中，严禁断开 PEN 线，不得装设断开 PEN 线的任何电器。

6）严禁将装置外可导电部分作保护中性线（包括配线用的钢管及金属线槽）。

7）严禁将 PEN 线穿过剩余电流动作保护器中电流互感器的磁回路。

4. 接地装置和接地电阻

（1）接地装置的一般要求　建筑物电气装置的接地装置，应充分利用直接埋入地中或水中有可靠接触的金属导体作为自然接地体，当自然接地体的接地电阻不符合要求时，一般不敷设人工接地体，但变电所、发电厂除外。

1）接地装置的接地体应根据设计要求和现场施工条件确定接地体形式。可采用圆钢、角钢或钢管、钢带、金属板等作为埋于基础内的接地体。非钢筋混凝土中的钢筋、供暖系统的金属管道严禁用作保护接地体。

2）电气装置应设置总接地端子或母线，并应与接地线、保护线、等电位连接干线等相连接。

3）任何一种接地体的功效取决于当地的各种土壤条件，应选定适合于各种土壤条件的一种或几种接地体以及所要求的接地电阻值，且满足保护上和功能上长期有效的要求。

4）保护接地的接地装置应符合低压系统接地形式的要求。

5）接地装置应有足够的载流能力和热稳定性。

（2）接地装置的安装　接地装置制作安装，应配合土建工程施工，在基础土方开挖的同时，挖好埋设接地体的沟道。钢质接地装置最好采用镀锌材料，焊接处涂沥青防腐；接地装置不应埋在有强烈腐蚀作用的土壤中或垃圾堆、灰渣堆中；接地线应尽量安装在不易受到机械损伤的地方，必要时应加钢管保护；接地线必须安装在明显处，以便于检查。明敷接地线可以涂漆防腐。

1）人工接地体的安装。

① 垂直接地体应按设计要求取材，一般用圆钢、钢管或角钢制作，垂直接地体每根长度一般为2.5m，不宜小于2.0m。角钢、圆钢和钢管，其端部应锯成斜口、锻造成锥形或加工成尖头形状，端部加工长度宜为120mm。

垂直接地体应在地沟内中心线上垂直打入地下，顶部距地面不宜小于0.6m，接地体应与地面保持垂直，敲打接地体要平稳，不可摇动，以防接地体与土壤间产生间隙，增加接触电阻影响散流效果。垂直接地体不宜少于两根，间距应不小于两根接地体的长度之和，如图5-14所示。当受其他原因限制时，可适当减少间距，但应不小于接地体的长度。

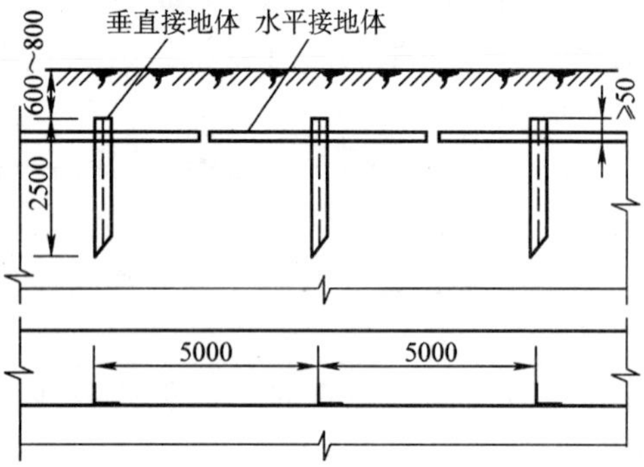

图5-14　垂直接地体的敷设

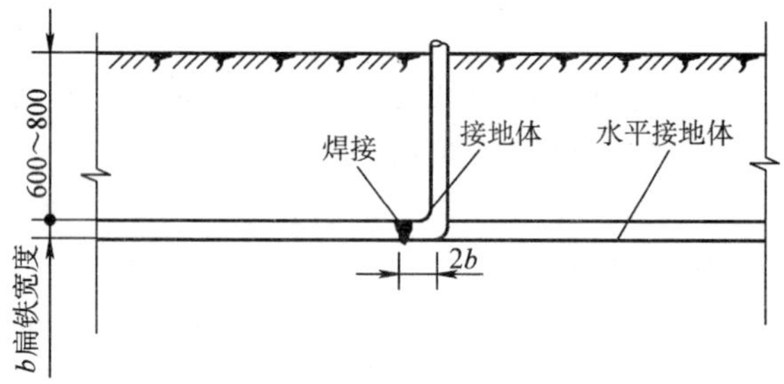

图5-15　水平接地体的敷设

② 水平接地体应按设计要求取材，如用扁钢，应将其侧向敷设在地沟内，埋设深度不小于0.6m，如图5-15所示。多根水平接地体平行敷设时水平间距应符合设计要求，当无设计规定时不宜小于5m。

2）接地体的连接。接地体的连接应包括垂直接地体与水平接地体的连接以及接地体与接地线的连接。

① 接地体连接时，地下部分应采用焊接，搭接长度要求扁钢为其宽度的2倍（且至少3个棱边焊接）、圆钢为其直径的6倍、圆钢与扁钢连接时，长度为圆钢直径的6倍。

② 扁钢与钢管、扁钢与角钢焊接时，为了连接的可靠，除应在其接触部位两侧进行焊接外，并应焊以由刚带弯成弧形（或直角形）的卡子或直接由钢带本身弯成弧形（或直角形）与钢管（或角钢）焊接。

③ 接地体之间的连接应采用焊接。当采用扁钢作水平接地体时，敷设前应将起调直，并置于地沟内，依次将扁钢在距垂直接地体顶端大于50mm处与其焊接。

④ 接地线连接。接地线的地下部分应有从接地体引出地面的接线端子，地下部分应采用焊接，其搭接部位应进行防腐处理。

（3）装置的接地电阻

1）当建筑物内未作总等电位连接，且建筑物距低压系统电源接地点的距离超过50m时，低压电缆和架空线路在引入建筑物处，保护线（PE）或保护中性线（PEN）应重复接地，接地电阻不宜超过10Ω。

2）向低压系统供电的配电变压器的高压侧工作于低电阻接地系统时，低压系统不得与配电变压器的保护接地共用接地装置，低压系统电源接地点应在距该配电变压器适当的地点设置专用接地装置，其接地电阻不宜超过4Ω。

3）低压系统由单独的低压电源供电时，其电源接地点接地装置的接地电阻不宜超过4Ω。

4）接户线的绝缘子铁脚宜接地，接地电阻不宜超过30Ω，土壤电阻率在200Ω及以下地区的铁横担钢筋混凝土杆线，可不另设人工接地装置。人员密集的公共场所的接户线，当混凝土杆的自然接地电阻大于30Ω时，绝缘子铁脚应接地，并应设专用的接地装置。

5）保护配电柜上的断路器，负荷开关和电容组等用的避雷器，接地线的接地电阻不应大于10Ω。保护配电变压器的避雷器，其接地线应接于变压器保护接地共用接地装置。

5.5 实习课题

课题1：电工基本功训练——做羊眼圈

羊眼圈制作如图5-16所示。

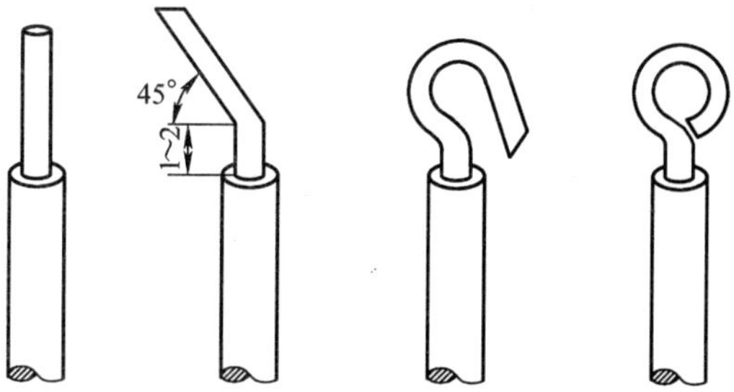

图5-16 羊眼圈制作

实习目的：

1）使学生掌握做羊眼圈的基本技能。

2）掌握剥线钳、尖嘴钳等一些常用工具的使用方法。

实习所需设备：

尖嘴钳和剥线钳。

实习材料：

硬电线若干。

实习内容及要求：

要求学生掌握常用电工工具的基本使用方法，掌握单股导线制作羊眼圈的基本方法和技巧，了解羊眼圈的使用场合。

操作步骤：

1）用剥线钳剥去电线一端的绝缘层（图5-16a）。

2）裸线在距绝缘层1~2mm处弯45°角（图5-16b）。

3）按顺时针方向弯成开口圆（图5-16c）。

4）剪去多余的部分。

5）弯成封闭的圆（图5-16d）。

课题 2：导线线头的制作

实习目的：

1）掌握七股铜芯导线的直线连接法和分支连接法。

2）掌握用电工刀剥导线绝缘层的方法。

3）掌握如何用绝缘胶布包缠导线头。

实习所需设备：

电工刀、钢丝钳、手套和钢丝刷。

实习材料：

七股铜芯导线、绝缘胶布。

实习内容及要求：

要求学生掌握常用电工工具的基本使用方法，掌握多股导线对接的基本方法和技巧，绝缘胶布缠绕的技巧和要求，了解多股导线对接的使用场合。

操作步骤：

1. 用电工刀削去铜芯导线的绝缘层（铝芯导线可用钢丝钳）。

2. 进行导线头的制作

（1）七股芯线的直线连接法

1）扣压法的连接方法步骤如下：

① 将芯线线头全长的三分之一根部绞紧，把余下的线头分散成伞骨状。

② 把两伞骨状的线头隔股对插。

③ 捏平两端芯线。

④ 先把一端的 7 股芯线按 2、2、3 股分成三组，接着把第一组 2 股芯线扳起并垂直于芯线，按顺时针方向并绕 2 圈，再扳成与芯线平行的直角。

⑤ 后一组芯线扳起时，应把扳起的芯线紧贴前一组芯线已弯成直角的根部，再按上一步骤继续紧绕。

⑥ 第三组芯线应并绕 3 圈，剪去多余的芯线端并钳平切口毛刺。导线另一端接法相同。

2）平绕法的连接方法步骤如下：

① 将芯线线头全长的三分之一根部绞紧，把余下的线头分散成伞骨状。

② 把两伞骨状的线头隔股对插。

③ 对插以后的芯线不需要捏平，而使其以接近 90°的直角扳起，一股紧贴着一股紧绕 3～4 圈，剪去多余线端并钳平切口毛刺。

（2）七股芯线的丁字分支连接方法

1）把分支芯线线头的八分之一处根部进一步绞紧。

2）将余下部分分成两组。

3）用螺钉旋具将干线芯线撬分成两组。

4）把支线的一组插入干线，并绕 3～4 圈。

5）支线的另一组按反方向亦并绕 3～4 圈，两端均剪去多余部分。

3. 用绝缘胶布对导线头进行包缠

1）包缠时，先从完整的绝缘层上开始包缠，包缠约两根带宽后方可进入裸露处的芯线部分。

2）包至另一端时，也需要同样包入完整的绝缘层处两根带宽的距离。

3）包缠完毕后的末端用纱线绑扎牢固，或用绝缘带自身套结后扎紧。

课题 3：照明线路的连接

实习目的：

1）了解照明配线的作业规范、操作工艺。

2）掌握常用照明用具的安装和接线方法。

3）能正确进行室内照明布线。

实习所需设备：

钢丝钳、剥线钳、尖嘴钳、验电笔和螺钉旋具（十字、一字各 1 把）。

实习材料：

动力板 1 块、单联开关 1 只、双联开关 2 只、三联开关 1 只、保险丝 2 只、插座（双眼、三眼各 1 只）、灯头 1 只、圆木 6 块、硬导线若干、荧光灯管、荧光灯配件、启动器和镇流器。

实习内容及要求：

要求学生掌握常用照明元件选用及测试的基本方法，识图的基本方法和技巧；掌握照明电路的接线与调试方法；掌握各类工具、仪表的使用；学会照明线路故障的查找方法与技巧。

操作要求：

1）1 只单联开关控制 1 盏灯。

2）2 只双联开关在 2 个地方控制 1 盏灯。

3）2 只双联开关和 1 只三联开关在 3 个地方控制 1 盏灯。

4）荧光灯照明线路接线。

操作步骤：

1）根据要求在模拟板上布置好元件位置，使板面布局合理，排列均匀。

2）对照设计好的电路图进行接线，导线应尽量减少交叉与弯折。

3）在确定接线无误的情况下（可用万用表测试），再通电进行测试。

思考与练习题

一、判断题

1. 220V 灯线，相线必须经开关装置。用螺口灯头时，相线应接在灯头中心弹簧的端头上。（　）
2. 单相三孔插座安装接线时，保护接地孔与零线孔直接相连可保证在故障情况下起保护作用。（　）
3. 使用电工刀时，应使刀与导线成较小的锐角。（　）
4. 线管配线时，管内导线最小截面要求铜芯线不小于 $1mm^2$，铝芯线不小于 $2.5mm^2$。（　）
5. 在使用螺钉旋具时，为避免触电应在其金属杆上穿绝缘套管。（　）
6. 接地线的接地电阻增大，主要是因接地体太小引起的。（　）
7. 室内配线分为照明线路和动力线路两种类型。（　）
8. 一般室内照明线路主要由电源、用电设备、导线和开关控制设备组成。（　）
9. 室内动力线路与照明线路一样，也是由电源、用电设备、导线和开关控制设备组成的。（　）
10. 为了保证用电安全，在配线时必须考虑到保护接地或保护接零。（　）
11. 室内配线无论采用哪种方式，都必须保证其敷设后达到安全可靠、经济合理、整齐美观、使用方

便和便于维修等要求。 ( )

12. 为防止雨水沿导线进入室内，导致配电箱（盘）受潮，入户线应穿管进入室内，穿墙管的外侧应有防水弯头。 ( )

13. 照明和动力线路、不同电压的线路应十分明显地分开敷设。 ( )

14. 电线管与热水管、蒸汽管同侧敷设时，应敷设在热水管、蒸汽管的下面。 ( )

15. 不同相序的导线的颜色应易于区分，一般 L1、L2、L3 的相色分别用黄、绿、红色。 ( )

16. 相线与中性线的颜色应不同，同一建筑物中的导线，其颜色选择应统一。 ( )

17. 配线工程中所有正常情况下不带电的外露部分，应可靠的进行保护接地或保护接零。 ( )

18. 塑料护套线具有双层保护层，线芯绝缘为内层，外层为统包塑料绝缘护套。 ( )

19. 测量车间电器设备的绝缘状态时可用 250V 兆欧表。 ( )

20. 各接地设备的接地线与接地干线连接时，应采用混接方式。 ( )

二、简答题

1. 单股和多股导线连接方法和注意事项有哪些?
2. 导线绝缘层恢复的方法有哪些?
3. 电缆敷设的一般要求及敷设方式有哪些?
4. 电缆中间头和终端头的制作过程是怎样的?
5. 简述室内线路的组成。
6. 简述导线截面选择应满足的条件。
7. 室内照明灯具常用的安装方式有哪些?
8. 简述荧光灯的工作原理，并画出接线图。
9. 镇流器有什么作用?
10. 画出双联开关控制 1 盏灯的原理图。
11. 在照明线路中，为什么要求相线进开关，零线进灯头?
12. 简述插座的接线要求。
13. 简述漏电保护器的工作原理。
14. 接地形式有哪几种，选择使用的标准是什么?

第 6 章　电机与变压器

本章教学基本要求：

- 了解异步电动机的用途、技术数据、基本结构及外部检查方法；
- 熟悉电机维修用的工具设备和常用轴承润滑剂的正确使用方法；
- 了解电机常用的绝缘材料的使用、电机嵌线的工艺过程和绕组接线形式；
- 了解常用变压器各主要部件的作用、检修过程及安全作业注意事项；
- 了解小型变压器的制作工艺过程。

本章要求掌握的基本技能：

- 能独立进行小型异步电动机的拆装；
- 能根据外部现象和借助常用仪表初步检查、判断异步电动机的故障；
- 掌握三相异步电动机的头尾测试方法；
- 能独力进行小型异步电动机的嵌线、绕组工艺过程；
- 掌握小型变压器的制作工艺过程。

6.1　入门指导

6.1.1　电机的基本类型

电机通常分为两大类，一类是直流电机，另一类是交流电机。交流电机按其转速与电源频率之间的关系，又分为同步电机和异步电机。

1. 直流电机

直流电机按其用途分为电动机和发电机，随着晶闸管整流电源的广泛应用和日益完善，在许多领域中不再采用直流发电机。直流电机的特性与其励磁方式有密切联系，按不同的励磁方式可分为他励、并励、串励和复励等，直流电机还可按转速、电流、电压工作定额、防护形式、安装结构形式以及通风冷却方式等特征来分类。

2. 同步电机

同步电机按其用途分为同步发电机、同步电动机和补偿机，但主要是用作发电机，如汽轮发电机、水轮发电机、柴油发电机和燃气发电机等。

同步电机按结构形式分为旋转电枢式和旋转磁场式两种，一般都采用旋转磁场式。只有小型或特殊用途的同步电机，如无刷励磁同步电机所用的交流励磁机等，才采用旋转电枢式。按磁极形状又分为隐极式和凸极式。隐极式适用于极对数 $P\leqslant 2$ 的同步电机，如汽轮发电机；凸极式适用于极对数 $P\geqslant 2$ 的同步电机，同步电动机和内燃机拖动的同步发电机等。

3. 异步电机

异步电机一般用作电动机，是各种电动机中应用最广、需要量最大的一种电动机。为了适应各种机械配套的要求，异步电动机的系列、品种、规格繁多。异步电动机分为单相和三相两大类。

单相异步电动机一般为1kW以下的小功率电动机。单相电阻起动、单相电容起动、单相电容运转、单相电容起动与运转和单相罩极式等，广泛应用于工业和日常生活的各个领域，尤其是电动工具、医疗器械和家用电器等。

三相异步电动机按转子绕组形式分为笼型和绕线转子型两类，小型异步电动机大多为笼型。三相异步电动机还可按其尺寸大小、防护形式、安装结构形式、绝缘等级和工作定额等来分类。J2、JO2系列为一般用途的小型三相异步电动机，目前已被淘汰，由Y系列笼型三相异步电动机所取代。Y系列电动机具有效率高、节能、堵转转矩高、噪声低、振动小和运行安全可靠等优点，安装尺寸和功率等级符合IEC标准，系我国统一设计的最新基本系列。

6.1.2 异步电动机的技术数据

要正确使用异步电动机，必须能看懂其技术数据。能够正确识别电动机铭牌上的数据，将给安装和维修带来很大的方便。电动机铭牌上各个数据的意义为：

1. 型号

下面举例加以说明。

Y-160-M_L—2

Y表示三相交流异步电动机。

160表示机座号，数据为电动机中心高。

M表示中机座。（另外还有S表示短机座，L表示长机座）

L表示铁心长序号。

2表示电动机的极数。

2. 额定功率

电动机的额定功率是电动机轴上所输出的机械功率，一般用W或kW（千瓦）表示，但也有用Hp（马力）表示的。它们的换算关系是

$$1\text{kW} = 1.36\text{Hp}$$

$$1\text{Hp} = 0.7736\text{kW}$$

3. 频率

频率是指电动机所接交流电源的频率。我国目前电网的频率为50Hz。

4. 额定转速

电动机在额定电压、额定频率和额定负载下，每分钟的转数为电动机的额定转速。

5. 额定电压

电动机的额定电压是指电动机所用的电源电压的标准等级，一般国内的三相低压交流电动机的额定电压为380V。

6. 额定电流

电动机的额定电流是指电动机在额定电压、额定频率和额定负载下定子绕组的线电流。电动机定子绕组为△接法时，线电流是相电流的$\sqrt{3}$倍；如为Y接法时，线电流等于相电流。一般电动机电流受外加电压、负载等因素影响较大，所以了解电动机所允许通过的最大电流对正确选择导线、开关以及电动机上所加的保险丝和热继电器提供了依据。举例说明三相异步电动机额定电流的计算。

例：有一台三相异步电动机，额定输出功率为 7.5kW，额定电压为 380V，功率因数为 0.87，效率为 87%，求额定电流。

解：由公式得 $I=\dfrac{1000\times7.5}{\sqrt{3}\times380\times0.87\times0.87}=15.05$（A）

7. 绝缘等级

电动机的绝缘等级是指电动机绕组所用绝缘材料的耐热等级，绝缘材料按耐热能力可分为 Y、A、E、B、F、H 和 C 等 7 个等级。例如 J、JO（系列）的电动机采用 A 级绝缘，它的极限温度为 105℃；J2、JO2 系列采用 E 级绝缘，它的极限温度为 120℃；Y 系列采用 B 级绝缘，它的极限温度为 130℃。

8. 定额和工作制

电动机的定额工作形式，是指它在额定情况下，允许连续使用时间的长短。

9. 电动机重量

电动机铭牌上一般标有其本身的重量，以供起重运输时参考。

10. 防护等级

Y 系列电动机有防护等级的规定。一般防护等级为 IP44，IP 表示外壳防护符号，第一个“4”表示防护大于 1mm 固体的电动机，第二个数字“4”表示为防溅电动机。

11. 出厂日期

电动机标牌上的日期为生产电动机为成品后的出厂时间。

12. 标准编号

标准编号表示电动机执行的技术标准。例如 JB 为机械工业部标准，JO2 系列电动机执行 JB 742—66 标准。

13. 出厂编号

电动机标有出厂编号，以便于质量跟踪与查寻。

14. 电动机的接法

三相异步电动机一般用星形接法和三角形接法。例如：Y 系列电动机采用的是国家新标准，U_1、V_1、W_1 为电动机绕组的首端，U_2、V_2、W_2 为三相电动机的末端。

目前 Y 系列电动机 3kW 及以下为Y形接法，3kW 以上均为△形接法，电动机额定线电压为 380V。

6.1.3 电动机常用润滑脂

电动机常用的润滑脂有锂基润滑脂、钙钠基润滑脂、复合钙基润滑脂和二硫化钼复合钙基润滑脂等，其工作温度和使用场合见表 6-1。

表 6-1 常用的润滑脂品种表

名称	工作温度/℃	使用场合
钙钠基润滑脂	80～100	适用于防护式、封闭式电动机
复合钙基润滑脂	150～200	适用于高温、有严重水气场合的封闭式电动机
二硫化钼复合钙基润滑脂	150～200	适用于高温负荷的湿热带用电动机
锂基润滑脂		适用于低温和温度变化范围较大场合的电动机

润滑脂使用时应注意以下几点：

1）轴承运行1000～1500h后应加一次润滑脂，运行2500～3000h后应更换润滑脂。

2）不同型号的润滑脂不能混用，更换润滑脂时必须将陈脂清洗干净。

3）润滑脂不能加太多或太少，一般约占轴承容积的1/3～1/2；转速低、负载轻的轴承可以加得多一些；转速高、负载重的轴承可以加得少一些。

6.1.4 异步电动机的工作原理和结构

1. 三相异步电动机的基本原理和结构

当电动机的定子绕组中通入三相交流电时，在气隙中会形成一个旋转磁场，从而产生转矩，使转子转动。由于转子必须切割磁力线而受力，故其转子总是顺着旋转磁场的方向以小于同步转速 n_1 的速度而旋转。两个转速之差即为转差率。

三相异步电动机的结构，主要由定子和转子两个基本部分组成。三相笼型异步电动机的结构如图6-1所示。

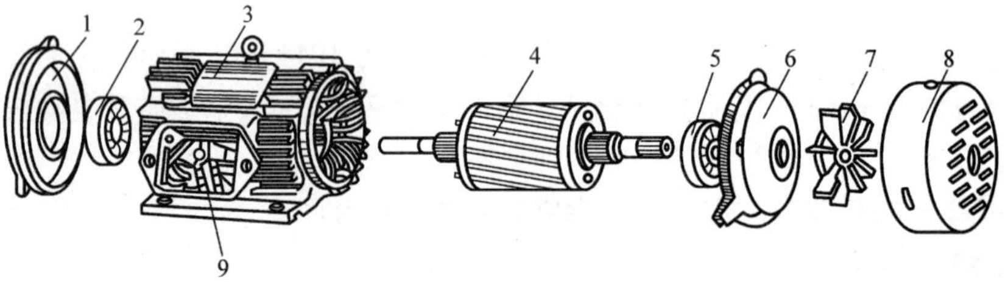

图6-1 小型三相笼型异步电动机的结构

1—端盖 2—轴承 3—定子 4—转子 5—轴承 6—端盖 7—风扇 8—风罩 9—接线盒

（1）定子 定子是用来产生旋转磁场的，主要由定子铁心、定子绕组和机座3部分组成。

1）定子铁心。定子铁心是电动机磁路的一部分，由相互绝缘的0.5mm厚的硅钢片叠压而成。定子硅钢片的内圆上冲有均匀分布的槽，槽内嵌放定子绕组，其槽形可分为半闭口、半开口和开口等形式，如图6-2所示。

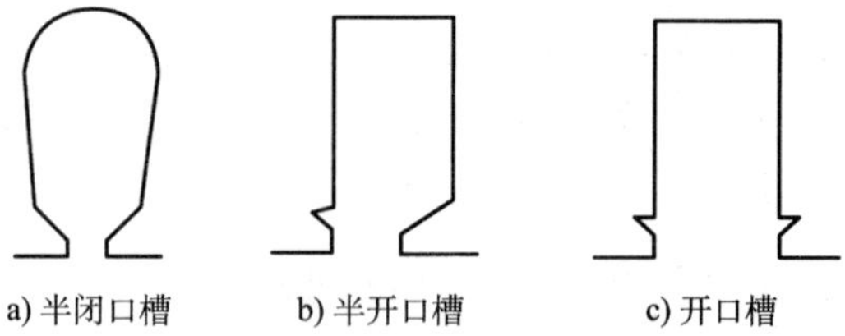

图6-2 定子铁心槽形

半闭口槽的优点是电动机的效率和功率因数较高，但绕组绝缘和嵌线较困难，一般用于低压小型异步电动机中采用圆导线的散嵌绕组；半开口槽用于低压中型异步电动机中采用分片的成型绕组；开口槽用于高压中大型异步电动机的成型绕组，由于绕组事先包扎好绝缘并经过绝缘处理，这样嵌线方便、绝缘可靠。

2）定子绕组。定子绕组是电动机的电路部分，由三相对称绕组组成。绕组采用聚酯漆包圆铜线或双玻璃丝包扁铜线（或铝线）绕制，按照一定的空间角度依次嵌入定子铁心槽内，绕组与铁心之间垫放绝缘材料使其具有良好的绝缘。

三相绕组可接成Y形或△形。为了便于接线，将三相绕组的六个出线端引至接线盒中，A、B、C三相绕组的始端标为 U_1、V_1、W_1，末端标为 U_2、V_2、W_2。

3）机座。机座主要用于支承定子铁心和固定端盖。中小型异步电动机一般采用铸铁机座，大型电动机机座都采用钢板焊成，根据电动机冷却方式的不同，采用不同的机座形式。Y 系列（IP44）封闭式电动机，在机座表面有散热筋片来增大散热面积；Y 系列（IP23）防护式电动机，机座表面没有散热筋片，而在机座两侧开有通风孔。

（2）转子　转子是电动机的旋转部分，它可带动其他机械旋转做功。转子主要由转子铁心、转子绕组和转轴三部分组成。

1）转子铁心。转子铁心是电动机磁路的一部分，由 0.5mm 厚的硅钢片叠压而成。转子硅钢片的外圆上冲有均匀分布的槽，槽内嵌放转子绕组。中小型笼型异步电动机常用的转子铁心槽形有平行槽，可改善电动机的起动性能；平行齿，由于模具加工方便，使用较普遍；闭口槽，具有磁通波形较好、杂耗较小、效率高和温升低等优点，但其漏抗较大，使功率因数、起动转矩和最大转矩下降；双笼槽，其优点是起动性能好，通过改变上笼和下笼的几何尺寸或材料，便可得到所需要的机械特性。

为了改善电动机的起动性能，笼型异步电动机的转子铁心，一般都采用斜槽结构，即转子的槽不与轴线平行，而是倾斜一个角度，如图 6-3 所示。

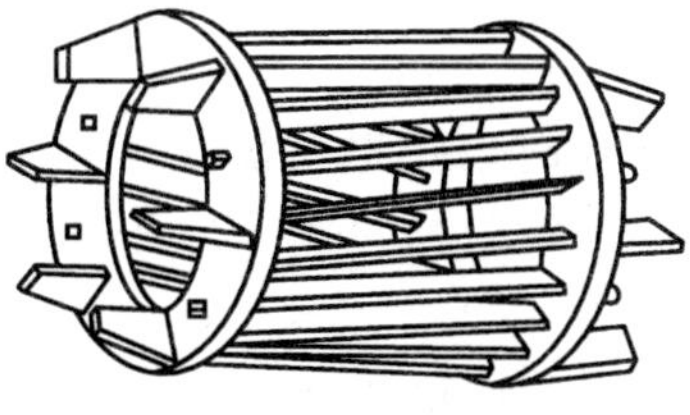

图 6-3　笼型转子的斜槽结构

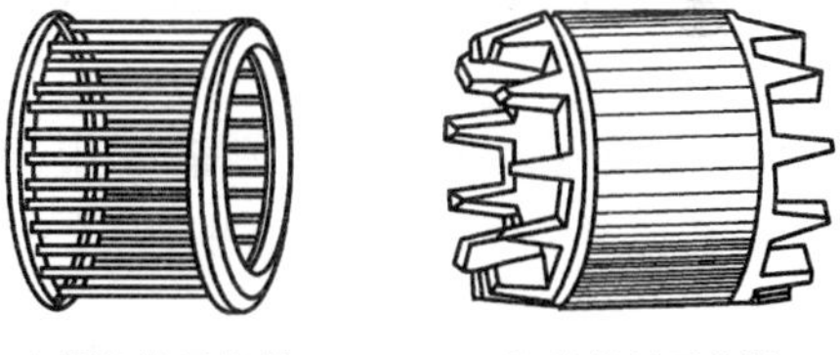

a) 铜条转子绕组　b) 铸铝转子绕组

图 6-4　笼型转子

2）转子绕组。转子绕组切割定子磁场，产生感应电动势和电流，并使转子转动。按结构形式不同分为笼型和绕线转子型两种。

100kW 以上异步电动机的笼型转子绕组是由安放在槽内的裸铜导条构成，这些导条两端分别焊接在两个端环上，100kW 以下的中小型异步电动机，一般都采用铝导条铸成，同时在端环上铸出风叶片，以作为冷却用的风扇，如图 6-4 所示。

绕线转子电动机转子绕组和定子绕组相似，由绝缘导线或裸铜排制成绕组元件，嵌入转子槽内，然后连接成出线接到转轴上三个互相绝缘的集电环上，再由集电环上的电刷引出。

3）转轴。转轴的作用是支承转子，传递转矩，并保证定子与转子之间的气隙均匀度。转轴的材料一般为 45 号优质碳素结构钢，转轴制成阶梯形以便装配不同的零件。

（3）其他零部件　三相异步电动机的结构还包括端盖、轴承、轴承盖、风扇、风罩和接线盒等。绕线转子异步电动机的转子上还有集电环及电刷等零件。

2. 单相异步电动机的基本原理和结构

当单相异步电动机的定子绕组中通入单相交流电后，就会产生交变脉动磁场，其正序磁势与负磁势大小相等，转速相等，转向相反，即没有旋转性质，不能像三相异步电动机那样使转子自行起动。但用外力使转子往任一方向转动一下，转子将会按外力作用方向继续旋转，并逐步提高转速，达到稳定运行状态。

为了使电动机能自行起动，电动机的定子铁心中嵌放定子绕组（也称工作绕组）外再加嵌一个起动绕组（也称辅助绕组），并使起动绕组与工作绕组在定子中有 90°的空间角度差。为了使两种绕组中的电流在时间上有一个相位差，可在起动绕组中串接电容器进行移相，并设计各种起动方法，如电阻起动、电容起动等。

单相异步电动机的结构和三相笼型异步电动机相似，一般有两套定子绕组，一套为主绕组（工作绕组），另一套为起动绕组（辅助绕组），分别产生主磁场及起动转矩。

6.1.5 电动机的使用和维护

一台电动机的正常运行，很大程度上取决于电动机的正确使用与维护。为了保证电动机的正常运行，必须使电动机安装正确，并加强电动机的起动维护与运行中的监视和维护。

1. 电动机的安装

电动机的安装质量直接影响它的安全运行，如果安装得不正确，则不仅会缩短电动机的寿命，严重的还会损坏电动机和被电动机拖动的设备，造成一定的损失。

（1）安装前的检查　电动机在运输途中，几经周转，受到颠簸振动，还可能受到潮气的侵袭。因此，在安装前必须对电动机进行全面的检查。检查内容主要有下列各项：

1）检查电动机的功率、型号和电压等是否与图纸规定相符。

2）检查电动机的外壳有无损伤，风罩风叶是否完好，转动是否灵活，轴向窜动是否超过规定。

3）拆开接线盒，用万用表测量三相绕组是否断路。必要时可用电桥测量三相绕组的直流电阻，看其偏差是否在允许范围内（一般各相绕组的直流电阻与三相电阻平均值之差不超过平均值的 ±2%）。

4）使用兆欧表测量电动机的各相绕组之间以及各相绕组与机壳之间的绝缘电阻。如果电动机的额定电压在 500V 以下，则使用 500V 兆欧表测量，其绝缘电阻不得低于 0.5MΩ。

电动机经上述检查后，如果没有发现异常现象，则可不必抽出转子检查。如发现有异常情况或功率大于 40kW 的电动机，必须抽出转子检查。最后用手风箱或压力小于 2 个大气压的干燥压缩空气吹扫电动机表面的灰尘。

（2）电动机的安装和校正　一般中小型电动机大都用螺栓安装在金属底板或导轨上，也有些电动机直接装在混凝土的基础上，通过事先埋入混凝土中的底脚螺栓将电动机紧固。

1）混凝土基础的灌制要求。混凝土基础尺寸一般为底板或电动机机座尺寸外加 50 ~ 250mm，通常外加 100mm，当然还应考虑当地的土壤条件。基础的深度一般按底脚螺栓长度的 1.5 ~2 倍选取，并应大于当地土壤的冻结深度。在容易受振动的地方，基础还应做成锯齿状，以增强抗振性能。

2）底脚螺栓与螺栓孔。在灌制 10kV 以下的小型电动机的基础时，一般先将底脚螺栓按电动机机座尺寸或按底板尺寸固定在木板上，然后将木板放在浇制混凝土的木框架上进行浇灌。待混凝土凝固后，螺栓就凝固在混凝土基础内了。在浇灌混凝土时，注意不要把底脚螺栓碰歪，以防在紧固电动机时螺母倾斜和负荷不均匀。底脚螺栓通常做成人字形和弯钩形，具体尺寸按设计要求而定。

3）电动机的安装。当电动机的基础制成后，就要对电动机进行安装，重量在 100kg 以下的小型电动机，可用人工抬，较重的电动机应使用起重设备。待电动机机座或安装底板的底脚孔对准底脚螺栓后，再徐徐降落。在吊装过程中，特别要注意安全，当电动机吊上基础以后，可用普通的水平仪对电动机进行纵向和横向水平校正。如果需要水平校正，则可用0.5~5mm的钢片垫在电动机机座或安装底板下面，直到符合要求为止。

4）电动机的校正。在电动机与被拖动的机械通过传动装置互相连接之前，必须对传动装置进行校正。根据传动装置的种类不同，校正方法也有所差异。常用的传动装置有皮带、联轴器和齿轮3种。

（3）电动机的接线　电动机的接线在安装中是非常重要的工作，如果接线不正确，不仅电动机不能正常运行，严重时还会烧毁电动机的绕组。三相异步电动机有两种接线方法，即星形接法和三角形接法。接线时，一定要按照电动机铭牌上规定的接法连接，接线时如果将三角形接法的电动机错接成星形，则电动机的转矩将大大减小，带不动负载。

为了使用方便，电动机的出线端三角形接法时，只需用连接片将 U_1 和 W_2、V_1 和 U_2、W_1 和 V_2 相连即可，星形接法时，只需将上面3个出线端或下面3个出线端连接起来作为中性点，其余3个出线端作为电源进线端即可，如果电动机的出线端没有标志，则可用下面介绍的3种方法来判断其相别及头尾。

1）万用表方法之一。首先将万用表的转换开关放在欧姆档上，利用万用表区分出每相绕组的两个出线端。然后将万用表的转换开关转到直流毫安档上。接着，用手转动电动机的转子，如果万用表指针不动，则说明三相绕组的头尾区分是正确的；如果万用表指针动了，则说明有一相绕组的头尾反了，调整后重新试验，直到万用表指针不动为止。这一方法是利用转子铁心中的剩磁在定子三相绕组内感应出电动势的原理进行的。

2）万用表方法之二。将万用表的转换开关转到直流毫安档上。当开关Q接通的瞬间，若万用表指针向大于零的一侧偏转，则说明接电池正极的一端与接万用表负极的一端同是两相绕组的线头或线尾；如果指针向小于零的一侧偏转，则接电池正极的一端与接万用表正极的一端同是线头或线尾。做好相应的标志，再将万用表接到第三相的两个出线端试验，这样便可区分出各相绕组的头和尾。

3）绕组串联法。用万用表区分出三相绕组后，设定每相绕组的头尾。将两相的尾部部相连，将其中一相绕组接通小于36V的低压交流电，另外两相绕组的头部之间接上灯泡，如果灯泡发亮，则说明相连的两相绕组头尾是不正确；如果灯泡不亮，则说明相连的两相绕组假设正确。这样，这两相绕组的头尾便确定了。接着，再用同样方法区分第三相绕组的头尾。

（4）电动机的试车　电动机安装、接线完毕后，在试车前，还应检查一下电动机的电源进线和接地线是否符合要求。异步电动机的电源进线，要采用金属软管保护。同时，电动机必须有效接地（或接零），接地线应接在电动机的接地螺栓上，不得接在电动机的机座上。

当电动机起动后，要监视电动机的电流是否超过规定值，并检查有无杂声或焦臭味，电动机是否局部过热。经数次起动及2h的空载运转，如无异常现象，则电动机安装与试车便算完成。

2. 电动机修理的分类及内容

异步电动机的定期维修分月维修和年维修，俗称小修和大修。

1）月维修或小修见表6-2。

表 6-2　异步电动机小修项目及内容

项　目	内　容
清擦电动机	①清除和擦去机壳外部尘垢 ②测量绝缘电阻
检查和清擦电动机接线端子	①检查接线盒接线螺丝是否松动、烧伤 ②拧紧螺母
检查各固定部分螺丝和接地线	①检查端盖、轴承盖螺丝 ②检查接地螺丝 ③检查接地线连接及安装情况
检查轴承	①拆下轴承盖，检查轴承油是否变脏、干涸，缺少时需适量补充 ②检查轴承是否有杂声
检查传动装置	①检查皮带或联轴器有无破裂损坏，安装是否牢固 ②检查皮带及其连接扣是否完好 ③检查联轴器是否有螺栓松动、损坏、磨损和变形
集电环检查	①检查集电环的圆度，表面有无异常磨损、局部变色和火花痕迹 ②检查集电环绝缘部件上的碳粉附着程度
电刷和刷架检查	①检查电刷的磨损、刮伤、龟裂、凹痕和接触情况 ②检查电刷引线有无损伤，接线部位是否松动 ③检查弹簧的破损、紧固与弹簧压力情况
检查和清擦起动设备	①擦去外部尘垢 ②清擦触头，检查有无烧损 ③检查接地线是否良好 ④测量绝缘电阻

2）年维修或大修见表 6-3。

另外异步电动机大修的一些其他项目同表 6-2。

表 6-3　异步电动机大修项目及内容

项　目	内　容
电动机外部检查	①外部有无损坏，零部件是否齐全 ②彻底清擦，去掉尘垢，补修损坏部分
电动机内部清理和检查	①检查定子绕组污染和损伤情况。先去掉定子上的灰尘，擦去污垢，再用干布蘸少量汽油擦净，同时仔细检查绕组绝缘是否出现老化痕迹或有无脱落，若有则应补修、刷漆 ②检查转子绕组污染和损伤情况，检查转子端环是否断裂、污损，用锤子敲击检查绕组端部绑扎线和铁心是否松动 ③检查定、转子铁心有无磨损变形。若有变形，则应予修整
绕组检查	①检查定、转子绕组是否有相间短路、匝间短路、断路、错接等现象，检查笼型转子是否断条，应针对发现的问题予以修理 ②用兆欧表测量所有带电部位的绝缘电阻，阻值应大于 1MΩ
安装基础检查	用水平仪测定基础的水平误差，用锤子和扳手检查螺栓的固紧状况

（续）

项　目	内　容
清洗轴承并检查轴承磨损情况	①按电动机轴承清洗方法清洗轴承 ②检查轴承，若轴承表面粗糙，说明轴承中有酸碱物质，改用合格的润滑脂；若滚珠或轴圈等处出现蓝紫色时，说明轴承已受热退火，应更换轴承 ③对轴承的尺寸精度和其他指标进行全面测量 ④检查密封挡的油环是否变形，轴颈是否有磨损痕迹
修理后试车	若电动机的绕组完好，大修后要做一般性试运转：测量绝缘电阻；检查各部分是否灵活；电动机空载运转0.5h；然后带负载运转

有关电动机故障与绕组损坏的修理将在后面专门介绍。

6.2　异步电动机的拆装

6.2.1　电动机的拆卸

1. 准备工作

1）准备各种工具。

2）做好拆卸前的记录和检查，并在线头、端盖等处做好标记，便于修复后的装配。

2. 拆卸步骤

1）拆开端接头。

2）拆卸皮带轮或联轴器。

3）拆卸风罩和风叶。

4）拆卸轴承盖和端盖。

5）抽出转子。

3. 主要零部件的拆卸工艺要点

1）皮带轮或联轴器的拆卸。

首先，在皮带轮或联轴器的轴伸端上做好尺寸标记后，再拆开电动机的端接头；然后把皮带轮或联轴器上的定位螺栓或销子松脱取下，用三爪拉具把皮带轮或联轴器慢慢地拉出来。使用三爪拉具时丝杠尖端必须对准电动机轴端的中心，使其受力均匀，便于拉出来。如果拉不出来切勿硬卸，则可在定位螺栓孔内注入煤油，待数小时后再卸；如果仍拉不出来，则可用喷灯在皮带轮或联轴器四周加热，使其膨胀，就可趁热迅速拉出。但加热温度不能过高，以防转轴变形。禁止用锤子直接敲打皮带轮或联轴器，以免皮带轮或联轴器碎裂，转轴变形或端盖等受损。

2）风罩和风叶的拆卸。

首先，把风罩螺栓松脱，取下风罩；然后把转轴尾部风叶上的定位螺栓或销子松脱并取下，用金属棒或锤子在风叶四周均匀轻敲，风叶就可松脱下来。小型异步电动机的风叶一般不用卸下，可随转子一起抽出。但如果后端盖内的轴承需加油或更换时，就必须拆卸，这时可把转子连同风叶放在压床中一起压出。对于装配塑料风叶的电动机，可用热水使塑料风叶膨胀后卸下。

3）轴承盖和端盖的拆卸。

首先，把轴承的外盖螺栓松下，卸下轴承外盖，然后松开端盖的紧固螺栓，在端盖与机座的接缝处做好记号（便于装配），随后用锤子均匀地敲打端盖四周（应衬以垫木），把端盖取下。对于小型电动机，可先把轴伸端的轴承外盖卸下，再松下后端盖的固定螺栓（如风叶装在轴伸端的，则必须先把后端盖外面的轴承外盖取下），然后用木锤敲打轴伸端，这样可把转子连同端盖一起取下。

4）抽出转子。

小型电动机的转子，如上所述，可以连同端盖一起取出。抽出转子时，应谨慎小心及动作缓慢，不可歪斜以免碰伤定子绕组。

6.2.2 电动机的装配

电动机的装配工序与拆卸时的工序相反，其工艺要点如下：

1）首先检查定、转子有无杂物，如有应清除后再将转子装入定子。

2）在装配端盖时，注意符合拆卸时的记号。装配时要求受力均匀，可用木锤均匀敲击端盖四周。拧紧螺栓时，要求均匀用力，上下左右对角逐个拧紧，以免耳攀断裂或转子同轴度不良等。同时，要查看轴承是否清洁，并加入适量润滑脂。

3）电动机装配后，用手转动电动机转子，转动应灵活、均匀，无停滞和偏重现象。

4）安装皮带轮或联轴器时，可在端面垫上木块用锤子打入。若打入困难时，为了使轴承不受损伤，应在轴的另一端垫一木块后，顶在墙上再打入皮带轮或联轴器。

6.3 异步电动机定子绕组的拆换

电动机绕组是发生电气故障的主要部分，当绕组故障较为严重而不能局部修复时，就必须全部拆换电动机绕组。

异步电动机定子绕组的拆换工艺过程大致如下：

记录原始数据→拆除旧绕组→制作绕线模→绕制线圈→嵌线→接线→检查及试验→绝缘处理。

6.3.1 记录原始数据

在拆除旧绕组前及拆除过程中，必须记录下列原始数据，作为制作绕线模、选用导线规格、绕制线圈和复算等的依据。

1. 铭牌数据

①型号；②功率；③转速；④绝缘等级；⑤电压；⑥电流；⑦接法。

2. 绕组数据

①槽数；②每槽导线数；③导线型号、规格及并绕根数；④绕组节距；⑤并联路数；⑥绕组形式和尺寸；⑦线圈伸出铁心长度；⑧线圈接线图；⑨引出线与机座的相对位置；⑩绕组总重量。

测量绕组数据的方法是：①在拆旧绕组时，应留一个较完整的线圈，以便量取其各部分尺寸；②将整个绕组一端剪断，选取其中3个周长最短的单元线圈，量其长度，其平均值作为绕线模模心周长尺寸；③测量线径时，应取线圈的直线部分，烧去漆层，用棉纱擦净，对同一根导线应在不同位置测量3次，取其平均值，且应多测量几根导线。

3. 铁心数据

①定子铁心内外径；②定子铁心长度；③槽形尺寸。

槽形尺寸的测量方法是：用一张较厚的白纸按在槽上，取下槽形痕迹，再绘出槽形，并标注各部分尺寸。

6.3.2 拆除旧绕组

由于电动机绕组经过浸漆、烘干等处理，故不易拆除。拆除时，首先应将绝缘层软化或烧掉。为了保证电动机质量，一般不把定子放在火中加热，因为这样破坏了硅钢片的片间绝缘，既增加了涡流损耗，又造成铁心朝外松弛。同时，硅钢片经加热后性能变差。拆除旧绕组时，切勿损伤或剪断铜线，要保持成圈，以便包丝回用。

这里介绍几种常用的拆除方法，并予以比较。

1. 冷拆法

首先，用废锯条制成的刀片把槽楔从中间破开、取出。若为开口槽，则很容易将绕组一次或分几次取出；若为半闭口槽或半开口槽，可用斜口钳把绕组一端的端接部分逐根剪断，在另一端用钳子把导线逐根从槽内拉出。在取出旧导线时，应按顺序逐一拉出，切勿用力过猛或多根并位，以免损坏槽口。

2. 通电加热法

通电加热时需将转子抽出，拆开定子绕组端部各连接线，在一组绕组中通入单相低压大电流加热，当绝缘层软化、绕组端部冒烟时，切断电源，打出槽楔，趁热迅速拆除绕组。

3. 局部加热法

先把槽楔敲出，然后把绕组两端剪断，用喷灯对准槽口加热，待绝缘层软化后将导线逐根从槽内取出。在加热过程中应特别注意防止烧坏铁心，以免硅钢片性能变差。

4. 溶剂溶解法

用溶剂溶解绝缘层，以便拆除旧绕组，使用溶剂溶解法必须注意防火措施与通风条件，以免发生火灾或苯中毒。具体方法如下：

1）将小容量电动机直接浸入苯中，约24h后，可使绕组绝缘层软化，取出后立即拆除绕组。

2）拆除0.5kW以下电动机绕组时，可用丙酮25%、酒精20%及苯55%配成的混合溶剂浸泡，约几十分钟后，绝缘层软化，即可拆除绕组。

3）拆除3kW以下的小型电动机绕组时，用上述溶剂就很不经济，可改用丙酮50%、甲苯45%及石蜡5%配成的溶剂浸泡。

4）用氢氧化钠作腐蚀剂，把定子绕组浸入由氢氧化钠1kg加水10kg配成的溶液中。氢氧化钠能把槽楔与绝缘层腐蚀掉，但不腐蚀硅钢片。

铝壳或铝线电动机不宜采用此法，电动机上的铝质铭牌也应取下，以免受腐蚀。

比较上述方法，冷拆法因绕组在冷态时很硬，拆除较困难些；通电加热法使用较普遍，其温度容易控制，但必须具有足够容量的电源设备，最适用于中大型电动机；局部加热法方法简单，但往往使铁心质量变差；溶剂溶解法费用较贵，最适用于小型电动机，尤其是

1kW 左右的电动机。

电动机槽内的旧绕组全部拆除后，应将槽内的残余绝缘物清除干净。若定子铁心硅钢片有凹斜，则可用钳子修平；若槽口有毛刺，应用细锉锉光。

拆除旧绕组的步骤是：在查清线圈的并联路数后，翻起一个跨距内的上层边，其高度以不妨碍下层边的拆除为止，然后逐个拆除线圈，在拆除过程中，应尽量保留一个完整的线圈，以便量取有关数据和作为制作绕线模、绕制绕组时参考。

6.3.3 制作绕线模

在绕制电动机线圈前，应根据旧线圈的形状和尺寸制作绕线模，绕线模的尺寸是否合适、对线圈重绕工作的顺利进行起着决定性作用。绕线模尺寸做得太短，端部长度不足，嵌线时会发生困难，甚至嵌不进去；绕线模尺寸做得太长，线圈电阻和端部漏抗都增大，影响电气性能，而且浪费铜线，线圈还易碰触端盖。因此，绕线模的尺寸必须力求正确，拆除时留下的一个较完整的旧线圈可作为绕线模的设计依据。如无一个较完整的旧线圈，则需要重新设计绕线模。

关于电动机绕线模设计的计算方法可查找有关资料，此处不再介绍。

6.3.4 绕制线圈

线圈是电动机的心脏，线圈的质量直接影响电动机的修理质量与使用寿命。绕制线圈一般在手摇绕线机上进行，也可用电动绕线机，并要求配有计数器、搁线架及拉紧装置等。对线圈的绕制质量要求是：导线尺寸符合要求；线圈尺寸与匝数正确；导线排列整齐和绝缘良好。

1. 准备工作

1）检查绕线模尺寸并将其安装在主轴上。

2）准备绕线材料和检查导线尺寸。

3）试车运转，调整绕线机转速，校对计数器并调至零位。

4）将导线盘装在搁线架及拉紧装置上。

2. 绕制步骤

1）按规定的规格，根据一次连绕线圈的个数、组数及根数剪制绝缘套管，依次套入导线。

2）将导线始端按规定留出适当长度并弯折后嵌入绕线模的引出线槽内使之固定。

3）开动绕线机，绕制第一个线圈，导线在槽中自左向右排列整齐、紧密，不得有交叉现象，直到绕至规定的匝数为止。

4）留出连接线，移出近处的一个绝缘套管，按规定留出连接线长度并予以固定。

5）绕第二个线圈，按此步骤绕完其余线圈。

6）引入扎线，将扎线引入绕线模的扎线槽内，并依次扎紧。

7）按规定长度留出末端引线头，并剪断导线。

8）拆下绕线模，取出线圈，将线圈整齐放置。

3. 绕制工艺要点

（1）导线的检查　绕线前先用千分尺检查导线直径和导线绝缘厚度是否符合要求。常用的圆导线公差和绝缘厚度可参考有关资料。若导线直径过细，将使线圈电阻增大，影响电气性能；若导线直径过大或导线绝缘厚度过大，就会造成嵌线困难。同时，还要检查导线的软硬程度，如太硬，不但绕制困难，而且将使线圈电阻增大，影响性能，故不宜采用。

（2）线圈的接头　当绕线中发现导线长度不够或断线现象时，允许采用焊接接头。对线圈的接头要求是：其位置应在线圈端部斜边外，要求焊接光洁、良好，并用绝缘带半叠包1层，既保证接触良好，又保证绝缘可靠。如接头位置在直线部分，一则可能嵌不进槽，二则如焊接不良容易引起故障，且不易检查和修理。通常，线圈的接头处可用绝缘套管套入，以保证其绝缘可靠。线圈的接头焊料为锡铅焊料，其焊剂为松香酒精溶液。

（3）导线的绝缘修补　绕线过程中应仔细观察导线，如有绝缘损坏处应用绝缘带半叠包1层或涂刷相应的绝缘漆，但每个线圈不得超过1次，每相绕组不得超过2次。

（4）线圈的质量检查　线圈绕制完成后，应进行下列项目检查：

1）匝数检查。

2）导线的接头检查。

3）导线的绝缘检查。

6.3.5 嵌线

嵌线就是将绕制的线圈嵌入定子铁心槽内，它是电动机修理中的重要工序。嵌线前应修正定子铁心硅钢片的凹斜和毛刺，清除槽内的杂物，并用压缩空气或皮老虎吹净、涂上绝缘漆，安放槽绝缘、准备嵌线工具和辅助材料，即可进行嵌线。

1. 安放槽绝缘

嵌线时所用的绝缘材料应与电动机的绝缘等级相符合，J2、JO2系列电动机采用E级绝缘，Y系列电动机采用B级绝缘。中小型异步电动机槽绝缘规范见表6-4。

表6-4　中小型异步电动机槽绝缘规范

型　号	机座号或中心高	槽绝缘材料及其厚度
J2、JO2系列	1~2号	0.22mm 聚酯薄膜复合绝缘(1层)
	3~5号	0.27mm 聚酯薄膜复合绝缘(1层)
	6~9号	0.27mm 聚酯薄膜复合绝缘加0.15mm 三聚氰胺醇酸玻璃漆布(各1层)
Y系列	H80~112	0.25mm DMD 或 DMDM 复合绝缘(1层)
	H132~160	0.30mm DMDM 复合绝缘(1层)
	H180~280	0.35mm DMDM 复合绝缘(1层)

表中DMDM复合绝缘可用DMD加M（2820聚酯薄膜）代替。

槽绝缘的结构形式有以下3种：

1）用引槽纸嵌好线后将引纸齐槽口剪平，然后折合封好。此结构用于JO型老系列电动机。

2）槽绝缘纸在槽的两端褶边，用临时引纸抽出，上面盖上一条倒U型垫条封起来，用于JO2 1~3号小型电动机。

3）槽绝缘纸在两端褶边，用引槽纸，嵌好线后将引槽纸沿槽口剪齐，然后折合封好。JO2 4~9号电动机均采用此结构，JO2 7~9号电动机还加1层薄膜或玻璃丝漆布，以加强绝缘。

Y系列电动机槽绝缘的结构采用前两种均可，但在槽的两端不褶边，且不用临时引纸。由于槽绝缘伸出槽口结构浪费了被剪去的材料，故推荐槽绝缘不伸出槽口的结构。

槽绝缘的安放工艺要点如下：

（1）槽绝缘伸出铁心长度　安放槽绝缘时要求伸出铁心一定长度，且两端均匀，以保证线圈对铁心有足够的爬电距离。其伸出铁心长度根据电动机容量而定，Y80到280系列电动机槽绝缘伸出铁心长度可参考表6-5。

表6-5　Y80～280槽绝缘伸出铁心长度

中心高/mm	80～112	132～160	180～280
伸出长度/mm	6～7	7～10	12～15

JO、JO2系列电动机槽绝缘伸出铁心长度，1～9号机座为7.5～15mm，与Y80～280系列电动机基本相同。

（2）槽绝缘宽度　槽绝缘的宽度应使主绝缘放到槽口下转角处为宜。若过宽则影响嵌线，过窄则包不住导线。可根据槽形尺寸按下式计算

$$主绝缘宽度 = \pi r + 2h$$

$$引槽纸宽度 = \pi r + 2h + (20 \sim 30)\text{mm}$$

（3）绝缘材料裁剪要求

1）裁剪玻璃丝漆布时，应与纤维方向成45°裁剪，这样不易在槽口处撕裂。

2）裁剪绝缘纸时，应使纤维方向与槽绝缘和层间绝缘的方向相一致，以免折叠封口时困难。

3）绝缘材料应保持清洁、干燥和平整，不得随意折叠。

（4）复合绝缘的安放　当采用复合绝缘作为槽绝缘时，应将主绝缘的反面与槽壁接触，以保护主绝缘的良好和可靠。

2. 准备嵌线工具和辅助材料

要顺利地进行嵌线，必须做好嵌线前的一切准备工作。除安放槽绝缘外，还要准备嵌线工具和辅助材料。

嵌线工具一般有压线板、理线板、剪刀、尖嘴钳及锤子等，如图6-5所示。压线板要根据电动机槽形多备几只，一般的压脚宽度应比槽上部宽度小0.6～0.7mm，应光滑无棱，以使压线时不致损伤绝缘。理线板一般用红钢纸或层压板制成，其头部要磨得光滑、厚薄适宜，长度以能划入槽内2/3处为准。理线板有“劈”的作用，劈开槽口的绝缘纸，使堆积在槽口的导线向槽内的两侧分开，这样上边的导线就易于入槽。理线板还能用于折合槽绝缘纸，封闭槽口。剪刀使用时应注意剪平，如采用手术弯头长柄剪刀剪去引槽纸。锤子一般应是木质锤或橡胶锤，若用金属锤时，在敲打线圈时应垫以木条，以免损伤导线绝缘。

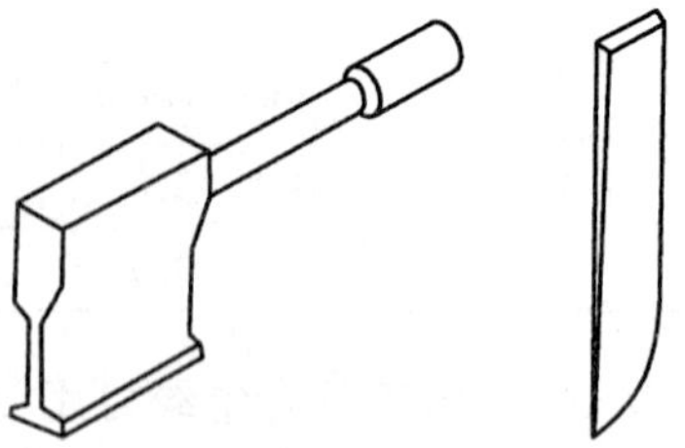

a) 压线板　　b) 理线板

图6-5　嵌线工具

辅助材料包括端部相间绝缘、槽内层间绝缘、槽楔及扎带等。端部相间绝缘、槽内层间绝缘的材料与槽绝缘相同，端部相间绝缘的形状与线圈端部的形状相同，但尺寸要比线圈端

部大，每边约10mm。槽楔用竹楔或层压板槽楔，其形状为梯形。如用竹楔需经变压器油或桐油煎浸处理；若用层压板槽楔应采用3240环氧玻璃布板。扎带应用无碱玻璃丝带或聚酯纤维编织套管。

3. 嵌线

嵌线前的一切准备工作完成后，即可进行嵌线。

（1）嵌线步骤

1）交叉式绕组嵌线。

① 先嵌第一相线圈双圈的下层边，封槽（整理槽内导线，插入槽楔），上层边暂时不嵌，紧接着嵌另一个双圈的下层边，上层边也起把。

② 隔1槽，嵌第二相单圈的下层边，封槽，上层边起把。

③ 隔2槽，嵌第三相双圈的下层边，当节距 $y=1\sim9$ 时，把上层边嵌入第一相双圈下层边的前两槽内，封槽，垫好相间绝缘，紧接着嵌另一个大线圈的上层边和下层边。

④ 再隔1槽，嵌第一相的单圈下层边，并把上层边嵌入空槽内（节距1～8），封槽，垫好相间绝缘。

⑤ 再隔2槽，嵌第二相的双圈下层边，上层边按节距1～9嵌入槽内，封槽，垫好相间绝缘。一、二、三相依次先嵌双圈，然后空1槽，嵌单圈，空2槽，再嵌双圈，再空1槽，接着嵌单圈，再空2槽，然后嵌双圈……，一直至嵌完。

2）链式绕组嵌线。

① 先嵌第一相第一个线圈的下层边，封槽，上层边起把。

② 隔1槽，嵌第二相第一个线圈的下层边，上层边起把。

③ 隔1槽，嵌第三相第一个线圈的下层边，上层边嵌入第一相第一个线圈下层边所占槽的前一槽（$y=1\sim6$），封槽，垫好相间绝缘。

④ 隔1槽，嵌第一相第二个线圈的下层边，上层边嵌入槽内，封槽，垫好相间绝缘。以后第二、三相按空1槽嵌1槽的方法，轮流将一、二、三相的第二个线圈嵌完，最后把第一、二相的第一个线圈的起把边嵌入。

3）同心式绕组嵌线。

① 先嵌第一相线圈的小圈下层边，再嵌大圈下层边，封槽，上层边起把。

② 隔2槽，嵌第二相线圈的小圈和大圈的下层边，封槽，上层边起把。

③ 隔2槽，嵌第三相线圈的小圈和大圈的下层边，上层边嵌入第一相小圈下层边的前一槽内（$y=2\sim11$），大圈上层边嵌入小圈的前一槽内（$y=1\sim12$），整好端部，封槽，垫相间绝缘。

④ 隔2槽，嵌第一相的另一组线圈小圈和大圈的下层边，上层边嵌入前面空槽（$y_{小}=2\sim11$，$y_{大}=1\sim12$），整好端部，封槽，垫相间绝缘。按空2槽嵌2槽的方法，依次把其余的线圈嵌完，最后把第一、二相的起边线圈上层边嵌入槽内。

4）双层叠绕组嵌线。

① 先嵌第一极相组的下层边，用层间绝缘盖好，上层边起把，然后用压线板将槽内导线压紧。

② 再嵌第二极相组和第三极相组（同上）。

③ 按图纸规定的节距嵌入其余的下层边和上层边，直到全部下层边嵌完后，才能把开

始起把的线圈边嵌入上层，封槽。

（2）嵌线工艺要点

1）引线处理。先将线圈导线理齐、引出线理直，嵌线时线圈的引出线端要放在靠近机座出线盒的一端，即以出线盒为基准来确定嵌线第一槽的位置。引出线应套上绝缘套管，一般采用2730醇酸玻璃套管，其直径大小要适宜、长度要一致，并要求绝缘良好。

2）线圈捏法。先用右手把要嵌的线圈边捏扁，用左手捏住线圈的一端向相反方向扭转，如图6-6a所示，使线圈的槽外部分略带扭绞形，以免线圈松散，使其顺利地嵌入槽内。线圈边捏扁后放到槽口的槽绝缘中间，左手捏住线圈向里拉入槽内，如图6-6b所示。如果槽内不用引槽纸，则应在槽口临时衬两张薄膜绝缘纸，以保证导线绝缘不被槽口擦伤，线圈边入槽后即可将薄膜绝缘纸取出。如果线圈边捏得好，一次就可把大部分导线拉入槽内。由于线圈扭绞了一下，使线圈内的导线变位，线圈端部有了自由伸缩的余地，嵌线、整形都很便利，且易于平整服贴。否则，槽上部的导线势必拱起来，且嵌线困难。

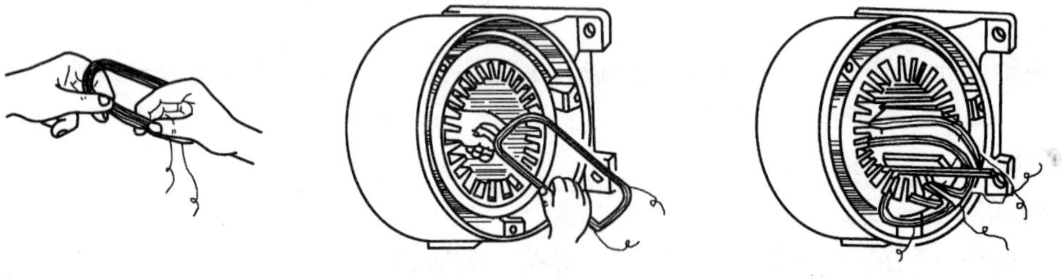

a)　　b)　　c)

图6-6　嵌线方法

3）理线与压线。导线进槽应按绕制线圈的顺序，不要使导线交叉错乱，线圈两端槽外部分虽略带扭绞形，但槽内部分必须整齐平行，否则会影响导线的全部嵌入，而且还会造成导线相擦而损伤绝缘。在线圈捏扁后不断地送入槽内时，用理线板在线圈边两侧交替理线，引导导线入槽。当大部分导线嵌入后，用两手掌向里、向下按压线圈端部，使其端部压下些，且使线圈胀开些，不使已嵌入的导线胀紧在槽口。理线时应先理下面的几根导线，这样嵌完后可使导线顺序排列，无交叉错乱现象。

导线全部嵌入槽内后，用压线板压实导线，以便封槽。若为双层叠线圈时，当嵌完下层边后，就把层间绝缘放入槽内，用压线板压平，然后再嵌上层边。若槽满率较高时，必须用压线板压实导线，但不可猛敲，以免损伤导线绝缘。

4）封槽。当导线全部嵌入槽内后，用压线板轻轻压实导线，剪去露出槽口的引槽纸，用理线板将槽绝缘两边折拢，盖住导线，并用竹楔压平，如图6-6c所示，再用槽楔打入槽内，压紧线圈，槽满率越高，封槽越重要。槽楔长度比槽绝缘短3mm，厚度不小于2mm，要求打入槽内后松紧适当。

5）层间绝缘与相间绝缘。当采用双层叠绕组时，同槽上下两层之间垫入与槽绝缘材料相同的层间绝缘。在下层边嵌好后，就把层间绝缘放入槽内，盖住下层边。要求层间绝缘两端伸出槽外长度均等，且不允许有个别导线在层间绝缘上面，以免造成相间击穿。

相间绝缘即为线圈端部垫入的与槽绝缘相同的材料。在封槽后，接着在两端垫入相间绝缘，使其压住层间绝缘并与槽绝缘相接触。端部相间绝缘应边嵌线边垫入，否则不易垫好。

6）端部整形及绑扎。线圈全部嵌完后，检查线圈外形、端部排列及相间绝缘，待符合要求后，将木板垫在线圈端部，用锤子轻轻敲打，使线圈两端形成喇叭口，其直径大小要适宜，既要有利于通风散热，又不能使端部离机座太近。

端部整形后，修剪相间绝缘，使其高出线圈3～4mm。中小型电动机线圈端部需用无碱玻璃丝纤维带或聚酯纤维编织套管绑扎，以增加线圈的机械强度。中心高为H80～132机座的电动机，线圈端部每2槽绑扎1道；H160～315机座的电动机，线圈端部每一槽绑扎1道。在有引接线的一端应把电缆和接头处同时绑扎牢，必要时应在此端增加绑扎层数。

7）起把线圈及其他。起把线圈即吊把线圈，起把线圈吊起后，下面应垫一张纸，以免线圈边与铁心相碰而擦伤绝缘。当嵌完最后一个节距线圈后，就可把最初吊起的起把线圈几个上层边逐一放下，嵌入相应的槽内。

此外，嵌线时应注意以下几点：

① 保持工作台及周围环境的整洁及操作者的卫生，防止铁屑、油污和灰尘等粘在线圈上。

② 各部分的绝缘材料、辅助材料和嵌线工具一定要安放到位，以保证嵌线工作的顺利进行。

③ 嵌线操作要认真细致，严格按绝缘规范和工艺要求进行，并加强嵌线中的各项质量检查。

6.3.6 接线

线圈嵌线完毕后，需要将其连成三相绕组，同时将各相绕组的始末端引出，称为接线。接线分为一次接线和二次接线，一次接线就是将一相中所有的线圈按一定原则连接起来成为一相绕组；二次接线即接引出线。有关接线的具体步骤和工艺要点此处不再介绍，可查看有关资料。

6.3.7 检查和试验

为了保证更换定子绕组的质量，定子绕组经嵌线、接线后，应进行下列检查和试验：

1. 检查的项目

①绕组是否有接地；②绕组是否有短路；③绕组是否有断路；④绕组是否有接错或嵌反。

2. 试验的项目

①直流电阻的测定；②绝缘电阻的测定；③耐压试验。

6.3.8 绝缘处理

电动机的绕组绝缘受潮，将使电动机的绝缘电阻明显下降。因此电动机的定子绕组接线完毕后，必须经过绝缘浸漆处理，以提高绕组的绝缘强度、耐潮性、耐热性及导热能力，同时也增加了绕组的机械强度和耐腐蚀能力。要求浸漆与烘干严格按绝缘处理工艺进行，以保证绝缘漆的渗透性好、漆膜表面光滑和机械强度高，使定子绕组粘结成为一个结实的整体。

6.4 异步电动机修理后的检查和试验

电动机经局部修理或定子绕组拆换后，即可进行装配。为了保证修理质量，必须对电动机进行一些必要的检查和试验，以检验电动机质量是否符合要求。为此，要求掌握有关电动机修理的测试技术，并学会电动机常见故障的分析与处理方法。

6.4.1 检查和试验的项目和方法

1. 装配质量检查

1）各部分的紧固螺栓是否旋紧。

2）引出线的标志是否正确。

3）转子转动是否灵活。

4）轴伸径向偏摆是否超过允许值。测量时将电动机和千分表座放在平板上，其指针对准轴伸长度的中间，用手慢慢转动转子，记录千分表的读数，其允许值见表6-6。

表6-6 电动机轴伸的允许偏摆 单位：mm

轴伸直径	允许偏摆	轴伸直径	允许偏摆
6～10	0.025	>30～50	0.050
>10～18	0.030	>50～80	0.060
>18～30	0.040	>80～120	0.080

2. 直流电阻的测定

定子绕组经过绝缘处理和装配等工序，为了避免机械损伤造成线头断裂、松动和导线绝缘层损坏，必须进行直流电阻的测定。

3. 绝缘电阻的测定

定子绕组经过绝缘处理和装配等工序，可能使绕组的对地绝缘和相间绝缘受损，因此，必须对绝缘电阻进行测定。

4. 耐压试验

耐压试验包括绕组对机壳及各相之间耐压试验和匝间耐压试验。

5. 短路试验

即堵转试验，在转子堵住不转的情况下，用调压器从零开始逐渐升高电压，使定子电流达到额定值，这时施加在定子上的电压称为短路电压。对于额定电压为380V的电动机，短路电压一般在70～95V之间认为合格，功率小的电动机一般取较大短路电压值。

6. 空载试验

在定子绕组上施加额定电压，使电动机不带负载运转。在试验中，应注意空载电流的变化，测定三相空载电流是否平衡、空载电流与额定电流百分比是否超过范围，要求空载试验达1h以上。同时，还应检查电动机是否有杂声、振动，检查铁心是否过热、轴承的温升及运转是否正常。

6.4.2 常见故障分析与处理

异步电动机的故障一般分为电气故障和机械故障两类。电气方面除了电源、线路及起动控制设备的故障外，其余的均属电动机本身的故障；机械方面包括被电动机拖动的机械设备和传动机构（如轴联器等）的故障、基础和安装方面的问题，以及电动机本身的机械结构故障。这里只介绍电动机本身的电气故障和机械结构故障，表6-7列出了异步电动机常见故障的现象、原因与处理方法。

表6-7 异步电动机常见故障与处理方法

故障现象	造成原因	处理方法
电源接通后不能起动	①定子绕组相间短路、接地以及定转子绕组断路 ②定子绕组接线错误 ③负载过重 ④轴承损坏或有异物卡住	①查找断路、短路、接地的部位，进行修复 ②检查定子绕组接线，加以纠正 ③减轻负载 ④更换轴承或清除异物
起动后无力、转速较低，同时电流表指针来回摆动	①定子绕组短路 ②定子绕组接线错误 ③笼型转子断条或端环断裂 ④绕线转子绕组一相断路 ⑤绕线转子电动机集电环或电刷接触不良	①查找短路的部位，进行修复 ②检查定子绕组接线，加以纠正 ③更换铸铝转子或更换、补焊铜条与端环 ④查找断路处，进行修复 ⑤清理与修理集电环，调整电刷压力或更换电刷
起动后运转声音不正常	①定子绕组局部短路或接地 ②定子绕组接线错误 ③定转子相擦 ④轴承损坏或润滑脂干涸	①查找短路或接地的部位，进行修复 ②检查定子在绕组接线，加以纠正 ③检查定转子相擦原因及铁心是否松动，并进行修复 ④更换轴承或润滑脂
起动后过热或冒烟	①负载过重 ②定转子绕组断路 ③定子绕组短路或接地 ④定子绕组接线错误 ⑤笼型转子断条或端环断裂 ⑥定转子相擦 ⑦通风不良	①减轻负载 ②查找断路的部位，进行修复 ③查找短路或接地部位，进行修复 ④检查定子绕组接线，加以纠正 ⑤更换铸铝转子或更换、补焊铜条与端环 ⑥检查定转子相擦原因及铁心是否松动，并进行修复 ⑦检查内外风道、清除杂物或污垢，使风路畅通；不可逆转的电动机要检查其旋转方向
轴承过热	①轴承损坏或内有异物 ②润滑脂过多或过少，型号选用不当或质量差 ③轴承装配不良 ④转轴弯曲	①更换轴承或清除异物 ②调整或更换润滑脂 ③检查轴承与转轴、轴承与端盖的配合状况，进行调整或修复 ④检查转轴弯曲状况，进行修复或调换
绕线转子电动机集电环火花过大	①集电环上有污垢杂物 ②电刷型号或尺寸不符合要求 ③电刷压力太小、电刷在刷握内卡住或放置不正	①清除污垢杂物，灼痕严重或凹凸不平时应进行表面金加工 ②更换合适的电刷 ③调整电刷压力，更换为大小适当的电刷或把电刷放正
外壳带电	①接地不良 ②绕组绝缘损坏 ③绕组受潮 ④接线板损坏或污垢太多	①查找原因，并采取相应措施 ②查找绝缘损坏部位，进行修复，并经绝缘处理 ③测量绕组绝缘电阻，如阻值太低，应进行干燥或绝缘处理 ④更换或清理接线板

6.5 伺服电动机

伺服电动机是控制系统中一种执行元件，它的特点是转矩大而转动惯量小。伺服电动机大多采用直流电动机和特殊的二相异步电动机。

伺服电动机常用于以下 3 种系统中：

（1）速度伺服系统　通常被拖动机具具有的负载力矩是经常变化的，供电电源的电压和频率也是经常变化的，被拖动对象的运行速度通常也是变化的。因此速度伺服系统的主要任务是保持被拖动的机具（或称负载）在所需要的精确的速度（绝不是一种速度）下运行。

被拖动负载的速度同预先给定的电压 U_s 一一对应。测速发电机输出的反馈电压 U_f 与 U_s 进行比较，得到偏差电压 U，经伺服放大器放大，加到交流伺服电动机控制绕组上，使伺服电动机拖动负载以一定的转速运行。

当负载力矩增大时，伺服电动机的转速下降，U_f 也下降，因而 U 增大，从而加入伺服电动机控制绕组上的电压，即控制电压，也随即增大，使得伺服电动机的转速随之升高至原来的转速。反之，当负载力矩减小，控制电压也随即减小，使得伺服电动机的转速随之降低至原来的转速。改变 U_s 值，电动机就会在新的转速下稳定运行。这样就达到了恒速控制的目的。

（2）位置伺服系统　应用位置伺服系统的装置很多，例如：角度数据与装置，位置指示装置或仪器等。这是一种自动电位计，用来自动检测某个量值（如温度）的仪器。

例如：记录炉子或其他加热设备温度的自动电位计，是用热电偶来测量温度的。热电偶产生的热电势 u_1 与温度成正比，同从电位器上取下来的电压 u_2 进行比较，得到的电压偏差 e 加在伺服放大器上，再由放大器放大后加到交流伺服电动机的控制绕组上。伺服电动机通过减速器移动记录仪器的托架。当伺服电动机旋转时，触头就被移动，电压 u_2 也发生变化，直到伺服输入端的电压等于零时，伺服电动机才停止旋转。由此可看出，只有当 $u_1=u_2$ 时，才能出现静止状态。同时记录笔尖在记录纸带上的位置，该位置就代表温度的量值。当温度平稳地变化时，交流伺服电动机便不断地移动托架，使电压 u_2 随时同热电偶送来的电压平衡。装在托架上的笔录笔尖就“跟踪”着炉温的变化，在记录带上记下温度的量值。

（3）追随伺服系统　该伺服系统同位置伺服系统是相似的，只不过是当被追随的发送量不断地变化时，接受量值与其同步变化。上面介绍的自动电位计中的记录笔尖在记录纸带上的位置就是不断追随温度的变化。下面再介绍雷达天线偏向线圈同步追随伺服系统的示例。

天线拖动机通过减速装置拖动天线和自整角发送机以某一速度回转时，自整角发送机同自整角接受机之间存在有一失调角，接受机输出绕组产生同失调角相对应的偏差电压。此偏差电压由伺服放大器放大，加到交流伺服电动机的控制绕组上，使交流伺服电动机旋转，通过减速装置驱动自整角接受机和偏向线圈以自整角发送机回转速度同步回转。这样一来，就实现了雷达天线同偏向线圈以相同的速度回转。换言之，偏向线圈不断“跟踪”追随雷达天线同步回转。

6.6 步进电动机

步进电动机已成为除直流电动机和交流电动机以外的第三类电动机。传统电动机作为机电能量转换装置，在人类的生产和生活进入电气化过程中起着关键的作用。可是在人类社会进入自动化时代的今天，传统电动机的功能已不能满足工厂自动化和办公自动化等各种运动控制系统的要求。为适应这些要求，发展了一系列新的具备控制功能的电动机系统，其中较有自己特点，且应用十分广泛的一类便是步进电动机。

步进电动机是一种将脉冲信号变换成相应的角位移（或线位移）的电磁装置，是一种特殊的电动机。一般电动机都是连续转动的，而步进电动机则有定位和运转两种基本状态，当有脉冲输入时步进电动机一步一步地转动，每给它一个脉冲信号，它就转过一定的角度。步进电动机的角位移量和输入脉冲的个数严格成正比，在时间上与输入脉冲同步，因此只要控制输入脉冲的数量、频率及电动机绕组通电的相序，便可获得所需的转角、转速及转动方向。在没有脉冲输入时，在绕组电源的激励下气隙磁场能使转子保持原有位置，即处于定位状态。

步进电动机按其输出转矩的大小来分，可以分为快速步进电动机和功率步进电动机。快速步进电动机连续工作频率高而输出转矩较小，一般在N·cm级，可以作为控制小型精密机床的工作台（例线切割机床），也可以和液压转矩放大器组成电液脉冲马达去拖动数控机床的工作台；功率步进电动机的输出转矩比较大，是N·m级的，可以直接拖动机床的移动部件。

步进电动机按其励磁相数，可以分为单相、三相、四相、五相、六相和八相。一般来说，随着相数的增加，在相同频率的情况下，每相导通电流的时间增加，各相平均电流会变大，从而使电动机的转速－转矩特性会变好，步距角亦小。但是随着相数的增加，电动机的尺寸增加，结构也更加复杂。目前多用3~6相的步进电动机。由于步进电动机的转速随着输入脉冲频率变化而变化，调速范围很广，灵敏度高，输出转角能够控制，而且输出精度较高，又能实现同步控制，所以广泛地应用在开环系统中，还可用在一般通用机床上，提高进给机构的自动化水平。

步进电动机的发展与计算机工业密切相关。自从步进电动机在计算机外围设备中取代小型直流电动机以后，设备的性能得到了很大提高，同时也促进了步进电动机的更快发展。另一方面，微型计算机和数字控制技术的发展，又将作为数控系统执行部件的步进电动机推广应用到其他领域，如电加工机床、小功率机械加工机床、测量仪器、光学和医疗仪器以及包装机械等。

任何一种产品成熟的过程，基本上都是规格品种逐步统一和简化的过程。现在，步进电动机的发展已归结为单段式结构的磁阻式、混合式和爪极结构的永磁式3类。爪极步进电动机价格便宜，但性能指标不高；混合式和磁阻式主要作为高分辨率电动机，由于混合式步进电动机具有控制功率小，运行平稳性较好而逐步处于主导地位。最典型的产品是二相8极50齿的电动机，步距角1.8°/0.9°（全步/半步）；还有五相10极50齿和一些转子100齿的二相和五相步进电动机，五相电动机主要用于运行性能较高的场合。将三相步进电动机同二相步进电动机进行比较后显示：

1）在获得小步距角方面，三相电动机比二相电动机要好。

2）三相电动机的两相励磁最大保持力矩为$\sqrt{3}T1$（$T1$为单相励磁转矩），而二相电动机为$\sqrt{2}T1$，所以三相电动机的合成力矩大。

3）三相电动机的转矩波动比二相电动机要小。

4）三相电动机连续2步用于半步的转矩差比二相电动机的要小。

5）三相电动机绕组可以星形连接，三个终端驱动，励磁电路晶体管6个；而二相电动机是8个。

6）连续运转时，由于三相步进电动机结构原因，磁通和电流的三次谐波被消除了，所以三相电动机的振动力矩比二相电动机的要小。

另外HB型电动机适合于低速大转矩用途；RM型适用于平稳运行以及转速大于1000 r/min的用途；PM型成本低，在低转速时的振动和高转速时的大转矩方面，三相PM型电动机比两相电动机的性能要好。

当前最有发展前景的当属混合式步进电动机，而混合式电动机又向以下4个方向发展：

1）继续沿着小型化的方向发展。随着电动机本身应用领域的拓宽以及各类整机的不断小型化，要求与之配套的电动机也必须越来越小，在57、42机座号的电动机应用了多年后，现在其机座号沿39、35、30、25方向向下延伸。瑞士ESCAP公司最近还研制出外径仅10mm的步进电动机。

2）改圆形电动机为方形电动机。由于电动机采用方型结构，使得转子有可能设计得比圆形大，因而其力矩体积比将大为提高。同样机座号的电动机，方形的力矩比圆形的将提高30%～40%。

3）对电动机进行综合设计。即把转子位置传感器，减速齿轮等和电动机本体综合设计在一起，这样使其能方便地组成一个闭环系统，因而具有更好的控制性能。

4）向五相和三相电动机方向发展。目前广泛应用的二相和四相电动机，其振动和噪声较大，而五相和三相电动机具有优势。而就这两种电动机而言，五相电动机的驱动电路比三相电动机复杂，因此三相电动机系统的性能价格比要比五相电动机更好。

我国直到20世纪80年代，一直是磁阻式步进电动机占统治地位，混合式步进电动机是80年代后期才开始发展，至今仍然是二种结构类型同时并存。尽管新的混合式步进电动机完全可能替代磁阻式电动机，但磁阻式电动机的整机获得了长期应用，对于它的技术也较为熟悉，特别是典型的混合式步进电动机的步距角（0.9°/1.8°）与典型的磁阻式电动机的步距角（0.75°/1.5°）不一样，用户改变这种产品结构不是很容易的，这就使得两种机型并存的局面难以在较短时间内改变。这种现状对步进电动机的发展是不利的。

6.7 变压器及其维修

6.7.1 变压器的基本类型

变压器的种类很多，可以按用途、绕组数、冷却方式等分类。

按用途分类有：电力变压器、电炉变压器、整流变压器、工频试验变压器、调压器、电焊变压器、矿用变压器、船用变压器、中频变压器、互感器、控制变压器、输入和输出变压器及脉冲变压器等。

按绕组数分类有双绕组变压器、三绕组变压器、多绕组变压器及自耦变压器等。

按相数分类有单相变压器、三相变压器及多相变压器等。

按冷却介质分类有干式变压器、油浸式变压器、充气式变压器及水内冷变压器等。

6.7.2 油浸变压器的基本原理和结构

变压器是利用电磁感应原理制成的变换交流电压、电流和相数的装置，当一次侧绕组接至交流电源时，则在二次侧绕组中产生感应电势，其大小与绕组的匝数成正比。欲使一、二次侧有不同的电压，只需使一、二次侧绕组有不同的匝数即可。同时，一、二次侧电流的大小与它们的电压或匝数成反比，即变压器在改变电压大小的同时，也改变了电流的大小。变压器的种类虽很多，但其基本结构类似、工作原理相同。

变压器的结构，主要由铁心和绕组两个基本部分组成，其次还有油箱和其他附件。

1. 铁心

铁心是变压器的磁路部分，变压器铁心可分为心式和壳式两种。

心式变压器的结构特点是绕组包围铁心，构造比较简单。这种结构在单相和三相电力变压器中应用最多。壳式变压器的结构特点是铁心包围绕组，这种结构在单相和小容量变压器中普遍应用，某些特殊变压器也采用此结构，如电焊变压器等。

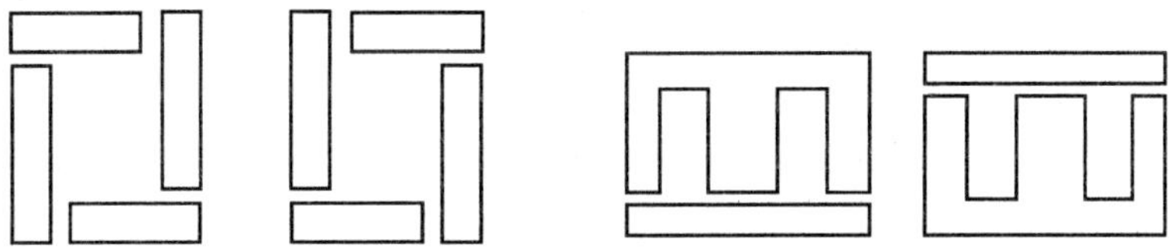

a) 单相心式　　b) 单相壳式

图 6-7　变压器铁心叠装图

为了减少涡流损耗和磁滞损耗，变压器的铁心一般由相互绝缘的 0.35mm 或 0.5mm 厚的硅钢片叠压而成。通常采用交错方式叠装，使硅钢片的接缝错开，如图 6-7 所示。在叠到规定尺寸后，将铁心夹紧成为一个整体，小型变压器的铁心还采用 F 型硅钢片或卷片式铁心（C 形铁心），如图 6-8 所示，卷片式由单取向冷轧硅钢片制成，其优点是磁导率高、损耗小，故制成的变压器重量轻、体积小。为了充分利用圆筒形绕组内部的面积，对于心式变压器常采用阶梯状的铁柱截面，阶梯的级数随变压器容量的增大而增多。铁轭的截面可制成方形，也可制成阶梯形。壳式变压器的截面为矩形，叠片只有一种尺寸。在电力变压器中，渐开线铁心正逐步被应用，它具有工艺先进、重量轻和体积小等优点。

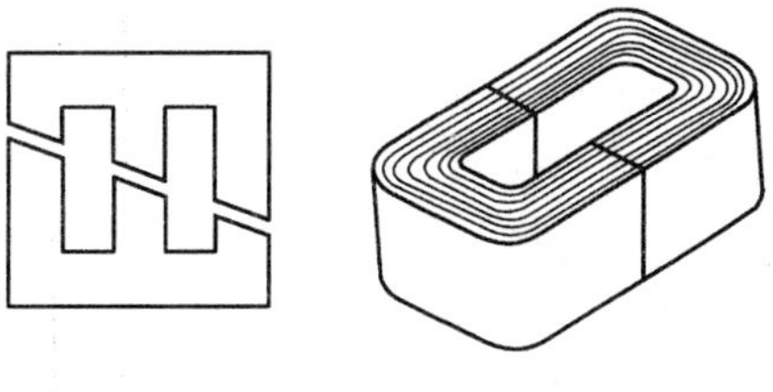

a) F型硅钢片　　b) 卷片式铁心

图 6-8　F 型硅钢片和卷片式铁心

铁心的紧固结构分铁柱夹紧和铁轭夹紧，铁柱的夹紧可用楔柱楔紧、夹紧螺杆夹紧及绝缘带或金属带扎紧，如采用夹紧螺杆必须与硅钢片绝缘。聚酯或环氧玻璃纤维无纬带绑扎铁柱，具有材料省、性能好和绝缘可靠等优点，故被广泛采用。铁轭的夹紧可用铁轭夹件，即用铁轭螺杆夹紧，有时中间绑扎钢带或绝缘带，铁轭不冲孔，其夹件为角钢、槽钢或焊接夹件。

2. 绕组

绕组是变压器的电路部分。绕组由绝缘铜导线或铝导线绕制而成。

小容量变压器的绕组可制成长方形或正方形，结构简单，制造方便。电力变压器和其他容量较大的心式变压器的绕组都做成圆筒形，按照一、二次侧绕组套在铁心上的位置不同，可分为同心式和交叠式绕组。

同心式绕组是将一，二次侧绕组套在同一铁柱上，为了便于绝缘，一般将低压绕组放在内层。同心式绕组结构简单，制造方便，是最常用的一种形式。交叠式绕组是将一、二次侧绕组交替地套在铁柱上，为了便于绝缘，通常在铁轭处放置低压绕组。交叠式绕组漏抗小、引线方便且易构成多条并联支路，但一、二次侧绕组之间的绝缘较复杂，主要用于低压、大电流的电焊和电炉变压器中。

大多数电力变压器都采用同心式绕组。在中小型电力变压器中，常见的同心式绕组的形式有圆筒式、多层分段式、连续式和螺旋式等。

3. 油箱及附件

变压器在运行中由于存在铜耗与铁耗，使变压器的铁心和绕组发热，当绝缘材料的温度超过其极限值后，将缩短变压器的使用寿命甚至烧毁变压器。为此，常采用“油浸”的冷却方式以保证变压器安全、可靠地运行，如油浸自冷式、油浸风冷式和强迫油循环冷却等。

(1) 油箱　油箱是油浸式变压器的外壳，变压器的铁心和绕组装配成一个整体后，装在盛满变压器油的油箱中，变压器油起着绝缘和冷却两种作用。油箱有平顶式及拱顶式两种。

(2) 储油柜　储油柜是一种油保护装置。为使变压器油能较长久地保持良好状态，在变压器油箱上面装有圆筒形的储油柜，即油枕。储油柜既保证油量的消耗补充又保证温升造成的油位调节。

(3) 气体（瓦斯）继电器　在油箱和储油柜中间的联通管中装有气体继电器。当变压器发生故障时，内部绝缘物气化，油箱内部产生气体，使气体继电器动作，发出信号，控制开关自动跳闸，避免事故继续扩大。

(4) 安全气道　油箱盖上装有安全气道，气道出口用薄玻璃板盖住。当变压器内部产生严重故障而气体继电器又失灵时，油箱内部压力迅速升高，当压力超过某一限度时，气体即从安全气道喷出，以免造成重大事故。

(5) 绝缘套管　变压器的引出线从油箱内部引到箱外时必须穿过瓷质的绝缘套管，以使带电的导线与接地的油箱绝缘。由于电压等级不同，绝缘套管有实心瓷套管、充油式套管和电容式套管等。

(6) 分接开关　即调整电压变比的装置。通常电力变压器在高压绕组上都设有分接头，通过调压开关改变分接头的连接，就可改变一、二次侧绕组的匝数比，达到调节二次侧电压的目的。分接开关分为无载调压开关和有载调压开关两种。

(7) 温度计　温度计用来测量和监视变压器运行时变压器油的温度。小型变压器可用水银温度计，较大的变压器一般用压力式温度计。当温度达到指定值时，有关辅助触头接通控制电路，发出警报或接通跳闸回路。

6.7.3 变压器的使用和维护

为了保护变压器能安全运行和可靠地供电，当变压器发生异常情况时，应及时发现与处理，将故障消除在萌芽状态，以防止事故的发生与扩大。因此，对运行前和运行中的变压器必须加强维护及检查。

1. 运行前的检查

变压器在投入运行前，尤其是大容量的电力变压器应进行下列项目检查：

（1）外表检查

1）变压器的铭牌与要求是否相符，如电压等级、联结组别、容量、分接开关位置、运行方式和冷却条件等。

2）储油柜上的油位计是否完好，油位是否与环境温度相符，油箱各部分有无渗漏。

3）安全气道的防爆膜是否完好。对于小型变压器应检查添油孔的螺丝盖是否完好，通气孔是否堵塞。

4）变压器一、二次侧出线套管以及导线母线的联接是否良好，三相的标记是否正确无误。

5）变压器外壳接地线是否牢固可靠，接地电阻是否符合要求。

（2）保护系统检查

1）检查气体继电器保护装置，以便在变压器及外部供电系统发生故障时，能准确、迅速地将开关切断。如采用熔断器保护装置，应检查熔断器熔丝是否符合规定，有无断损或接触不良等。

2）检查避雷器是否良好，接地线和接地电阻是否符合规定。

（3）监视装置检查

1）测量仪表是否齐全，仪表的量程和接线是否适当。

2）温度计是否装好，是否便于在变压器带电时进行观察与读数。

（4）冷却系统检查　对于油浸自冷式变压器，应检查散热管是否清洁，有无影响通风的障碍物；对于油浸风冷式变压器，应检查风扇电动机转向是否正确，电动机有无故障。

（5）绝缘电阻检查　检查变压器绝缘电阻是否符合要求。

（6）消防设施检查　检查变压器附近有无一定数量的消防设备，如四氯化碳、二氧化碳灭火机和黄砂桶等。

2. 运行中的检查

变压器在运行中，应按规定进行仪表监视和现场检查。

（1）仪表监视

1）变压器监视装置上的仪表，显示变压器的运行情况及电压质量等。因此，必须经常监察，并应每小时抄表记录一次；在过负载下运行时，则应半小时抄表记录一次。

2）变压器的三相负载电流是否超过规定值，三相电流的不平衡度是否超过10%。当发现负载较大不平衡时，应重新分配送电。电压经常超过允许范围时，应设法调整电压或改换电压分接头。

3）变压器的油温是否接近或超过允许值（油面温度不应超过85℃），并应作好记录。

（2）现场检查

1）变压器的电磁声有无异常，如声音有否增大、有无不正常的响声等。

2）储油柜上的油位是否正常，仪表应在油位表指示的1/4～3/4处。油面过低，则散热不良，将导致变压器过热；油面过高，当温度升高时，变压器油将因膨胀而溢出箱外。同时，检查有无渗漏现象，油色是否因变质而显著变深等。

3）变压器箱盖上的绝缘件，如出线套管、瓷瓶的表面是否清洁，有无破损、裂纹及放电痕迹。

4）变压器引线接头，尤其是铝铜接头有无松动、腐蚀和过热现象。

5）安全气道的防爆膜是否完好，有无冒烟现象。

6）冷却系统的运转情况是否正常，散热管的温度是否均匀或冷却器中的油压是否正常，排出的水中是否含油，泵和电动机的轴承是否良好。

7）接地是否良好，有无断线。

8）室内设备、通风及保护是否良好。

现场检查每天一次，每周进行一次夜间检查。如有特殊情况或气温急变时，应增加检查次数或进行即时检查。

6.7.4 变压器修理的分类及内容

变压器的定期维修分小修和大修。小修指不取出器身的修理，一般每隔六个月进行一次，最多不超过一年；大修指取出器身的修理，一般每隔 5 ~ 10 年进行一次。

1. 小修项目

1）检查绝缘套管的导电杆接头处螺钉有无松动，有无过热现象。

2）绝缘套管有无放电痕迹和破损。

3）箱体接合处有无渗漏痕迹。

4）防爆膜是否完好，并检查其密封性能。

5）冷却系统是否完好，并进行全面的清理。

6）储油柜油位是否正常，放掉油污，检查干燥剂是否失效。

7）检查气体继电器是否漏油，阀门开闭是否灵活，接点之间绝缘是否良好。

8）检验油位指示器。

9）测量高压对地、高压对低压及低压对地的绝缘电阻。

10）检查变压器外壳接地是否可靠。

11）检查消防设备是否完好，禁止使用泡沫灭火机。

2. 大修项目

1）检修前的准备工作。

2）打开顶盖，取出器身。

3）检修器身（铁心、绕组、分接开关和引线）。

4）检修顶盖、储油柜、安全气道、散热管、油门和套管等。

5）检修冷却装置和滤油装置。

6）清扫外壳，必要时需要重新刷漆。

7）检查测量仪表、信号和保护装置。

8）滤油和换油。

9）必要时进行绝缘干燥处理。

10）变压器装配。

11）检查和试验。

6.7.5　变压器常见故障分析与处理

小型变压器的故障主要是铁心故障和绕组故障，此外还有装配或绝缘不良等故障。这里只介绍小型变压器常见故障的现象、原因与处理方法，见表 6-8。

表 6-8　小型变压器的常见故障与处理方法

故障现象	造成原因	处理方法
电源接通后无电压输出	①一次侧绕组断路或引出线脱焊 ②二次侧绕组断路或引出线脱焊	①拆换修理一次侧绕组或焊牢引出线接头 ②拆换修理二次侧绕组或焊牢引出线接头
温升过高或冒烟	①绕组匝间短路或一、二次侧绕组间短路 ②绕组匝间或层间绝缘老化 ③铁心硅钢片间绝缘太差 ④铁心叠厚不足 ⑤负载过重	①拆换绕组或修理短路部分 ②重新绝缘或更换导线重绕 ③拆下铁心，对硅钢片重新涂绝缘漆 ④加厚铁心或重做骨架、重绕绕组 ⑤减轻负载
空载电流偏大	①一、二次侧绕组匝数不足 ②一、二次侧绕组局部匝间短路 ③铁心叠厚不足 ④铁心质量太差	①增加一、二次侧绕组匝数 ②拆开绕组，修理局部短路部分 ③加厚铁心或重做骨架、重绕绕组 ④更换或加厚铁心
运行中噪声过大	①铁心硅钢片未插紧或未压紧 ②铁心硅钢片不符合设计要求 ③负载过重或电源电压过高 ④绕组短路	①插紧铁心硅钢片或固紧铁心 ②更换质量较高的同规格硅钢片 ③减轻负载或降低电源电压 ④查找短路部位，进行修复
二次侧电压下降	①电源电压过低或负载过重 ②二次侧绕组匝间短路或对地短路 ③绕组对地绝缘老化 ④绕组受潮	①增加电源电压到额定值或降低负载 ②查找短路部位，进行修复 ③重新绝缘或更换绕组 ④对绕组进行干燥处理
铁心或底板带电	①一次或二次侧绕组对地短路或一、二次侧绕组间短路 ②绕组对地绝缘老化 ③引出线头碰触铁心或底板 ④绕组受潮或底板感应带电	①加强对地绝缘或拆换修理绕组 ②重新绝缘或更换绕组 ③排除引出线头与铁心或底板的短路点 ④对绕组进行干燥处理或将变压器置于环境干燥场合使用

6.8　小型变压器的制作

小型变压器早已被广泛应用于人们的生活和生产领域。在部分家用电器中，用它来提供电源、匹配放大器的级间阻抗、分配功率和传输信号；在生产上为安全照明和低压安全装置提供电源和控制电压。因此，小型变压器出现故障或损坏，可能导致整台电气设备不能工作。小型变压器的制作维修，也是电气维修人员的一项基本专业技能。本节将介绍小型变压器木心和线圈骨架的制作、线包的绕制、铁心的装配、初步检测与绝缘处理，最后分析它的常见故障及检修方法。

6.8.1 木心和线圈骨架的制作

绕制变压器线圈时，必须将漆包线绕在预先做好的线圈骨架上。但骨架本身不能直接套在绕线机转轴上绕线，它需要一个塞在骨架内腔中的木质心子。木心中间沿轴线方向钻有供绕线机转轴穿过的孔，直径略大于10cm。孔要钻在正中心，不能倾斜，否则会因为绕线不平稳而影响线包质量。木心宽度 α 要比硅钢片E形叠片的中心舌宽略大一点（约2mm），长度 b 比硅钢片叠片厚略长一点，高 h 则比硅钢片约高2mm。木心尽量做得光滑平直，每两个相对面要对称，中心孔打在端面对角线的交点上。

骨架分3种形式制作。一种是无挡板的简单骨架。业余制作方法是用青壳纸在木心上卷上2圈，层间和接头处用胶水粘牢，骨架的高度略小于铁心窗口。骨架必须保证木心能插得进、抽得出，最后用硅钢片插入试试，以硅钢片刚好能插入为准。这种骨架制作简单，省工省料。但因两端没有挡板，绕线时要特别小心，否则线圈绕到两端，在层数绕得较多时，容易散塌，造成返工。

第二种是用纸板制作有挡板的骨架。硬纸板厚度选为0.5～1mm，制作一个方形筒和两个方形挡板。手工制作方法如下：先将硬纸板按需要尺寸剪成长方形，在每个折痕处用小刀划一条深度为纸板厚度1/3的槽。这些槽必须按规定尺寸互相平行且平直，才能保证折成方形筒后棱角线条整齐，内孔成矩形。矩形的面积应保证比铁心横截面略大，以铁心刚好能插进为宜。

纸板下料完毕，可折成方形，插入木心，将重合面用胶水粘牢，中间方孔四周用小刀划成深度为纸板厚度1/3的槽，再将两条对角线划穿，然后折起成四个等腰三角形。底线处纸板太厚，制成骨架后影响铁心窗口面积，可将纸板揭去一层，再将方形筒插入方孔，端部与挡板外侧齐平，用胶水将结合处粘牢，如图6-9所示。

第三种是积木式骨架，适合对质量要求较高的变压器，如图6-10所示。材料以厚度为1～1.5mm厚的胶木板、环氧板或塑料板等绝缘材料为好。

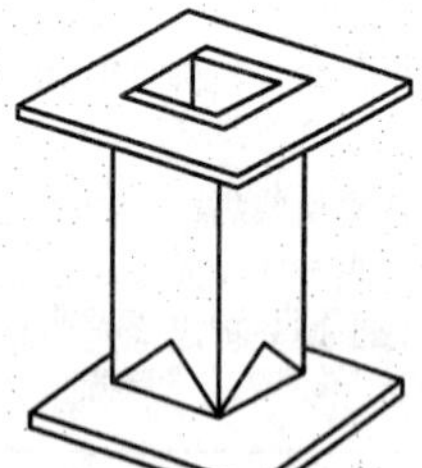

图6-9 纸板骨架、挡板制作

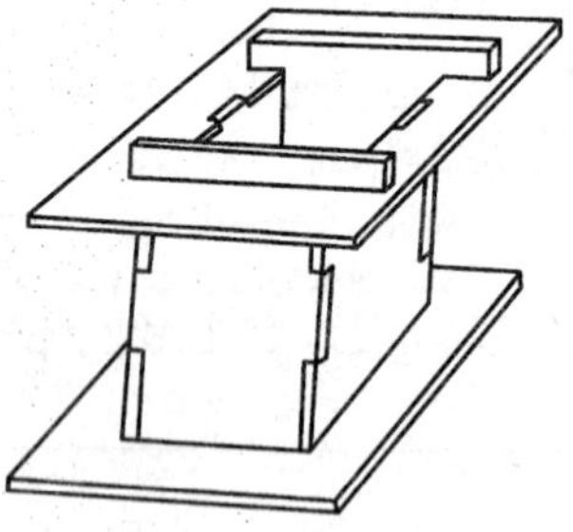

图6-10 积木式骨架

下料完毕，打光切口的毛刺后，用拼装法组装骨架。将两块外侧挡板插入两端部挡板中间孔内，再将两块挡板对准位置，将两块挡板也装入挡板中间孔，稍加调整，在两块外侧挡板两端和挡板中间孔处涂上粘合剂，待粘合剂固化后，用硅钢片插入试试，如尺寸合格，即可使用。

6.8.2 线包的绕制

变压器的线圈与骨架总称为线包。线包绕制的好坏，是决定变压器质量的关键。下面将介绍线包绕制的工艺要求及绕制方法。

1. 线圈绕制的要求

（1）线圈要绕得紧　外一层要紧压在内一层上。若是方形线包，绕完后应大体成方形，不能成圆形或椭圆形，否则将造成铁心窗口容纳不下线包。

（2）线圈要绕得密　相邻的导线之间不应留有空隙，如有空隙，将造成后一层导线下陷，影响平整，严重的会压破层间绝缘纸而造成短路。

（3）线圈要绕得平　每一层导线要排列平整，严禁重叠，如果前一层不平，后面就更难绕平。

2. 线包的绕法

变压器线包的绕制，按不同的要求，有如下3种绕法：

（1）平绕　一般的电源变压器和控制变压器多用平绕法，绕线中各匝之间排列紧密，每绕完一层，垫上层间绝缘后再绕下一层。

（2）分段绕或分层绕　工作电压较高的变压器，为了加强绝缘，可采用分段绕法，如图6-11所示。分层绕是为了减小绕组的分布电容和漏磁通，它是先将原边线圈绕一部分后，接着绕一部分副边线圈，再绕一部分原边线圈，又绕一部分副边线圈，即原、副边线圈分层绕。

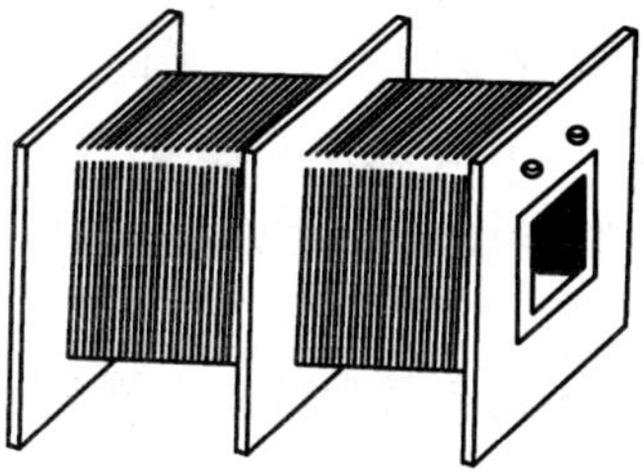

图6-11　分段绕法

（3）双股并绕　对有中心抽头的绕组，为了使两个绕组的直流电阻、电感量平衡，而采用双股并绕。绕线时，用两股漆包线在骨架上向同一方向绕制，绕完后，将第一个线圈的尾端与第二线圈的首端相连，作为中心抽头。第一线圈的首端和第二线圈的尾端分别作为整个绕组的首尾端。

如果变压器工作电压较高，双股并绕时相邻两根导线间电压也高，则应选用高强度漆包线。

3. 线包绕制中应注意的问题

（1）做好引出线　变压器每个绕组都有两根或两根以上的引出线。引出线一般采用多股软线、较粗的单股铜线或铜皮制成的焊片。引出线焊在线圈端头，用绝缘材料包扎好后，从骨架端面挡板上预先钻好的孔内伸出，以备连接外电路。

引出线头的做法：绕线圈的漆包线直径在0.2mm以上的，习惯上用本线直接引出；直径在0.2mm以下的，一般用多股软线作引出线；条件许可的，才用薄铜皮焊片作引出线头。

接引出线头的方法如图6-12所示，用两条长的青壳纸或牛皮纸将一段多股裸导线或窄薄铜皮夹在纸中间，再用粘合剂粘牢。

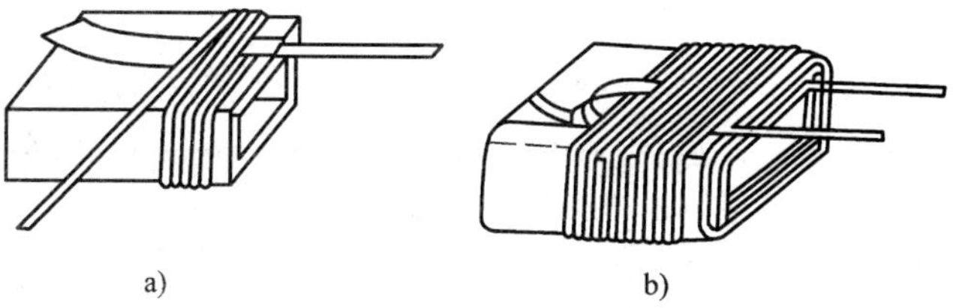

a)　b)

图6-12　引出线的连接

接线时，在漆包线的起始端把线头上的绝缘漆刮去，用焊锡把线圈端头和引出线焊牢。绕线时注意用后一层线圈的导线将引出线压紧，如图6-12a所示。当线圈绕到最后一层时，可事先将另一根引出线放好，把最后一层漆包线绕在上面，结尾时翻开引出线后面一段铜片，将线圈尾端拉紧并与引出线焊牢，再包上绝缘。做法如如图 6-12b 所示。

引出线的位置应与外层标注参数的位置对齐，一个绕组的引出线放在同一侧。

（2）绕线　绕线前将绕线机牢固地固定在工作台上，绕线机转轴要平直，木心与转轴同心，以保证转轴旋转平稳，无晃动和颤抖。

为了使开头几匝导线得以固定，可用机械强度较高的纸条、布条或线头（指绝缘的纤维线）对折起来，套住漆包线头，然后在纸条上绕 10 匝左右的漆包线压住对折纸条后，再把纸条抽紧，剪去余量，线头就固定了。

绕到最后十几匝时，仍然用此方法固定尾线，注意最后一至两匝导线应从对折纸条孔中穿过后再抽紧纸条。

绕线时，摇动绕线机的转速应与掌握导线的那只手的左右移动相配合，并将漆包线稍微拉向绕线前进的相反方向约 5°左右，以便使导线拉紧。在绕每层线圈的开头几匝时速度要慢，然后逐步加快。左手要随着线圈数的增加轻轻向前移动，手放在工作台边缘，不要悬空或靠绕线轴太近。左手的拉力应视漆包线的粗细而异，以将线圈绕紧而又不拉紧导线为宜。

（3）安放层间绝缘　每绕完一层导线，应安放一层绝缘材料，如绝缘纸或黄蜡绸等。安放绝缘纸必须从骨架所对应的一个舌宽面开始安放。若线包所绕层数很多，还应在两个舌宽面分别均匀安放，这样可控制线包厚度，少占铁心窗口面积。绝缘纸必须放平、放正并拉紧，两边与骨架端面内侧对齐，再围绕线包一周，允许起始处有少量重叠。

（4）安放静电屏蔽层　电子设备用的电源变压器，为了减弱外界电磁场的干扰，在绕完初级线圈，安放好绝缘层以后，还应加一层金属的静电屏蔽层。

（5）中间抽头　有些变压器有两个或两个以上的绕组，不需要分开绕线，只要在同一线圈中按需要抽出几个线头，以这些抽头来做副线组引出线，这种做法称为中间抽头。

中间抽头的方法有 3 种。第一种是在线圈抽头处刮去一小段绝缘漆，将引出线焊上去作为抽头，焊完后包上绝缘，如图 6-13a 所示；第二种是在线圈抽头处不刮绝缘漆，而是将漆包线拖长，两股排在一起作引出线，引出线折向一侧时，在线的下面垫上一层绝缘材料或在引出线上套上绝缘套管，以避免引出线与线包间发生短路，如图 6-13b 所示；第三种用于较粗的漆包线，这时若将漆包线绞在一起，势必使线包中间隆起，影响绕线和线包平整，这时可以把两根线平行对折作引出线，如图 6-13c 所示。由于粗漆包线较大，以致弯头的地方不容易帖实，需另加一根纱带将它固定。如果条件许可，每个抽头都用薄铜片焊片引出，则更加美观，但必须处理好焊片与内外层导线间的绝缘。

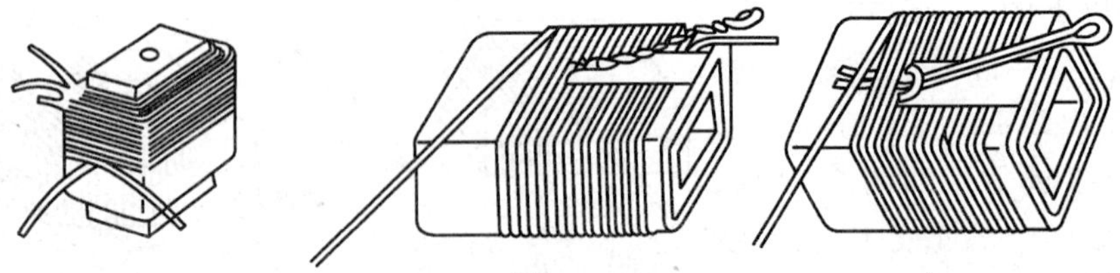
a)　　b)　　c)

图 6-13　线圈中心抽头

6.8.3　铁心的装配

小型变压器的铁心是由 0.3～0.5mm 厚且表面绝缘的硅钢片叠合而成。除了铁心本身的材质影响变压器质量外，它的装配好坏亦直接影响变压器的使用效果。实际上变压器的有些故障，就是由于铁心装配质量不佳造成的。所以，在装配铁心时，必须严格按操作工艺进行。

变压器铁心装配的要求有4个：①要装得紧，这不仅可防止从骨架中脱出，还能保证它的有效截面，并能避免绕组通电后发生振动而产生杂音；②装配铁心时不得划破或胀破骨架，否则会损伤导线，造成短路或断路；③铁心磁路中不应有气隙，各片开口处要衔接紧密；④要注意装配平整、美观。

装配铁心前，应先进行硅钢片的检查和选择。方法和要求如下：

1）检查硅钢片是否平整，冲制时是否留下毛刺。如不平整将影响装配质量，毛刺容易造成磁路短路及增大涡流。

2）检查表面是否锈蚀。锈蚀后的斑块会增加硅钢片的厚度，减小铁心有效截面。同时又容易吸潮，降低变压器绝缘性能。

3）检查硅钢片表面绝缘是否良好，如有剥落，应重新刷漆。

4）检查硅钢片的含硅量是否大体符合要求。含硅量太高，容易破碎，影响机械性能，而且对铁心的导磁性能也无更大的改善；含硅量太低，铁心导磁性能差，制成的变压器铁损将增大。一般要求硅钢片的含硅量为3%～4%。要检查硅钢片的含硅量，可用折弯的方法进行估计。方法是用钢丝钳夹住硅钢片的一角将其弯成直角，若能折断，说明含硅量在4%以上；弯成直角后要回复到原位方能折断的，含硅量接近4%；如反复弯三四次才能折断的，含硅量约3%；含硅量在2%以下的硅钢片很软，难以折断。

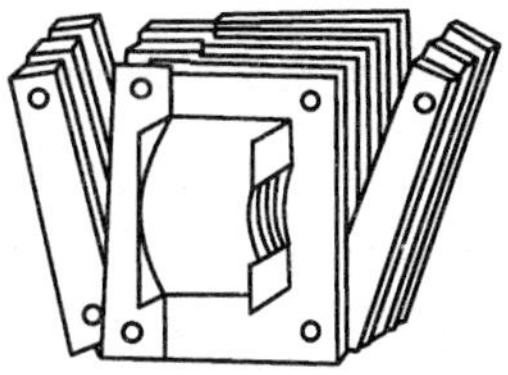

图6-14 交叉插片法

对于控制变压器、小型电源变压器等的铁心装配通常交叉插片法，如图6-14所示。先在线圈骨架左侧插入硅形钢片，根据情况可插1～4片。接着在骨架右侧也插入相应的片数，这样左右两侧交替对插，直到插满。最后将形硅钢片（横条），按铁心剩余空隙厚度叠好插进去即可。

有的变压器通电后，绕组中会因直流磁化导致铁心饱和，引起输出电压波形失真，如电抗器、脉冲变压器等。这种情况下可以采用单面插片法：即将形硅钢片全部插在同一侧，横条全部插在另一侧，在两种硅钢片结合处形成气隙，气隙中垫入非磁性垫片并压紧，调节垫片厚度，改变气隙大小，即可改变输出电流，最后再固定牢靠。

无论哪种插法，都要求插紧。然而，最后几片是不容易插进去的，这时可将插进的硅钢片中容易分开的两片间撬开一条缝隙，嵌入一至两片硅钢片，用木锤慢慢敲进去，同时在另一侧与此相应的缝隙中加入片数相同的横条，嵌完铁心后用铁皮剪成要求的形状，并按虚线折好，套在铁心外边，以便固定。这就是所谓的“夹式”变压器。按固定在机板上的方式不同，小型变压器有立式和卧式2种，如图6-15所示。

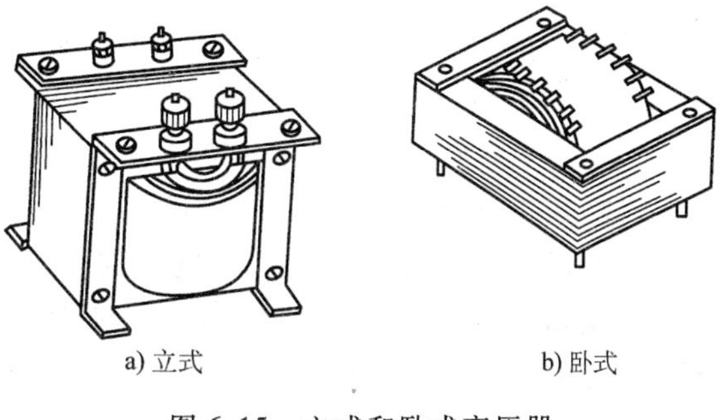

a) 立式　b) 卧式

图6-15 立式和卧式变压器

需要指出的是，初学者在插片时容易出现两种毛病：第一是发生抢片现象；第二是硅钢片错位。

所谓抢片，就是在双面插片时一层的硅钢片插到另一层中间去了。如出现抢片而未及时发现，继续敲打，势必将硅钢片敲坏。因此一旦发现抢片，应立即停止敲打，将抢片的硅钢片取出，整理平直后重新插片；否则这一侧硅钢片敲不进去，另一侧的横条也插不进来，如图 6-16 所示。

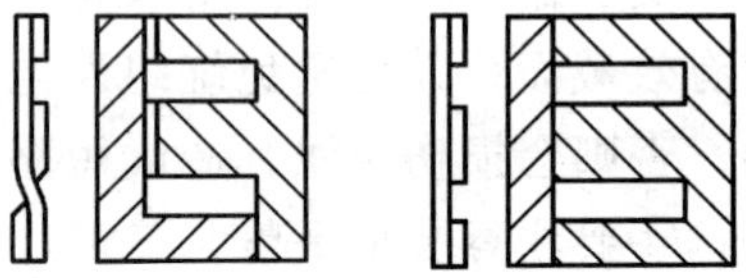

图 6-16　抢片与不抢片

硅钢片错位，它产生的原因是在安放铁心时，硅钢片的舌片没有和线圈骨架空腔对准。这时舌片抵在骨架上，敲打时往往给制作者一个铁心已插紧的感觉，如果强行将硅钢片敲进去，则必然会损坏骨架和割断导线。所以，凡遇到硅钢片敲不进去时，应仔细检查原因，不可急躁。若线圈骨架空腔偏小，可将铁心中间舌宽锉小。当线圈尺寸偏厚影响插片时，可在骨架内插入木心，用两块木板在两侧护住线包，在台虎钳上把线包夹扁一些，安放铁心就方便了。

6.8.4　初步检测与绝缘处理

无论是新制作的变压器，还是修理好的变压器，在浸漆以前，应对绕制质量进行必要的检测，看它的性能指标是否满足使用要求。一旦发现故障或缺陷，趁未浸漆固化，还可方便地拆修。如果检测合格，即可进行浸漆、烘烤等绝缘处理，以提高其防潮、防霉、防腐蚀的性能和机械强度，保证它稳定可靠地工作。

1. 初步检测

1）外观检查。

2）用万用表或电桥检查各绕组的通断及直流电阻。

3）测损耗功率。

4）测空载电流。

5）测额定输出电压。

6）测电压调整率。

7）耐压试验。

8）温升试验。

2. 浸漆与烘烤

新绕制成或大修后的变压器必须进行浸漆和烘烤处理，以提高其防潮、防霉、防腐蚀的性能，保证它能长期、稳定、可靠地工作。浸漆的目的是用绝缘漆填充绝缘物毛细孔内、导线间、铁心间、线包与铁心间的空隙，使外界潮气不能浸入。同时将线包与铁心粘结成一个整体，以增强机械强度。浸漆与烘烤的工艺过程如下：

（1）预烘　将变压器置于功率较大的白炽灯或红外线灯泡下烘烤 3 ~ 5h，除去内部潮气。若用烘箱预烘，烘烤温度可调到 115℃左右，效果更好。

（2）浸漆　将预烘干燥的变压器淹没于绝缘漆中，浸泡 1h 左右。开始时线包中不断有气泡逸出，经过 1h 左右，基本上不再冒泡，说明线包已经浸透绝缘漆。

(3) 滴漆　将浸漆后的变压器悬吊屏蔽或放在铁丝网上，使附在表面及空隙中多余的漆滴去。经2~3h基本可以滴尽。

(4) 烘烤　将滴漆后的变压器放进烘箱，先在70~80℃的低温下烘烤，再用90~115℃高温烘烤8h左右，烘烤后复查绝缘电阻，达到要求即可使用。

6.9 实习课题

课题1：电动机的拆装

实习目的：

1) 了解电动机的基本结构。

2) 掌握电动机拆装的基本步骤和要求。

3) 学会如何使用三爪拉具。

实习所需设备：

紫铜管、木锤、三爪拉具、板手、螺钉旋具（十字、一字各一把）、钢丝钳和尖嘴钳等。

实习材料：

小型异步电动机。

实习内容及要求：

内容：要求学生掌握电动机拆装的基本方法，学会电动机常见故障的现象、原因分析及处理方法，了解电动机起动前的准备和检查项目，学习电动机维护的基本知识。

要求：学会正确拆装电动机的方法；通过对电动机拆装、检修和测试等实践，加深对电动机结构的认识；掌握电动机安装检修的基本技能。

操作步骤：参见6.2

课题2：定子线圈绕线工艺

实习目的：

1) 了解定子线圈绕线的工艺步骤。

2) 掌握定子线圈绕线加工要点与质量检查。

实习所需设备：

绕线机（附计数器）、绕线模、搁线架、拉紧装置、常用工具、刮板、木锤、钢皮尺、钢丝钳、剪刀、扳手、电烙铁、量具和仪器、外径千分尺和匝数试验仪。

实习材料：

1) 电磁线：QZ-2型高强度聚脂漆包圆铜线。

2) 绝缘材料：醇酸玻璃漆管2730、醇酸玻璃漆布带2432。

3) 锡铅焊料：HISnPb 58-2。

实习内容及要求：

内容：要求学生对一台三相异步电动机定子绕组进行绕制操作，掌握电动机绕组的拆装、绕制技术工艺；接线后进行绝缘、极性测定。

要求：通过实习了解交流电动机的各种类型、结构，掌握线圈在铁心中的分布规律及连接方式。

工艺准备：

参见6.3.4中的准备工作内容。

工艺过程：

参见6.3.4中的绕线步骤内容。

工艺要求：

参见6.3.4中的绕线工艺要点内容。

课题3：定子绕组嵌线工艺

实习目的：

1）了解定子绕组嵌线的工艺步骤。

2）掌握定子绕组嵌线的工艺要点与质量检查。

实习所需设备：

嵌线常用工具、木锤、钢皮尺、尖嘴钳、剪刀、电烙铁、理线板、压线板、切纸机、工作台、嵌线架、绕组端部尺寸检查样板、绕组端部整型工具和压缩空气设备。

实习材料：

无碱玻璃纤维带、橡皮绝缘丁腈护套引接线、醇酸玻璃漆管2730、醇酸玻璃漆布带2432、定子线圈、符合图纸要求的槽绝缘、相间和层间绝缘以及槽楔。

实习内容及要求：

内容：要求学生对一台三相异步电动机定子绕组进行绕制操作，掌握电动机绕组的拆装、绕制技术工艺；接线后进行绝缘、极性测定。

要求：学习异步电动机嵌线工艺，掌握单层交叉式绕组的嵌线规律和接线方法。

工艺准备：

1）绝缘材料的规格和尺寸应符合图纸的要求。

2）嵌线前应仔细检查清理铁心，铁心应不磨不锉，但槽口如有毛刺影响嵌线时，允许锉去，并用压缩空气吹净铁屑杂物。

3）仔细检查线圈本身的绝缘，如有损坏处应予以修复。

4）嵌线前，必须熟悉图纸，明确了解电动机极数、绕组节距、引线方向、并联支路数、绕组排列、端伸尺寸以及其他有关技术要求。

工艺过程：

1）交叉式绕组嵌线：参见6.3.5中的相关内容。

2）链式绕组嵌线：参见6.3.5中的相关内容。

3）同心式绕组嵌线：参见6.3.5中的相关内容。

4）双层叠绕组嵌线：参见6.3.5中的相关内容。

工艺要求：参见7.3.5中嵌线工艺要点内容

思考与练习题

一、判断题

1. 变压器油在变压器中起散热和绝缘的双重作用。（　　）
2. 交流电动机额定电压是指电动机在额定工作运行时定子绕组规定使用的线电压。（　　）
3. 交流电动机过载时引起定子电流增加，转速升高。（　　）

4. 异步电动机过载引起定子电流减小。（　　）

5. 交流电动机铭牌上有两个电流值，表明定子绕组在两种接法时，电源输入电动机绕组的线电流。（　　）

6. 变压器在使用中铁心会逐渐氧化生锈，因此其空载电流也就相应逐渐减小。（　　）

7. 三相异步电动机的转速取决于电源频率和极对数，而与转差率无关。（　　）

8. 三相异步电动机转子的转速越低，电动机的转差率越大，转子电动势频率越高。（　　）

9. 变压器是一种利用电磁感应的原理，将某一数值的交流电压转变为频率相同的另一种或两种以上的交流电压的电器设备。（　　）

10. 变压器铁心应接地，但只允许有一点接地。（　　）

11. 只要三相异步电动机的定子绕组每相都通入交流电流，便可产生定子旋转磁场。（　　）

12. 对修理后的直流电机进行空载试验，其目的在于检查各机械运转部分是否正常、有无过热现象、有无异常噪声和震动。（　　）

13. 在使用他励式电枢控制的直流伺服电动机时，一定要防止励磁绕组断电，以免电枢电流过大而造成电枢超速。（　　）

14. 三相异步电动机的额定温升，是指电动机额定运行时的额定温度。（　　）

15. 三相异步电动机的定子绕组，无论是单层还是双层，其节距都必须是整数。（　　）

二、选择题

1. 变压器是一种将交流电压升高或降低，并且能保持其频率（　　）的静止电气设备。

A）升高　　B）不变　　C）降低

2. 电力变压器多属于（　　）变压器。

A）强迫水冷式　　B）油浸自冷式　　C）风冷式

3. 变压器二次侧开路时，经过一次绕组的电流称为（　　）。

A）空载电流　　B）负载电流　　C）输入电流

4. 变压器运行时，一、二次绕组内的电流之比近似等于（　　）。

A）绕组匝数比　　B）匝数比的倒数　　C）匝数比的平方

5. 交流电机在空载运行时，功率因数很（　　）。

A）高　　B）低　　C）先高后低　　D）先低后高

6. 异步电动机过载时造成电动机（　　）。

A）铜耗　　B）铁耗　　C）铝耗

7. 电压降法检查三相异步电动机一相短路时，对1kW以上电动机应选用（　　）。

A）10V　　B）20V　　C）30V

8. 用三相异步电动机，在切除故障线圈以后，电动机的输出功率要（　　）。

A）升高　　B）降低　　C）相等

9. 变压器铁心压紧的工序必须从（　　）进行。

A）从左到右　　B）从右到左　　C）从两边向中间　　D）从中间向两边

10. Y接法的三相异步电动机，在空载运行时，若定子一相绕组突然断路，则电机（　　）。

A）必然会停止转动　　B）有可能继续运行　　C）肯定会继续运行

11. 变压器线圈绕线时，一般采用（　　）在绕线模上绕制而成，然后套入铁心。

A）圆铜线　　B）长方形扁铜线　　C）塑料绝缘导线

12. 在正常情况下，变压器油应该是透明略带（　　）。

A）红色　　B）黄色　　C）紫色

三、问答题

1. 产生电动机不能起动的原因是什么？

2. 产生电动机温升过高的可能原因及检查、排除方法是什么？
3. 直流电动机按励磁方式分类有哪几类？
4. 同步电动机由哪几个基本部分组成？有哪几种转子？
5. 油浸式变压器由哪几部分组成？作用是什么？
6. 变压器的使用和维护的内容有哪些？
7. 变压器修理的分类及内容有哪些？
8. 变压器线包绕制中注意哪些问题？
9. 小型变压器的铁心装配时要注意什么？

第7章　电子技术及电力电子基础

本章教学基本要求：

- 了解电子元器件的一般基础知识；
- 了解常用电子元器件的测试；
- 了解焊接的技术要求及工艺过程；
- 了解集成电路在电子线路中的应用；
- 了解晶闸管的结构、工作原理和特性参数；
- 了解三相可控整流电路；
- 了解晶闸管触发电路及应用实例。

本章要求掌握的基本技能：

- 掌握电子元器件的一般基础知识；
- 掌握常用电子元器件的测试；
- 掌握各类电子线路的焊接与调试；
- 掌握集成电路在电子线路中的应用；
- 掌握晶闸管的结构和工作原理；
- 掌握三相可控整流电路；
- 掌握晶闸管触发电路及应用实例。

7.1　入门指导

7.1.1　电子元器件基本知识

电子元器件的种类繁多，一般有电阻器、电容器、电感器、二极管、晶体管、场效应晶体管和集成电路等。

1. 电阻器

(1) 电阻器的种类　电阻器的种类很多，按材料分类有碳膜电阻、金属膜电阻、线绕电阻和热敏电阻等；按结构形式分类有固定电阻、可变电阻（电位器）等；按特性分类有高阻、高压、高频、高功率、高精度、高稳定性以及各种敏感型电阻器（如热敏电阻、光敏电阻、压敏电阻和温敏电阻等）。常用电阻器的外形如图7-1所示。

(2) 电阻器的标称值和允许误差　电阻器上标注的电阻值，称为电阻器的标称值。电阻器的标称值往往和它的实际阻值不完全相符，电阻器的实际值和标称值之差除以标称值所得的百分数，即为电阻器的误差。常用电阻器允许误差的等级有 ±0.5%、±1%、±2%、±5%、±10%、±20%等，不同误差等级的电阻器有不同规格的标称值。误差越小的电阻器，其标称值规格越多。普通固定电阻器的标称值系列见表7-1。

(3) 电阻器的额定功率　电阻器在交、直流电路中长期连续工作所允许消耗的最大功

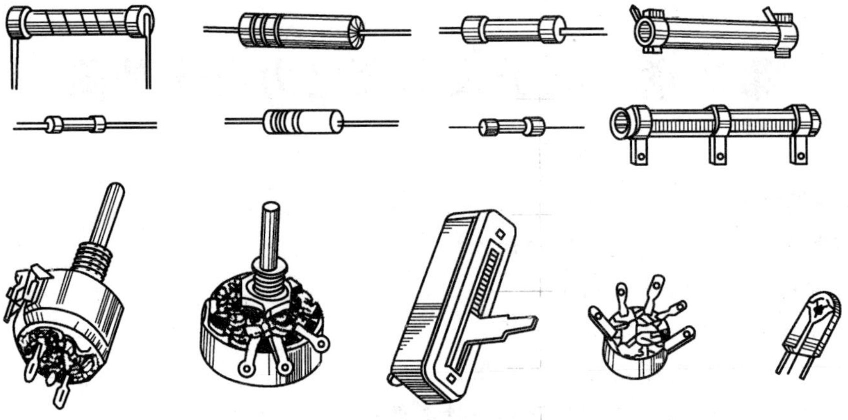

图 7-1 电阻器的外形图

表 7-1 普通固定电阻器标称值系列

系列	允许误差	电阻器标称值（数值）
E_{24}	±5%	1.0 1.1 1.2 1.3 1.5 1.6 1.8 2.0 2.2 2.4 2.7 3.0 3.3 3.6 3.9 4.3 4.7 5.1 5.6 6.2 6.8 7.5 8.2 9.1
E_{12}	±10%	1.0 1.2 1.5 1.8 2.2 2.7 3.3 3.9 4.7 5.6 6.8 8.2
E_6	±20%	1.0 1.5 2.2 3.3 4.7 6.8

率，称为电阻器的额定功率。电阻器的额定功率亦有标称值，常用的有 1/8、1/4、1/2、1、2、5、10 和 20W 等。各种功率的电阻器在电路图中的符号如图 7-2 所示。

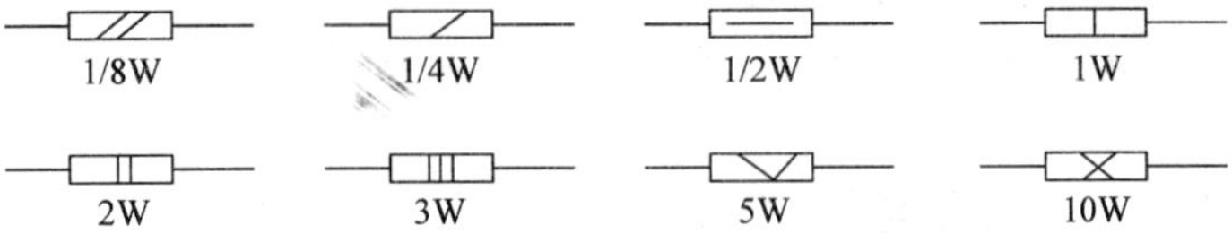

图 7-2 电阻器的标称功率符号

（4）电阻器的温度系数 电阻器的电阻值会随着温度的变化而略有改变。温度每升高 1℃ 所引起的电阻值变化，称为电阻器的温度系数。温度系数愈大，电阻器的热稳定性愈差。电阻器的温度系数可分为正温度系数（电阻值随温度升高而增大）和负温度系数（电阻值随温度升高而减小）。

热敏电阻是由热敏半导体材料制成的，它的电阻值会随温度变化发生显著改变，有正温度系数型（用 PTC 表示）和负温度系数型（用 NTC 表示）两种，在电子设备中作温度补偿用，也可作测温元件。

（5）色环标志法 电阻器的电阻值和误差一般用数字直接标注，较小功率的碳膜电阻器的电阻值和误差常用色环标注。在电阻上有 3 道或 4 道色环，紧靠电阻器外端的是第一道色环，表示电阻值的最大一位数字；第二道色环表示电阻值的第二位数字；第三道色环表示电阻值末尾有几个零；第四道色环表示电阻值误差。色环颜色所代表的数字及意义见表 7-2。

2. 电容器

（1）电容器的种类 电容器的种类很多，按结构形式分类有固定电容、半可变电容和可变电容等；按介质分类有纸介电容、油浸纸介电容、金属化纸介电容、云母电容、薄膜电

表 7-2　色环颜色代表的数字及意义

色　别	第一色环/最大一位数	第二色环/第二位数	第三色环/倍乘数	第四色环/误差
棕	1	1	10^1	±1%
红	2	2	10^2	±2%
橙	3	3	10^3	—
黄	4	4	10^4	—
绿	5	5	10^5	±0.5%
蓝	6	6	10^6	±0.25%
紫	7	7	10^7	±0.1%
灰	8	8	10^8	+20% ~50%
白	9	9	10^9	—
黑	0	0	1	—
金	—	—	0.1	±5%
银	—	—	0.01	±10%
无色	—	—	—	±20%

容、陶瓷电容、电解电容和玻璃釉电容等。常用电容器的外形如图 7-3 所示。

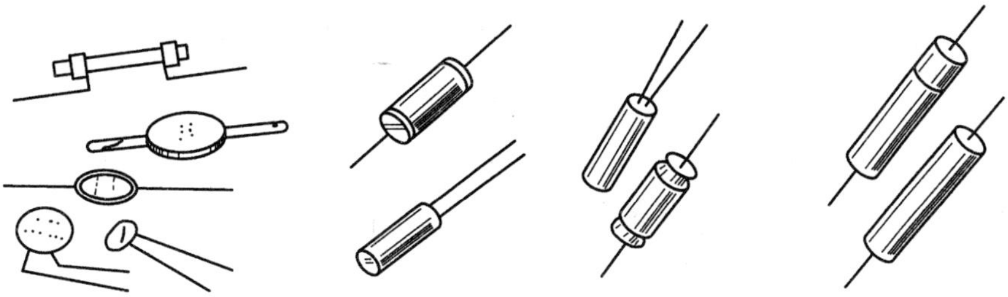

图 7-3　常用电容器的外形

（2）电容器的标称容量和允许误差　电容器上标注的电容量值，称为电容器的标称容量。电容器的标称容量和它的实际容量会有误差，常用固定电容器的允许误差等级有 ±2%、±5%、±10%、±20% 等。

常用固定电容器的标称容量系列见表 7-3。

表 7-3　常用固定电容器标称容量系列

电容器类别	允许误差	容量范围	标称容量系列
纸介电容、金属化纸介电容、纸膜复合介质电容、低频（有极性）有机簿膜介质电容	±5%	100PpF ~ 1μF	1.0 1.5 2.2 3.3 4.7 6.8
	±10% ±20%	1 ~ 100μF	1 2 4 6 8 10 15 20 30 50 60 80 100
高频（无极性）有机簿膜介质电容、瓷介质电容、玻璃釉电容、云母电容	±5%	1 ~ 10μF	1.0 1.1 1.2 1.3 1.5 1.6 1.8 2.0 2.2 2.4 2.7 3.0 3.3 3.6 3.9 4.3 4.7 5.1 5.6 6.2 6.8 7.5 8.2 9.1
	±10%	1 ~ 10μF	1.0 1.2 1.5 1.8 2.2 2.7 3.3 3.9 4.7 5.6 6.8 8.2
	±20%	1 ~ 10μF	1.0 1.5 2.2 3.3 4.7 6.8
铝、钽、铌、钛电解电容	±10% ±20% ±20% ±100%	1 ~ 10μF	1.0 1.5 2.2 3.3 4.7 6.8

(3) 电容器的耐压　电容器在电路中长期可靠地工作所能承受的最高直流电压，即为电容器的耐压值，又称电容器的额定直流工作电压。常用固定电容器的额定直流工作电压有1.6、4、6.3、10、16、25、32＊、40、50、63、100、125＊、160、250、300＊、400、450＊、500、630和1000V等（“＊”者只限于电解电容器使用）。

(4) 电容器的绝缘电阻　由于电容器两极板间的介质并非绝对的绝缘体，故电容器的电阻值不是无限大。电容器两极板间的电阻，称为绝缘电阻或漏电电阻。漏电电阻愈小，漏电愈严重，能量消耗也愈大，则使用寿命愈短。

(5) 电容器的滤波作用　整流电路输出的脉动直流电中含有较大的交流成分，这种不平稳的直流电仅能供电镀、充电等要求不高的设备使用；对需要直流电压比较平稳的仪器、仪表、控制设备和通信设备，则远不能满足要求。把脉动的交流电变为平稳的直流电，保留脉动电压的直流成分，尽量滤除它的交流成分，这就是滤波。

3. 电感器

(1) 电感器的种类　电感器的种类很多，按形式分类有固定电感、可变电感和微调电感等；按导磁体性质分类有空心线圈、磁心线圈和铜心线圈等。

(2) 电感器的电感量和误差　电感器的电感量亦有标称值，其单位为μH、mH及H。电感量的误差是指线圈的实际电感量与标称值间的差异，对振荡线圈要求较高，允许误差为0.2%～0.5%；对耦合阻流线圈要求较低，允许误差为10%～15%。

(3) 电感器的品质因数　电感器的品质因数Q是线圈质量的重要参数。它表示在某一工作频率下，线圈的感抗对其等效直流电阻的比值，即$Q=\omega L/R$。Q值愈高，线圈的损耗愈小。

(4) 电感器的额定电流　电感器的额定电流是指线圈正常工作时所能承受的最大电流。对于阻流线圈、大功率的谐振线圈和电源滤波线圈，额定工作电流也是一个重要参数。

4. 二极管

(1) 二极管的型号与类型

1) 二极管的型号。国产二极管的型号由5个部分组成，见表7-4。

表7-4　国产二极管的型号的组成

第一部分(数字)	第二部分(拼音)	第三部分(拼音)	第四部分(数字)	第五部分(拼音)
电极数目	材料与极性	二极管类型	二极管的序号	规格号
2——二极管	A——N锗材料	P——普通管	表示某些性能与参数上的差别	表示同型号中的档别
	B——P锗材料	W——稳压管		
	C——N硅材料	Z——整流管		
	D——P硅材料	L——整流堆		
	E——化合物材料	K——开关管		
		F——发光管		
		U——光电管		

例： 2CP12是N型硅制作的普通二极管。

2CZ14是N型硅制作的整流二极管。

2CZ14F 是 2CZ14 型整流管系列中的 F 档。

2）二极管的类型。二极管的种类很多，按用途分类有普通二极管，如 2AP1 ~ 2AP10、2CP1 ~ 2CP20 等，用于信号检测、取样和小电流整流等；整流二极管，如 ZP、2CZ 等系列，广泛使用在各种电源设备中做不同功率的整流；稳压二极管，如 2CW、2DW 等系列，用在各种稳压电源和晶闸管电路中；开关二极管，如 2AK1 ~ 2AK4 等，在电工设备中用于控制、开关电路中。

按结构分类有点接触型和面接触型。

按材料分类有锗二极管和硅二极管。锗二极管采用金属锗制作，它的正向电阻小，导通电压低，约为 0.3V，一般制成点接触的小功率二极管，在电工设备中主要用于信号检测等。硅二极管采用材料来源充足的半导体单晶硅制作，它在反向电压下的漏电流比锗管小得多，但是通电电压较高，约为 0.7V，在电工设备中主要用于整流。

随着电子技术的发展，出现了种类繁多的各种新型二极管，表 7-4 中只是列举了电工设备中常用的几种类型。

常用二极管的外形如图 7-4 所示。

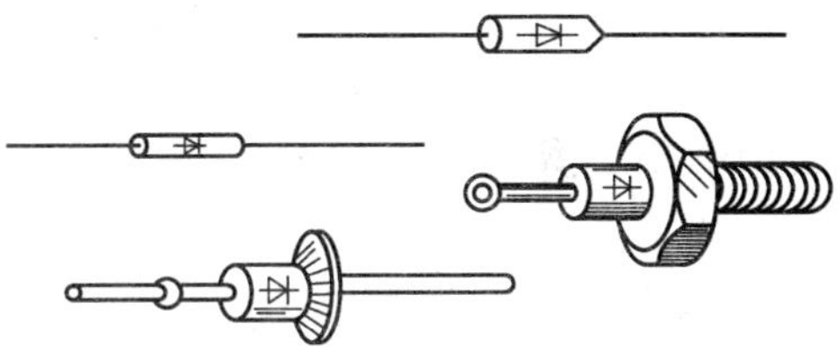

图 7-4　二极管的外形图

（2）二极管的主要参数

1）最大电流。最大电流是指一定环境温度下，二极管长期工作允许的最大平均电流值。如超过此值，二极管容易损坏。

2）最高反向工作电压。最高反向工作电压是指加在二极管上的反向电压最大允许值。如超过此值，二极管有可能被击穿。

3）反向电流。反向电流是指二极管加上最高反向工作电压时流过的电流。反向电流越小越好。反向电流愈小，二极管的单向导电性愈好。

4）最高工作频率。最高工作频率是指二级管能够保证单向导电作用的最高频率。如超过此值，二极管将不能正常工作。

5. 晶体管

（1）晶体管的种类　晶体管的种类繁多，按材料与工艺分类有锗合金管和硅平面管，按用途分类有电压放大管、功率管和开关管；按频率分类有低频管和高频管；按功率分类有小功率管和大功率管；按结构与导电极性分类又有 PNP 型与 NPN 型。常用晶体管的外形如图 7-5 所示。

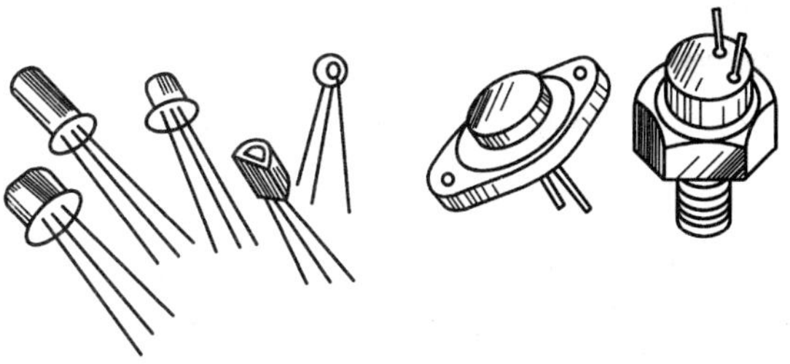

图 7-5　常用晶体管的外形

（2）晶体管的主要参数

1）电流放大系数。晶体管集电极电流 I_C 与基极电流 I_B 之比值，称为共发射极直流电流放大系数。晶体管集电极电流的变化量 ΔI_c 与基极电流的变化量 ΔI_B 之比值，称为共发射极交流电流放大系数。交流放大系数和直流放大系数含义是不同的，但在 I_{CEO}（穿透电流）很小时，二者大小接近。在计算时可以通用。因此都用 β 表示，约为 20 ~ 200。

2）极限参数。有集电极最大允许电流 I_{CM}、集电极发射极击穿电压 V_{CEO} 和集电极最大允许耗散功率 P_{CMO}。使用时不能超过其极限值。

3）反向电流。有集电极基极反向电流 I_{CBO} 和集电极发射极反向电流（又称穿透电流）I_{CEO}。反向电流会影响三极管的热稳定性，此值应愈小愈好。一般小功率锗管 I_{CEO} 在几十微安以下，而小功率硅管则在 1μA 以下。

6. 集成电路

（1）集成电路的分类　集成电路的种类繁多，按制作工艺分类有半导体集成电路、薄膜集成电路、厚膜集成电路和混合集成电路；按功能性质分类有数字集成电路和模拟集成电路，模拟集成电路又可分为线性与非线性两种；按集成规模分类有小规模、中规模、大规模和超大规模集成电路。

（2）集成电路的外形结构　集成电路的半导体芯片太小，一定要封装在适当的外壳里，然后用导线引出才可实际使用。集成电路的封装形式有晶体管式封装、扁平封装和双列直插式封装，其外形如图 7-6 所示。

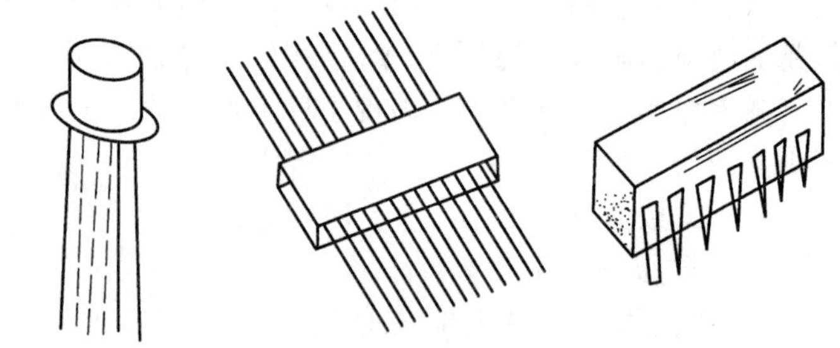

a) 晶体管式封装　　b) 扁平封装　　c) 双列直插式封装

图 7-6　集成电路的外形

（3）集成电路的主要参数　模拟集成电路以运算放大器为例，其主要参数有开环差模电压放大倍数、共模抑制比、差模输入电阻、输入失调电压、输入失调电压温漂、输入失调电流、输入失调电流温漂、输入偏置电流、最大共模输入电压、最大差模输入电压和转换速率等。

数字集成电路以 TTL 与非门电路为例，其主要参数有开门电平、关门电平、输入短路电流、输出高电平、输出低电平、静态功耗、扇出系数和平均传输时间等。

7.1.2　常用电子元器件的选用

1. 电阻器的选用

1）根据电路的要求选择电阻器的种类、阻值和误差。在一般电路中，可采用误差为 10%，甚至 20% 的碳膜电阻。

2）选用电阻器时，必须同时注意电阻器额定功率的选择。

3）电阻器在存放和使用过程中，应保持薄膜的完整，以免防潮性能降低致使电阻器失效。

2. 电容器的选用

1）在低频耦合和旁路电容等场合，一般可选用纸介电容器；在高频电路和高压电路中，应选用云母电容器和瓷介电容器；在电源滤波和退耦电路中，可选用电解电容器等。

2）电容器的实际承受电压不能超过它的耐压值，一般应使工作电压低于额定电压值 10%～20%。在滤波电路中，电容器的耐压值应不低于交流电压有效值的 1.42 倍。

3. 电感器的选用

根据电路的要求选择合适的电感器。使用时要注意通过电感器的工作电流必须小于其允许电流，否则电感器将发热，使其性能变坏或烧坏。

4. 二极管的选用

1）根据二极管的性能和使用场合选择合适的二极管。例如：2AP1～2AP9 适用于高频检波；2CZ52～2CZ57 适用于不同功率的整流电路；2AK1～2AK4、2CK1～2CK19 适用于开关电路及脉冲电路；2CW1～2CW10、2DW1～2DW7 适用于稳压电路等。

2）使用时，二极管极性不能接错，否则不能正常工作。

3）使用时，应注意二极管所承受的最高反向电压和正向电流不能超过其额定值，必要时，可加散热板。

5. 晶体管的选用

1）根据电路的要求选择合格的晶体管。

2）晶体管的三个极必须正确连接，电源极性不能接错。

3）使用时，不能使参数超过其规定的极限值，否则晶体管容易击穿或烧坏。

6. 集成电路的选用

1）集成电路的选择，要根据整机电路的要求确定组件的类型，一般应优先选择通用型。当信号源内阻较大时选失调电流小的集成电路作前置级运放电路；在自动控制系统中，要考虑所选组件的共模输入电压范围是否满足要求，共模抑制比是否够大；在高精度运算电路和自动控制系统中，要选用高增益、低漂移的集成组件；带动功率放大器输出的推动级集成电路，要选输出电压幅度足够大的组件。

2）集成组件使用前，应初步进行下列检查：能否调零；能否消振；正负向的输出电压幅度；正负向的线性度，开环放大倍数的初测。

3）集成组件使用时，引脚线不能接错。不同集成组件替代时，应注意电源电压和引脚接线是否一致。

4）集成组件使用时，输入端和输出端可分别加限幅保护电路，也可扩展运用，使其输出电流、电压和功率范围扩大。

7.2　常用电子元器件的测试

电子元器件在使用中，必须经过严格的筛选，以确保电子产品及自动控制系统的质量。同时，为了鉴别电子元器件的质量情况，必须对电子元器件进行一系列的测试。这里主要介绍常用电子元器件的测试项目与方法，作为电子电路安装与调试的基础。

7.2.1　电阻器的测试

测量电阻器一般使用万用表的欧姆档。测量时直接将表笔跨接在被测电阻器的两端，选择万用表中适当的量程，使指针尽可能超过刻度的几何中心，以提高其测量的精确度。

测试时，注意事项如下：

1）严禁在带电状态下测量电阻，即测量前必须把电路的电源切断。

2）测量前或每次更换量程档时，都应该重新调整欧姆档零点。若表头指针不能指零，说明表内电池电压太低，应立即更换新电池。

3）测量过程中，尽量不要使两表笔相接触，以免消耗表内电池。

4）测量过程中，不允许用手同时触及被测电阻两端，以避免因与人体电阻并联而造成测量误差。

5）测量热敏电阻时，应注意由于电流的热效应而改变被测阻值，此时的读数仅作参考。

6）用欧姆档测量电位器两端的电阻时，其阻值应与标称值相同。测中间滑动片与两端点间的电阻时，可缓慢地转动电位器的转轴，万用表的指针应平稳移动，不应出现停顿或跳动现象。检测电位器开关时，用万用表“$R\times1$”档测“开”，指针读数应为零，用“$R\times10k$”档测“关”，指针应不动。

7.2.2 电容器的测试

电容器容量的测量，可用电容测量仪或万用电桥。几百皮法以下的小容量电容器可用高频 Q 表，但通常也可用万用表进行定性的质量检测。电容器绝缘电阻的测量，应根据其额定电压的高低分别选用万用表或兆欧表。

由于一般电路对电容器容量的允许误差较宽，而用万用表能方便地检测电容器的质量情况，故采用万用表检测有较大的实用价值。

1. 电解电容器的测试

（1）电解电容器漏电电阻的测试　一般使用万用表的“$R\times1k$”或“$R\times100$”档。将黑表笔接电解电容器的“+”极，红表笔接电解电容器的“-”极，此时表头指针向顺时针方向偏转，然后逐渐地退到稳定的电阻数值时，该值即为电解电容器的漏电电阻值。

测试时，如果表头指针靠近零欧姆点，表示电容器短路；若表头指针毫无反应，始终指在 $R=\infty$ 处，表示电容器内部断路。

（2）电解电容器极性的测试　使用电解电容器时，正、负极性不能接错。当电容器上“+”、“-”标记无法辨认时，可根据正向连接时漏电电阻大、反向连接时漏电电阻小的特点判断其极性。测试方法如图 7-7 所示，先测试一次电解电容器的漏电电阻值，然后交换表笔再测一次，两次测量中漏电电阻大的一次，其黑表笔接的是正极。

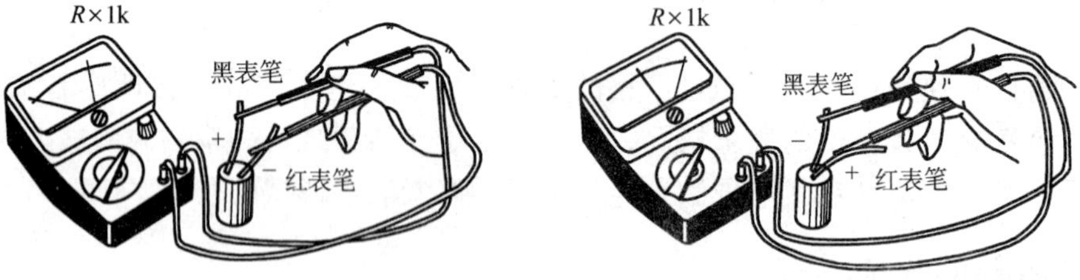

图 7-7　判断电解电容器正负极性

2. 非电解电容器的测试

（1）非电解电容器漏电电阻的测试　一般使用万用表的“$R\times10k$”档。将表笔接至电容器的两电极，表头指针应先向顺时针方向跳动一下（5000pF 以下电容器观察不到跳动，这时只能定性测试是否短路或严重漏电），然后逐渐地逆时针复原，即退回到 $R=\infty$ 处。如果不能复原，则稳定后的读数即为该电容器的漏电电阻值，一般约为几百至几千兆欧。漏电电阻值愈大，绝缘性能愈好。

（2）非电解电容器容量的测试　对 5000pF 以上的非电解电容器，可用万用表判断它有无容量，并粗略估计其容量大小。将万用表置于“$R\times10\text{k}$”档，当表笔接至电容器两电极时，表头指针应是先向右一跳，然后逐渐地复原；两表笔交换后再测，表头指针会再次跳动，且跳动幅度更大，而后又逐渐地复原，这表示电容器有容量。容量越大，指针跳动幅度越大，指针复原速度则越慢。根据指针跳动的幅度可粗略估计该电容器的容量。

若要较精确地测试电容器的容量，可采用标准电容器组成的特殊电路进行测量，这里不再叙述。

7.2.3 二极管的测试

用万用表作简易测试：

将万用表拨到“$R\times100$”或“$R\times1\text{k}$”量程档，两表笔分别反接和正接二极管的两端，如图7-8所示，即可分别得到大、小两个电阻值。电阻大的是二极管的反向电阻，此时黑表笔接的是二极管的负极，红表笔接的是二极管的正极（图7-8a），电阻小的是二极管的正向电阻，此时黑表笔接的是二极管的正极，红表笔接的二极管的负极（图7-8b）。

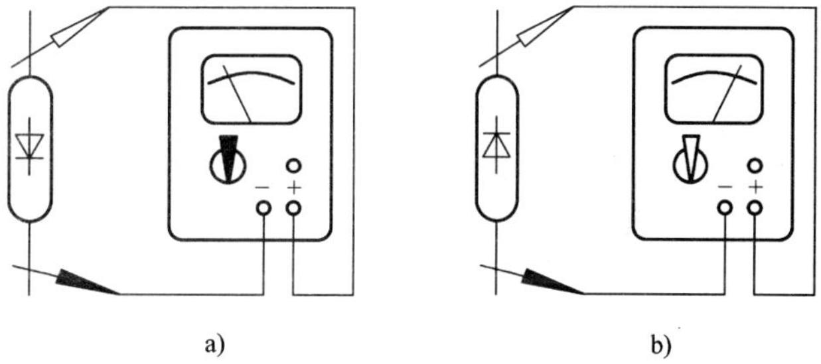

图7-8 二极管的简易测试

如果测出的正向电阻值，锗管小于500Ω、硅管小于1kΩ，反向电阻值大于几百千欧时，表示二极管是好的；如果正反向电阻值均很小，表示二极管已短路；如果正反向电阻值均无穷大，则表示二极管已断路。

7.2.4 晶体管的测试

晶体管也可用万用表作简易测试，测试时将万用表拨在“$R\times100$”或“$R\times1\text{k}$”档位置上。

1. 基极和晶体管类型的判别

用万用表的两支表笔分别对晶体管中的任意二个极进行正、反接测量各一次，如果在正、反接时测得的电阻均较大，则剩下的一个极即为基极。当基极确定后，用黑表笔接基极，红表笔分别接另外两个极，若测得的电阻均很大即为PNP型，若测得的电阻均很小则为NPN型。

2. 发射极和集电极的判别

用手指捏住基极和假设的集电极（注意二个极不能碰在一起），利用人体电阻在基极和假设的集电极间接上一个偏置电阻，相当于图7-9中的开关S合上，然后用黑表笔与红表笔分别接集电极与发射极，万用表上即有一个电阻读数。如果假设的集电极极性正确，则万用表上电阻读数较小；如果假设的集电极极性不正确，则其电阻读数较大。

用此法还可估算放大系数β的大小，β愈大，电阻读数愈小。

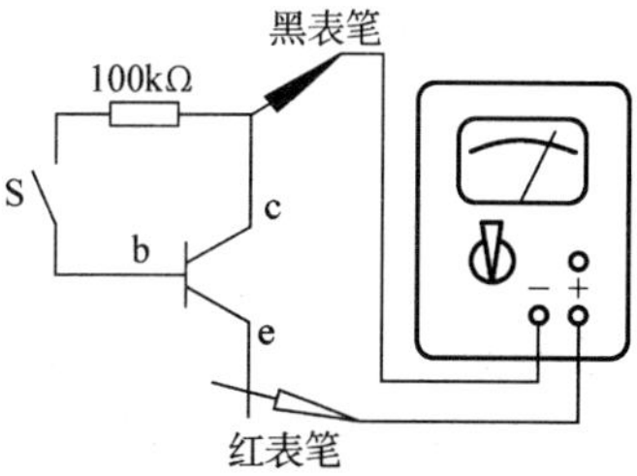

图7-9 晶体管的简易测试

3. 判别硅管和锗管

硅管PN结的正向电阻值约为1~10kΩ，反向电阻值大于500kΩ，锗管PN结的正向电阻值约为500Ω~2kΩ，反向电阻值大于100kΩ。所用的万用表不同，其测得的数值也不同，可用已知晶体管作标准，同被测晶体管作对比测定。

4. 估算穿透电流

管型和管脚确定后，可以用测量集电极与发射极间的电阻值估算穿透电流I_{CEO}的大小。对于NPN型，黑表笔接集电极，红表笔接发射极；对于PNP型，黑、红表笔对换。如果测得的电阻值硅管在几百千欧以上、锗管在几十千欧以上，则表示晶体管的穿透电流不大，可以使用；如果测得的电阻值较小，而表针游移不定，则表示晶体管的穿透电流大，且稳定极差；如果测得的电阻值接近于零，则表示晶体管已击穿；如果测得的电阻值为无穷大，则表示晶体管内部断路。上述数据是对小功率晶体管而言，而大功率晶体管一般穿透电流较大，即使电阻值是几十欧也不能认为晶体管已击穿。

7.3 电子电路的锡焊工艺

在电子产品及自动控制系统的制造和修理过程中，锡焊工艺是不可少的基本工艺，其更是对产品及维修的可靠性有着较大的影响。为此，必须加强锡焊工艺的训练，既要掌握其操作技能，又要保证其工作质量与效率。

在小批量生产的维修工作中，电子电路的锡焊主要采用手工焊接；成批或大量生产时，专业工厂多采用自动焊接——波峰焊和浸焊。这里主要介绍电子电路的手工锡焊工艺。

1. 锡焊的工具和材料

锡焊的主要工具是电烙铁。常用的电烙铁除内热式和外热式外，近年来又出现了吸锡电烙铁和恒温电烙铁。吸锡电烙能能方便地吸去焊点上的锡，而不易损坏元器件；恒温电烙铁具有省电、焊料不易氧化和烙铁不易“烧死”等优点，从而可减少虚焊与假焊、保证焊件质量和防止元器件的损坏。

锡焊的工具还有尖嘴钳、斜口钳、螺钉旋具、镊子和刮线刀等。

锡焊的材料有焊料和焊剂。在电子电路的锡焊工艺中，一般使用铅锡合金（俗称焊锡）作焊料，它具有熔点低、导电性能好、抗腐蚀性好、有一定强度、氧化物易去除及成本低等优点。焊剂起助焊和防止表面氧化的作用，常用的是松香焊剂，它是中性焊剂，不会腐蚀电路元器件和损坏电烙铁。

2. 锡焊技术要求及工艺

（1）锡焊技术要求

1）焊点应接触良好。必须使焊料与被焊件的表面形成合金层，防止虚焊和假焊，以保证焊点接触良好。假焊使电路不通；虚焊使接触电阻增大、电路工作不稳定，且给检修工作带来很大困难。

2）焊点应具有一定的强度。一般要求被焊件的表面形成合金层的面积足够大，以增加焊接点的机械强度。

3）焊点表面应清洁、美观、有光泽并呈现光滑状态，不应出现棱角或带尖等现象。

（2）锡焊的步骤

1）焊接前，准备好焊接用的工具和材料。电烙铁加热后，去除烙铁头上的氧化物残渣，把少量的焊料和焊剂加到清洁的烙铁头上，然后左手拿焊锡丝、右手握电烙铁，保持可焊接状态。

2）焊接时，在被焊件的两侧，同时分别放上电烙铁和焊锡丝，熔化适量的焊料（对热容量大的被焊件应先用烙铁头加热，然后再加焊锡丝），且不能把焊锡丝放在烙铁头上面进行熔化，以防焊剂分解过快、助焊作用减弱，致使焊点质量低劣。

3）当焊锡扩散至一定范围后，迅速移开电烙铁和焊锡丝，移开焊锡丝的时间不得迟于移开电烙铁的时间，且移开电烙铁的方向和速度与焊接质量有直接关系，操作时必须特别注意。

4）焊接结束后，首先检查电路有无漏焊、错焊、虚焊和假焊。检查时，可用镊子对每个元器件拉一拉，看其有无松动，如发现问题则应重焊。检查合格后，再用无水酒精将焊剂清洗干净。

（3）锡焊工艺要点

1）焊接时的姿势和握法。一般应坐着焊接，桌椅的高度要调整适当。电烙铁的握法有“笔握式”和“拳握式”两种，如图7-10所示。前者适用于直型电烙铁头焊接小型电子设备和印制电路板，后者适用于弯头电烙铁焊接大型电子设备。

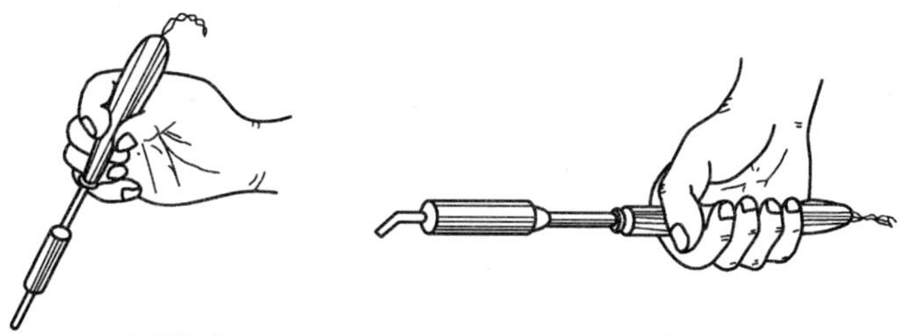

a) 笔握式　　b) 拳握式

图7-10　电烙铁的握法

2）元器件引线的焊前清洁和搪锡。焊接前，首先应将引线进行“刮脚”处理，即用小刀刮去引线上的油污、氧化物和绝缘漆，直到露出紫铜表面、将引线上的脏物刮净为止。刮脚时应避免损伤或折断引线，根部应留3mm以上。但有些镀金、镀银的可化合金引出线，不应把镀层刮掉，可用粗橡皮擦去表面脏物。引线清洁处理后，应尽快进行搪锡，以防再次氧化。

扁平形集成电路的引出线，一般焊前不作清洁处理，但要求元器件在使用前妥善保存，不应使其引线受灰尘污染。

3）掌握焊接的火候——温度和时间。焊接温度过低，焊锡流动性差，很容易凝固；焊接温度过高，焊锡流淌过快，焊点就不易存锡。焊接时，烙铁头的温度应高于焊锡的熔点，一般应在3～5s内使焊点达到所要求的温度，然后迅速移开电烙铁，就会形成光亮、圆滑的焊点。若焊接时间太短，则焊点不亮或成“豆腐渣”状，甚至会形成虚焊。

4）焊接时的手法。焊接时，不能将烙铁头在焊点上来回移动，应将烙铁头的搪锡面紧贴焊点，待焊锡全部熔化后，迅速将烙铁头从斜上方45°方向移开。这时，焊锡不会立即凝固，被焊物必须扶稳扶牢、不能晃动，待焊点自然冷却凝固，否则易形成虚焊。电烙铁移开时，若使焊点带出尖角，这是因焊接时间过长、焊剂氧化引起，必须重新进行焊接。

7.4　电子电路的故障检测与处理

无论电子电路的故障复杂程度如何，一般都可采用以下方法进行检测：

1. 常用的检测方法

（1）电压表法　用电压表测量电路中有关测点和元器件上的电压值，将其测量结果与正常值比较，从而判断是否存在故障。

此法的特点是不必切断电源和焊下元器件，因此检查速度快，而且电路、元器件均处于实际工作状态，故经常采用。但必须注意当发生短路、冒烟或跳火等现象时，应立即关掉电源，不能再用此法测量。

（2）欧姆表法　分通断法和电阻法两类。前者用来检查电路中连线、焊点和熔断器是否有断路和虚焊等故障；后者用来检查元件的电阻值是否改变，也可用来检查电容元件是否断路、短路或漏电。

此法的特点是必须在设备停电状态下进行，而且应预先断开可能的并联支路。

（3）示波器法　通常与信号源配合使用，是一种动态测试法。对待查电路的输入端加上信号，用示波器测试各点的波形是否正常，从而判断故障点所在位置。

（4）元器件替代法　用完好的元器件代替可疑元器件，以查找故障点。

2. 逐步接近法检测

对于一个具体的电子设备，怎样运用以上检测方法来查找其故障点呢？大多数电路可采用逐步接近法。其检测步骤如下：

（1）初步检查　包括电子设备的试操作、电源输入情况及外观检查。

试操作是把电子设备接上电源，置于工作状态下，以确认故障的存在，观察故障的现象。

常见的故障往往是无电源输入，缺乏经验的检修人员往往枉费了不少时间去查找故障，结果是无电源输入。故一般总是首先检查电源是否正常。

外观检查是查找有无冒烟、跳火、烧焦味、接头松脱及元器件损坏等现象。如发现异常情况，应立即切断电源。

初步检查虽然是表面的，然而不容忽视，它将有助于节约人力和物力，以避免不必要的混乱。

（2）了解被修设备　应准备好电子设备的方框图、电路原理图和安装接线图，做好技术准备工作。此外，还应了解电路各级正常的输入、输出电压值和波形，并在实际电路板上找出各元器件的安装位置和相应的各个测试点的部位。

（3）找出故障级　根据方框图逐级分析，找出故障发生在哪一级，对于复杂的电子电路，这一点尤其重要，以便把故障范围从整机缩小到某一级。其具体方法是：对被修设备电路的输入端注入信号，逐级观察其输入与输出，可从前级向后级逐渐推进，也可从后级向前级逐渐推进，当检查出某级的输入正常，而输出不正常时，这级即为故障嫌疑级。将此级与下一级脱开，重新进行测量，若输出仍不正常，则表示故障确实就在这一级；若输出正常了，则表示故障在下一级。

（4）找出故障元器件　故障级找出后，故障的查找已缩小到故障级的几个元器件和接点上，继续采用逐步接近法检测，进一步逐个检测故障级各元器件和各接点的电压，直到找出故障元器件为止。

（5）更换故障元器件　找出故障元器件后，不应急于更换，还需注意下列几点：

1）分析故障产生原因，并加以排除，还应对可能危及的相邻元器件进行检查。

2）查清损坏元器件的规格，应采用规格相同的元器件来代替。

3）新元器件在安装之前，必须经过检查，以确保质量及其完好性。

在查清损坏原因、确认无其他故障后，方可动手更换该元器件。更换元器件后，应对整机恢复工作情况进行检查、观察。若一切正常，检修工作才告结束。

7.5 电力电子技术

7.5.1 电力电子技术的概述

1. 什么是电力电子技术

以电力为对象的电子技术称为电力电子技术。它是一门利用电力电子器件对电能进行电压、电流、频率和波形等方面控制和变换的学科，是电力、电子与控制三大电气工程技术之间的交叉学科。电力电子技术是目前最活跃、发展最快的一门新兴学科，随着科学技术的发展，电力电子技术成为与现代控制理论、材料科学、电机工程以及微电子技术等许多领域密切相关，并已逐步发展成为一门多学科相互渗透的综合性技术学科。

2. 电力电子技术的发展

电力电子技术的发展是以电力电子器件为核心发展起来的。晶闸管是静止型的电子器件，又是大功率的开关器件。它一问世便迅速淘汰了当时盛行的旋转变流机组和离子变流器，应用范围扩大到整个电力技术领域。

然而有两个因素使上述传统电力电子器件的应用范围受到限制。一是控制功能上欠缺，此类器件通过门极只能控制其开通，而不能控制其关断，通常只能依靠电网电压等外部条件来控制其关断，因而称之为半控制器件。二是工作频率欠缺，由于它们立足于分力元器件结构，工作频率难有很大提高。

尽管以晶闸管为核心的电力电子器件存在上述欠缺，但由于这类器件价格低廉，在高电压、大电流应用中的发展空间依然较大，尤其是在大功率应用场合，其他器件尚不易替代。因此，在许多应用场合依然使用着以晶闸管为核心的电力电子应用设备。

20 世纪 80 年代以后进入了现代电力电子技术阶段。随着大规模和超大规模集成电路技术的迅猛发展，将微电子技术与电力电子技术相结合，研制出了新一代高频率、全控制和多功能的集成器件。这些新型器件主要有大功率晶体管（GTR）、可关断晶闸管（GTO）、绝缘栅极场效应晶体管（功率 MOSFET）、绝缘双极晶体管（IGBT）和 MOS 门极晶闸管（MCT）等。目前被认为最有发展前途的是 IGBT 和 MCT，两者均为场复合器件，工作频率可达 20kHz，他们的出现为工业领域的高频化开辟了广阔的前景。据美国预测，在比较广的范围内，IGBT 有取代 GTR、MOSFET 的趋势，MCT 有取代 GTO 的趋势。

3. 电力电子技术的功能

电力电子技术的功能是以电力电子器件为核心，通过对不同电路的控制实现对电能的转换和控制。其基本功能如下：

1）可控整流。把交流电变换为固定或可调的直流电，亦称为 AC/DC 变换。

2）逆变。把直流电变为频率固定或者频率可调的交流电，亦称为 DC/AC 变换。其中，把直流电能变换成 50Hz 的交流电返送交流电网称为有源逆变，把直流电能变换为频率固定或者频率可调的交流电供给用电器则称为无源逆变。

3）交流调压。把交流电压变换为大小固定或者可调的交流电压。

4）变频（周波变换）。把固定或者变化频率的交流电变换为频率可调的交流电。交流调压与变频亦称为AC/AC（或者AC/DC/AC）变换。

5）直流斩波。把固定的直流电变换成固定或可调的直流电，亦称为DC/DC变换。

6）无触头功率静态开关。接通或者断开交直流通路，用于取代接触器和继电器。

上述变换功能统称为变流，故电力电子技术通常也称为变流技术。在实际应用中，可将上述各种功能进行组合。

7.5.2 电力电子技术的应用

电力电子技术的应用领域十分广泛。它不仅用于一般工业，也广泛用于交通、通信、电力、新能源、汽车以及家电等各个领域。下面就几个主要应用领域作一介绍。

1. 一般工业

交直流电动机是一般工业中大量使用的动力设备。直流电动机有良好的调速性能，为其供电的可控整流电源或者直流斩波电源都是电力电子装置；另外，由于电力电子技术中的变频技术迅速发展，使交流电机的变频调速性能足可与直流电机的调速性能相媲美，因而得到广泛的应用；有些设备如大型鼓风机，也采用变频装置，以达到节能的目的；有些电动机为了减少起动时的电流冲击而采用的软起动装置也是电力电子装置；电解及电镀用整流电源、冶金工业高频或者中频感应炉和直流电弧炉等电源均为电力电子装置。

2. 交通运输

DC/DC变换技术、DC/AC变频技术被广泛用于无轨电车、地铁列车、电动车的无级变速和控制，同时使上述被控制设备获得加速平稳及快速响应的性能，且有节约电能的效果；此外，车辆中的各种辅助电源也都离不开电力电子技术；高级汽车有许多控制电机，它们要靠变频器或者斩波器驱动或控制；飞机和轮船需要很多不同要求的电源，因此也离不开电力电子技术。

3. 电力系统

据估计，在发达国家，用户最终使用的电能中，有60%的电能至少经过一次电力电子变流装置的处理。离开电力电子技术，电力系统的现代化是不可想象的。直流输电系统送电端的整流阀和受电端的逆变阀均为晶闸管变流装置；晶闸管控制电抗器和晶闸管投切电容器都是重要的无功功率补偿装置；近年来出现的无功发生器和有源电力滤波器等新型电力电子器件具有更为优越的无功补偿和谐波补偿性能；在配电系统中，电力电子装置可用于支电网瞬间停电、瞬时电压跌落及闪变等，以提高供电质量。

4. 电子装置电源

各种电子装置，如程控交换机、计算机、电视机以及音响设备等，以前大量采用线性稳压电源供电的，现都采用体积小、质量轻、效率高的高频开关电源。

5. 家用电器

变频空调是应用电力电子技术最典型的例子；此外，洗衣机、电冰箱和微波炉等也应用了电力电子技术。

7.5.3 双向晶闸管

1. 双向晶闸管的结构

双向晶闸管是一种五层三端的硅半导体闸流器件。其结构从外观上和普通晶闸管一样，也有螺栓式和平板式两种结构，其特点与普通晶闸管相同。

双向晶闸管外部也有三个电极，其中两个主电极分别为T1极和T2极，还有一个门极G，门极是和T2极在同一侧引出的。

双向晶闸管的内部结构有五层（NPNPN），其核心部分集成在一块单晶片上，相当于两个门极接在一起的晶闸管反并联。

2. 双向晶闸管的特性

双向晶闸管的门极可以在主电极正反两个方向触发晶闸管，关于这一点可以在其伏安特性上清楚地看出来。双向晶闸管在第Ⅰ和第Ⅲ象限有着对称的伏安特性，这一点是与普通晶闸管不同的。其中，规定双向晶闸管的T1极为正，T2极为负极的特性为第Ⅰ象限特性；而T1为负，T2极为正时的特性为Ⅲ象限特性。

双向晶闸管的门极和T2极之间加正、负触发信号均能使管子触发导通，所以双向晶闸管有四种触发方式。

Ⅰ+触发方式：T1极为正，T2极为负；门极为正，T2极为负。

Ⅰ-触发方式：T1级为正，T2极为负；门极为负，T2极为正。

Ⅲ+触发方式：T1极为负，T2极为正；门极为正，T2极为负。

Ⅲ-触发方式：T1极为负，T2极为正；门极为负，T2极为正。

由于双向晶闸管的内部结构的原因，这四种触发方式的灵敏度各不相同，即所需触发电压及电流的大小不同。其中Ⅲ+触发方式的灵敏度最低，所需的门极触发功率很大，所以在实际应用中一般不选此种触发方式。双向晶闸管常常用在交流调压等电路中，触发方式常选（Ⅰ+，Ⅲ-）或（Ⅰ-，Ⅲ-）。

3. 双向晶闸管的参数及型号

双向晶闸管的主要参数与普通晶闸管的参数基本一致。

1）额定通态电流IT（RSM）（额定电流）。双向晶闸管常用在交流电路中，因而其额定电流是用有效值定义的，这一点和普通晶闸管是不一样的，在使用时要注意。以100A的双向晶闸管为例，其峰值为$100\times1.41=141A$，而对于一个额定情况下（正弦半波）峰值为141A的普通晶闸管来说，他的额定电流（平均值）为45A。也就是说，一个100A（有效值）的双向晶闸管与两个45A（平均值）的普通晶闸管反并联的电流容量相同。而在实际选取晶闸管时，也要留出一定的余量，一般取其通态平均电流为按此原则所得计算结果的2～3倍。

2）断态重复峰值电压UDRM（额定电流）。实际应用时，电压通常取2倍的余量。

7.6 三相可控整流电路

当负载容量较大，或要求直流电压脉动较小、易滤波时，基本采用的是三相半波可控整流电路和三相桥式全控整流电路。

7.6.1 三相半波可控整流电路

1. 电阻负载

电路的特点：变压器二次侧接成星形；一次侧接成三角形，避免3次谐波流入电网。三个晶闸管分别接入a、b、c三相电源，其阴极连接在一起——共阴极接法。$\alpha=0°$时的工作原理分析，如图7-11所示。

假设将电路中的晶闸管换作二极管，即变为三相半波不可控整流电路，此时，相电压最大的一个所对应的二极管导通，并使其余两相的二极管承受反压关断，输出整流电压即为该相的相电压。一周期中，

在 $t_1 \sim t_2$ 期间，VD_1 导通，$u_d=u_a$。

在 $t_2 \sim t_3$ 期间，VD_2 导通，$u_d=u_b$。

在 $t_3 \sim t_4$ 期间，VD_3 导通，$u_d=u_c$。

二极管换相时刻为自然换相点（亦称自然换流点），是各相晶闸管能触发导通的最早时刻，将其作为计算各晶闸管触发延迟角α的起点，即$\alpha=0°$。

根据变压器二次侧a相绕组和晶闸管VT_1的电流波形，说明变压器二次绕组电流有直流分量。

晶闸管的电压波形，由3段组成：

第1段，VT_1导通期间，为一管压降，可近似为$u_{T1}=0$。

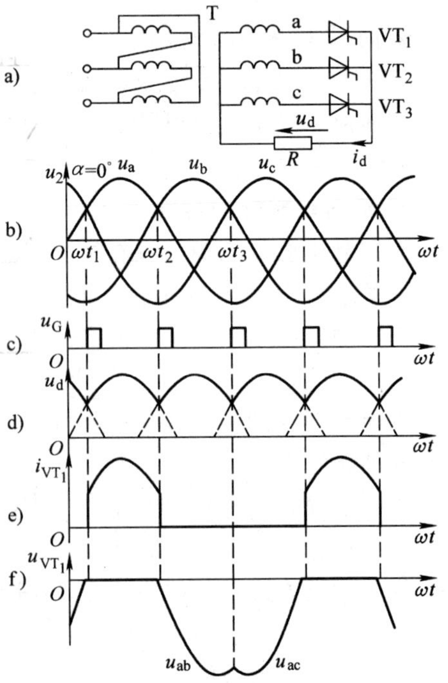

图7-11 三相半波可控整流电路共阴极接法电阻负载时的电路及$\alpha=0°$时的波形

第2段，在VT_1关断后，VT_2导通期间，$u_{T1}=u_a-u_b=u_{ab}$，为一段线电压。

第3段，在VT_3导通期间，$u_{T1}=u_a-u_c=u_{ac}$为另一段线电压。

增大α值，将脉冲后移，整流电路的工作情况相应地发生变化。

$\alpha=30°$时的波形，如图7-12所示，负载电流处于连续和断续之间的临界状态。

$\alpha>30°$的情况，如图7-13所示，负载电流断续，晶闸管导通角小于120°。

电阻负载时α角的移相范围为150°。

整流电压平均值的计算：

1）$\alpha\leqslant30°$时，负载电流连续，有

$$U_d=\frac{1}{\frac{2\pi}{3}}\int_{\frac{\pi}{6}+\alpha}^{\frac{5\pi}{6}+\alpha}\sqrt{2}U_2\sin\omega t\,d(\omega t)=\frac{3\sqrt{6}}{2\pi}U_2\cos\alpha=1.17U_2\cos\alpha$$

当$\alpha=0$时，U_d最大，为

$$U_d=U_{d0}=1.17U_2$$

2）$\alpha>30°$时，负载电流断续，晶闸管导通角减小，此时有

$$U_d=\frac{1}{\frac{2\pi}{3}}\int_{\frac{\pi}{6}+\alpha}^{\pi}\sqrt{2}U_2\sin\omega t\,d(\omega t)=\frac{3\sqrt{2}}{2\pi}U_2\left[1+\cos\left(\frac{\pi}{6}+\alpha\right)\right]=0.675\left[1+\cos\left(\frac{\pi}{6}+\alpha\right)\right]$$

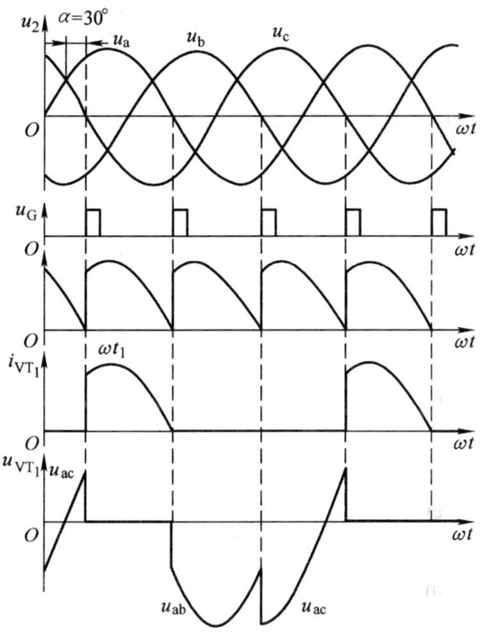

图 7-12　三相半波可控整流电路，电阻负载 $\alpha=30°$时的波形

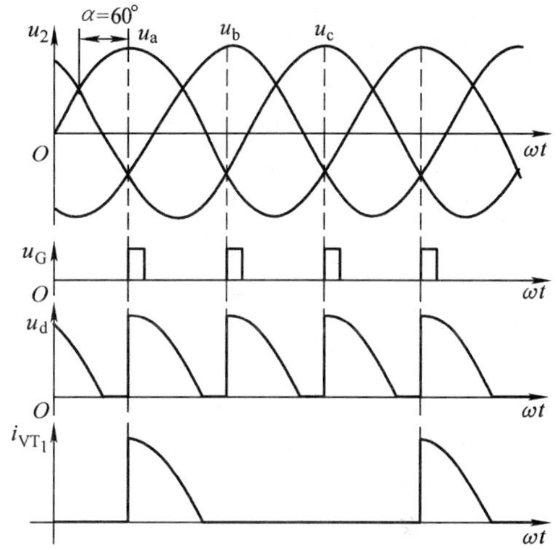

图 7-13　三相半波可控整流电路，电阻负载 $\alpha=60°$时的波形

U_d/U_2 随 α 变化的规律如图 7-14 中的曲线 1 所示。

负载电流平均值为

$$I_d=\frac{U_d}{R}$$

晶闸管承受的最大反向电压就是变压器二次线电压峰值，即

$$U_{RM}=\sqrt{2}\times\sqrt{3}U_2=\sqrt{6}U_2=2.45U_2$$

由于晶闸管阴极与零点间的电压即为整流输出电压 u_d，其最小值为零，而晶闸管阳极与零点间的最高电压等于变压器二次相电压的峰值，因此晶闸管阳极与阴极间的最大电压等于变压器二次相电压的峰值，即

$$U_{FM}=\sqrt{2}U_2$$

2. 阻感负载

特点：阻感负载，L 值很大，i_d 波形基本平直。

$\alpha\leqslant30°$时，整流电压波形与电阻负载时相同。

$\alpha>30°$时，如 $\alpha=60°$时的波形如图 7-15 所示。

u_2 过零时，VT_1 不关断，直到 VT_2 的脉冲到来才换流，由 VT_2 导通向负载供电，同时向 VT_1 施加反压使其关断——u_d 波形中出现负的部分，阻感负载时 α 角的移相范围为 90°。

数量关系

$$U_d=1.17U_2\cos\alpha$$

U_d/U_2 与 α 成余弦关系，如图 7-14 中的曲线 2 所示。如果负载中的电感量不是很大，则当 $\alpha>30°$后，u_d 中负的部分减少，U_d 略为增加，U_d/U_2 与 α 的关系将介于曲线 1 和 2 之间。

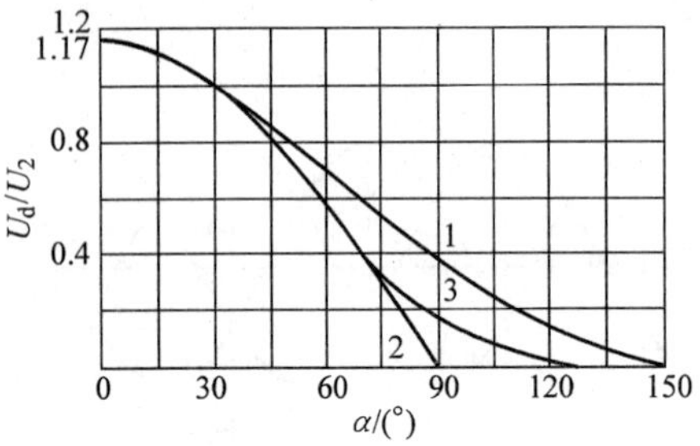

图 7-14　三相半波可控整流电路 U_d/U_2 与 α 的关系

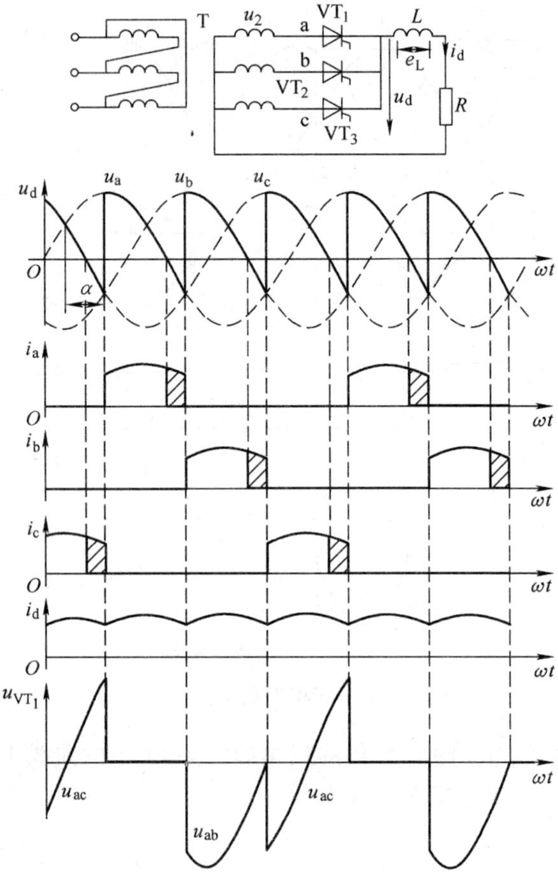

图 7-15　三相半波可控整流电路，阻感负载时的电路及 $\alpha=60°$时的波形

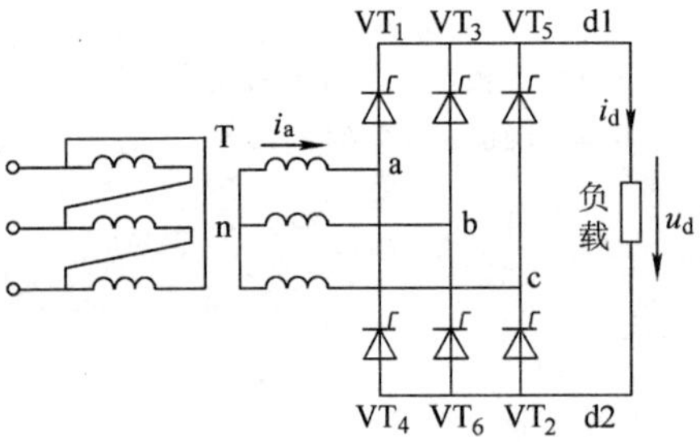

图 7-16　三相桥式全控整流电路原理图

变压器二次电流即晶闸管电流的有效值为

$$I_2 = I_T = \frac{1}{\sqrt{3}} I_d = 0.577 I_d$$

晶闸管的额定电流为

$$I_{T(AV)} = \frac{I_d}{1.57} = 0.368 I_d$$

晶闸管最大正、反向电压峰值均为变压器二次线电压峰值

$$U_{FM} = U_{RM} = 2.45 U_2$$

图 7-15 中 i_d 波形有一定的脉动，但为简化分析及定量计算，可将 i_d 近似为一条水平线。

三相半波的主要缺点在于其变压器二次电流中含有直流分量，因此其应用较少。

7.6.2　三相桥式全控整流电路

三相桥式全控整流电路应用最为广泛，如图 7-16 所示。

共阴极组——阴极连接在一起的 3 个晶闸管（VT_1，VT_3，VT_5）。

共阳极组——阳极连接在一起的 3 个晶闸管（VT_4，VT_6，VT_2）。

编号：1、3、5，4、6、2。

1. 带电阻负载时的工作情况

$\alpha=0°$ 时的情况，如图 7-17 所示。

假设将电路中的晶闸管换作二极管进行分析。

对于共阴极阻的 3 个晶闸管，阳极所接交流电压值最大的一个导通。

对于共阳极组的 3 个晶闸管，阴极所接交流电压值最低（或者说负得最多）的导通。

任意时刻共阳极组和共阴极组中各有 1 个晶闸管处于导通状态。

从相电压波形看，共阴极组晶闸管导通时，u_{d1} 为相电压的正包络线；共阳极组导通时，u_{d2} 为相电压的负包络线。$u_d=u_{d1}-u_{d2}$ 是两者的差值，为线电压在正半周的包络线。

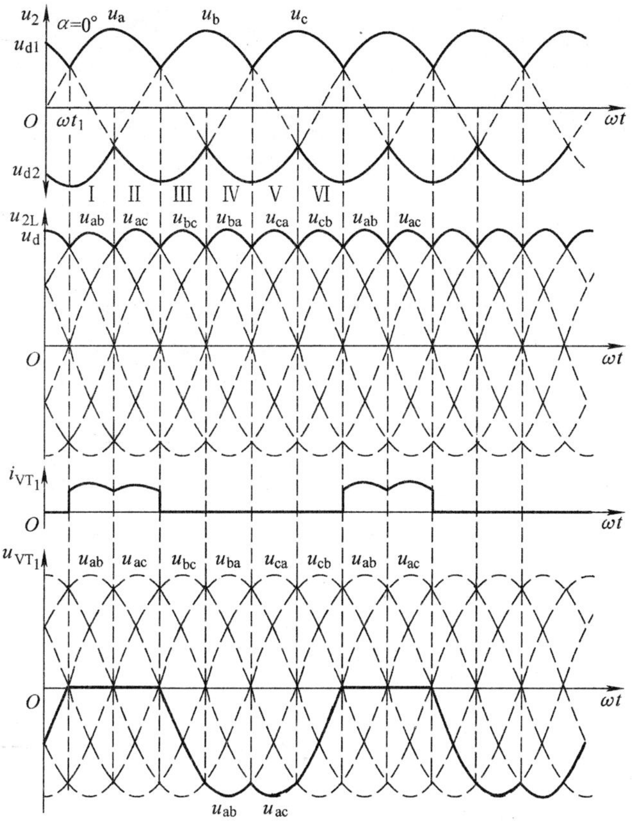

图 7-17 三相桥式全控整流电路带电阻负载 $\alpha=0°$时的波形

直接从线电压波形看，u_d 为线电压中最大的一个，因此 u_d 波形为线电压的包络线。

三相桥式全控整流电路的特点：

1）2 只管同时导通形成供电回路，其中共阴极组和共阳极组各 1 只，且不能为同一相器件。

2）对触发脉冲的要求：

按 VT_1—VT_2—VT_3—VT_4—VT_5—VT_6 的顺序，相位依次差 60°。

共阴极组 VT_1、VT_3、VT_5 的脉冲依次差 120°，共阳极组 VT_4、VT_6、VT_2 也依次差 120°。

同一相的上下两个桥臂，即 VT_1 与 VT_4，VT_3 与 VT_6，VT_5 与 VT_2，脉冲相差 180°。

3）u_d 一周期脉动 6 次，每次脉动的波形都一样，故该电路为 6 脉波整流电路。

4）需保证同时导通的 2 个晶闸管均有脉冲。

可采用两种方法：一种是宽脉冲触发；另一种方法是双脉冲触发（常用）。

5）晶闸管承受的电压波形与三相半波时相同，晶闸管承受最大正、反向电压的关系也相同。

$\alpha=30°$时的工作情况，如图 7-18 所示。

从 t_1 开始把一周期等分为 6 段，u_d 波形仍由 6 段线电压构成。

区别在于：晶闸管起始导通时刻推迟了 30°，组成 u_d 的每一段线电压因此推迟 30°。

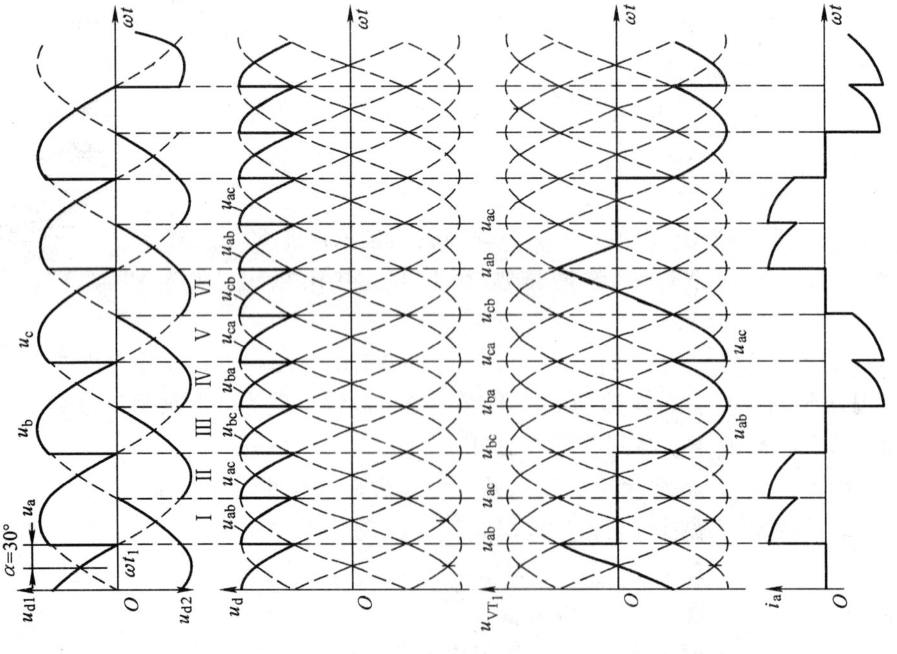

图 7-18　三相桥式全控整流电路带电阻负载 $\alpha=30°$ 时的波形

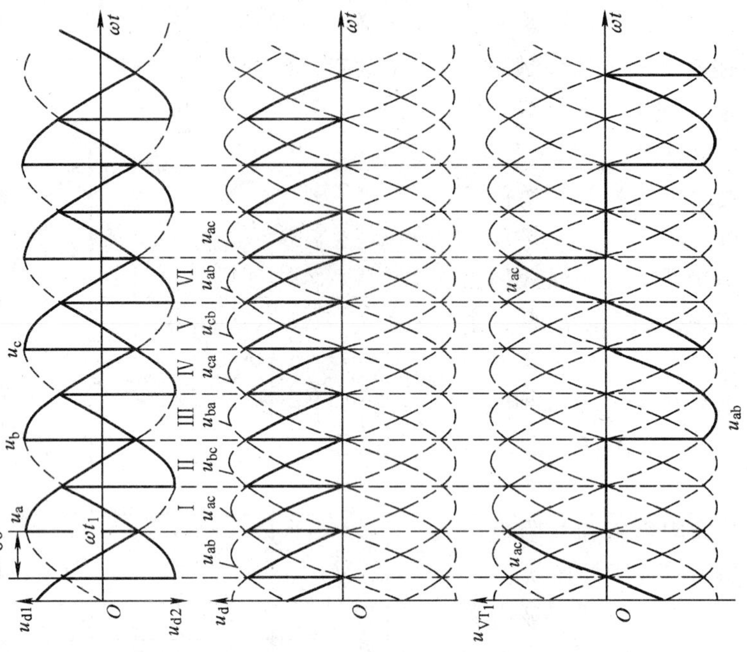

图 7-19　三相桥式全控整流电路带电阻负载 $\alpha=60°$ 时的波形

变压器二次侧电流 i_a 波形的特点：在 VT_1 处于通态的120°期间，i_a 为正，i_a 波形的形状与同时段的 u_d 波形相同，在 VT_4 处于通态的120°期间，i_a 波形的形状也与同时段的 u_d 波形相同，但为负值。

$\alpha=60°$ 时工作情况，如图7-19所示。

u_d 波形中每段线电压的波形继续后移，u_d 平均值继续降低。$\alpha=60°$ 时 u_d 出现为零的点。

小结：

当 $\alpha \leqslant 60°$ 时，u_d 波形均连续，对于电阻负载，i_d 波形与 u_d 波形形状一样，也连续。

当 $\alpha > 60°$ 时，u_d 波形每60°中有一段为零，u_d 波形不能出现负值。

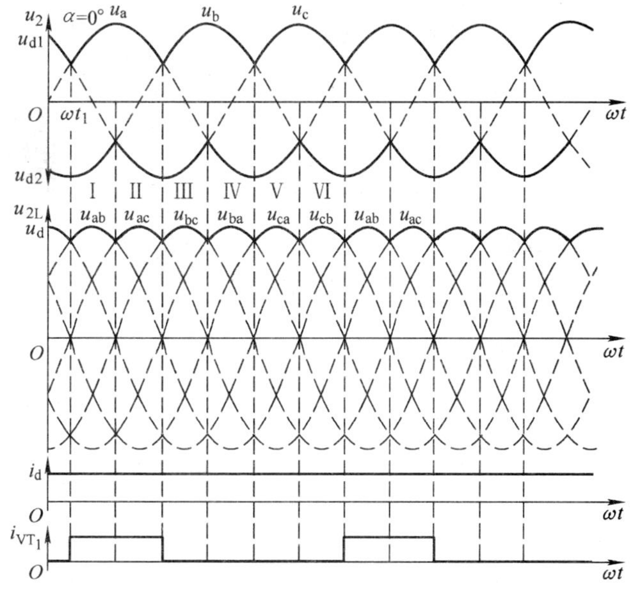

图7-20 三相桥式全控整流电路带阻感负载 $\alpha=0°$ 时的波形

带电阻负载时，三相桥式全控整流电路 α 角的移相范围是120°。

2. 阻感负载时的工作情况

$\alpha \leqslant 60°$ 时，如图7-20所示。

u_d 波形连续，工作情况与带电阻负载时十分相似，各晶闸管的通断情况、输出整流电压 u_d 波形、晶闸管承受的电压波形等都一样。

区别在于：由于负载不同，同样的整流输出电压加到负载上，得到的负载电流 i_d 波形不同。阻感负载时，由于电感的作用，使得负载电流波形变得平直，当电感足够大的时候，负载电流的波形可近似为一条水平线。

$\alpha > 60°$ 时，如图7-21所示。

阻感负载时的工作情况与电阻负载时不同，电阻负载时 u_d 波形不会出现负的部分，而阻感负载时，由于电感 L 的作用，u_d 波形会出现负的部分。

带阻感负载时，三相桥式全控整流电路的 α 角移相范围为90°。

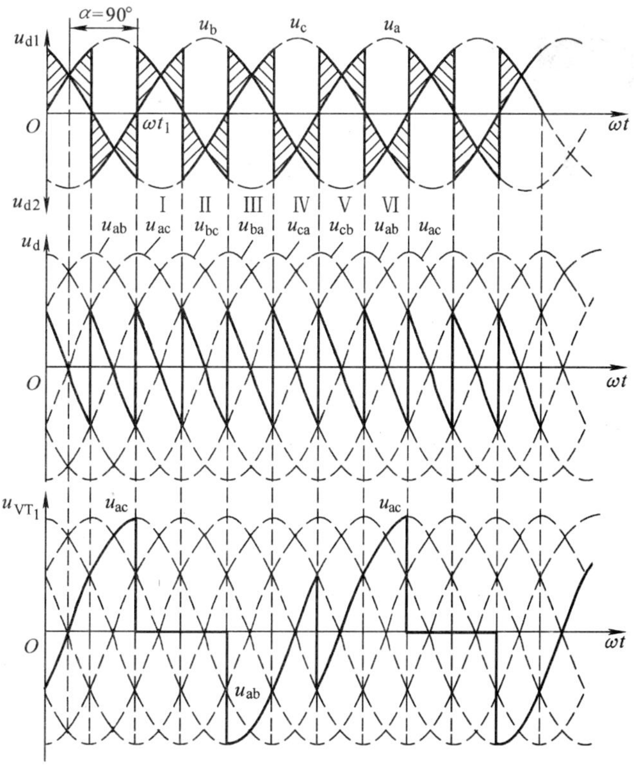

图7-21 三相桥式整流电路带阻感负载，$\alpha=90°$ 时的波形

3. 定量分析

当整流输出电压连续时（即带阻感负载时，或带电阻负载≤60°时）的平均值为

$$U_d = \frac{1}{\frac{\pi}{3}}\int_{\frac{\pi}{3}+\alpha}^{\frac{2\pi}{6}+\alpha} \sqrt{6}U_2 \sin\omega t \mathrm{d}(\omega t) = 2.34U_2\cos\alpha$$

带电阻负载且 $\alpha > 60°$时，整流电压平均值为

$$U_d = \frac{3}{\pi}\int_{\frac{\pi}{3}+\alpha}^{\pi} \sqrt{6}U_2 \sin\omega t \mathrm{d}(\omega t) = 2.34U_2\left[1 + \cos\left(\frac{\pi}{3} + \alpha\right)\right]$$

输出电流平均值为

$$I_d = U_d/R$$

当整流变压器采用星形接法，带阻感负载时，变压器二次侧电流波形为正负半周各宽120°、前沿相差180°的矩形波，其有效值为

$$I_2 = \sqrt{\frac{1}{2\pi}\left(I_d^2 \times \frac{2}{3}\pi + (-I_d)^2 \times \frac{2}{3}\pi\right)} = \sqrt{\frac{2}{3}}I_d = 0.816I_d$$

晶闸管电压、电流等的定量分析与三相半波时一致。

三相桥式全控整流电路接反电动势阻感负载时，在负载电感足够大足以使负载电流连续的情况下，电路工作情况与电感性负载时相似，电路中各处电压、电流波形均相同，仅在计算 I_d 时有所不同，接反电动势阻感负载时的 I_d 为

$$I_d = \frac{U_d - E}{R}$$

式中 R 和 E 分别为负载中的电阻值和反电动势的值。

7.7 实习课题

课题 1：晶闸管调光电路的连接与调试

调光电路如图 7-22 所示。

实习目的：

1）掌握晶闸管调光电路的连接工艺。

2）学习晶闸管调光电路的调试工艺。

3）掌握晶闸管调光电路检测故障的方法和步骤。

实习所需设备：

尖嘴钳、电烙铁、电压表、万用表、镊子、稳压电源和双踪示波器。

实习材料：

铆钉板、二极管、晶体管、稳压管、晶闸管、电阻、小灯

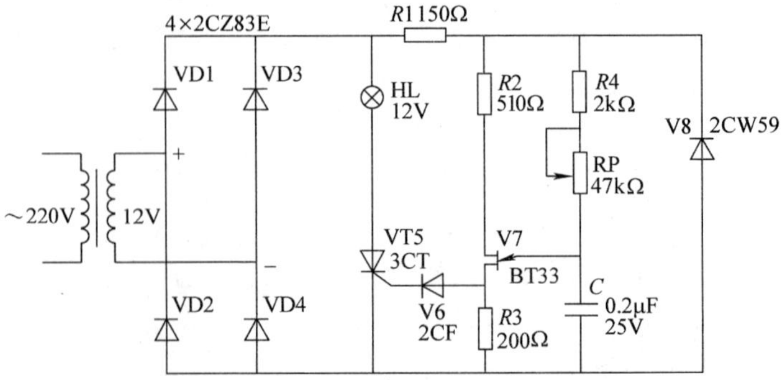

图 7-22　晶闸管调光电路

泡、可变电阻、电容、焊锡丝和松香。

实习内容及要求：

要求学生掌握常用电子元器件测试的基本方法，识图的基本方法和技巧。掌握晶闸管调光电路的焊接与调试方法，掌握各类仪器、仪表的使用，学会晶闸管调光线路故障的查找方法与技巧。

操作步骤：

1）读电路图。

2）对元器件进行粗测，检查其参数是否符合设计要求。

3）根据安装接线图焊接元器件。

4）检查电路元器件的焊接是否正确、可靠；核对元器件是否符合要求。

5）检查电源电压是否符合要求。

6）进行通电调试。

7）如果出现故障可采用电压表法或万用表检查。

注意事项：

1）电阻、电容等元件焊接时，标志要朝上或面朝一个方向，以便于检查。

2）焊点应接触良好。

3）焊点应具有一定的强度。

4）焊点表面应清洁、美观、有光泽、呈现光滑状态，不应出现棱角或带尖等现象。

5）板面元器件排列要合理。

6）晶体管焊接时，尽量使焊点到管壳间具有良好的散热。

课题2：晶闸管延时电路的连接与调试

晶闸管延时电路如图7-23所示。

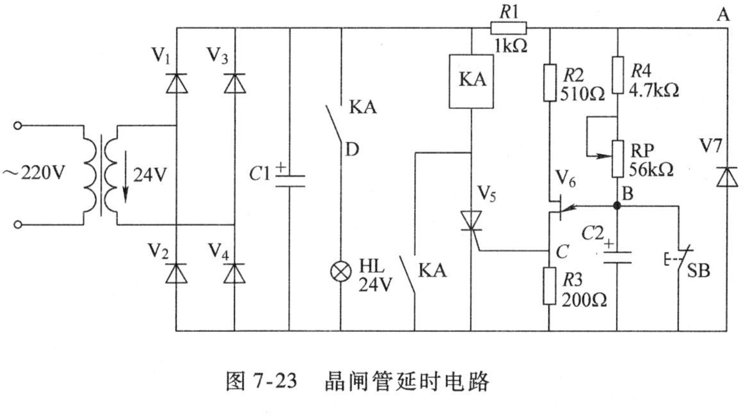

图7-23 晶闸管延时电路

实习目的：

1）掌握晶闸管延时电路的连接工艺。

2）学习晶闸管延时电路的调试工艺。

3）掌握晶闸管延时电路检测故障的方法和步骤。

实习所需设备：

尖嘴钳、电烙铁、电压表、万用表、镊子、稳压电源和双踪示波器。

实习材料：

铆钉板、二极管、晶体管、晶闸管、稳压管、电阻、小灯泡、可变电阻、电容、焊锡丝、松香。

实习内容及要求：

要求学生掌握常用电子元器件测试的基本方法，识图的基本方法和技巧。掌握晶闸管延时电路的焊接与调试方法，掌握各类仪器、仪表的使用，学会晶闸管延时电路故障的查找方法与技巧。

操作步骤：

1）读电路图。

2）对元器件进行粗测，检查其参数是否符合设计要求。

3）根据安装接线图焊接元器件。

4）检查电路元器件的焊接是否正确、可靠；核对元器件是否符合要求。

5）检查电源电压是否符合要求。

6）进行通电调试。

7）如果出现故障可采用电压表法或万用表检查。

注意事项：

1）电阻、电容等元件焊接时，标志要朝上或面朝一个方向，以便于检查。

2）焊点应接触良好。

3）焊点应具有一定的强度。

4）焊点表面应清洁、美观、有光泽、呈现光滑状态，不应出现棱角或带尖等现象。

5）板面元器件排列要合理。

6）晶体管焊接时，尽量使焊点到管壳间具有良好的散热。

课题 3：三相桥式全控整流电路

如图 7-24 所示：

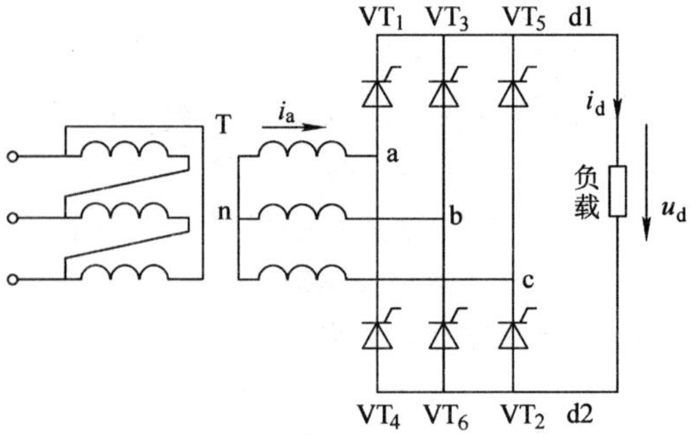

图 7-24　三相桥式全控整流电路

实习目的：

1）掌握晶闸管的工作特性。

2）学习三相全控整流电路的调试工艺。

3）掌握三相全控整流电路波形的测试方法和步骤。

实习所需设备：

三相变压器、电烙铁、电压表、万用表、镊子和双踪示波器。

实习材料：

铆钉板、晶闸管、负载电阻、焊锡丝和松香。

实习内容及要求：

要求学生掌握晶闸管测试的基本方法，掌握三相桥式全控整流电路调试方法，掌握各类仪器、仪表的使用，学会绘画 $\alpha=45°$ 时 U_d 的波形。

操作步骤：

1）读电路图。

2）对元器件进行粗测，检查其参数是否符合设计要求。

3）根据安装接线图焊接元器件。

4）检查电路元器件的焊接是否正确、可靠；核对元器件是否符合要求。

5）检查电源电压是否符合要求。

6）进行通电调试。

7）根据题目要求绘波形图。

思考与练习题

一、判断题

1. 用万用表测量电阻时，测量前或改变欧姆档位后必须进行一次欧姆调零。　(　)
2. 将两导线端接时，用手动压接钳与锡焊相比提高了效率和质量。　(　)
3. 使用功率小的电烙铁去焊接大的电器元器件时会产生虚焊，从而影响焊接的质量。　(　)
4. 不能用万用表测量电容、电感。　(　)
5. 电感器的额定电流是指线圈正常工作时所能承受的最大电流。　(　)
6. 电阻器与变阻器的选择参数主要是额定电阻值和额定电流值，与工作制无关。　(　)
7. 由于晶体二极管是单相导通的器件，因此测量出来的正向电阻值与反向电阻值相差越小越好。　(　)
8. 对于晶体管来说，无论是PNP管，还是NPN管，都可以看成是由两只二极管反极性串联而成。　(　)
9. 在电子电路的锡焊工艺中，一般使用铅锡合金（俗称焊锡）作焊料。　(　)
10. 集成电路的选择，要根据整机电路的要求确定组件的类型，一般应优先选择通用型。　(　)
11. 电力电子是一门利用电力电子器件对电能进行电压、电流、频率和波形等方面控制和变换的学科。　(　)
12. 把直流电变换成50Hz的交流电返送交流电网称为无源逆变。　(　)
13. 双向晶闸管是一种五层三端的硅半导体闸流元件。　(　)
14. 晶闸管是静止型的电子元件，又是小功率的开关器件。　(　)

二、简答题

1. 怎样用万用表对二极管、稳压管的质量进行简易测试？
2. 利用万用表怎样辨别晶体管的PNP、NPN类型，如何确定晶体管的e、b、c三极？
3. 晶闸管的工作原理是什么？
4. 二极管、晶体管的主要参数有哪些？
5. 电子电路的故障检测方法有哪些？
6. 电子电路锡焊的工艺要点是什么？

第8章 可编程序控制器技术及应用

本章教学基本要求：

- 了解可编程序控制器的产生、特点、主要功能；
- 了解可编程序控制器的设计原则；
- 掌握 FX_{2N} 系列可编程序控制器的使用；
- 掌握 FX_{2N} 系列可编程序控制器的基本指令及其应用；
- 掌握 FX_{2N} 系列可编程序控制器的步进指令及其应用。

本章要求掌握的基本技能：

- 掌握 FX_{2N} 系列可编程序控制器的基本指令及其应用；
- 掌握 FX_{2N} 系列编程器和编程器软件的使用方法；
- 掌握 FX_{2N} 系列可编程序控制器的系统设计方法。

8.1 可编程序控制器的基础知识

作为工业控制计算机，可编程序控制器实现了工业控制从接线逻辑到存储逻辑的飞跃，功能上取得了从逻辑控制到数字控制的进步。运用专用软件可进行梯形图、指令表或高级语言的程序编写，并以串行工作方式实现对工业设备的控制。

8.1.1 概述

1. 可编程序控制器的产生和定义

在20世纪60年代初期，顺序控制器还主要是由继电器组成，由此构成的控制系统都是按预先规定的时间或条件顺序地工作，若要改变控制顺序就必须改变控制器的硬件接线，这不仅阻碍了产品更新换代的周期，而且对于比较复杂的控制系统来说，不但设计制造困难，而且其可靠性也不高，查找和排除故障往往是费时又困难。

1969年，美国数字设备公司（DEC）研制成功第一台可编程序逻辑控制器（Programmable Logic Controller，PLC），并成功应用于美国通用汽车（GM）自动装配生产线上。

这种新型的工业控制装置以其简单易懂、操作方便、可靠性高、体积小、适用在工业化的环境下运行和使用寿命长等一系列优点，迅速地在各工业领域广泛使用。1971年，日本从美国引进了这项新技术。1973年，西欧国家也相继研制成功这种新型装置。我国从1974年开始研制和引进，1977年开始生产并投入使用。20世纪70年代后期，随着微电子技术和计算机技术的迅猛发展，可编程序逻辑控制器成了采用微型计算机技术的工业控制器，并定名为可编程序控制器（Programmable Controller，PC），为避免和个人计算机（Personal Computer，PC）的混淆，习惯上仍用PLC作为可编程序控制器的缩写。

国际电工委员会（IEC）将PLC定义为：一种数字运算操作的电子系统，专为在工业环境下应用而设计，采用了可编程序的存储器，用来在其内部存储执行逻辑运算、顺序控制、定时、计数和算术运算等操作的指令，并通过数字式和模拟式的输入/输出（I/O），控制各种类型机械的生产过程。

2. PLC 的主要特点

PLC 之所以能成为当今增长速度最快的工业自动控制设备，是由于它具备了许多独特的优点。它较好地解决了工业控制领域普遍关心的可靠、安全、灵活、方便和经济等问题，概括地讲具有以下几大特点：

（1）可靠性高，抗干扰能力强　高可靠性是 PLC 最突出的特点之一，PLC 的平均无故障时间可达几十万小时。由于工业生产过程常昼夜连续，工业现场环境恶劣，各种电磁干扰特别严重，因此 PLC 采取了一系列措施，其主要方法是对所有 I/O 接口电路均采用光电隔离，有效地抑制了外部干扰源对 PLC 的影响。

（2）编程简单易学　PLC 编程大多采用类似于继电器控制线路的梯形图。对于企业一般的电气技术人员和技术工人，这种面向生产、面向用户的编程方式，与常用的微机语言相比更容易被接受，故梯形图被称为面向“蓝领的编程语言”，PLC 也被称为“蓝领计算机”。尽管现代 PLC 也用高级语言编制复杂的程序，但梯形图仍被广泛地使用。

（3）设计、安装容易，调试周期短，维护简单　PLC 已实现了产品的系列化、标准化和通用化，设计者可在规格繁多、品种齐全的 PLC 产品中选用高性价比的产品。PLC 用软件功能取代了继电器控制系统中大量的中间继电器、时间继电器和计数器等器件，从而使控制柜的设计、安装接线工作量大为减少。用户程序的大部分可以在实验室模拟进行，调试好后再将 PLC 控制系统放到生产现场联机调试，这样既快速又安全方便，从而大大缩短了设计和调试周期。在用户维修方面，由于 PLC 本身的故障率极低，维修的工作量很小，而且各种模块上均有运行状态的故障状态指示，便于用户了解运行情况和查找故障。又由于许多 PLC 采用模块式结构，因此一旦某模块发生故障，用户可通过更换模块的办法，使系统迅速恢复运行。

（4）模块品种丰富，通用性好，功能强大　除了单元式小型 PLC 外，多数 PLC 均采用模块式结构，并形成大、中、小系列产品。常见的模块有各类电源模块、运算处理模块、直流 I/O 模块、交流 I/O 模块、温度模块、数字量混合模块、模拟量混合模块、网络模块、接口模块、定位模块和高速计数模块等。现代的 PLC 具有工业控制所要求的各种控制功能，它既可控制单台设备，又可控制一条生产线，甚至全部生产工艺过程。PLC 具有通信联网功能，可构成分布式控制系统。

（5）体积小，重量轻　由于其体积小、重量轻，很容易装入机械设备内部，是实现机电一体化的理想控制设备。

3. PLC 的主要功能

随着技术的不断发展，PLC 从小规模的单机顺序控制，发展到包括过程控制、位置控制等场合的所有控制领域，能组成工厂自动化的 PLC 综合控制系统，主要功能包括：

（1）开关量的逻辑控制　这是 PLC 最常用的功能，PLC 设置了与、或、非等逻辑指令，能取代传统的继电器控制系统，实现逻辑控制和顺序控制。它可用于单机控制，多机群控制和自动化生产线等的控制。

（2）定时控制　计时器的定时值既可由用户在编制程序时设定，也可由操作人员在工业现场通过人机对话装置实时地设定。计时器的实际计时值也可以通过人机对话装置实时地读出和修改。

(3) 计数控制　计数设定值的设定方式类似于计时器。一般计数器的计数频率较低，如需对频率较高的信号进行计数，则需选用高速计数模块。

(4) 过程控制　有些 PLC 具有模拟量的输入/输出功能。能完成对模拟量的检测、控制和调节。大、中型 PLC 都有比例积分微分（PID）控制模块，为了既能完成对模拟量的闭环控制，又不加重可编程控制器处理器的负担，一般可选用专用的 PID 模块。

(5) 位置控制　很多 PLC 制造商都提供拖动步进电动机或伺服电动机的单轴或多轴控制模块，这一功能广泛地应用于各种机械。

(6) 步序控制　PLC 为用户提供了若干个移位寄存器，可用于步序控制，即一道工序完成后，再进行下一道工序。

(7) 数据处理　PLC 具有一定的数据处理功能，能进行数学运算（矩阵运算、函数运算、逻辑运算等）、数据传递、数据转换、排序、查表以及位操作等，还能完成数据采集、分析和处理，并可通过通信接口传送到其他智能装置。

(8) 通信和联网　PLC 具有一些通信功能。PLC 的通信包括 PLC 与 PLC、PLC 与 PC、PLC 与其他智能设备的通信。

(9) 监控功能　PLC 能对系统异常情况进行识别、记忆，或在发生异常情况时自动终止运行。通过监控可以监视设备的运行状态，并调整相关的设定值。

(10) 其他功能　PLC 还具有显示、打印、报警、对数据及程序复制等功能。

4. PLC 的主要性能指标

(1) 存储器容量　通常是指用户程序存储器的容量，习惯上用“步”来表示程序容量（1 条基本指令一般为 1 步，1 步占 1 个字节）。

(2) 扫描速度　一般以执行 1000 步指令所需的时间来表示，逻辑指令比运算指令的平均执行时间要短很多。

(3) I/O 点数　指 PLC 外部能接入的输入和输出信号的最大数量，是一项重要的技术指标。

(4) 编程语言及指令功能　不同的 PLC 编程语言不同，且多数不能兼容。编程语言中以梯形图（Ladder Diagram）和指令表（Instruction List）两种最为常见，功能图（SFC）也是一种使用较多的语言，很多 PLC 还支持使用高级语言进行编程。综合性指令越多，功能越强，完成一定的控制目的就越容易。

8.1.2　外部结构

1. 外部接线端子

包括电源端子（L 和 N）、输出直流 24V 电源端子（+24，COM）、I/O 端子、控制运行端子（RUN）和接地端子等。

2. 状态指示灯显示部分

包括输入状态指示灯（IN）、输出状态指示灯（OUT）、电源指示灯（POWER）、运行状态指示灯（RUN）、后备电池欠电压指示灯（BATT）和程序或 CPU 出错指示灯（PROG-E 或 CPU-E）等。

3. 接口部分

用于同编程器、扩展单元、外部存储器等的联结。

8.1.3 主要软元件

PLC 是按照电气继电器线路设计思想，借助于大规模集成电路和计算机技术开发的一种新型工业控制器。使用时不必考虑 PLC 内部元器件具体组成线路，可以将 PLC 看成由各种功能元器件组成的工业控制器。这些元器件实际是由电子电路和存储器组成，为了和继电器硬元件区分，通常称为软元件。利用编程语言对这些元器件的线圈和触点进行编程以达到控制要求，为此必须熟悉和掌握这些元器件的功能、编号方式及使用方法。每种元器件都用特定的字母来表示，使用前应详细阅读设备随附的资料。在三菱（MITSUBISHI）PLC 中，几种常用的软元件列举如下：

1. 输入继电器 X

输入继电器是 PLC 专门用来接收外部输入设备（如开关、传感器等）的信号。输入继电器只能由外部信号所驱动，而不能用程序指令来驱动。它可提供无限对触点供编程使用，元件号按八进制编号（如 X0 ~ X7，X10 ~ X17，…），不同型号 PLC 的输入继电器数量是不相同的。

2. 输出继电器 Y

输出继电器是 PLC 的输出信号，用于控制外部负载。输出继电器只能用程序指令驱动，外部信号无法驱动。它可提供无限对触点供编程使用，元件号按八进制编号（如 Y0 ~ Y7，Y10 ~ Y17，…），不同型号 PLC 的输出继电器数量是不相同的。

3. 辅助继电器 M

辅助继电器只起相当于中间继电器的作用，它的触点不能直接驱动外部负载，辅助继电器与输出继电器一样只能用程序指令驱动，外部信号无法驱动。它可提供无限对触点供编程使用，元件号按十进制编号。

4. 定时器 T

定时器相当于继电器控制系统中的通电延时继电器，它可提供无限对延时触点供编程使用。定时器元件号按十进制编号，设定时间由编程时系数决定（K 表示十进制，H 表示十六进制）。

5. 计数器 C

计数器元件号按十进制编号，计数次数由编程时系数决定，它可提供无限对触点供编程使用。

6. 状态元件 S

状态元件是步进指令用的元件，不用步进指令时，状态元件也可作为一般辅助继电器使用，它的元件号按十进制编号。

8.1.4 梯形图符号

梯形图语言是一种以图形符号及其在图中的相互关系表示控制关系的编程语言，是一种由继电器电路图演变过来的图形语言，表 8-1 中列举了继电器电路符号和梯形图符号，两类符号十分相似。在梯形图中，相同文字符号的图形符号属于同一软元件。

表 8-1 符号对照表

符号名称	继电器电路符号	梯形图符号
常开触点		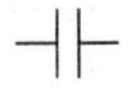
常闭触点		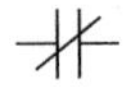
线圈		

8.2 可编程序控制器基本指令及应用

学习可编程序控制器最重要的就是其内部元件和编程指令。程序是元件间相互关系的描述，编程的过程就是将控制要求程序化的过程，对于不复杂的控制，通常用基本指令（三菱 FX_{2N} 系列的可编程序控制器共有 27 条基本指令）和常用的电路结构就能实现。

8.2.1 基本指令

1. 电路（块）开始及输出线圈

LD 是从母线（或电路块起始位置）取用常开触点的指令；LDI 是从母线（或电路块起始位置）取用常闭触点的指令；LDP 是从母线（或电路块起始位置）取用脉冲上升沿的指令；LDF 是从母线（或电路块起始位置）取用脉冲下降沿的指令。OUT 是线圈驱动的指令，可连续使用，相当于线圈并联（定时器或计数器的线圈必须设置设定值）。使用举例如图 8-1 所示。

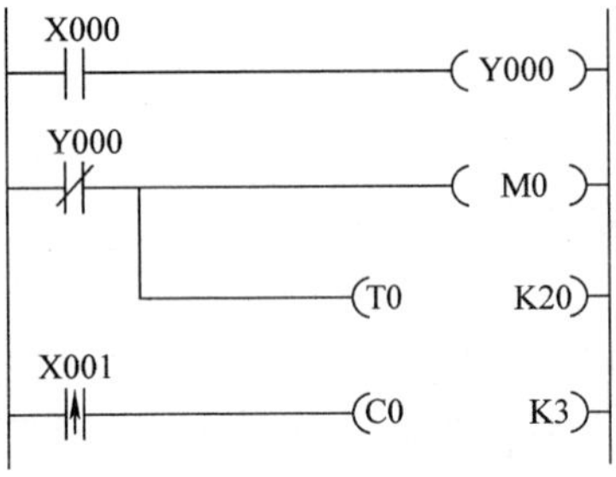


```
LD    X000
OUT   Y000
LDI   Y000
OUT   M0
OUT   T0    K20
LDP   X001
OUT   C0    K3
```

图 8-1 电路开始及输出线圈

2. 触点串联

AND 用于常开触点；ANI 用于常闭触点；ANDP 用于脉冲上升沿；ANDF 用于脉冲下降沿。4 个指令均为单个触点串联连接的指令，使用举例如图 8-2 所示。

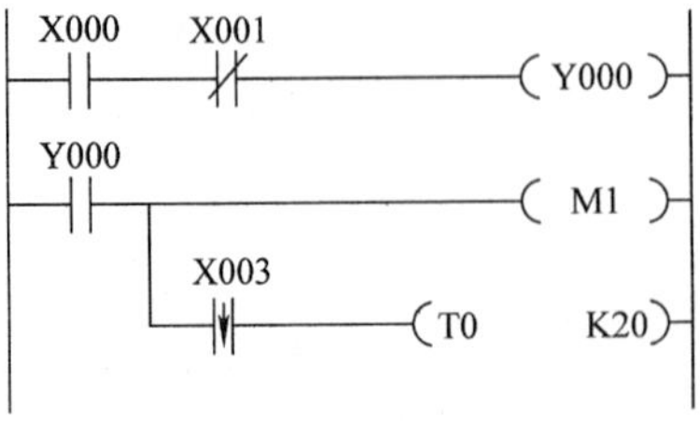


```
LD    X000
ANI   X001
OUT   Y000
LD    Y000
OUT   M1
ANDF  X003
OUT   T0    K20
```

图 8-2 触点串联

3. 触点并联

OR 用于常开触点；ORI 用于常闭触点；ORP 用于脉冲上升沿；ORF 用于脉冲下降沿。4 个指令均为单个触点并联连接的指令，使用举例如图 8-3 所示。

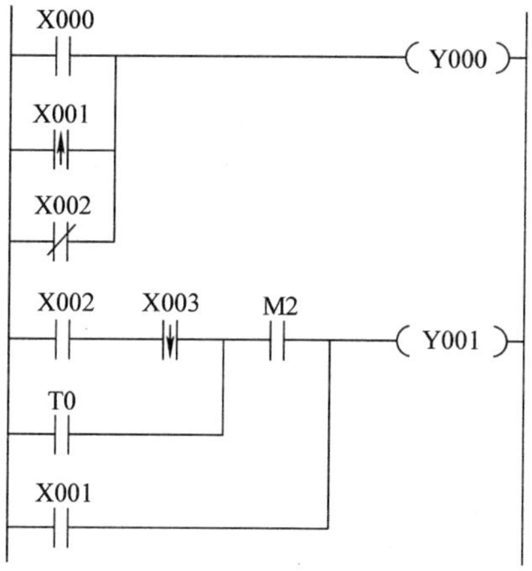

LD	X000
ORP	X001
ORI	X002
OUT	Y000
LD	X002
ANDF	X003
OR	T0
AND	M2
OR	X001
OUT	Y001

图 8-3 触点并联

4. 电路块的串、并联

ANB 在电路块与前面电路串联时使用；ORB 在电路块与其上面电路并联时使用。2 个或 2 个以上触点串联连接的电路为串联电路块；2 个或 2 个以上触点并联连接的电路为并联电路块。使用举例如图 8-4 所示。

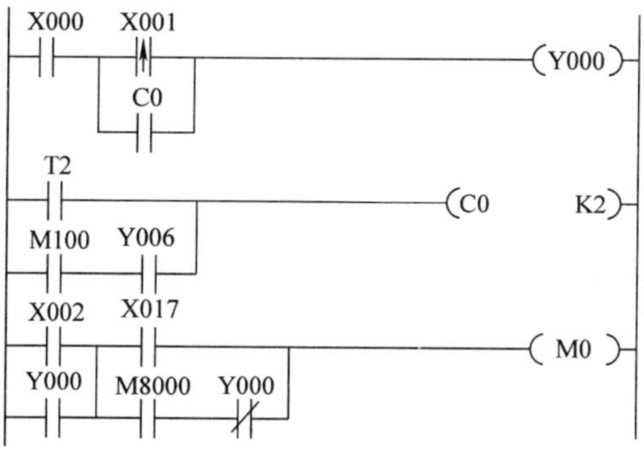

LD	X000	
LDP	X001	
OR	C0	
ANB		
OUT	Y000	
LD	T2	
LD	M100	
AND	Y006	
ORB		
OUT	C0	K2

LD	X002
OR	Y000
LD	X017
LD	M8000
ANI	Y000
ORB	
ANB	
OUT	M0

图 8-4 电路块的连接

5. 多重输出

MPS、MRD、MPP 分别是进栈、读栈、出栈指令，MPS 和 MPP 必须成对使用，且连续使用应少于 11 次，举例如图 8-5 所示。

6. 主控

MC 为主控指令，用于公共串联触点的连接；MCR 为主控复位指令（也就是 MC 的复位指令）。编程时常会遇到如图 8-6 所示的多个线圈（或电路支路）同时受一个（组）触点的控制的情况，这时可将电路改成如图 8-7 所示的形式。

7. 置位及复位

SET 为置位指令，使操作保持；RST 为复位指令，使操作保持复位或计数器等清零。指令的使用如图 8-8 所示。

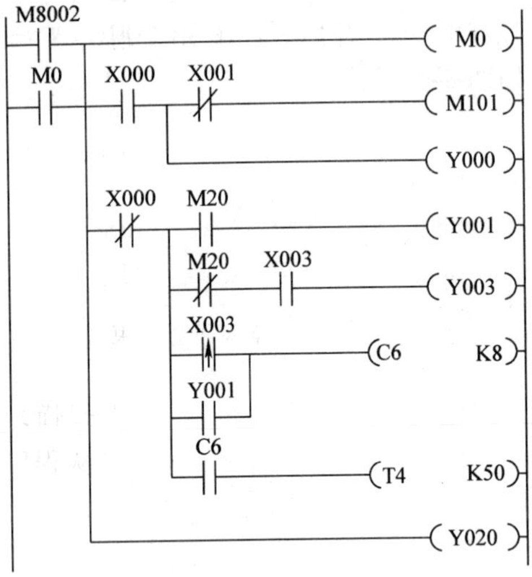

LD	M8002		MRD		
OR	M0		ANI	M20	
OUT	M0		AND	X003	
MPS			OUT	Y003	
AND	X000		MRD		
MPS			LDP	X003	
ANI	X001		OR	Y001	
OUT	M101		ANB		
MPP			OUT	C6	K8
OUT	Y000				
MRD			MPP	C6	
ANI	X000		AND	T4	K50
MPS			OUT		
AND	M20		MPP	Y020	
OUT	Y001		OUT		

图 8-5　多重输出

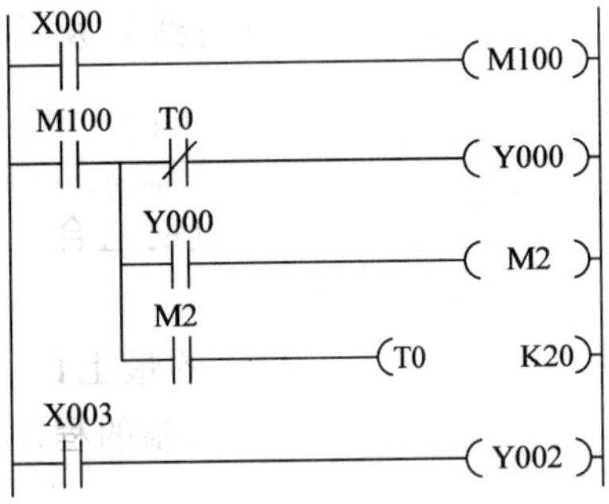

图 8-6　多个电路支路受控于同一触点

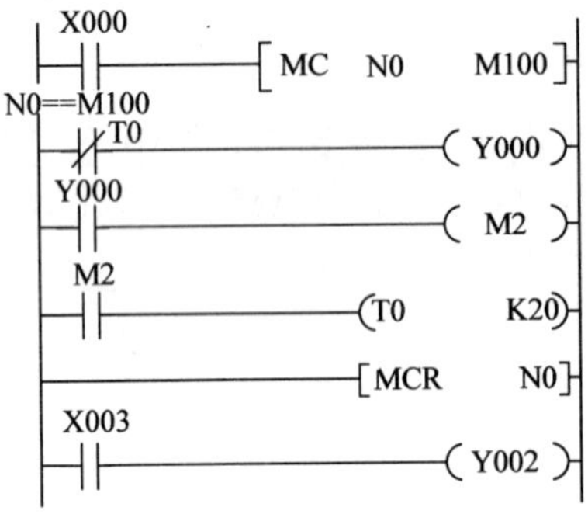

LD	X000	
MC	N0	M100
LDI	T0	
OUT	Y000	
LD	Y000	
OUT	M2	
LD	M2	
OUT	T0	K20
MCR	N0	
LD	X003	
OUT	Y002	

图 8-7　主控指令

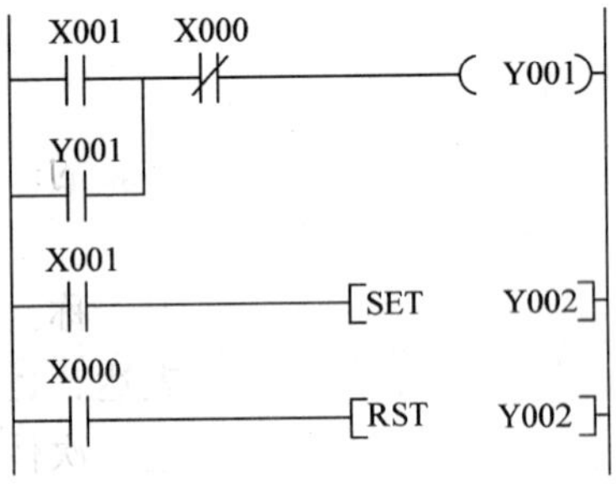

LD	X001
OR	Y001
ANI	X000
OUT	Y001
LD	X001
SET	Y002
LD	X000
RST	Y002

图 8-8　置位及复位

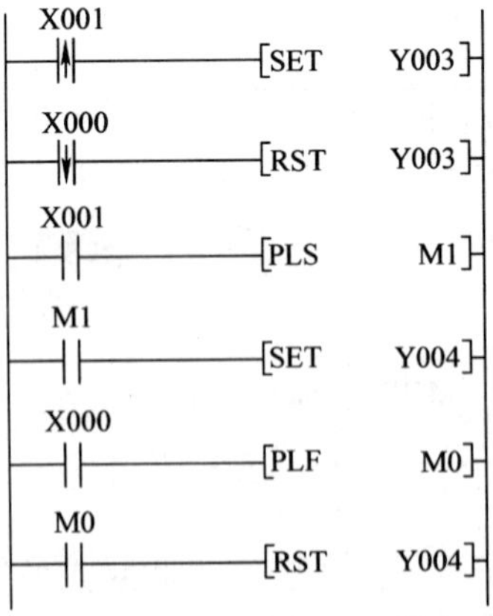

LDP	X001
SET	Y003
LDF	X000
RST	Y003
LD	X001
PLS	M1
LD	M1
SET	Y004
LD	X000
PLF	M0
LD	M0
RST	Y004

图 8-9　脉冲输出

8. 脉冲输出

PLS 在输入信号上升沿产生脉冲输出；PLF 在输入信号下降沿产生脉冲输出。指令的使用如图 8-9 所示。

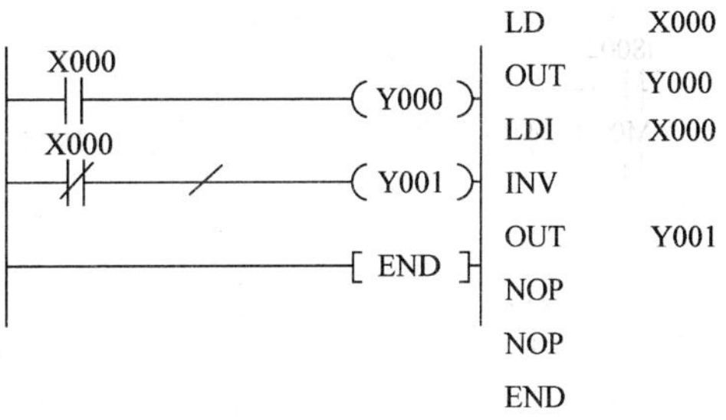

图 8-10　反向、空操作及结束指令

9. 反向

INV 将电路的逻辑结果取反后由线圈再执行，如图 8-10 所示。

10. 空操作

NOP 是空操作指令，在程序中加入适当的 NOP 可以方便程序的修改，但也会改变电路，会使电路发生很大的变化，甚至电路会出错，要谨慎使用。

11. 程序结束

END 为程序结束指令。在程序中不写 END 指令，PLC 将从程序的起始步一直扫描到程序的最后一步（FX_{2N}的用户程序为 8000 步）；在程序中加了 END 指令，则 PLC 将从程序的起始步扫描到 END 为止，后面的程序不再扫描和执行。

8.2.2　编程规则

1. 梯形图结构规则

1）梯形图的各种符号，要以左母线为起点，右母线为终点（可允许省略右母线）从左向右分行绘出。

2）触点应画在水平线上，不能画在垂直分支线上。

3）不包含触点的分支应放在垂直方向，不可放在水平位置，以便于识别触点的组合和对输出线圈的控制路径。

4）在有几个串联回路相并联时，应将触点最多的那个串联电路放在梯形图的最上面。在有几个并联电路串联时，应将触点最多的并联电路放在梯形图的最左侧，这样编制的程序简洁明了，语句较少。

5）遇到不能直接编程的电路必须作重新安排，以便于正确应用 PLC 基本指令来进行编程。

6）输出线圈、内部继电器线圈及运算处理框必须写在一行的最右侧，它们的右边不许再有任何的触点存在。

2. 语句表编写规则

1）利用 PLC 基本指令对梯形图编程时，应按从左到右、自上而下的原则进行。

2）在处理较复杂的触点结构时，如触点块的串联、并联及和栈相关指令，指令表的表达顺序为：先写出参与因素的内容，再表达参与因素间的关系。

3）双线圈输出问题。如果在一个程序中同一元件的线圈使用了 2 次或 2 次以上，称为双线圈输出。在同一程序中，某个线圈的输出条件可能很复杂，但必须唯一且集中表达，也就是说，在用基本指令编写的同一程序中同一元件的线圈只能使用一次，若出现超过一次使用时，只有最后一次的线圈输出才是有效的。

8.2.3　常用基本控制环节的编程

1. “启-保-停”电路

如图 8-11 所示的电路就是“启-保-停”电路，是梯形图中最为典型的结构，其主要包含了四个要素：

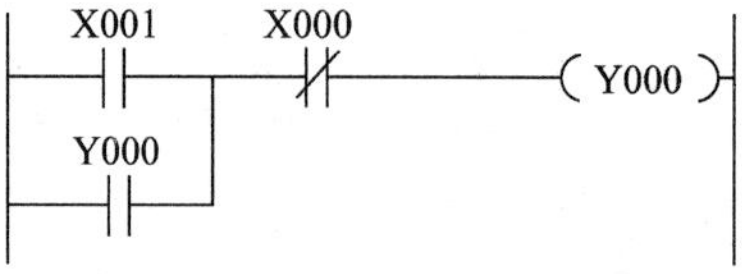

图 8-11 “启-保-停”电路

（1）工作事件　即要做的事情，一般用输出线圈表示，如图中的 Y000 线圈。

（2）开始条件　即线圈开始输出的条件，也就是启动条件，图中 X001 是 Y000 线圈的启动条件。

（3）延续条件　图中 Y000 的常开触点是使线圈得以持续工作的条件，通常情况下就是线圈的自锁触点。

（4）结束条件　即线圈终止输出的条件，也就是停止条件，图中 X000 就有这样的作用。

2. 互锁环节

在有多个输出的梯形图中，有时要考虑各输出间的相互制约（也就是联锁）的条件，图 8-12 中采用了 X001 与 X002、Y001 与 Y002 的常闭触点分别串联在 Y002 与 Y001 线圈之前，使得两线圈不能同时输出，起到了互锁的作用。

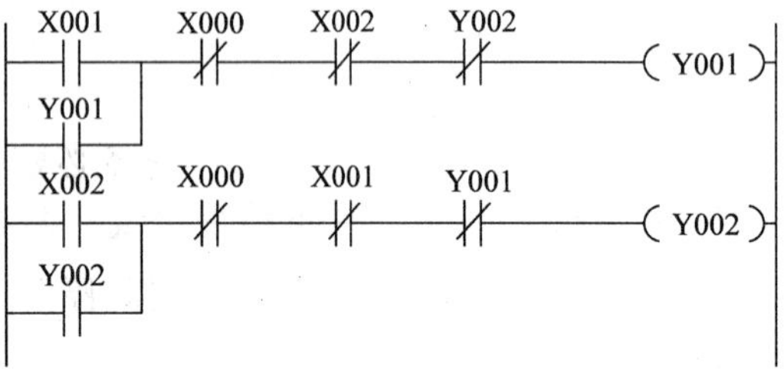

图 8-12 互锁环节

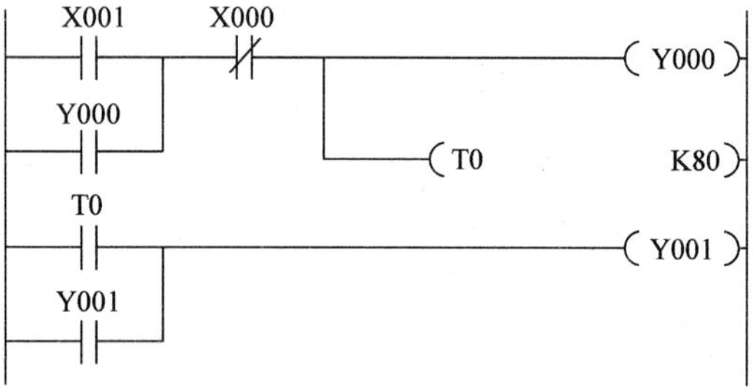

图 8-13 基本延时电路

3. 基本延时电路

图 8-13 中，当 X001 接通时，Y000 开始输出，同时定时器计时开始；等 8s 计时到，Y001 也开始输出；直至接通 X000 时，Y000 和 Y001 同时停止输出。此电路结构常用于启动时有先后时间顺序的场合。

4. 周期振荡电路

图 8-14 中，由两个定时器组成了一个时间振荡器，定时时间较长的决定了周期时间，由定时时间较短的去控制别的输出，此电路结构适用于有固定周期的间歇通断的场合。

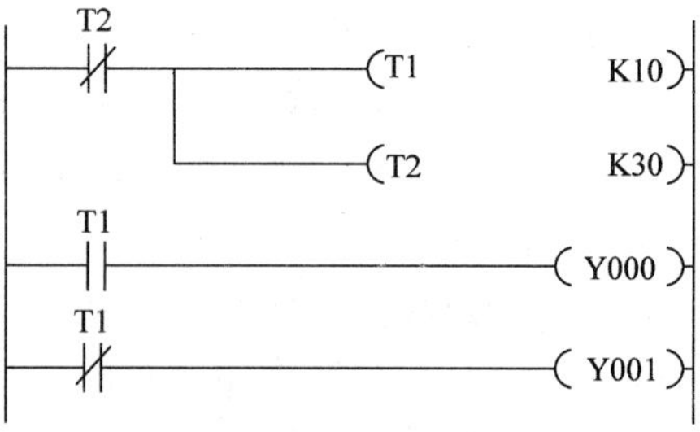

图 8-14 周期振荡电路

5. 延时扩展

定时器和计数器设定参数时都有最大值的限制（十进制的为 32767），在实际使用中往往会用到设定值大于允许的最大值的情况，这时就可以采用如图 8-15 和图 8-16 的方法使定时器获得更长的定时时间（两图中当 X001 开始接通 1h 后 Y000 才有输出）。

8.2.4 “经验法”编程

1. “经验法”编程要点

1）PLC 的编程，从梯形图来看，其根本点是找出符合控制要求的系统各个输出的工作条件，这些条件又总是以机内各种器件的逻辑关系出现的。

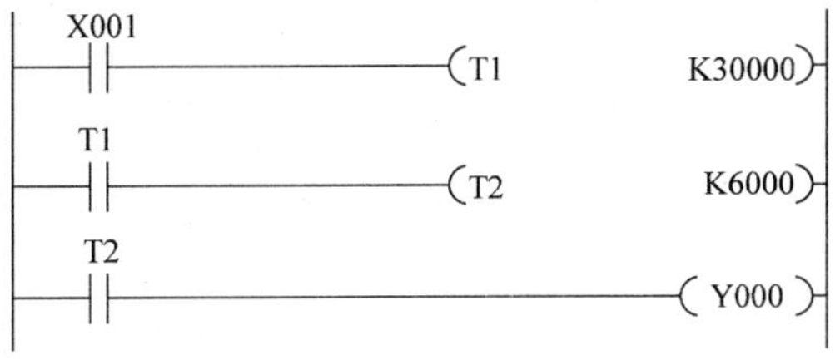

图 8-15　定时器接力获得更长延时

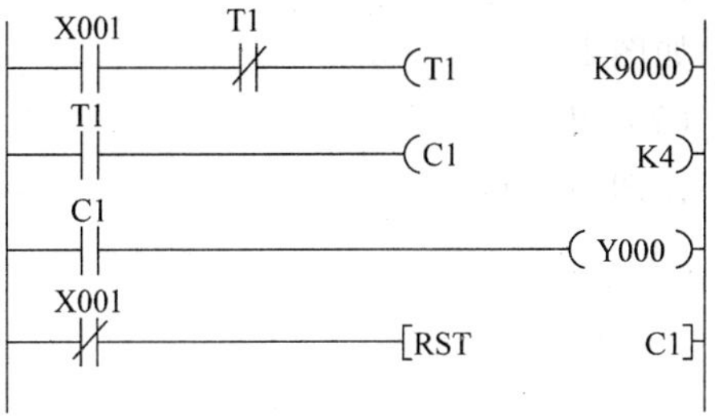

图 8-16　定时器配合计数器获得更长延时

2）梯形图的基本模式为“启-保-停”电路。每个“启-保-停”电路一般只针对一个输出，这个输出可以是系统的实际输出，也可以是中间量。

3）梯形图编程中有一些约定俗成的基本环节，它们都有一定的功能，可以像积木一样在许多地方得以应用。

2. “经验法”编程步骤

1）在准确了解控制要求后，合理地为控制系统中的事件分配输入输出口。选择必要的机内器件（如定时器、计数器和辅助继电器）。

2）对于一些控制要求较简单的输出，可直接写出它们的工作条件，依“启-保-停”电路模式完成相关的梯形图。工作条件稍复杂的可借助辅助继电器。

3）对于较复杂的控制要求，为了能用“启-保-停”电路模式绘出各输出的梯形图，要正确分析控制要求，并确定组成总的控制要求的关键因素。在位置类逻辑为主的控制中，关键因素为影响控制状态的点；在时间类逻辑为主的控制中，关键因素为控制状态转换的时间。

4）将关键因素用梯形图表达出来。关键因素总是要用机内器件来代表的，在安排机内器件时需要考虑并安排好。绘制关键因素的梯形图时，可以使用常见的基本环节。

5）在完成关键因素梯形图的基础上，针对系统最终的输出进行梯形图的编绘，使之达到最终输出的控制要求。

6）审查草绘的梯形图，在此基础上，补充遗漏的功能，更正错误，进行最后的完善。

8.2.5　基本指令编程实例

有一小车控制系统，如图 8-17 所示。按启动按钮后，小车从 1 号仓出发到 2 号仓，停留（装料）5s，然后回到 1 号仓，停留（卸料）10s；小车再由 1 号仓出发到 3 号仓（经过 2 号仓时不停留），在 3 号仓停留（装料）8s，然后再回到 1 号仓，等待下一次的启动。中间过程中如按停止按钮，小车应到了 1 号仓后再停止工作，再按启动按钮则开始全新的工作过程。

在设计梯形图前，应先根据要求合理安排 I/O 点和机内元件（定时器、辅助继电器和计数器等）。小车运行有向前和向后两个方向，我们可以看成是电动机的正、反转，假定由 Y000 控制小车向前（正转）、Y001 控制向后（反转）；3 个仓分别用 X002、X003 和 X004 外接限位开关表示；小车启动和停止按钮分别接于 X000 和 X001。

对小车动作的分析可以得到以下几个关键因素：

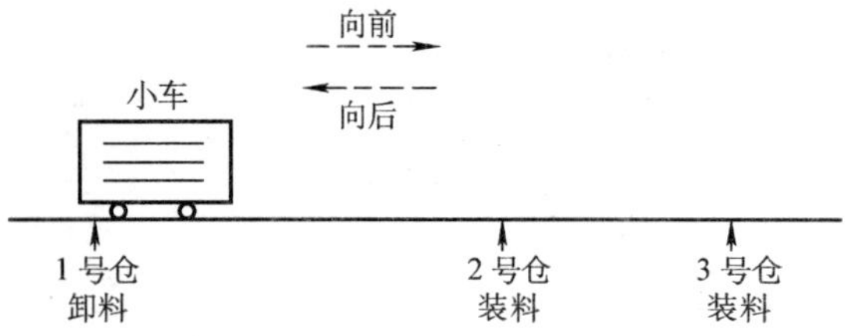

图 8-17　小车运行系统示意图

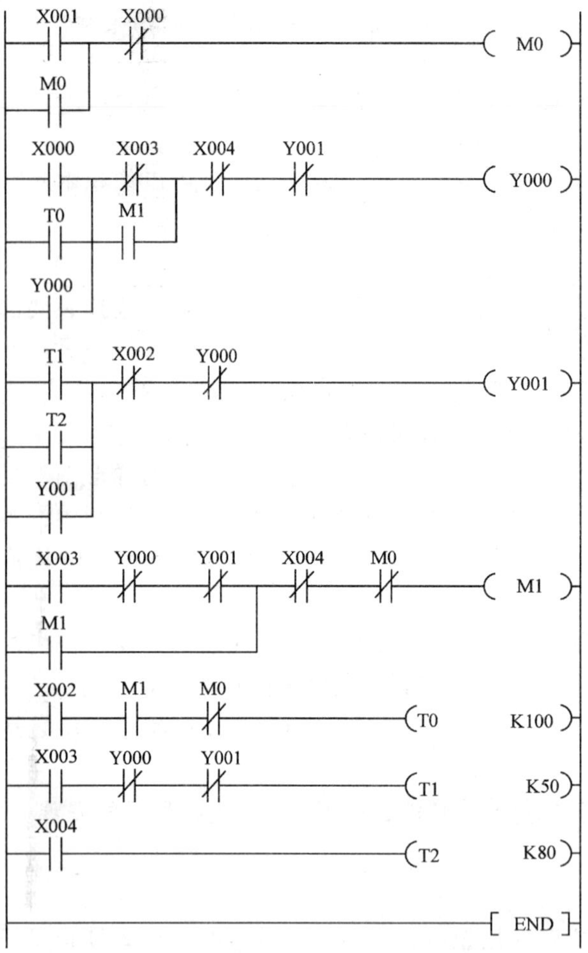

图 8-18　小车运行系统设计参考梯形图（1）

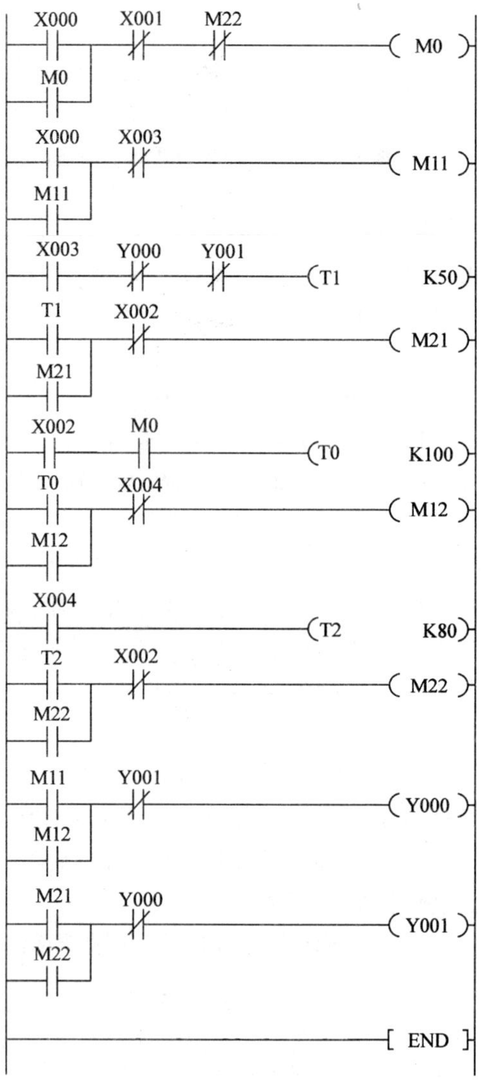

图 8-19　小车运行系统设计参考梯形图（2）

1）小车的 3 次计时均是分别停在 3 个仓的位置时进行，即可由 X002、X003 和 X004 分别接通一个定时器加以实现。

2）第一次向前是由按启动按钮开始直至到达 2 号仓为止。

3）第二次向前以 1 号仓计时时间到为起始条件，3 号仓限位为结束条件。

4）第一次向后是在 2 号仓停站完毕后启动，到达 1 号仓停。

5）第二次向后从 3 号仓停站完毕后开始，返回到 1 号仓终止。

根据上述几个关键因素，可以使用“启-保-停”电路结构进行初步编程（定时器部分可无须使用“启-保-停”电路结构），在此基础上根据运行条件加入互锁环节及其他要求，最后再对整个电路进行补充完善。图 8-18 和图 8-19 均为本例设计的参考梯形图。

图 8-18 中将向前或向后的启动条件作了并联处理，向前的停止条件作成串联，使得所有的向前或向后的相关条件集中在了一起，结构上比较紧凑。梯形图中 M0 保存了停止信号，M1 用来记忆小车是否到过 2 号仓。

图 8-19 中每次向前和向后都分别采用辅助继电器 M11、M12、M21 和 M22 按照“启-保-停”电路结构进行设计，再用他们的触点去接通向前或向后的输出继电器。梯形图中 M0 用于存放启动信号（本例中也可看成小车是否继续运行的标志）。

8.3　可编程序控制器步进指令及应用

步进指令使用在状态法（又称功能图法）的编程中。状态转移图是状态法编程的重要工具，包含了编程的全部要素。进行状态法编程时，一般先画出状态转移图，再转换成梯形图或指令表形式。

8.3.1　状态编程概述

从本章上节分析的小车运行控制系统来看，在使用基本指令运用经验法编写程序时，可能会因为涉及互锁关系等，处理起来相对比较麻烦，并且很难从梯形图中看出具体的工艺过程。我们可以将小车的控制过程用工序表示（暂且不考虑按停止按钮的情况），并依照先后将各工序连接起来，如图 8-20 所示。从图中可以看到：

1）复杂任务（或过程）可以分解成若干个工序（状态）。

2）对于某一具体工序，需要控制的任务（或过程）相对比较简单，容易实现。

3）整个任务（或过程）就是各工序的综合，只要搞清各工序的开始条件、转移条件和转移目标就可以。

4）能够比较清晰的全面反映整个控制过程，可读性较强，易于理解。

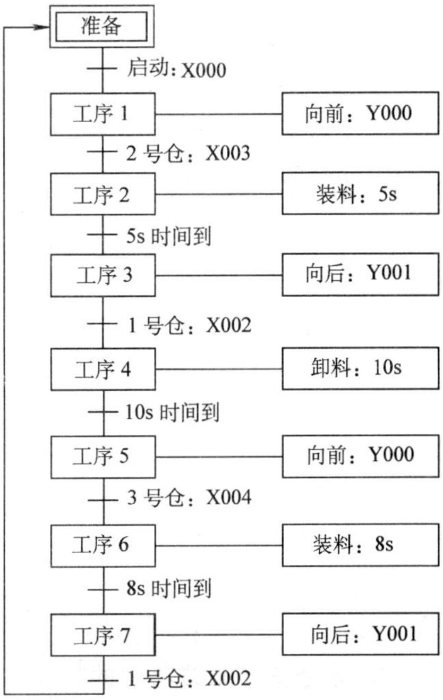

图 8-20　小车运行控制流程

状态编程就是将一个比较复杂的控制过程分解为多个工序状态，理清各状态的工作细节（控制要求、开始条件、转移条件和转移方向等），再根据总的控制要求，将这些状态连起来，就形成了状态转移图，再据此编写梯形图程序。

8.3.2　步进指令

1. 步进指令

STL 步进开始，是激活某个状态的指令，在梯形图上表现为从主母线上引出的状态接点，用于创建子母线，该状态的所有控制均以子母线开始；RET 步进结束，用于返回主母线，用在步进程序结尾，使得其后的非步进程序从主母线开始，防止出现逻辑错误。

2. 编程要点及注意事项

1）状态编程应按照先驱动、后转移的顺序进行，不能颠倒。

2）在处理状态前，必须使用 STL 指令激活。

3）整个状态过程最后必须使用 RET 指令，返回主母线。

4）驱动负载时一般使用 OUT 指令。当同一负载在连续几个状态中都有输出时，可以使用 SET 指令将其置位，无需输出时再用 RST 指令复位。

5）状态编程中，不同时“激活”的状态允许“双线圈”输出。

6）负载驱动和状态转移条件可以是多个元件按串、并联关系处理的逻辑组合。

7）连续转移的状态一般用 SET 指令进行状态间转移；若不是连续转移，习惯上使用 OUT 指令。

8）使用状态编程时，在 STL 和 RET 指令之间不可使用 MC 和 MCR 指令。

9）初始状态应使用 S0 ~ S9，其他状态可使用 S20 ~ S499，如需在断电恢复后继续原先状态运行时可用 S500 ~ S899。

10）初始状态在运行开始时必须预先“激活”。一般使用系统工作的初始条件，若无初始条件可以使用 M8002（PLC 开始运行的初始脉冲）进行“激活”。

8.3.3 状态转移图

1. 状态转移图与梯形图的关系

状态编程时可以把状态转移图编写成梯形图或指令，三者关系如图 8-21 所示。

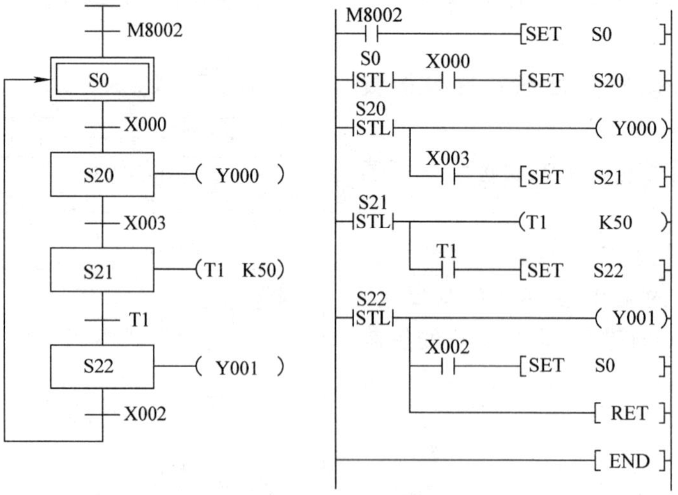


```
LD    M8002
SET   S0
STL   S0
LD    X000
SET   S20
STL   S20
OUT   Y000
LD    X003
SET   S21
STL   S21
OUT   T1    K50
LD    T1
SET   S22
STL   S22
OUT   Y001
LD    X002
SET   S0
RET
END
```

图 8-21　状态转移图、梯形图和指令的对应

2. 多分支状态转移图的处理

（1）可选择分支与汇合　图 8-22 为可选择分支与汇合的状态转移图和梯形图。

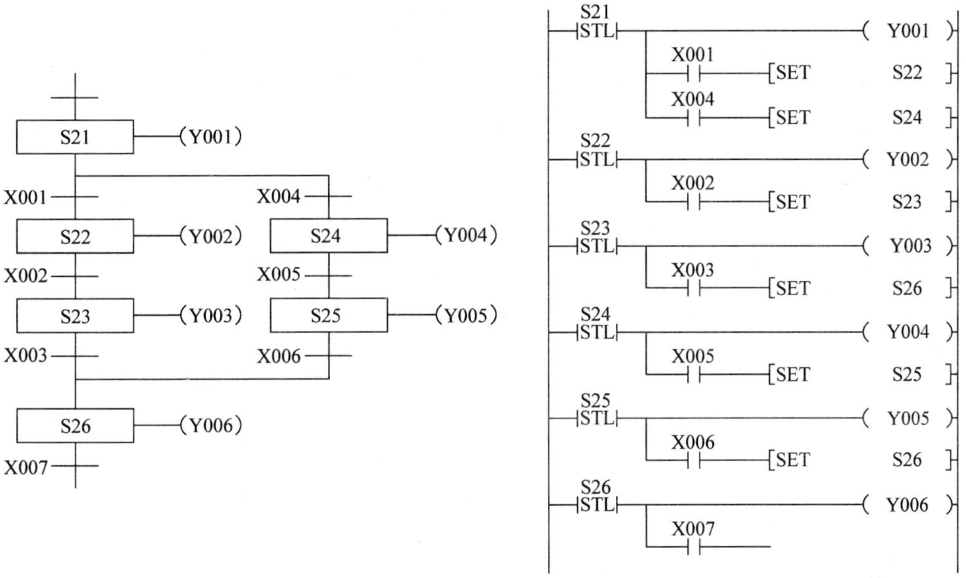

图 8-22　可选择分支与汇合

（2）并行分支与汇合　图 8-23 为并行分支与汇合的状态转移图和梯形图。

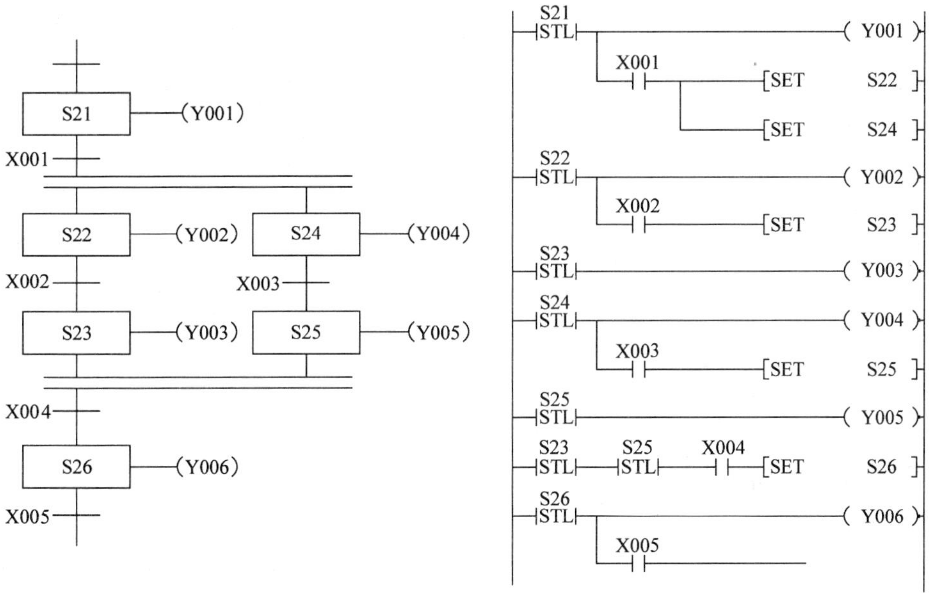

图 8-23　并行分支与汇合

8.3.4　编程实例

仍以小车运行控制系统为例。根据小车的控制要求不难得出如图 8-24 的状态转移图，并可编出相应的梯形图。在控制要求中，当按了停止按钮后，小车并不是马上停止的，所以需要用一个辅助继电器保存停止信号。

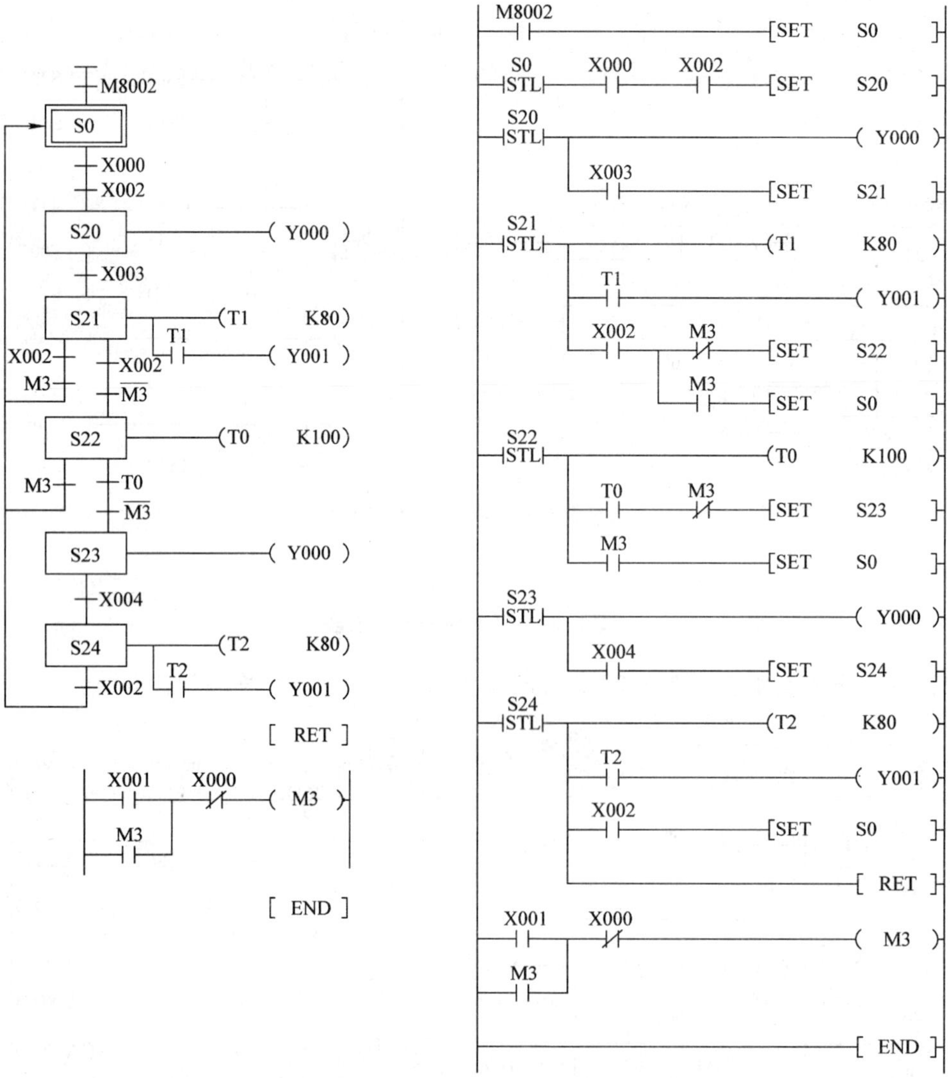

图 8-24 用步进指令设计的小车运行控制系统

8.4 可编程序控制器常用功能指令及应用

功能指令是 PLC 数据处理能力的标志，指令数量也较多，这里仅简单介绍一些相关的基本知识及几条具有代表性的功能指令，在实际使用时应当参阅相关的说明，以了解更多指令的用途和特点。

8.4.1 功能指令的表示

1. 数据类软元件

(1) 数据寄存器 数据寄存器 (D) 是用于存储数值数据的软元件，其数值可通过功能指令、数据存取单元及编程设备读出或写入。这些寄存器都是 16 位的，将 2 个相邻数据寄存器组合，可存储 32 位的数值数据。数据寄存器分为：通用数据寄存器（D0 ~ D199）、断电保持数据寄存器（D200 ~ D511）和特殊数据寄存器（D8000 ~ D8255）。

（2）变址寄存器　变址寄存器（V、Z）和通用数据寄存器一样，是进行数值数据读写的 16 位数据寄存器，主要用于运算操作数地址的修改。进行 32 位数据运算时，需两者结合使用（Z 为低位、V 为高位）。

（3）文件寄存器　文件寄存器（D1000 ~ D2999）实际上是一类专用数据寄存器，用于存储较大的数据，占用用户程序存储器容量，以 500 点为一个单位，可通过扩充存储卡加以扩充。

（4）指针　指针（P、I）用作跳转、中断等程序的入口地址，与跳转、子程序和中断程序等指令一起应用。跳转指令用指针 P0 ~ P63，输入中断用 I0 ~ I5，定时器中断用 I6 ~ I8。

2. 数据类软元件的结构形式

（1）字元件　基本数据类元件的结构为 16 位，最高位为符号位，这些元件称为“字元件”。

（2）双字元件　为了完成 32 位数据的存储，可以使用 2 个字元件组成“双字元件”，高位元件的最高位为符号位。指令中在使用双字元件时，一般只用低位元件表示，高位由指令调用。

（3）位（组）元件　位元件（如输入继电器、输出继电器和辅助继电器等）只能处理和表示一位二进制数据。把位元件组合起来就成了“位组元件”，实现处理数值数据的功能（如在 PLC 中用 4 个位元件组成 1 个位组元件，并以 BCD 码形式表示 1 位十进制数据）。如 K1M0 表示由 M0 ~ M4 组成的一个 4 位的位组元件。

3. 指令形式及使用要素

和基本指令不同，功能指令不包含表达梯形图符号间的相互关系的成分，而是直接表达该指令要做什么。在梯形图中使用功能框表示功能指令，功能框内包含指令名称、相关数据或数据存储地址。功能指令在使用时一般应了解以下几个要素：

（1）功能指令编号　每条功能指令都有特定的编号，在使用简易编程器时，首先就要输入这个编号。

（2）助记符　功能指令的助记符通常为该指令的英文（或缩写），采用助记符可以比较直观地了解该指令的功能。

（3）数据长度　功能指令依处理数据的长度分为 16 位指令和 32 位指令。

（4）执行形式　功能指令有脉冲执行和连续执行两种。脉冲执行型指令在执行条件满足时仅执行一个扫描周期，而连续执行型指令只要执行条件满足在每个扫描周期都将执行。

（5）操作数　操作数是功能指令涉及或产生的数据，分为源操作数、目标操作数和其他操作数。源操作数是指令执行后内容不改变的操作数，目标操作数的内容在指令执行后将会改变，其他操作数常用来表示常数（K、H）等。

（6）变址功能　指操作数可具有的变址功能，不是每个指令的操作数都具有这个功能。

（7）程序步数　执行该指令时所需的程序步数。

8.4.2 传送与比较指令

1. 传送指令

传送指令（MOV）执行时源操作数指定的内容被传送到目标操作数指定的目标。数据均以二进制表示。

2. 取反指令

取反指令（CML）执行时源操作数指定的内容按位取反后传送到目标操作数指定的目标。数据均以二进制表示。

3. 移位传送

移位传送（SMOV）指令首先将源操作数指定的内容转换成BCD码，然后将该BCD码移位后传送。

4. 比较指令

比较指令（CMP）的功能是将2个源操作数指定的内容进行比较，结果送至目标操作数指定的目标。

8.4.3 运算指令

1. 加法运算

加法运算（ADD）是将2个源操作数指定的内容以二进制形式相加，结果送到目标操作数指定的目标。每个数据的最高位为符号位，运算采用代数运算。如果运算结果为0，则零位寄存器M8020置1；结果小于最小负值时，借位寄存器M8021置1；运算结果超出最大正值（溢出）时，进位寄存器M8022置1。

2. 减法运算

减法运算（SUB）是将2个源操作数指定的内容以二进制形式相减，结果送到目标操作数指定的目标。每个数据的最高位为符号位，运算采用代数运算。

3. 加1指令

加1指令（INC）每被接通一次就在操作数指定的数据数值上加1。

4. 减1指令

减1指令（DEC）每被接通一次就在操作数指定的数据数值上减1。

8.4.4 移位指令

1. 左循环移位

左循环移位（ROL）每被接通一次就将操作数指定的数据左移4位。

2. 右循环移位

右循环移位（ROR）每被接通一次就将操作数指定的数据右移4位。

3. 右移位

右移位（SFTR）使用时要指定移位寄存器、目标寄存器、目标寄存器位数和移位位数。执行时将移位寄存器的内容按照设定的移位位数，右

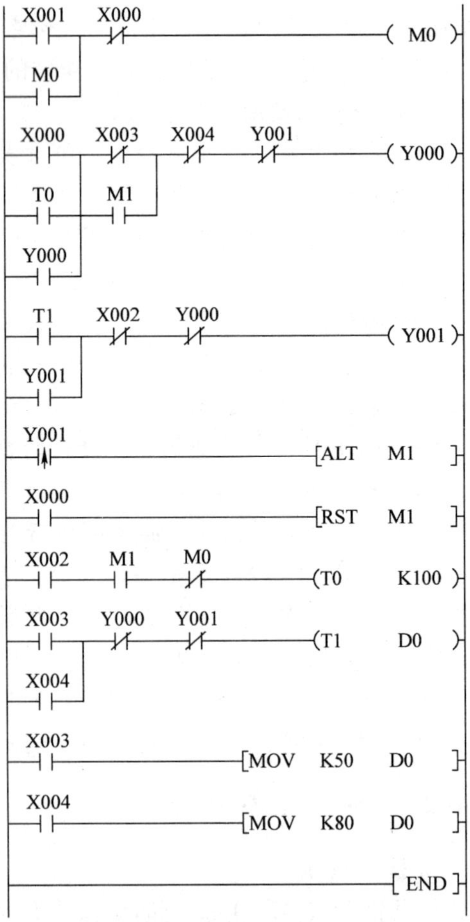

图8-25 功能指令在小车运行控制中的应用

移后存入目标寄存器。

4. 左移位

左移位（SFTL）使用时同样要指定移位寄存器、目标寄存器、目标寄存器位数和移位位数。执行时将移位寄存器的内容按照设定的移位位数，左移后存入目标寄存器。

8.4.5　数据处理与便利指令

1. 区间复位

区间复位（ZRST）指令可将连续的同一类元件成批复位，使用时只要指定首尾元件号即可。

2. 交替输出

交替输出（ALT）指令可交替产生输出，当该指令被接通时操作数状态就会改变（如果指令一直被接通，则每周期执行 1 次），因此具有分频效果。

8.4.6　编程举例

仍以本章第二节的小车运行系统为例。图 8-25 所示的梯形图中利用传送指令给数据寄存器赋值，定时器的设定值直接调用该寄存器的数值，用交替指令来改变 M1 的状态（作用与图 8-18 中的相同）。

8.5　可编程序控制器控制系统的设计

在使用 PLC 进行实际系统的设计过程中，会自觉或不自觉地遵循一定的方法及步骤，有的按自我习惯方法，有的按普通计算机应用设计方法。应该说，普通计算机应用设计方法在 PLC 的应用设计中是可以运用的，但由于 PLC 是一种特殊的计算机，其体系结构、运行方式和编程语言等都有别于普通计算机，因此在设计方法及步骤上有其特殊性。虽然不能严格要求先做什么后做什么，但也必须遵循某些共同的规则，使 PLC 系统的设计方法、步骤符合科学化、过程化和标准化。

8.5.1　设计原则及内容

1. 设计原则

1）选用的 PLC 必须满足被控对象的要求。

2）在满足控制要求、技术指标的前提下，尽可能使 PLC 控制系统简单、经济，并具有较好的性价比。

3）保证整个系统安全、可靠。

4）为了将来发展的需要，在设计时，控制系统的容量、功能等应有适当的裕度，以利于调整和扩充。

2. 设计内容

1）根据被控对象的特性及使用者的要求，拟定 PLC 控制系统的设计指标和技术条件，并用设计任务书的形式加以确定，这是整个 PLC 控制系统设计的依据。

2）选择开关种类、传感器类型及仪表、电气传动形式、继电器线圈容量和电磁阀等执行机构（请参考有关产品资料）。

3）选择 PLC 的型号及程序容量，确定各种模块的类型和数量等。

4）绘制 PLC 的 I/O 端子的接线图，并形成相应的文档。

5）设计 PLC 控制系统的流程图并选择合适的语言进行编程。

6）程序调试，最后根据设计任务书进行测试并提交测试报告。

7）如有需要，还需设计操作台、电气柜、模拟显示盘和非标准电器元部件。

8）编写设计说明书和使用说明书等设计文档。

8.5.2 设计步骤

可编程序控制器控制系统设计的具体步骤如下：

1）详细了解和分析被控对象的工艺条件和控制要求。

2）根据被控对象的控制要求，确定整个系统的 I/O 设备的数量，从而可确定 PLC 的 I/O 点数，包括开关量 I/O 点数、模拟量 I/O 点数以及特殊功能模块等。

3）充分估计被控对象今后发展的需要，所选的 PLC 的点数应留有一定的余量。另外，在性能价格变化不大的情况下，尽可能选用同类型中功能强的新一代 PLC。

4）确定选用的 PLC 机型。

5）建立 I/O 表，绘制 PLC 控制系统的 I/O 接线图并接线施工，完成硬件设计。

6）根据生产工艺要求，绘出状态转移图，对于较复杂的控制系统，如有必要可再绘出详细的控制系统用户程序的流程图。

7）按状态转移图或用户程序的流程图，选择合适的编程语言，完成程序设计。

8）用编程器或 PC 输入用户程序，并将用户程序写入 PLC 的用户程序存储器。

9）在实验室中模拟调试用户程序。

10）进入现场联机调试用户程序。

11）测试程序并提交测试报告。

12）整个系统的调试测试工作结束后，编制技术文件。

13）交付使用。

8.5.3 设计任务书的确定

1. PLC 控制系统的名称

2. 控制的任务和范围

指明控制对象范围，必须完成的工作，包括动作时序、动作条件、保护、互锁及操作方式（手动、自动、点动、间断和连续等）等。

3. I/O 表

根据工艺指标、操作要求和安全措施等，确定 I/O 点的含义、数量及外围器件安装等。

4. 参数之间的关系

明确在控制过程中各输入输出量之间的逻辑、数量和时间关系等。

8.5.4 调试与测试

1. 调试与测试时的信息来源

1）程序运算中产生的信息。

2）操作人员输入的信息。

3）现场实际状态返回的信息。

2. 系统调试的实质

利用计算机实现控制功能，PLC 控制系统的调试与通用计算机应用系统基本一样，一些在调试通用计算机应用系统中所用的方法也能用于 PLC 控制系统的调试。

3. 调试方法

由于 PLC 有自身的特点（周期扫描工作方式，更多的 I/O 操作等），因此有一些特殊的调试内容和方法，模拟调试的基本思想是以方便的形式模拟产生第三类信号，为程序的运行创造必要的环境条件。依据信号产生方式的不同，模拟调试又有两种方式：

（1）硬件模拟法　使用一些硬件设备，模拟产生现场的信号，并将这些信号以硬接线的方式连到 PLC 系统的输入模块中去。其特点是时效性较强。

（2）软件模拟法　在 PLC 中另外编写一套模拟程序，模拟提供现场的信号。其特点是简便易行，但时效性不易保证。

4. 系统测试

系统测试应包括以下几方面的内容：是否具备设计所规定的全部功能、是否达到设计所规定的技术指标和抗干扰能力等。必要时，调试与测试可结合起来进行。

8.5.5　控制系统的类型

1. 单机控制系统

被控对象通常是单一的机器或生产流水线，其控制器由单台 PLC 构成。虽然这类系统一般不需要与其他 PLC 或 PC 进行通信，但是，设计者还是应考虑将来是否有联网通信的需要，如果有的话，则应选择具有通信功能的 PLC。

2. 集中控制系统

被控对象通常由数台机器或数条流水线构成，该系统的控制器由单台 PLC 构成，每个被控对象与 PLC 的指定 I/O 相连接。由于采用一台 PLC 控制，因此各被控对象之间的数据、状态等的交换不需要另设专门的通信线路。但是，这种系统也有一个缺点，即一旦 PLC 出现故障，整个系统立即停止工作。因此，对大型的集中控制系统，必须采用冗余系统克服上述缺点。

3. 分布式控制系统

被控对象比较多，分布在一个较大的区域内，相互之间的距离较远，而且各被控对象之间要求经常地交换数据和信息。这种系统的控制器采用若干个相互之间具有联网通信功能的 PLC 构成，系统的上位机可以采用 PLC，也可以采用 PC。

4. 远程控制系统

远程 I/O 系统是 I/O 模块不与控制器放在一起，而是远距离地放在被控设备附近。远程 I/O 通道与控制器之间通过同轴电缆连接并传递信息。由于不同厂家的不同型号的控制器所能驱动的同轴电缆长度不同，因此必须按控制对象的需要选用。有时会发现某种型号的控制器虽能满足所需的功能和要求，但受所能驱动同轴电缆长度的限制而不得不改用其他型号的控制器。远程 I/O 控制系统的构成中使用 3 个远程 I/O 通道（A、B、C）和 1 个本地 I/O 通道（M）。远程 I/O 通道适用于控制对象远离主控室的场合。一个控制系统需设置多少个远程 I/O 通道（站），要视控制对象的分散程度和距离而定，同时亦受到所选用的 PLC 能驱动 I/O 通道数的限制。

5. 本地控制系统

远程 I/O 通道控制系统中，远程 I/O 通道仅装 I/O 模块，没有程序，所有控制程序都存储在控制器的存储器中。如果用多台控制器代替远程 I/O 通道，则构成了本地控制器控制系统（Local Controller Control System）。它与分布式控制系统有些类似。在这个控制系统中，每个控制对象（或近邻的几个控制对象）设置一台具有控制程序的控制器，然后用一台主控制器通过同轴电缆与本地控制器连接。本地控制器的功能是执行控制任务，并将控制信息传给主控制器。主控制器接收各本地控制器的信息后，进行管理性质的综合控制，而不直接控制对象。本地控制器控制系统适用于复杂加工或装配生产线的控制。在这个系统中本地控制器控制各子线的机械动作，而主控制器则跟踪主线上的目标，同时按照主线和子线的关系进行综合控制。该控制系统还可用于检查各子线机械故障或异常情况。

6. 网络控制系统

如果用管理计算机作为主控制器，用高速数据通道作为各本地控制器连接线路，则本地控制器控制系统就变成了网络控制系统。网络控制系统主要用于大规模的控制场合，如工厂自动化、数据处理和综合管理等场合。

7. 冗余控制系统

所谓冗余控制就是用两台完全相同的控制器构成的一种控制系统。其中一台控制器起控制作用，同时把控制信息传递给备用控制器。冗余监控器实时监视两台控制器的工况，并比较它们的执行结果。当起控制作用的工作机出现故障时，监控器把控制权转交给备用控制器，并关断工作机的控制，指示出现“故障”。这种冗余控制又叫双机双工热储备控制。也有把备用机作为冷储备的，即冷备机平时不通电，只有工作机出故障时人为接通备用机电源，并切除原工作机。冷储备的优点是不需要冗余监控器，节省投资；缺点是当工作机出现故障时，需停止系统运行，并人为加载备用机程序，因而系统可靠性比热储备方式差。冗余控制系统主要用于那些要求生产连续不断，人工无法干预和维护时间要求极短的场合。这些场合中当 PLC 出现故障时，不允许停止生产和更换 PLC。冗余控制系统一般是指双机双工热储备，在要求极高的场合，可使用三取二或五取三的冗余控制系统，这样的系统其控制的可靠性很高，但平均故障间隔时间（MBTF）并不比双机系统高。另外，从提高整个控制系统的可靠性和正确性看，对那些重要的 I/O 点和连接电缆最好也采取冗余措施，当然这样做的结果将导致系统造价提高。并非所有的 PLC 都能构成冗余控制系统，只有那些提供了冗余控制器的中高档 PLC 才能构成冗余控制系统，用户在选型时必须慎重权衡。

8. 混合控制系统

以上介绍了用 PLC 构成的几种控制系统，实际应用时可能是上述几种方案的混合型，如分布或本地控制器与远程 I/O 的混合，冗余系统与远程 I/O 的混合等。

8.6 常用的编程方式

程序的写入、调试及监控是通过编程设备（包括编程器或编程软件）实现的。编程设备是 PLC 必不可少的外部设备，既可对 PLC 进行编程，又可对 PLC 的工作状态进行监控。

编程设备一般包括手持式编程器、图形编程器和编程软件三大类。

8.6.1　手持式编程器及使用

三菱 FX 系列的手持式编程器的面板布置如图 8-26 所示，有一个液晶显示屏（16 字符 ×4 行），在编程时可显示指令功能（程序的地址、指令和数据），在运行监控时则显示元器件工作状态。

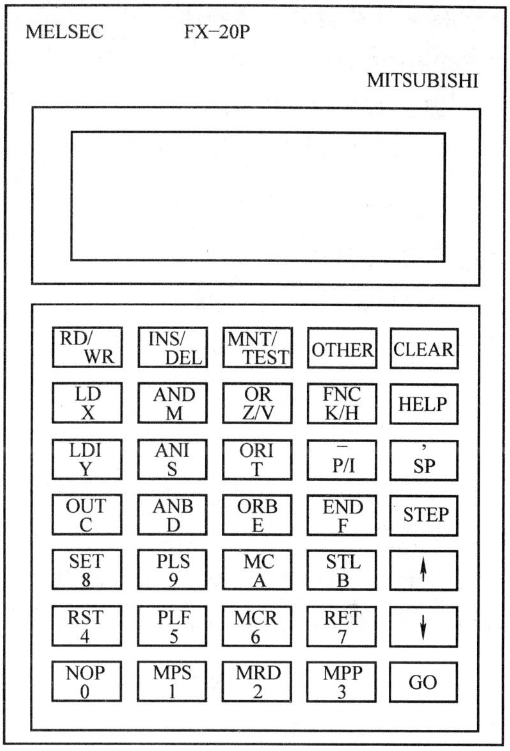

图 8-26　手持式编程器的面板布置

1. 键盘上各键作用

1）功能键：

RD/WR 读出/写入，R—程序读出，W—程序写入。

INS/DEL 插入/删除，I—程序插入，D—程序删除。

MNT/TEST 监视/测试，M—动作监视，T—测试。

上述各功能键上的功能交替起作用，当前状态在显示屏上有指示。

2）GO 执行键，此键用于指令的确认执行。

3）CLEAR 清除键，如在按 GO 键前（即确认前），按此键，则清除键入的数据。

4）↑、↓ 光标键，用此键移动光标和提示符，指定当前元件的前一个或后一个元件作行滚动。

5）STEP 步序键，在输入时，用此键设定步序号。

6）SP 空格键，在输入时，用此键指定元件号和常数。

7）HELP 帮助键，用此键显示应用指令一览表，在监视时进行十进制数和十六进制数转换。

8）OTHER 其他键，按此键显示方式菜单（项目单）。

9）指令键/软元件符号键/数字键：共 24 键，上部为指令键，下部为元件符号键或数字键，上下部的功能根据当前所执行的操作自动进行切换。

2. 编程操作

（1）操作准备　将编程器与 PLC 相连，PLC 接通电源后（编程器本身不带电源，通过电缆由 PLC 供电），在编程器的液晶显示屏上显示：

COPYRIGHT（C）1990
MITSUBISH
ELECTRIC CORP
MELSEC FXV3.0

2s 后自动转至下面画面：

PROGRAM　MODE
■ONLINE（PC）
OFFLINE（HPP）

根据光标选择联机（ONLINE）方式（初始状态光标显示联机 ONLINE 方式），按[GO]键后进入功能选择状态。

ONLINE　MODE　FX
SELECT　FUNCTION
OR　MODE
MEM　SETTING　2K

此时可用功能键[RD/WR]、[INS/DEL]、[MNT/TEXT]进行选择，进入相应 R、W、D、I、M 和 T 状态。

由于下一步为写入程序，故选择写入 W 功能，进入写入 W 状态。具体操作在 PLC 处于 STOP 状态（即 RUN 灯熄灭）时，按[RD/WR]键即进入状态。

（2）原有的程序清除　因 PLC 带有后备电源，断电后存储器中的程序仍保留下来，在输入一个新程序前，一般应先将原有的程序清除（使用 PLC 中程序时请勿任意清除）。要清除原有的程序可采用 NOP 的成批写入，依次按[NOP]、[A]、[GO]键，则出现：

ALL　CLEAN?
OK→GO
NO→CLEAR

提示是否要全部清除，如要全部清除则按[GO]。

（3）基本指令的输入　根据基本指令不同情况，有 3 种不同输入方式：

1）ANB、ORB、MPS、MRD、MPP、END 和 NOP 等指令仅有助记符不需要元件。具体输入方法可依次按相应指令键、[GO]键。

2）LD、LDI、AND、ANI、OR、ORI、SET、RST、PLS、PLF、MCR 和 OUT（除 OUT　T、OUT　C 外）等指令，需要指令助记符和一个元件。具体输入方法可依次按相应指令键、元件符号键、元件号键、[GO]键。

3）OUT　T、OUT　C 和 MC 等指令需要指令助记符和第 1 元件、第 2 元件。具体输入方法可依次按相应指令键、元件符号键、元件号键、[SP]键、元件符号键、[GO]键。

（4）功能指令的输入　写入功能指令时，按[FNC]键后再输入功能指令号，输入功能指令号有两种方法：一是直接输入指令号；二是借助[HELP]键进行检索后再输入。功能指令写入的基本操作如图 8-27 所示。

（5）程序的读出检查　程序输入完成后，按功能键[RD/WR]将写入 W 状态改为读出 R 状态，再用[↑]、[↓]键逐条读出检查，如有差错可重新输入该指令进行修改。在实际编程中程序

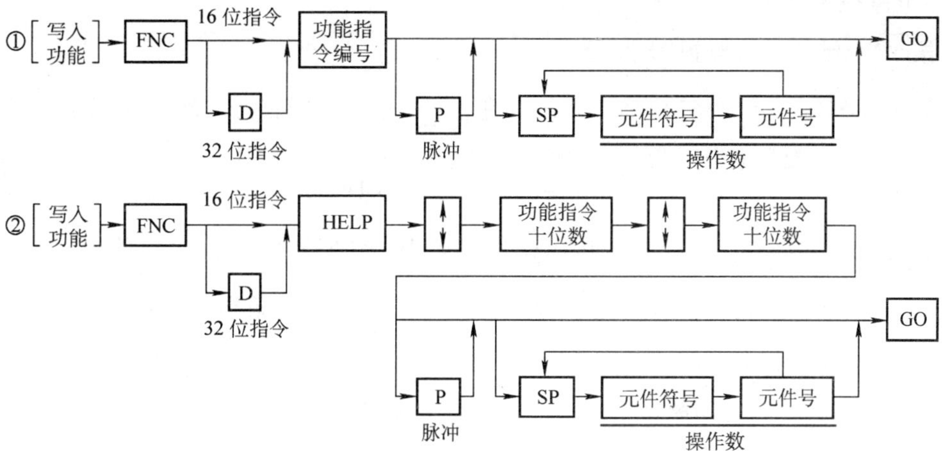

图 8-27　功能指令写入的基本操作

插入、删除等都要用到读出功能。程序的读出有根据步序号、指令和元件等几种读出方式。

1）根据步序号读出。可依次按 STEP 键、指定步序号键、GO 键。如要回到 0 步序号，则可依次按 STEP 、0 、GO 即可。实际操作中，反复按 GO 键，或按 ↑ 、↓ 键都可进行逐行读出滚动显示。

2）根据指令读出。可依次按指令键、元件符号键、元件号键、GO 键（有些指令不需元件符号键和元件号键）。再按 GO 键可显示下一个相同的指令，如显示“NOT　FOUND”信息，表示未找到该指令。

3）根据元件读出。可依次按 SP 键、元件符号键、元件号键、GO 键。

（6）程序的插入和删除　实际编程中经常因程序修改需要进行程序插入和删除操作。

1）程序插入。程序插入的操作是根据步序号读出相应的程序指令，并在指定的步序号位置前插入指令，具体操作方法如下：

① 根据步序号读出相应的程序指令。

② 按 INS 键进入插入 I 状态，用行光标指定步序号进行插入，输入要插入的指令、元件符号和元件号。

③ 按 GO 键，插入所需要的指令。

2）程序删除。一般可采用逐条删除方法，逐条删除的具体操作如下：

① 根据步序号读出相应的程序指令。

② 按功能键 DEL 进入删除 D 状态，行光标对准要删除的指令。

③ 按 GO 键，则删除光标指定的指令，并将以后各步的步序号自动向上移一行。

（7）监视　实际应用中经常使用监视和测试功能，监视功能是通过编程器的显示屏监视在联机状态下 PLC 的动作和控制状态，包括元件的（ON/OFF）状态、设定值及当前值、元件触点的导通及线圈动作等。

1）元件监视。对指定元件的 ON/OFF 状态、T 和 C 的设定值及当前值进行监视，每一画面最多可监视8个元件。具体操作如下：

① 按[MNT]键，进入监视M方式。

② 依次按[SP]键、元件符号键、元件号键、[GO]键，根据有无“■”标记监视元件ON/OFF状态。如有“■”标记表示元件ON；无标记则表示元件OFF。

2）导通检查。利用导通检查功能可以监视元件线圈动作和触点的导通状态，具体操作可依次按[MNT]、[STEP]、步序号、[GO]键或依次按[MNT]、指令符、元件符号、元件号、[GO]键。根据画面显示元件左侧有无“■”标记可监视元件线圈和触点导通状态。有“■”表示ON，无“■”表示OFF。实际操作中，利用[↑]、[↓]键进行逐列的滚动导通检查。

（8）测试功能　测试功能是由编程器对指定元件进行强制ON/OFF。强制ON/OFF的具体操作如下：

1）应用上述的监视方法对该元件进行监视。

2）按[TEST]键进入测试T状态。

3）若此时被监视元件为OFF状态，则按[SET]键，强制ON；若被监视元件为ON状态，则按[RST]键，强制OFF。

8.6.2　计算机编程软件及使用

早期运行于DOS操作系统下的FX系列软件的编程软件是MELSEC-MEDOC，随着Windows操作系统的普遍使用，应用较为广泛的是SWOPC-FXGP/WIN软件（仅适用于FX系列）和MELSOFT GX Developer软件（适用于Q系列、A系列和FX系列等）。这里重点介绍SWOPC-FXGP/WIN软件的使用，MELSOFT GX Developer软件的基本使用方法与SWOPC-FXGP/WIN软件一致，但与GX Simulator软件配合使用，可以在无PLC的情况下进行用户程序的测试。

1. 软件的启动

用鼠标左键依次单击［开始］菜单—[程序]—[MELSEC-F FX Applications]—[FXGP_WIN-C］菜单项即可启动SWOPC-FXGP/WIN软件，界面如图8-28所示。

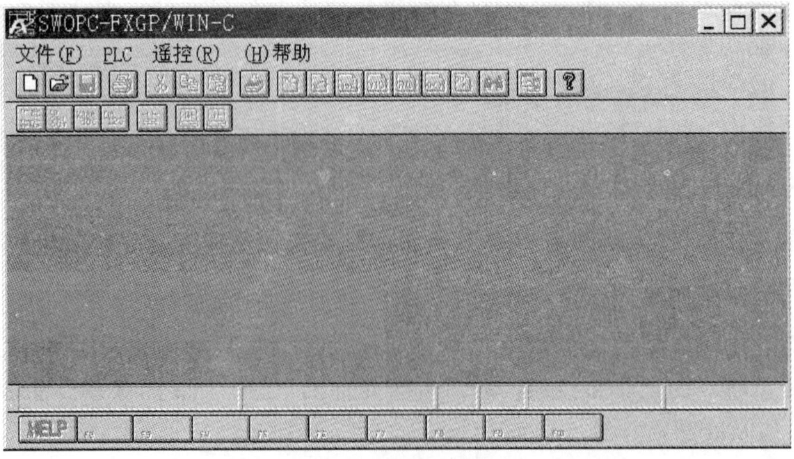

图8-28　软件初始界面

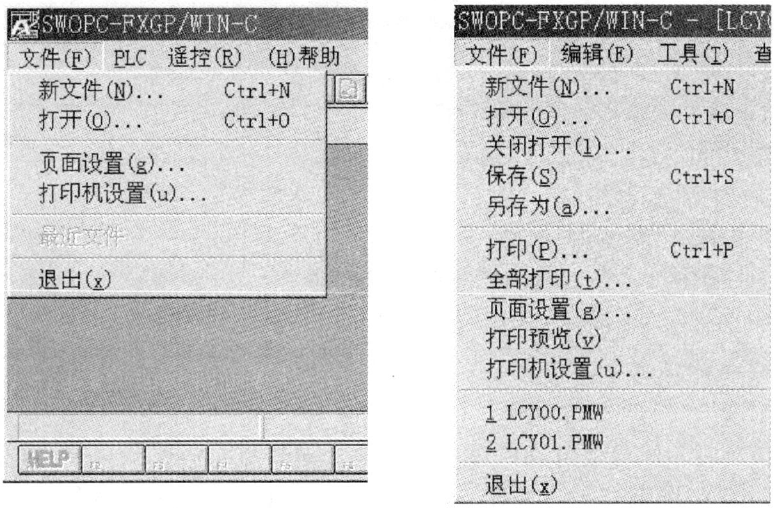

a) 没有打开任何文件　　b) 已有文件打开

图 8-29　文件菜单

2. 文件的建立和打开

在软件界面中，选择［文件］-［新文件］菜单项，或者使用［Ctrl］+［N］键可以新建一个文件，如图 8-29 所示。选择新建文件后，将弹出“PLC 类型设置”对话框，如图 8-30所示，根据实际使用的 PLC 类型进行设置。设置完成后便可以开始程序的输入，也可以通过［打开］菜单项或使用［Ctrl］+［O］键在弹出的如图 8-31 的对话框中选择打开一个已有的程序文件。

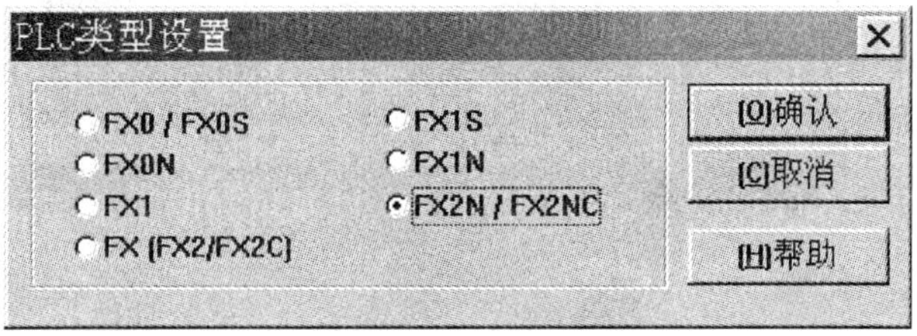

图 8-30　PLC 类型设置

3. 文件的保存

如果是第一次保存该文件或在［文件］菜单中选择了［另存为］菜单项，将出现如图 8-32 的对话框。

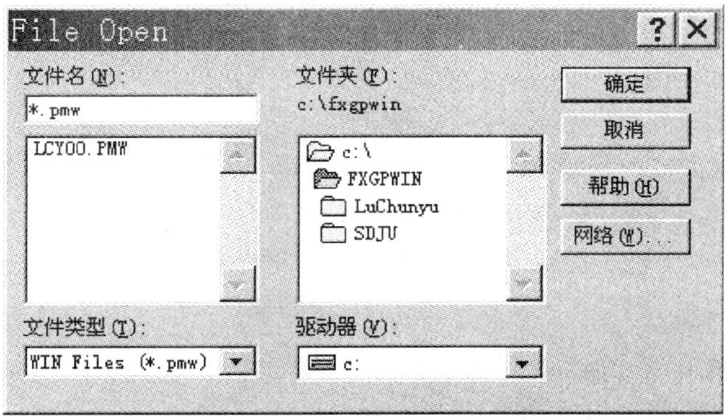

图 8-31　打开已有程序文件

4. 视图菜单

［视图］菜单如图 8-33，通过此菜单可以选择采用何种编程方式（梯形图、指令表或 SFC）。

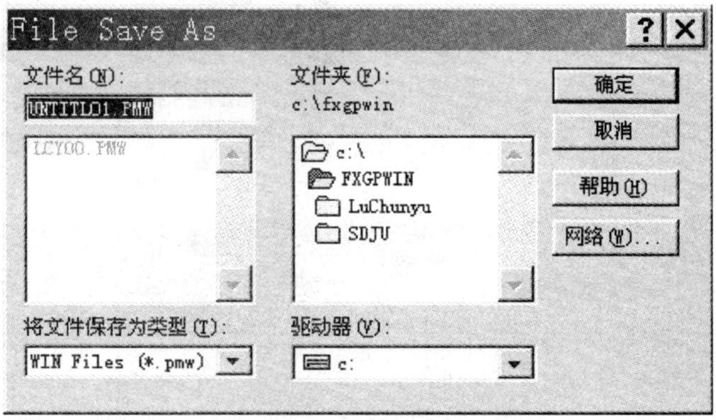

图 8-32　保存程序文件

5. 梯形图编程

在使用梯形图方式编程时，应当在［视图］菜单中选择［梯形图］，同时勾选［功能图］，在软件的界面内将出现如图 8-34 的浮动窗体。将编辑区内光标移至合适位置，鼠标点击功能图窗体中的符号即可在光标处绘出对应的元件或连接线的符号，如果绘制的是元件符号（触点或线圈）或功能框，则将弹出如图 8-35 的“输入元件”设置对话框，键入元件编号或功能指令即可。

图 8-33　视图菜单

图 8-34　功能图

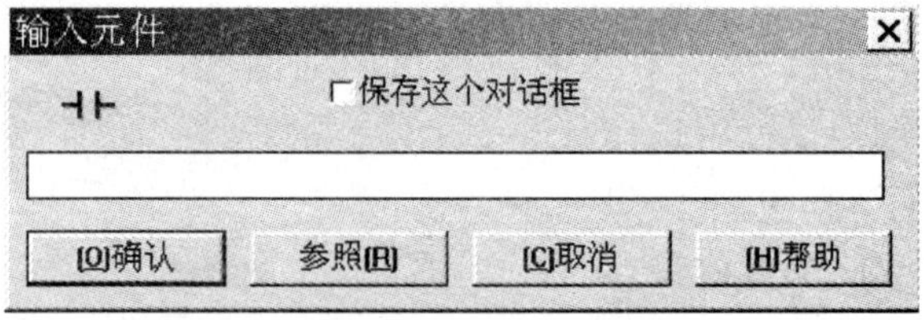

图 8-35　输入元件

6. 工具菜单

在使用梯形图方式编程时，编辑区的底色由原先的白色变成灰色，这时的梯形图是不被认可的，只有在编写完程序（或程序行）并通过［工具］菜单中［转换］这步操作后，编写的梯形图转成指令后程序才被认可。［工具］菜单界面如图 8-36。

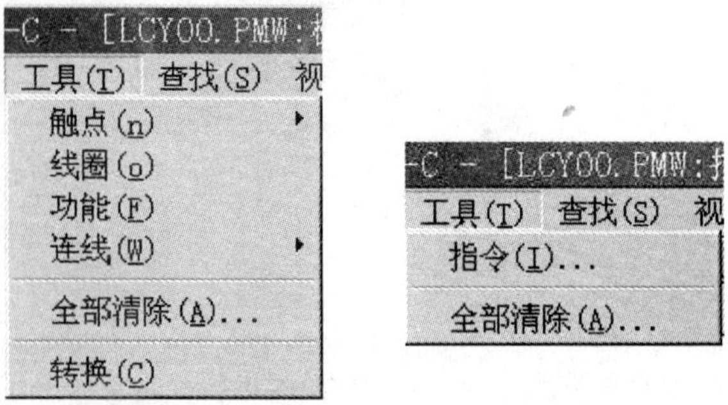

a) 梯形图状态　　b) 指令表状态

图 8-36　工具菜单

7. 编辑菜单

通过［编辑］的操作可实现程序的删除或插入及对程序或元件作注释等操作，菜单界面如图 8-37 所示。

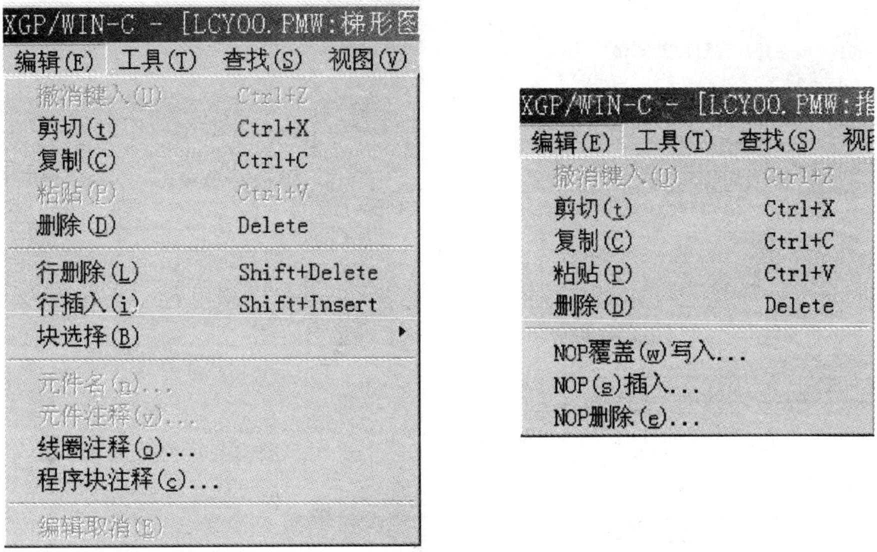

a)梯形图状态　　b)指令表状态

图8-37　编辑菜单

8. 选项菜单

图8-38为［选项］菜单的界面。对于编写完的程序，可以选择此菜单中的［程序检查］选项，根据弹出的如图8-39所示的对话框中选择要检查的项目。在［选项］菜单中还可以作一些参数的设置，另有一个重要作用是可以改变当前程序对应的PLC类型，使同一程序用于不同的系列而不用重新编写（仅限FX的各系列PLC）。

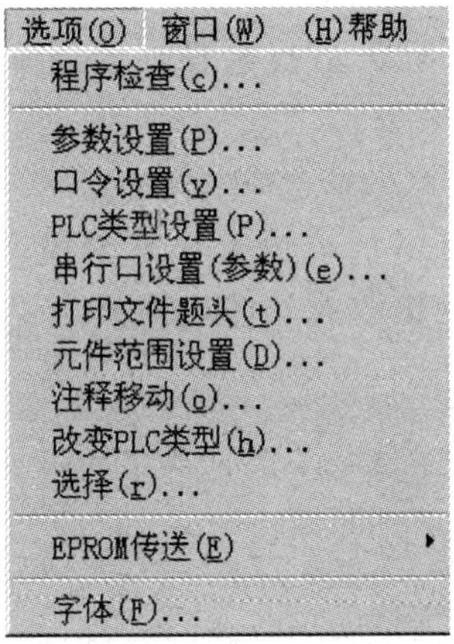

图8-38　选项菜单

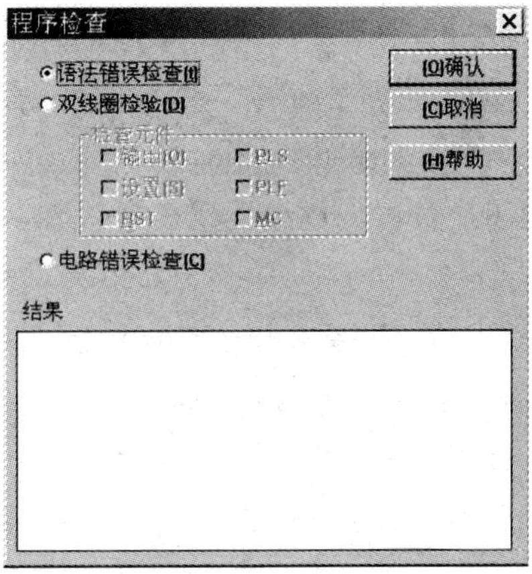

图8-39　程序检查

9. PLC菜单

如图8-40所示的［PLC］菜单主要用于软件对PLC的控制。选择［PLC］-［传送］-［读入］、［写出］、［核对］可分别将程序从PLC传送到PC、PC传送到PLC或对PC与PLC中的程序作比较校验。选择［读入］时将弹出“PLC类型设置”对话框，读入的程序自动地新建一个文件；选择［写出］时会弹出如图8-41的对话框，可根据实际情况设定需写入PLC的程序段范围。**传送程序时应注意：**PC与PLC必须用指定的通信缆线可靠连接，并且PLC应处于通电但不运行状态，否则可能会出现如图8-42所示的错误提示。

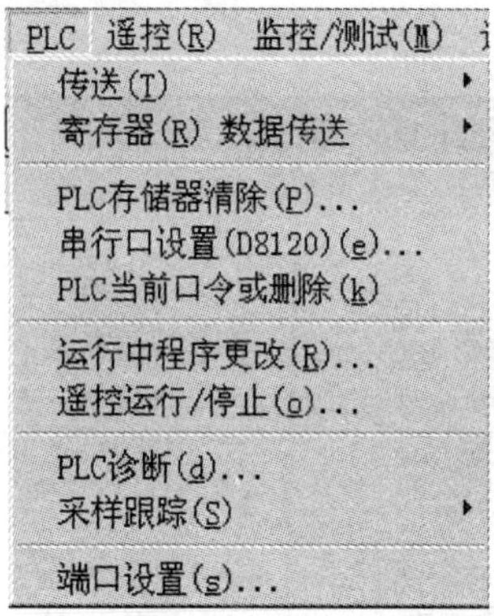

图 8-40 PLC 菜单

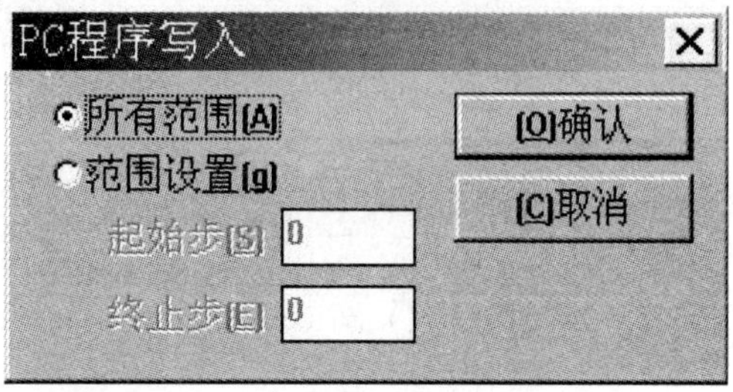

图 8-41 程序范围设置

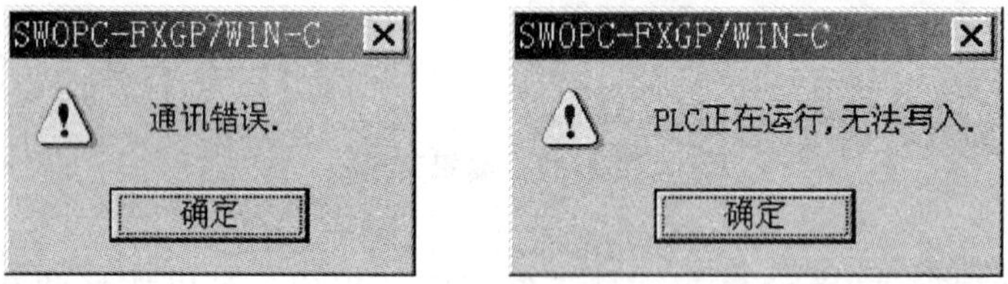

a) 通信设备或电源未通　　b) PLC运行中

图 8-42 错误提示

10. 监控/测试菜单

通过选择如图 8-43 所示的［监控/测试］菜单中不同的菜单项，可对 PLC 的运行及元件的当前值进行实时监视，根据需要还可改变元件的通断状态和调整部分已设定的参数（如 T、C 等的设定值）。

11. 查找菜单

对于比较长的程序，要迅速找到一个指定的元件，可以利用［查找］菜单实现，其界面如图 8-44 所示。此菜单中还可实现对元件类型和编号的更改或元件的替换。

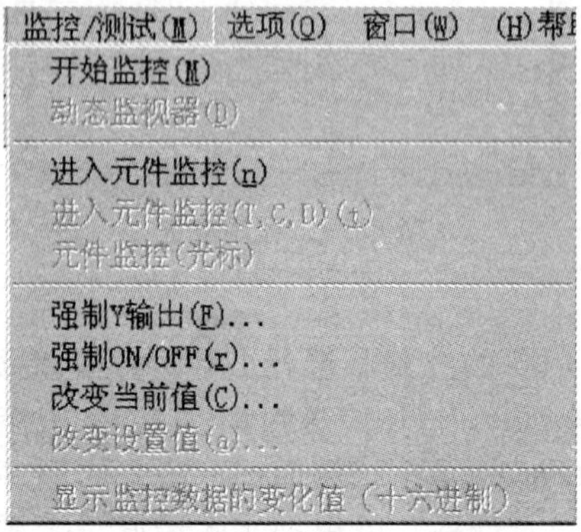

图 8-43 监控/测试菜单

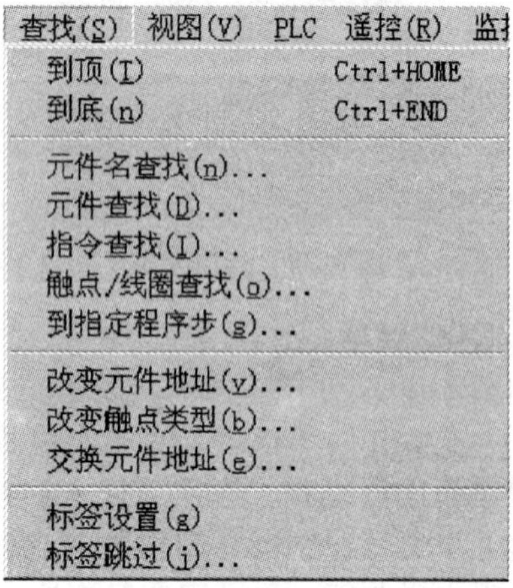

图 8-44 查找菜单

8.7　可编程序控制器的人机界面

人机界面（HMI）从字面上可以理解为人和机器交往的“地方”。简单地，就拿继电接触器系统来说，每种控制电路，无论控制关系简单还是复杂，总是设有供操作者去操作的部件（如启动和停止按钮、控制开关等），还有各种状态指示灯，这是机器以其独特的语言告诉人们当前的工作状态。复杂一点的人机界面设备可以是拨码开关（一种在机外现场设定机器工作参数的输入设备），在 PLC 中定时器的延时时间要更改时，或在 PLC 中定位设备的定位数据需要修订时，都可以用到拨码开关。比指示灯更高级一些的输出类人机界面是语言提示屏，用来提示机器的故障的，可以用文字或声音准确地将故障类型及出故障的部位表达出来。将对应不同故障的数十条提示语言一起存在机器中，用故障自诊断电路控制这些语句的显示。大型的电气控制系统需要数十数百个操作按钮，需要随时显示机器运行中的大量数据，需要用图画（甚至是动画）的形式显示设备各关键部位的工作状态，并在面积不大的屏幕上完成操作及显示，这就必须使用目前较为先进的图形显示操作技术。在 PLC 领域中，这项技术的代表产品是触摸显示屏。

触摸屏（Touch Panel Monitor）是一种交互式图形化人机界面设备，可以设计及储存数十至数百幅与控制操作相关的黑白或彩色画面（与显示屏有关）。可以直接在显示这些画面的屏幕上用手指点击换页或输入操作命令，还可以连接打印机打印报表等，是一种比较理想的面板操作设备。

三菱公司生产的人机界面有数十种规格，分为 DU（数据设定单元）及 GOT（图示操作终端）两个系列，所使用的液晶显示屏的尺寸及显示色彩也有许多种类。现以三菱公司 F940GOT 人机界面为例简单说明人机界面的使用。

1. F940GOT 的功能

三菱 F940GOT 的显示画面为 5.7 寸（外形尺寸 162mm × 130mm × 57mm，显示屏 320 × 240 点阵），分彩色和黑白两种型号，除了与三菱 PLC 连接使用外，也可以与欧姆龙（OMROM）、西门子（SIEMENS）、富士（FUJI）等公司的 PLC 连接使用，其外形如图 8-45 所示。F940GOT 具有下列基本功能：

（1）画面显示功能　F940GOT 可存储并显示 500 个用户制作画面（画面序号 0 ~ 499），及 30 个系统画面（画面序号 1001 ~ 1030）。其中系统画面是机器自动生成的系统检测及报警类的监控画面。用户画面可以单独显示，也可以重合显示，并可以自由切换。画面上可显示文字、图形和图表，可以设定数据、显示日期和时间等。

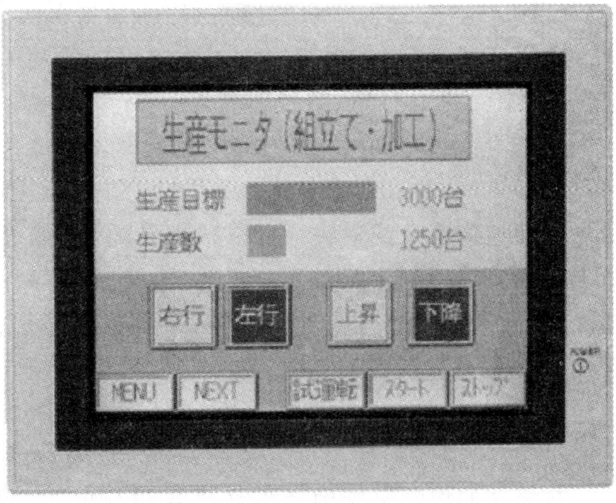

图 8-45　F940GOT 外观

（2）画面操作功能　GOT 可以作为操作单元使用，可以通过 GOT 上设置的操作键来切换 PLC 的位元件的状态，也可通过操作键输入及更改 PLC 数据寄存器等的数据。在 GOT 处于编程状态时，还可以使用 GOT 作为编程器来显示及修改 PLC 内的程序。

（3）监视功能　可以通过画面监视 PLC 内元件的状态及数据寄存器的数据，并可对元件执行强制 ON/OFF。

（4）数据采样功能　可以设定采样周期，记录指定的数据寄存器的当前值，并以清单或图表的形式显示或打印这些数值。

（5）报警功能　可以使最多 256 点 PLC 的连续位元件与报警信息相对应，置位时显示一定的画面（给出报警信息）提示，并可以记录最多 1000 个报警信息。

2. GOT 的基本工作模式及与 PC、PLC 的连接

作为 PLC 的图形操作终端，GOT 必须与 PLC 联机使用，通过操作人员手指对触摸屏上图形单元的接触给 PLC 发出操作指令或者显示 PLC 运行中的各种信息。GOT 中存储与显示的画面是通过在 PC 上运行专用的编程软件编制设定的（如使用 FX-PCS-DU/WIN 或 GT Designer 软件）。PLC 中规定一定的存储单元为 GOT 占用，在编制 PLC 程序时，也要编写一段 GOT 操作的程序。在 F940GOT 设备的侧面有 RS232 及 RS422 接口各一个，分别用于与 PC 相连接进行图形界面的编制设定和与 PLC 相连接完成控制、采样和监视等工作。此外机箱上还设有 GOT 的电源接入口，一般使用外部 24V 直流电源供电。

8.8　可编程序控制器的通信技术

PLC 的组网与通信是 PLC 技术应用的重要组成部分，FX 系列的 PLC 在选用不同的组件或模块后可完成 CC-Link（同 A、QnA 之间）、简易链接（FX 系列 n:n）、计算机链接（与计算机的 1:n 或 1:1）、并联链接（FX 系列 1:1）以及无协议链接（与 RS-232C/RS-485 设备间 1:1）等通信方式，具体应用时需参阅用户手册选用合理的通信模块。

8.8.1　PLC 与计算机通信

在 PLC 与 PC 连接构成的系统中，PC 主要完成数据处理、参数修改、图形图像显示、报表打印、文字处理、系统管理、程序编制和状态监控等任务，PLC 直接面向现场、面向设备，进行实时控制。PLC 与 PC 的连接，充分发挥了各自的优势，互补了在各自应用中的不足，有效地扩展了 PLC 的处理能力。

为了适应 PLC 网络化的要求，扩大联网功能，几乎所用的 PLC 都有与 PC 通信的接口或专用模块，与 PC 的 RS-232C 接口采用字符串、双工或半双工和异步等通信方式进行信息交换。

运用这些接口或模块，可以很容易配置一个与 PC 进行通信的系统。该系统中 PLC 接收系统中的各种控制信息，经分析处理后转化为 PLC 中软元件的状态和数据；PC 采集 PLC 软元件的状态和数据，进行分析及运行监控程序，并可改变 PLC 的初始值和设定值，从而实现对 PLC 的直接控制。

8.8.2　PLC 网络

在复杂的控制系统中，单靠增大 PLC 的 I/O 点数或改进机型来实现控制几乎是不可能的，如果将多个 PLC 或其他设备相互连接形成网络就可以实现很多的复杂控制。PLC 实现联网，在软硬件上都必须符合一定的要求：硬件方面，一般需要专用的通信模块或通信接口、终端适配器、网卡、集线器、调制解调器和缆线等；软件方面，则要按特定的网络协议，开发或使用具有一定功能的通信程序和网络系统程序，对 PLC 的资源进行统一调配管理。

根据网络的连接方式，可分为：总线、环形和星形 3 种基本结构形式，如图 8-46 所示，每种结构都有各自的优缺点，可根据具体情况选用。把多台 PLC 联网后，从操作角度看，对任一个站的操作都可以和使用同一台 PLC 进行单独操作一样方便；从网络角度看，任一个站都能对其他站进行操作，这样大大提高了 PLC 的控制功能。

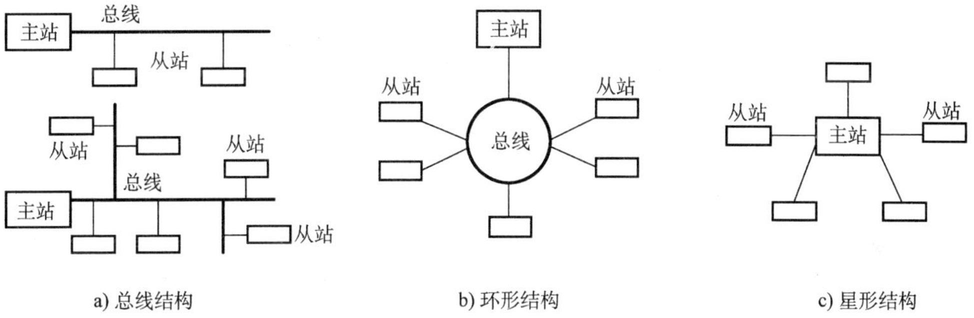

图 8-46　网络结构示意图

PLC 网络的信息通信方式是在辅助继电器、数据寄存器中专门开辟了一个地址区域，将它们按特定的编号分配给其他各台 PLC，并指定一台 PLC 可以写其中的某些元件，而其他 PLC 可以读这些元件，然后用这些元件的状态去驱动其本身的软元件，以达到通信的目的。各主站之间元件状态信息的交换，由 PLC 的网络软件（或硬件）去完成，不需要由用户编程。这里简单介绍一下三菱 PLC 的两种网络。

1. MELSEC NET 网络

MELSEC NET 是为三菱 PLC 开发的数据通信网络。不仅可以执行数据控制和数据管理，而且也能完成工厂自动化所需要的绝大部分功能，是一个大型的网络控制系统，具有以下特点：

1）具有构成多层数据通信系统能力。主站可以通过光缆或同轴电缆与 64 个本地子站或远程 I/O 站进行通信，每个子站又可以作为下一级通信系统的主控站，再连接 64 个下级子站。这样整个网络系统可下达 3 层，最多可设置 4097 个子站，如图 8-47 所示。如果用它与 MELSEC NET/MINI 网络系统连接，则可与更多不同系列的 PLC 及交流变频调速装置连接成功能强大的通信系统。

2）可靠性高。MELSEC NET 网络是由两个数据通信环路构成，反向工作，互为备用，每一时刻只允许有一个环路工作，如图 8-48 所示。当主环路或子站发生故障时，系统将通信自动切换到副环路，并将子站故障断开；如果主副环路均发生故障，它又把主副环路在故障处自动接通形成回路。这样可以保证在任何故障下整个通信系统不发生中断而可靠工作，另外系统还具有电源瞬间断电校正功能，保证了通信的可靠。

3）良好的通信监测功能。任何子站的运行和通信状态都可以用主站或子站上所连接的图形编程器进行监控，还可以通过主站对任何子站进行存取访问，执行上装、下装、监控及测试功能。

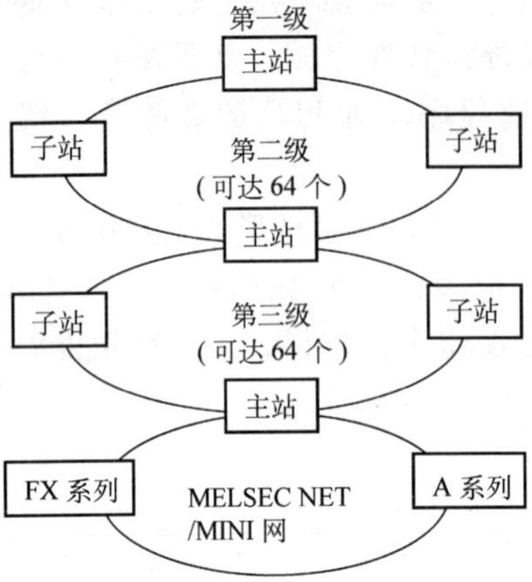

图 8-47　MELSEC NET 网络结构示意图

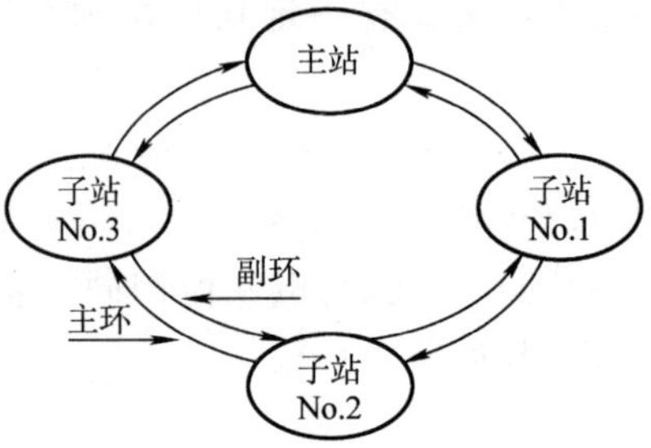

图 8-48　MELSEC NET 网络通信示意图

4）网络中有1024个通信继电器和1024个通信寄存器，可在所有站中适当地分配使用，便于用户编写通信程序。高达1.25MB/s的传输速度，保证了MELSEC NET网络的公共数据通信的畅通。

2. MELSEC NET/MINI 网络

对于一些自动化要求不高的场合，考虑到经济成本等因素，有时无法采用很大的网络系统，但又希望将小型PLC以及其他控制装置综合起来，构成集散控制系统。MELSEC NET/MINI网络就是三菱为满足这些要求而开发的小型网络系统，主要有以下几个特点：

1）MELSEC NET/MINI网络系统允许挂接64个子站，可控制512个远程I/O站，同时对子站连接的模块数没有限制。

2）远程I/O站的I/O点数设置范围更广，还可将交流变频装置直接挂在网络内进行控制。

3）丰富的数据通信模块，方便地实现了不同系列PLC之间的不同方式（光纤或电缆）的连接，最大传输速率达1.5MB/s。

8.9　实习课题

课题1：继电器电路与PLC梯形图的变换

实习目的：

1）理解继电器控制和PLC控制的异同。

2）学会PLC的基本操作。

实习所需设备：

三菱 FX_{2N} 系列PLC，PC机或FX-20P手持式编程器。

实习材料：

按钮和连接用导线等。

实习内容及要求：

内容：如图8-49所示为一个控制三相交流异步电动机Y-△起动的电路。其中时间继电器的定时为5s。

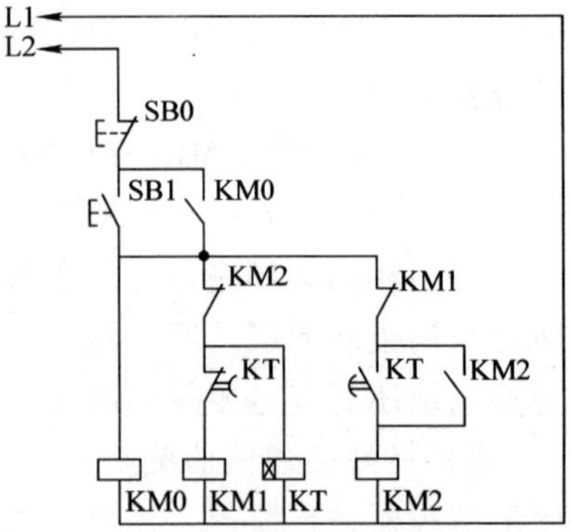

图 8-49　电动机Y-△起动控制电路

要求：读懂所给的电路图，将此电路变换成 PLC 的梯形图，并根据梯形图编写指令表；将编写的程序输入 PLC；完成必要的接线，检查后进行模拟调试。

I/O 表：（见表 8-2）

表 8-2　课题 1 I/O 表

输入设备	输入端口编号	输出设备	输出端口编号
停止按钮 SB0	X000	接触器 KM0	Y000
启动按钮 SB1	X001	接触器 KM1	Y001
		接触器 KM2	Y002

课题 2：用 PLC 控制水塔水位自动运行系统

实习目的：

1）学会用基本控制环节进行程序设计。

2）了解系统调试过程。

实习所需设备：

三菱 FX_{2N}系列 PLC，PC 机或 FX-20P 手持式编程器，组态模拟软件或实物模型。

实习材料：

按钮和连接用导线等。

实习内容及要求：

内容：水塔自动运行系统如图 8-50 所示，当水池水位低于水池低水位界限时，液面传感器的开关 S01 接通，发出低位信号，指示灯 1 闪烁（每隔 1s 发一脉冲），同时电磁阀门 Y 打开，水池进水；水位高于低水位界时，开关 S01 断开，指示灯 1 停止闪烁；当水位升高到高于水池高水位界时，液面传感器使开关 S02 接通，电磁阀门 Y 关闭，停止进水。如果水塔水位低于水塔低水位界限时，液面传感器的开关 S03 接通，发出低位信号，指示灯 2 闪烁（每隔 2s 发一脉冲），当此时水池水位高于水池低水位界限时，则电动机 M 运转，水泵抽水；水塔水位高于低水位界时，开关 S03 断开，指示灯 2 停止闪烁；水塔水位上升到高于水塔高水界时，液面传感器使开关 S04 接通，电动机停止运行，水泵停止抽水。电动机由接触器 KM 控制。

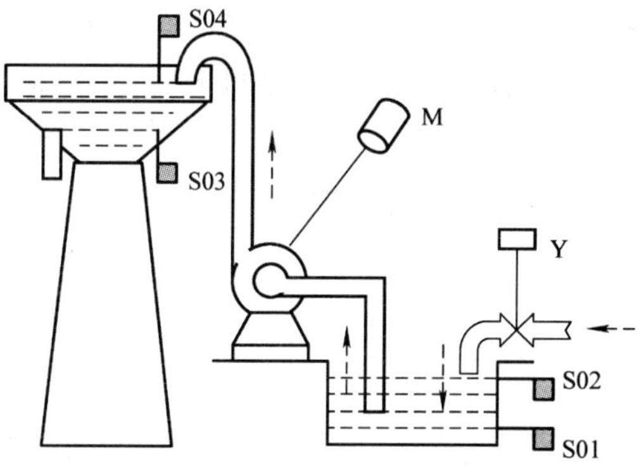

图 8-50　水塔自动运行系统示意图

要求：分析控制要求后设计梯形图，并根据梯形图编写指令表；将编写的程序输入 PLC；完成必要的接线，检查后进行模拟调试。

I/O 表：（见表 8-3）。

表 8-3　课题 2 I/O 表

输入设备	输入端口编号	输出设备	输出端口编号
水池低水位液面传感器开关 S01	X000	电磁阀 Y	Y000
水池高水位液面传感器开关 S02	X001	指示灯 1	Y001
水塔低水位液面传感器开关 S03	X002	接触器 KM	Y002
水塔高水位液面传感器开关 S04	X003	指示灯 2	Y003

课题3：用PLC控制传输带电动机的运行系统

实习目的：

1）学会用基本控制环节进行程序设计；

2）了解系统调试过程。

实习所需设备：

三菱 FX_{2N} 系列 PLC，PC 机或 FX-20P 手持式编程器，组态模拟软件或实物模型。

实习材料：

按钮和连接用导线等。

实习内容及要求：

内容：图 8-51 所示为某车间运料传输带系统示意图，该传输带分为 3 段，由三台电动机分别拖动。使载有物品的传输带运行，没载物品的传输带停止运行，以节省能源。但是要保证物品在整个运输过程中连续地从上段运行到下段。所以既不能使下段电动机起动太早，又不能使上段电动机停止太迟。控制要求：按起动按钮 S01，电动机 D3 开始运行并保持连续工作，被运送的物品前进；被 3 号传感器检测，起动电动机 D2 运载物品前进；被 2 号传感器检测，起动电动机 D1 运载物品前进，延时 2s，停止电动机 D2；物品被 1 号传感器检测，延时 2s，停止电动机 D1。上述过程不断进行，直到按下停止按钮 S02 电动机 D3 立刻停止。

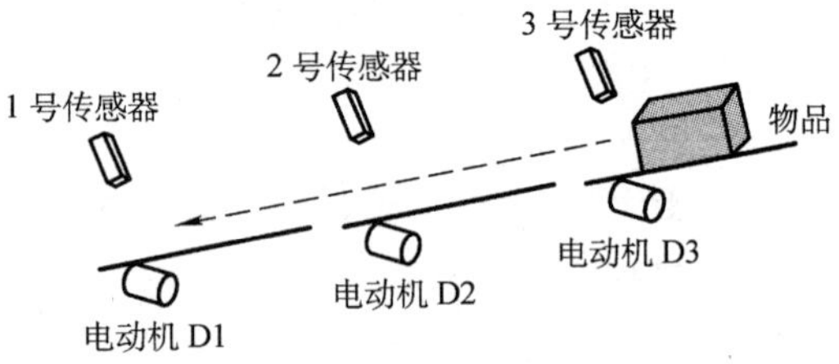

图 8-51　传输带系统示意图

要求：分析控制要求后设计梯形图，并根据梯形图编写指令表；将编写的程序输入 PLC；完成必要的接线，检查后进行模拟调试。

I/O 表：（见表 8-4）

表 8-4　课题 3 I/O 表

输入设备	输入端口编号	输出设备	输出端口编号
启动按钮 S01	X000	电动机 D3	Y000
停止按钮 S02	X001	电动机 D2	Y001
3 号传感器	X002	电动机 D1	Y002
2 号传感器	X003		
1 号传感器	X004		

课题4：用PLC控制装料小车的自动控制系统

实习目的：

1）学会用基本控制环节进行程序设计。

2）了解系统调试过程。

实习所需设备：

三菱 FX_{2N} 系列 PLC，PC 机或 FX-20P 手持式编程器，组态模拟软件或实物模型。

实习材料：

按钮和连接用导线等。

实习内容及要求：

内容：有一运料小车自动控制系统，如图8-52所示。启动按钮S01用来开启运料小车，停止按钮S02用来立即停止运料小车。工作流程：按S01启动按钮，小车在1号仓停留（装料）10s后，第一次由1号仓送料到2号仓，碰限位开关ST2后，停留（卸料）5s，然后空车返回到1号仓，碰限位开关ST1停留（装料）10s；小车第二次由1号仓送料到3号仓，经过限位开关ST2不停留，继续向前，当到达3号仓，碰限位开关ST3停留（卸料）8s，然后空车返回到1号仓，碰限位开关ST1停留（装料）10s；循环上述工作过程，直到按停止按钮S02。

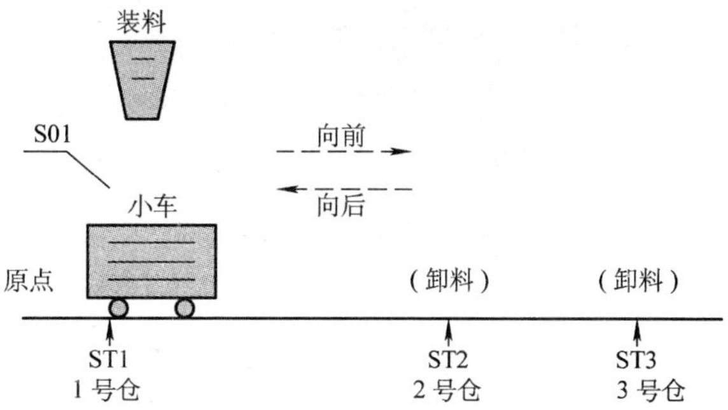

图8-52 小车运料系统示意图

要求：分析控制要求后设计梯形图，并根据梯形图编写指令表；将编写的程序输入PLC；完成必要的接线，检查后进行模拟调试。

I/O表：（见表8-5）

表8-5 课题4 I/O表

输入设备	输入端口编号	输出设备	输出端口编号
启动按钮S01	X000	向前接触器KM1	Y000
停止按钮S02	X001	向后接触器KM2	Y001
限位开关ST1	X002		
限位开关ST2	X003		
限位开关ST3	X004		

课题5：用PLC控制加热炉自动上料装置

实习目的：

1）学会用基本控制环节进行程序设计。

2）熟悉系统调试过程。

实习所需设备：

三菱FX_{2N}系列PLC，PC机或FX-20P手持式编程器，组态模拟软件或实物模型。

实习材料：

按钮和连接用导线等。

实习内容及要求：

内容：图8-53为一个加热炉上料装置。按S01启动按钮，KM1得电，炉门电动机正转，炉门打开；压限位开关ST1，炉门电动机正转停，KM3得电，推料机电动机正转，推料机进，送料入炉；压限位开关ST2，推料机电动机正转停；延时3s后，KM4得电，推料机电动机反转，推料机退到原位；压限位开关ST3，推料机电动机反转停，KM2得电，炉门电动机反转，炉门关闭；压限位开关ST4，炉门电动机反转停；进入再次循环，直到按下停止按钮S02后工作立即停止。

要求：分析控制要求后设计梯形图，并根据梯形图编写指令表；将编写的程序输入

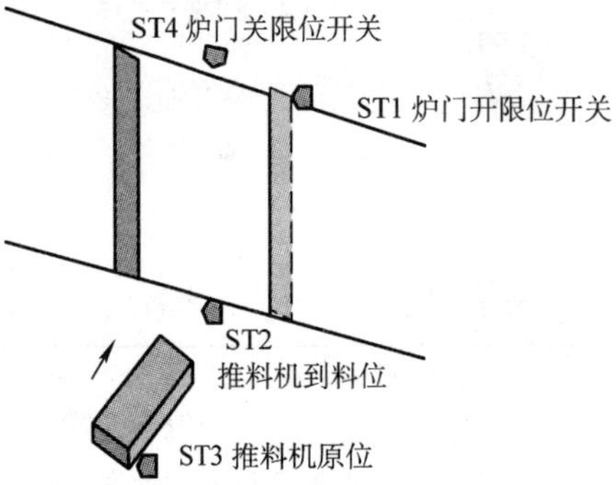

a) 系统示意图

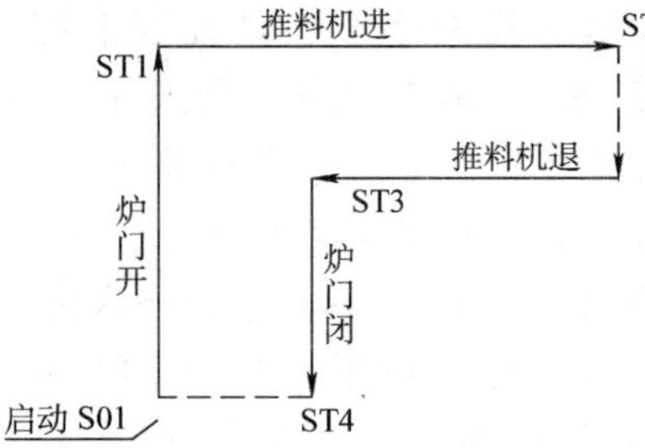

b) 工作流程

图 8-53　加热炉上料系统

PLC；完成必要的接线，检查后进行模拟调试。

I/O 表：（见表 8-6）

表 8-6　课题 5 I/O 表

输入设备	输入端口编号	输出设备	输出端口编号
启动按钮 S01	X00	炉门开接触器 KM1	Y00
停止按钮 S02	X01	炉门闭接触器 KM2	Y01
限位开关 ST1	X02	推料机进接触器 KM3	Y02
限位开关 ST2	X03	推料机退接触器 KM4	Y03
限位开关 ST3	X04		
限位开关 ST4	X05		

课题 6：用 PLC 控制仓库门自动开闭

实习目的：

1）学会用基本控制环节进行程序设计。

2）掌握系统调试过程。

实习所需设备：

三菱 FX_{2N}系列 PLC，PC 机或 FX-20P 手持式编程器，组态模拟软件或实物模型。

实习材料：

按钮和连接用导线等。

实习内容及要求：

内容：图 8-54 为仓库门装置，当人或车接近仓库门的某个区域时，仓库门自动打开，人车通过后，仓库门自动关闭，从而实现仓库门的无人管理。库门设计为卷帘式，用一个电动机来拖动卷帘。正转接触器 C1 使电动机开门，反转接触器 C2 使电动机关门。在库门的上方装设一个超声波探测器 S01，发射超声波，当来人（车）进

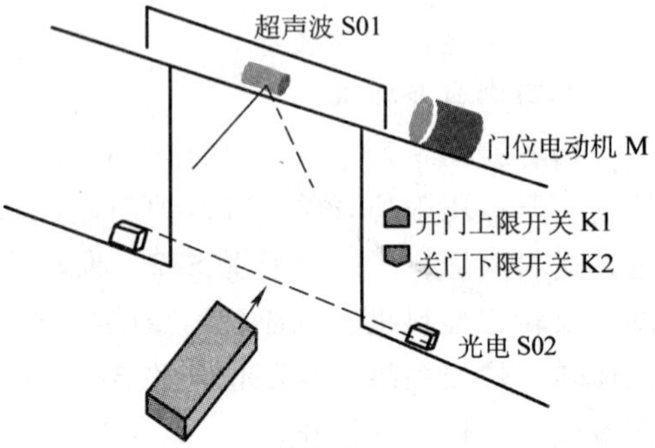

图 8-54　仓库门装置示意图

入超声波发射范围时，超声波探测器检测出超声回波，从而产生信号（S01 接通），由该信号启动接触器 C1，电动机 M 正转使卷帘上升开门，电动机开门时必须开至上限位后才可以关门。在库门的下方装设一套光电装置 S02，用以检测是否有物体穿过库门。光电装置由两个部件组成，一个是能连续发光的光源；另一个是能接收光束，并能将之转换成电脉冲的接收器。若行车（人）遮断了光束，光电装置 S02 便检测到这一物体，产生脉冲，由该信号启动接触器 C2，使电动机 M 反转，从而使卷帘开始下降关门，电动机关门时若超声波探测器测有信号，则立即停止关门并自动打开电动机开门。用两个行程开关 K1 和 K2 来检测库门的开门上限和关门下限，用按钮 S03 手动控制开门和 S04 手动控制关门（均为点动）。

要求：分析控制要求后设计梯形图，并根据梯形图编写指令表；将编写的程序输入 PLC；完成必要的接线，检查后进行模拟调试。

I/O 表：（见表 8-7）

表 8-7　课题 6 I/O 表

输入设备	输入端口编号	输出设备	输出端口编号
超声波探测器 S01	X00	开门（升门）C1	Y00
光电装置 S02	X01	关门（降门）C2	Y01
开门上限开关 K1	X02		
关门下限开关 K2	X03		
按钮 S03	X04		
按钮 S04	X05		

思考与练习题

一、判断题

1. PLC 的输入端可与机械设备上的接近开关、传感器等直接连接。（　）
2. PLC 梯形图符号与继电器控制原理图的元器件符号是相同的。（　）
3. 在梯形图中，各软元件的常开、常闭触点使用的次数不受限制。（　）
4. 并联一个常开触点时采用 OR 指令。（　）
5. PLC 执行程序时，按顺序从第一步开始周期性扫描到 END 指令为止。（　）

二、单选题

1. PLC 是采用（　）来达到控制功能的。

A）改变硬件连线　B）改变硬件元件　C）软件编程

2. PLC 通过编程器编程，即将 PLC 内部的各种逻辑部件按照（　）进行组合以达到一定的逻辑功能。

A）设备要求　B）控制工艺要求　C）编程器型号

3. （　）只能用于梯形图中单个常开触点与左边触点的串联。

A）AND　B）OR　C）LD

三、简答题

1. 作为工业控制计算机，可编程序控制器有哪些特点？
2. 小型可编程序控制器有哪几种编程语言？各有什么特点？
3. 梯形图与继电器电路图有哪些异同点？
4. 可编程序控制器有哪些主要性能指标？

5. 数据寄存器有哪些类型？具有什么特点？

四、编程设计题

1. 写出图 8-18 所示梯形图对应的指令表。
2. 写出图 8-19 所示梯形图对应的指令表。
3. 写出图 8-24 所示梯形图对应的指令表。
4. 写出图 8-25 所示梯形图对应的指令表。
5. 编写一个闹钟程序（精确到秒），要求每天早上 6 点半响铃提醒。
6. 编写一个能实现三相异步电动机Y-△起动的控制程序。
7. 设计一个彩灯控制电路，当开关接通时，彩灯系统开始顺序工作；当开关断开时，彩灯全熄灭。彩灯工作循环如下：彩灯 A 亮；延时 8s 后，闪烁 3 次（每一周期为亮 1s 熄 1s）；彩灯 A 熄，彩灯 B 亮；延时 2s 后，彩灯 C 亮；再延时 2s 后，彩灯 B 熄；彩灯 C 共亮 10s，时间到后自动进入下一次循环。
8. 用 PLC 实现智力竞赛抢答装置的控制。主持人说出题目并按动启动按钮后，谁先按按钮，谁的桌子上的灯即亮；当主持人按总停按钮后，灯才灭，否则一直亮着。3 个抢答桌的按钮是这样安排的：儿童组，抢答桌上有两只按钮 S01 和 S02，是并联形式，无论按哪一只，桌上的灯 LD1 即亮；中学生组，抢答桌上只有一只按钮 S03，且只有一个人，一按灯 LD2 即亮；大人组，抢答桌上也有两只按钮 S04 和 S05，是串联形式，只有两只按钮都按下，抢答桌上的灯 LD3 才亮。当主持人按过启动按钮 S07 后，10s 之内无人按抢答按钮，电铃 DL 响。
9. 冷加工自动线有一个钻孔动力头，该动力头的工作过程下：动力头在原位，并加以起动信号，这时接通电磁阀 YV1，动力头快进；动力头碰到限位开关 SQ1 后，接通电磁阀 YV1 和 YV2，动力头由快进转为工进，同时动力头电动机转动（由 KM1 控制）；动力头碰到限位开关 SQ2 后，电磁阀 YV1 和 YV2 失电，并开始延时 10s；延时时间到，接通电磁阀 YV3，动力头快退；动力头回到原位即停止电磁阀 YV3 及动力头电动机。试用 PLC 完成对此动力头的控制。
10. 参照图 4-24、4-25，对 C6150 车床进行改造，实现用 PLC 控制。
11. 参照图 4-28、4-29，对 Z3040 钻床进行改造，实现用 PLC 控制。
12. 参照图 4-31，对 M7130 磨床进行改造，实现用 PLC 控制。
13. 参照图 4-35，对 X62W 铣床进行改造，实现用 PLC 控制。
14. 参照图 4-37，将 T68 镗床进行改造，实现用 PLC 控制。

第 9 章　交流变频调速技术

本章教学基本要求：

- 了解交流变频调速的发展及地位；
- 了解变频调速的原理及实现的方法；
- 熟悉变频器的连接和操作；
- 掌握变频器的参数设定；
- 熟悉变频系统的设计、选型及参数计算。

本章要求掌握的基本技能：

- 能进行变频器操作，熟悉面板和按键的功能；
- 能熟练进行施耐德变频器的参数设置，对西门子变频器的参数类型有大致的了解；
- 能根据不同负载的要求，选择变频器的控制系统类型；
- 针对负载能合理选择变频器及其附件。

9.1　概述

9.1.1　交流调速的发展

电动机作为调速的对象已有 100 多年的历史了，但交流变频调速技术还是在 20 世纪中期才发展起来的。我们国家从 20 世纪 80 年代开始，交流变频技术得到了快速的推广，尤其是近十几年来，随着控制技术、计算机技术和电子元器件制造技术的迅速发展，交流调速技术已逐步成为控制技术领域的主宰者，它无可争议的被公认为最有发展前途的调速方式。

由于 GTR、IGBT、MOSFET、BJT 等一批高频、低耗和无噪声的可关断开关元件和模块的相继出现以及计算机控制技术的发展，使变频器的性能大大提高，应用领域大为扩展。就其性能方面而言，从最初的 U/f 协调控制方式，发展到现在的矢量控制、直接转矩控制等。就应用范畴而言，从以节能为目的的风机、水泵的开环控制，到对动态性能要求很高的连续生产线的闭环控制。例如：某大型钢铁企业的高速线材生产线 1995 年就实现了全交流变频传动，其连续轧制速度可达每秒 120m 以上，变频器的控制性能可想而知。其次，变频器的容量与使用初期相比也有大幅度的提高，就单机容量而言，目前可以做到 10 ~ 12MW。

9.1.2　交流调速传动和直流调速传动

直流调速控制由于其控制方法简单且调速性能好，长期以来得到了非常广泛的应用。但直流电动机结构复杂，成本高、故障多、维护工作量大。另外，其换向器的换向能力限制了电动机的容量和速度，一般很难突破容量和速度之积的极限值（10^6kW · r/min）。由于换向器的因素，最高转速受到限制，调速范围较小。除此之外，直流电动机效率低，发热严重，需要较好的冷却措施。

与其相比，交流电动机由于转子侧的电流不需从外部引入，而是由定子和转子间的电磁感应产生，使它具有了结构简单、牢固可靠、体积小、重量轻、便于维护和价格低廉的特点。另外其最大容量可达到直流电动机的数倍，额定电压也可达到10kV，且速度可以较高。这也是交流调速备受人们关注的根本原因。但长期以来给人们的印象是交流电动机调速困难，控制精度差，这给交流调速的推广造成了不利的影响。随着电子技术的发展和控制技术的进步，交流调速的性能已达到和直流调速相当的水平。目前，PWM矢量控制的变频调速技术，可以做到调速范围1:1000，控制精度可达0.01%，最高转速可达10000r/min，使交流调速的优越性得到了充分的发挥。目前人们已经看到了这颗控制领域新星的光芒。

9.2　交流电动机调速原理

9.2.1　交流电动机的调速方法

在电动机学中，电动机转速的表达式为

$$n=\frac{60f}{p}(1-s) \tag{9-1}$$

由此可知，交流电动机的转速 n 和频率 f、极对数 p、转差率 s 有关，只要改变其中的任何一个量，转速都可以得到改变。也就是说，交流电动机的调速方法从大的方面来分有3种，即：变频调速、变极对数和改变转差率调速。

1. 变频调速

由（9-1）式可知，电动机的转速 n 与电源频率 f 成正比关系，所以连续地调节电源的频率就可以平滑地调节异步电动机的转速。

变频调速性能较好，可实现平滑调速，特性的硬度可保持不变，机械特性如图9-1a所示。变频调速的调速范围大，一般通用变频器可到1:10，高性能的矢量控制系统可达1:1000。控制精度等指标如前所述，也都接近直流调速的最好性能。

2. 改变极对数调速

改变极对数的方法，是通过改变绕组的接线来实现的，因此，它只适用于特殊制造的电动机。典型的绕组接法有Y-YY和△-YY两种。不管哪种接法，极对数只能成倍改变，其调速也是成倍改变的。属于有级调速的方法，这种方法在应用上有较大的局限性，在此不再累述。

3. 改变转差率的调速

改变转差率有多种方法，如：改变转子回路电阻和改变电动机电源电压等。

1）转子回路串接电阻的调速。这是改变电动机的转差率 s 调速的常用方法。这种方法只适用于绕线转子异步电动机。

如图9-1b图所示，当转子绕组串联电阻 R_2 之后，特性曲线下降，在电动机输出同样的转矩时，工作点将下移，使转差率增大，转速降低。

这种调速方法使机械特性变软，稳定性差，调速运行时效率降低，但最大转矩没有降低。由于其方法简便，在工业中得到比较广泛的应用。

2）调压调速。调压调速就是改变电动机电源电压而实现调速，改变电压的方法一般可采取调压器、交流无触头开关和定子串接电阻或电抗器等。

调压调速的最大特点是：随着电压的降低，不但速度会下降，最大转矩也会下降。机械特性严重变软。如电压下降过大，最大转矩可能低于额定转矩，电动机无法运行。故本方法对恒转矩机械负载实用价值不大，一般可用于风机、水泵类负载的调速，因为这类负载低速时转矩会大大降低。调压调速的机械特性如图 9-1c 所示。

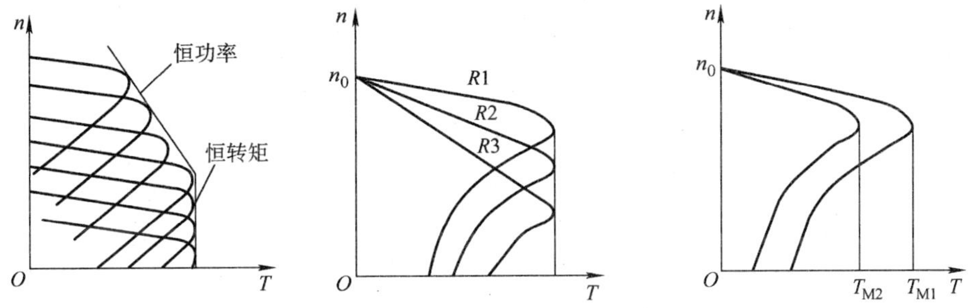

a) 调频调速特性　　b) 变电阻调速　　c) 调压调速特性

图 9-1　调速机械特性

9.2.2　电压频率协调控制方式

由式（9-1）可知，转速与频率成正比，当频率连续变化时，电动机的转速可以连续的变化。但是，在调节频率时对其他物理量是否有影响呢？答案是肯定的。我们知道定子侧的感应电动势是和频率 f_1、磁通 Φ_M 之积成正比的，即

$$E_1 = 4.44K_{r1}N_1 f_1 \Phi_M \tag{9-2}$$

式中，K_{r1}是系数；N_1是绕组匝数。

从（9-2）式可见，当频率 f_1 降低时，电动势 E_1 是基本不变的，要使上式成立，只有使磁通 Φ_M增加。磁通的增加必然会使磁路饱和，使定子励磁电流增加，使铁损急剧增加，效率下降，这是不可取的。反之，如果使频率 f_1 增加，则只有使磁通 Φ_M下降，而磁通 Φ_M是定子和转子能量传递的媒介，磁通 Φ_M下降会直接影响输出转矩，使电动机的转矩大幅降低甚至会影响电动机正常工作。

综上所述，在变频过程中，必须使磁通保持恒定，即 Φ_M = 常数。如何才能保持 Φ_M恒定呢？从（9-2）式可知，如能保持 E_1/f_1 = 常数，则基本上可以保持 Φ_M = 常数。但 E_1 的大小不容易控制，而电动机的端电压是可以控制的。如果略去定子阻抗压降的话，则可以认为端电压 U_1 与电动势 E_1 近似相等。我们把式（9-2）变形为

$$\Phi_M = K_\Phi \frac{E_1}{f_1} \approx K_\Phi \frac{U_1}{f_1} \tag{9-3}$$

式中，K_Φ是常数（$4.44K_{r1}N_1$）。

也就是说，在调频过程中只要保持电压和频率的协调控制（VVVF），始终使 U_1/f_1 = 常数就可以达到我们的目的。那么，如何实现调频调压呢？一般常用的方法有脉幅调制和脉宽调制，也就是人们常说的 PAM 和 PWM 两种控制方法。这两种方法的实现在后面分别介绍。

9.3 PAM、PWM、SPWM 控制方式

9.3.1 PAM

PAM 控制方式，是在调节输出频率的同时也对输出电压幅值进行调节的控制方式，所以 PAM 又叫脉幅调制。在交—直—交变频器中，逆变所得的交流电压的幅值就是整流的直流电压幅值，因此，一般是在整流电路中实现电压幅值的调节，在逆变电路部分对输出频率进行调节。由于这种控制方式必须同时对整流电路和逆变电路进行控制，还应该满足电压和频率的一定比例关系，控制电路比较复杂，早期的通用变频器常采用 PAM 调制方式。目前在中小容量变频器中已很少采用，只在大功率变频调速系统中应用。图 9-2 表示了脉幅调制后的输出电压。

9.3.2 PWM

PWM 控制方式是指对脉冲宽度进行调制的控制方式，把输出电压的波形分割成若干个方脉冲，设每个脉冲的宽度为 t_1，脉冲的间隔时间为 t_2，则平均电压的大小与 t_1、t_2 的宽窄有关，我们可以引入占空比的概念，占空比 λ 可以用下式表示

$$\lambda = \frac{t_1}{t_1 + t_2} \tag{9-4}$$

显然，平均电压的大小与占空比成正比。在调节频率时，只要调节占空比，而不需要调节电压幅值就可改变电压的大小。脉宽调制的电压输出波形如图 9-3 所示。

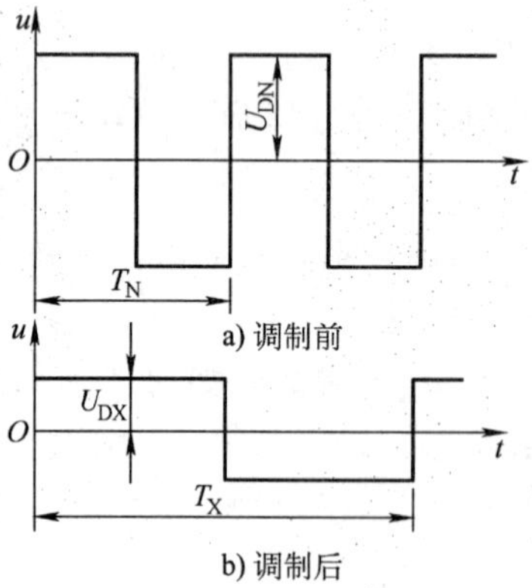

图 9-2 PAM 输出电压

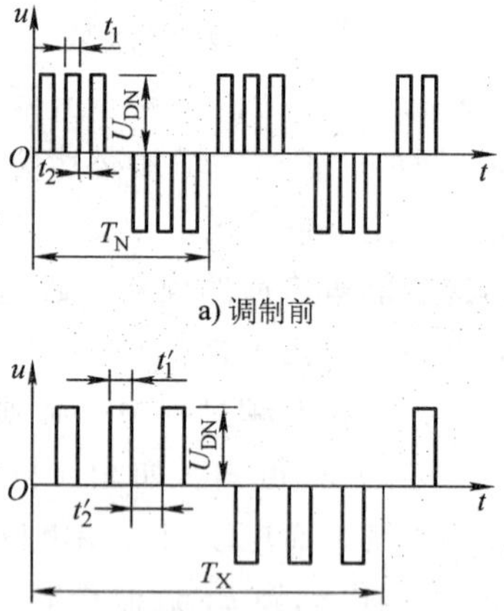

图 9-3 PWM 输出电压

9.3.3 SPWM

SPWM（正弦波脉宽调制）是 PWM 控制方式的一种，其目的是使脉冲宽度按正弦规律变化，输出波形尽量接近正弦波，因此，被称为正弦波脉宽调制（SPWM）。SPWM 就是在进行调制时，使脉冲系列的占空比按正弦规律变化。当正弦值为最大值时，脉冲的宽度也最大，而脉冲间的间隔则最小；反之，当正弦值较小时，脉冲的宽度也小，而脉冲间的间隔则

较大，如图9-4所示。这样的电压脉冲系列可以使负载电流中的谐波成分大为减小。

实现SPWM就是设法控制逆变电路的半导体开关器件通、断时间和间隔，以达到改变输出脉冲宽度目的，从而控制电压（电流）的大小。

SPWM控制方式，可以使输出的谐波分量减少，输出转矩较为稳定。尤其是采用多重化技术的PWM控制技术出现之后，变频器的品质得到了大幅的提升。

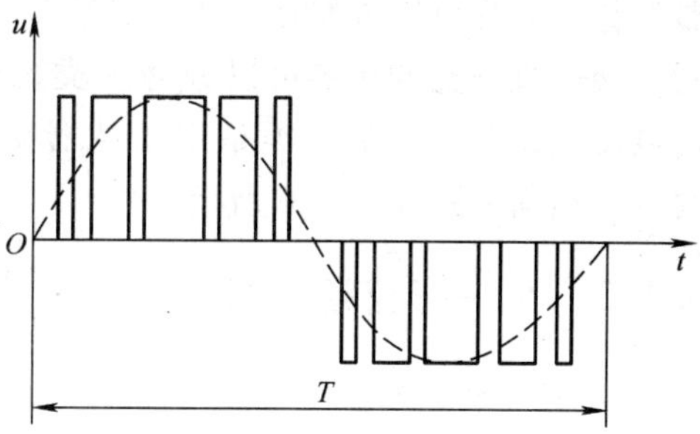

图9-4 SPWM波形

9.4 交—交与交—直—交变频方式

9.4.1 交—交变频方式

交—交变频输出的每一相都是由两组晶闸管整流器反并联的可逆线路构成，如图9-5所示。

当正组工作在整流状态时，反组封锁，负载上电压为U_0为上正下负；当反组处于整流状态而正组封锁时，U_0为上负下正，这样使负载上得到方向变化的交流电压。若以一定频率控制正组和反组整流器交替导通，则负载上就可以得到不同频率的交流电压。图9-5a电路接入了足够大的滤波电感L，输出电流近似方波，称为电流型；图9-5b中没有接入电感，称为电压型。

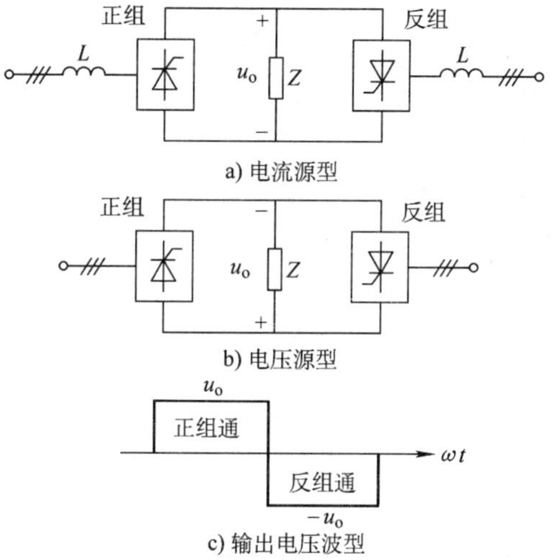

图9-5 交—交变频电路

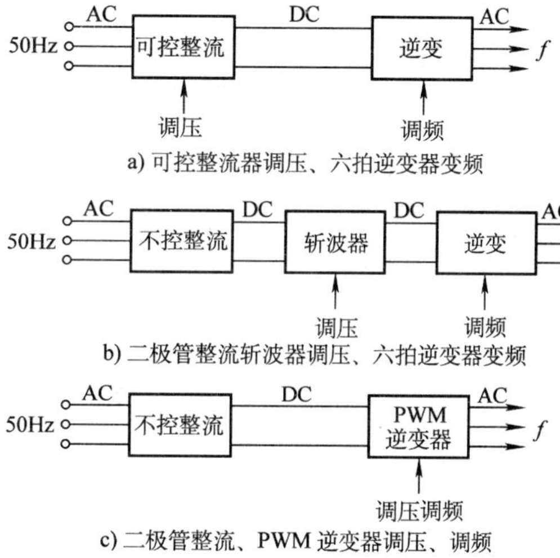

图9-6 交—直—交变频电路

9.4.2 交—直—交变频方式

交—直—交变频的主电路主要由交—直（整流）部分和直—交（逆变）部分组成，是通用变频器的主要变换形式，这种方式容易实现前面所提及的电压/频率的协调控制。变频器的整流部分可以方便地调压，逆变环节方便地实现变频。根据调压的组成和控制方式的不同，交—直—交变频器可以分为3类，即：一类是用SCR、GTR、IGBT等可控器件组成可调电压整流器的；第二类是用斩波器调压的；第三类是用二极管整流，用PWM方式调压的。其结构形式如图9-6所示。

9.4.3 交—交变频与交—直—交变频特性比较

1. 交—交变频

1）交—交变频器因为无直流中间环节、直接将电网频率的电压变换为其他频率的电压，所以效率较高。

2）其输出频率总是低于电网频率，一般最高频率仅为电网的1/3左右。

3）变频器采用电压过零自然换流，可采用普通晶闸管。

4）功率因数低，谐波分量大；低速时更加严重。

2. 交—直—交变频

1）由于有中间环节，增加损耗，故效率较低。

2）输出频率可以远远高于电网频率，通用变频器可达到400Hz，高频变频器可更高。

3）功率因数相对较高，谐波分量较少，转矩脉动低，尤其是采用PWM的控制方式后，功率因数和谐波等指标，都较为理想。

9.5 变频器的运用

现在市场上的变频器，无论容量大小，基本上都实现了数字化，由于数字化的实现，使变频器具有了多功能和高性能，具有了参数的自适应和多种保护功能，实现了网络控制功能，使操作变的非常方便。下面主要以施耐德（Schneider）公司的ATV31变频器作一介绍。

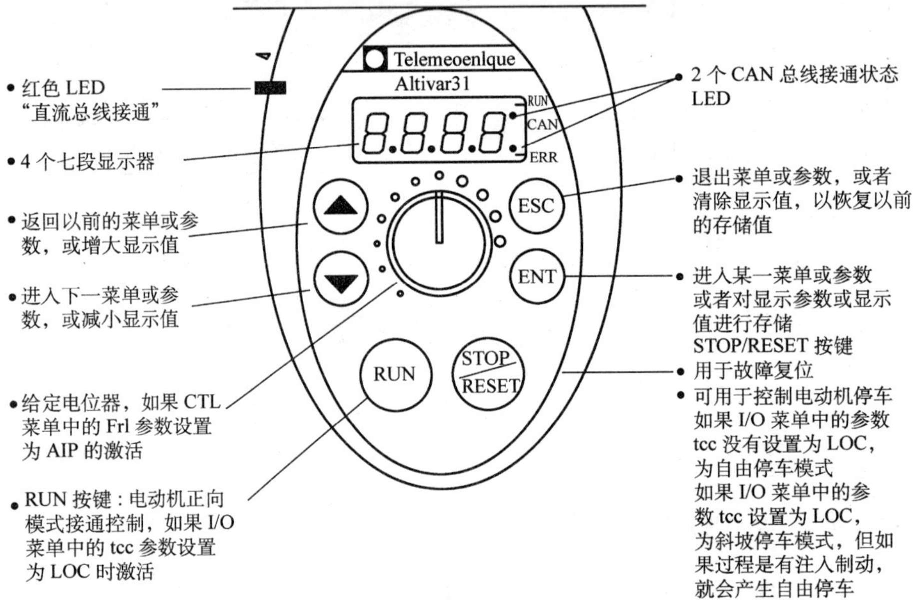

图9-7 变频器面板

9.5.1 操作面板介绍及操作

1. 操作面板及按键作用

Ahivar31 变频器操作面板如图 9-7 所示，该变频器有 6 个按键：

1）运行键（RUN）。

2）停止/故障复位键（STOP/RESET）。

3）功能号和数据递增键（▲）。

4）功能号和数据递减键（▼）。

5）退出菜单或参数删除键（ESC）。

6）进入菜单或参数确认键（ENT）。

另外，面板上有 1 个给定电位器；4 个七段 LED 显示器显示菜单和参数。

2. 菜单

施耐德 ATV31 型变频器的参数是树干结构，即多级菜单结构形式，一级菜单有 8 个，一级菜单后面有二级菜单、三级（参数）菜单等等。访问时要逐级访问，逐级设定。

8 个一级菜单分别是：

SET——设置；DRC——电动机控制；I/O——输入/输出；CTL——控制；FUN——功能；FLT——鼓掌显示；COM——通信；SUP——监测。菜单的访问如图 9-8 所示。二级菜单和参数菜单内容较多，在此不再累述。使用时请参见编程手册。

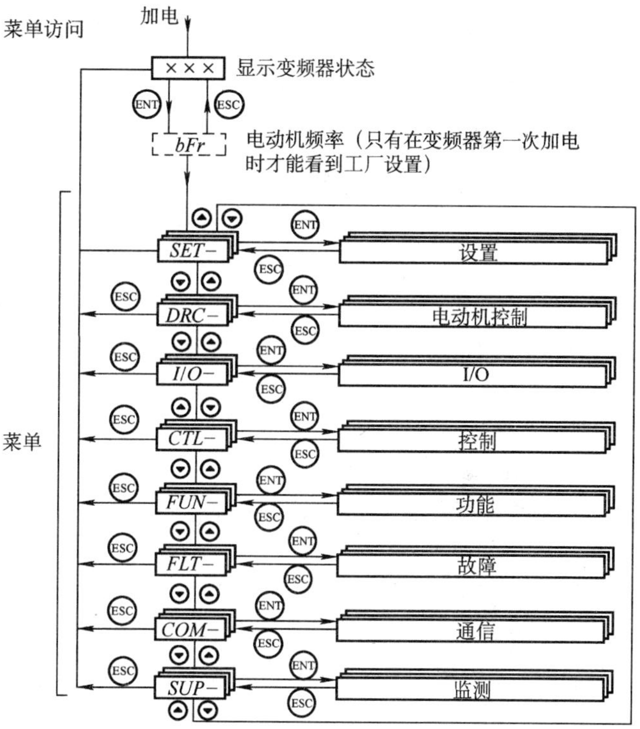

图 9-8 菜单结构

3. 菜单参数访问

加电后，变频器视窗中会显示变频器状态，点按面板上的 ENT 键，进入一级菜单，选定一级菜单后，再次点按 ENT 键，即进入二级菜单，二级菜单为参数或功能代码，如需要改变参数或功能设置，可以点按▼和▲进行选择，直至选到目标值，按 ENT 键确认即可。参数访问示意图如图 9-9 所示。

4. 基本功能参数

变频器的参数有数百项，且不同的变频器也不尽相同，但基本的参数是不可缺少的，其基本参数主要有以下几项：

（1）上限频率 HSP，下限频率 LSP　上下限频率设定功能是为了限制电动机的最高和最低转速，从而满足设备运行控制的要求。如上限频率 HSP = 50Hz，不管设定频率为多大，其输出频率仍不会超过50Hz；如下限频率LSP=25Hz，不管设定频率多低，其输出频率最低也只能为25Hz。

（2）加速时间ACC，减速时间DEC　加速时间是决定变频器从0Hz加速到电动机额定频率所需的时间，减速时间是决定变频器从额定频率下降到0Hz所需的时间；设定的加速、减速时间必须与负载的加、减速特性相匹配。对于大容量电动机，还要考虑起动时对电网的冲击，如设定加速时间太短，电动机起动电流较大，会造成线路压降过大，也可能会使变频器过电流或过电压跳闸。

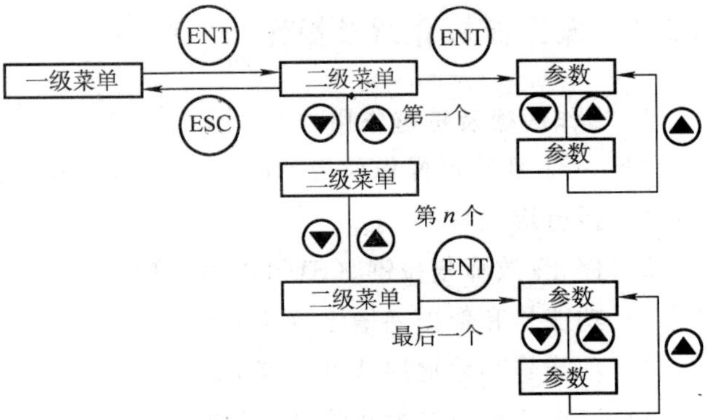

图9-9　菜单访问示意图

（3）基本频率Frs　基本频率是与变频器最大输出电压相对应的频率，在大多数情况下，基本频率总是和电动机的额定频率相同。

（4）跳转频率JPF　跳转频率又称为回避频率，用于抑制1个或2个可能引起机械共振的关键速度。如果跳转频率JPF在设定点±1Hz的范围内，那么本参数不会长时间运行，使变频器不能输出与负载机械设备共振的频率值，从而避开共振频率。防止机械系统发生共振而损坏机械设备。

（5）转矩提升Ufr　在低速时，电动机的散热效果差，电动机的允许温升下降为额定时的60%，转矩输出必须降低。Ufr用于在低速时优化转矩，但Ufr不能太大，否则易过电流跳闸。

（6）返回工厂设置FCS　变频器在调试期间，往往会出现由于操作不当等原因发生功能、数据紊乱等现象，遇到这种现象，可先返回工厂设置，恢复出厂数据，然后再重新设置参数。

5. 工厂设置参数

工厂设置是出厂时预置的参数，主要有：

1）电动机频率bFr：50Hz。

2）负载类型UFt：n（无传感器的矢量控制）。

3）正常停车模式stt：rnp（斜坡停车模式）。

4）发生故障时的停车模式：自由停车。

5）最低频率LSP：0Hz。

6）最高频率HSP：50Hz。

7）逻辑输入

LI1：正向；　　LI2：反向；

LI3、LI4：4档速度设置，速度1=LSP；速度2=10Hz；速度3=15Hz；速度4=20Hz；

LI5、LI6：未分配。

8）模拟输入：

AI1：速度给定0~10V，ATV31中未激活；

AI2：与 AI1 求和给定；

AI3：4～20mA。

9）控制功能：tcc = 2c（两线控制）。

6. 显示运行状态

变频器接到运行命令后，进入运行状态，运行（RUN）指示灯亮。

7. 显示停机状态

变频器停机时，运行指示灯灭。

8. 显示故障状态

变频器运行发生故障时，变频器立刻停止输出，运行指示灯灭，LED 显示相应的故障代码。

排除故障后，按 STOP/RESET 键，变频器复位。

9.5.2　施耐德 ATV31 变频器的接线

施耐德变频器的接线端子有主回路、控制回路和辅助回路，其中，主回路连接电源和电动机，控制回路连接输入/输出（I/O）信号，辅助回路连接制动单元等附件，如图 9-10 所示。

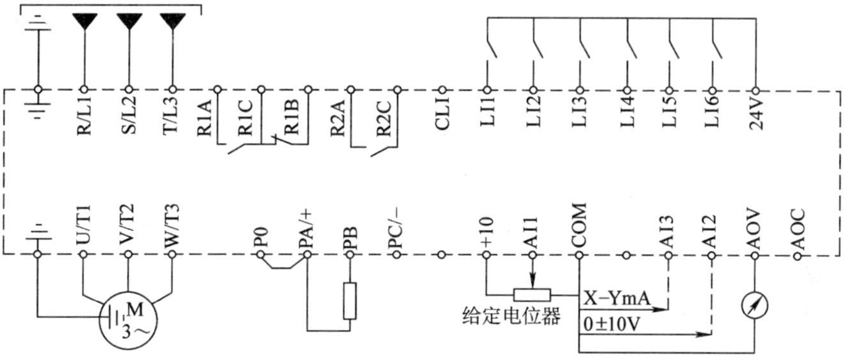

图 9-10　变频器接线示意图

图中，LI1～LI6 为逻辑量输入端；AI1～AI3 为模拟量输入端。

R1A、R1B 是可编程继电器的接点，阻性负载的最大开关能力为 5A；感性负载的最大开关能力为 1.5A（$\cos\phi = 0.4$）。

R2A、R2C 是可编程继电器的接点，阻性负载的开关能力为 5A。

注：以上开关能力仅指 AC 250V，DC 30V 时。

PA、PB 是制动电阻连接端。

9.5.3　多段速度控制方式

为了使电动机具有灵活的速度控制，各变频器都设置了几种控制方式，有多段速度和 PID 控制方式。在使用时只要根据实际需要设定即可。施耐德 ATV31 变频器最多可达 16 段速度和 3 个 PID 输入。

1. 两线控制方式

两线控制方式如图 9-11 所示，两线控制必须在 SET 菜单中设置 tcc = 2c，从图中可以看出，LI1、LI2 为方向控制，LI3～LI6 为速度控制，4 个接点的组合，可以对应 16 种状态，也就是说最多可以得到 16 段速度。在设置参数时，首先要选定是几段速度，然后再激活代表速度段的逻辑输入端。规定：PS2 = LI3，PS4 = LI4，PS8 = LI5，PS16 = LI6。具体的含义见表 9-1。

表 9-1　十六段速度状态表

16 段速度 LI6	8 段速度 LI5	4 段速度 LI4	2 段速度 LI3	速度给定
0	0	0	0	SP1(给定值)
0	0	0	1	SP2
0	0	1	0	SP3
0	0	1	1	SP4
0	1	0	0	SP5
0	1	0	1	SP6
0	1	1	0	SP7
0	1	1	1	SP8
1	0	0	0	SP9
1	0	0	1	SP10
1	0	1	0	SP11
1	0	1	1	SP12
1	1	0		SP13
1	1	0		SP14
1	1	1		SP15
1	1	1		SP16

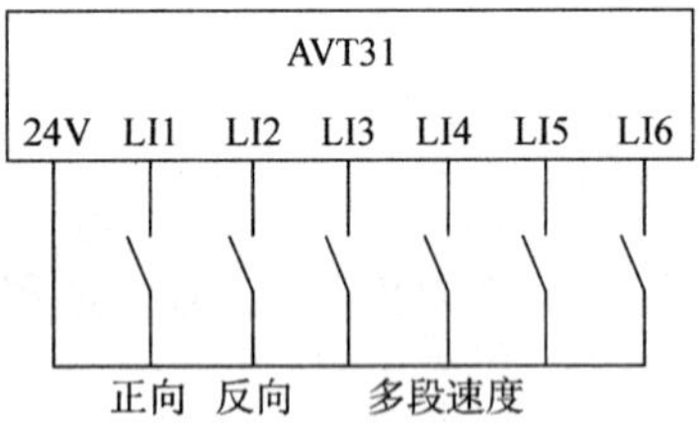

图 9-11　两线控制

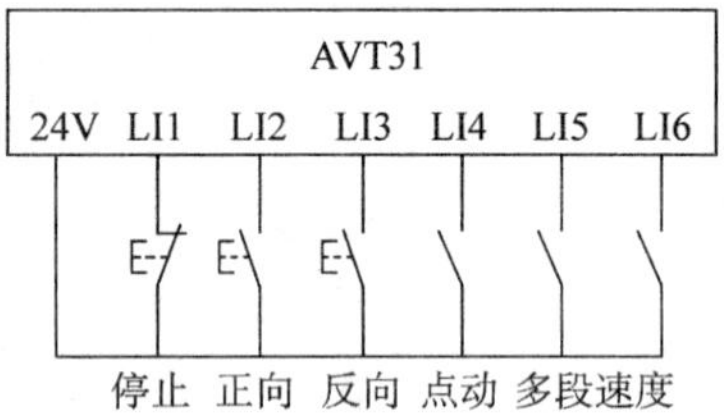

图 9-12　三线控制

2. 三线控制方式

三线控制方式如图 9-12 所示，三线控制必须在 SET 菜单中设置 tcc = 3c，从图中可以看出，LI1 为停止控制端，因为它为脉冲控制方式，要使电动机运转，停止端 LI1 需保持有 24V 的控制电压。LI2、LI3 为方向控制，LI4 为点动，LI5-LI6 为速度控制，两个接点的组合，可以对应 4 种状态，也就是说最多可以得到 4 段速度。在设置参数时，同样，首先要选定是几段速度，然后再激活代表速度段的逻辑输入端。规定：PS2 = LI5，PS4 = LI6。具体的含义见表 9-2。

表 9-2　四段速度状态表

四段速度 LI6	二段速度 LI5	速度给定
0	0	SP1(给定)
0	1	SP2
1	0	SP3
1	1	SP4

3. PID 控制方式

所谓 PID 控制功能是利用 PID（比例积分微分）调节器的特性，实现对生产过程物理量的恒值控制，比例积分调节可以做到输入有差值时输出变化；输入无差值时，输出保持。如系统的压力、温度和流量等需要保持恒定时，可通过传感器检测被控参数并将其转换成电量，作为反馈量与目标值相比较，实现对被控参数的自动调节，这就是经常说的闭环控制。实际应用时可根据需要使用 PI 控制和 PID 控制等组合的控制方式。PID 控制系统框图如图 9-13 所示。

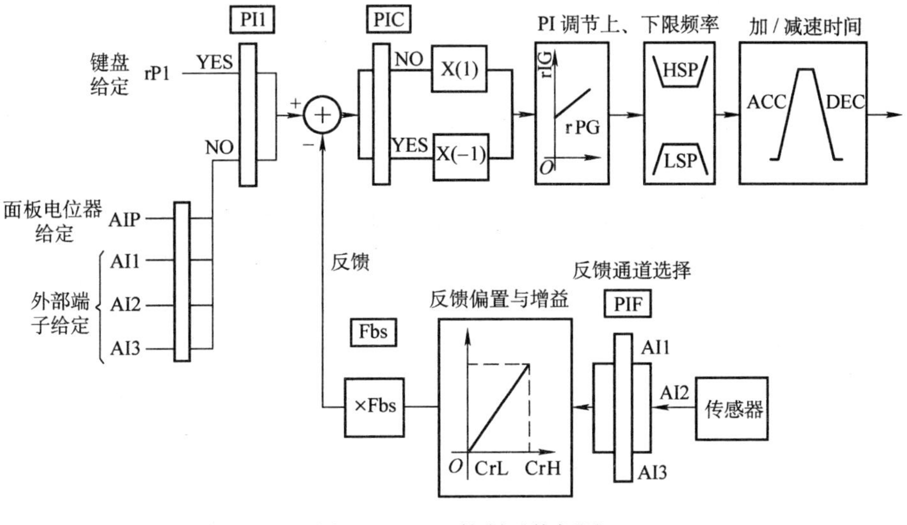

图 9-13　PID 控制系统框图

PI 调节的闭环控制系统主要参数设定。

1）给定值。

PI1 = YES，由内部给定（键盘上的▲、▼键）。

PI1 = NO，由 Frl 给定，即电位器（AIP）给定或端子（A11 或 A12）给定。

2）反馈值。

PIF = AI1，端子 AI1 输入电压反馈量。

PIF = AI2，端子 AI2 输入电压反馈量。

PIF = AI3，端子 AI3 输入电流反馈量。

3）反馈偏置与增益。

如为电流反馈，反馈偏置 Crl. 为 4mA，反馈增益 CrH 为 20mA。

如为电压反馈，反馈偏置 Crl. 为 0V，反馈增益 CrH 为 10V。

4）反馈乘积系数。

Fbs 用于调整反馈的最大值从而使之与 PI 调节器给定的最大值相对应。

5）校正值。

PIC = NO，正向控制，即校正值为正，变频器使电动机转速升高，如压力控制。

PIC = YES，反向控制，即校正值为负，变频器使电动机转速降低，如压缩机或冷却风机控制。

6）PI 调节参数。

比例增益 rPG：rPG 大，系统反应快；但 rPG 太大，易忽大忽小形成振荡。

积分增益 rIG：rIG 小，反应快，易振荡；rIG 太大，反应慢。

总之，在系统太慢时，应调大比例增益 rPG，或减少积分增益 rIG；在发生振荡时，应减少比例增益 rPG，或增大积分增益 rIG。

7）频率上限 HSP 和频率下限 LSP。

根据生产机械要求设定好上、下限频率。

9.6 西门子变频器简介

9.6.1 西门子变频器概述

西门子自动化与驱动集团（A&D）是德国西门子股份公司中最大的集团之一。它生产的主要产品包括交直流传动控制设备、低压电器和高压电器等众多电气类产品。西门子通用变频器包括标准型通用变频器和大型通用变频器。标准通用变频器主要包括 MICROMASTER4 系列标准变频器、MICROMASTER3 系列标准变频器、SINAMICSG110 系列变频器、SIMATIC ET200S FC 系列模块化变频器和电动机变频器一体化装置 5 大类。其中：

MICROMASTER4 系列标准变频器包括 MICROMASTER440 矢量型通用变频器、MICROMASTER430 节能型通用变频器、MICROMASTER420 基本型通用变频器和 MICROMASTER410 紧凑型通用变频器 4 个系列。

MICROMASTER3 系列标准变频器包括 MICROMASTER V 矢量型通用变频器、Eco 节能型通用变频器和 MICROMASTER 基本型通用变频器 3 个系列，而 MICROMASTER V 矢量型通用变频器又分为 MICROMASTER Vector（MMV）和 MIDIMASTER Vector（MD V）两种机型。Eco 节能型通用变频器包括 MICROMASTER Eco（MMEco）和 MIDIMASTER Eco（MD Eco）2 个系列，是适用于风机和水泵变频调速的经济型通用变频器。

MICROMASTER4 和 MICROMASTER3 2 大系列在我国用的最多。下面就 MICROMASTER4（MM4）做一下简介。

MM4 系列通用变频器具有线性 U/f 控制、多点设定的 U/f 控制（可编程）、FCC（磁通电流控制）和矢量控制等控制方式。MM4 系列具有对输入信号高速响应特性，可以在各种频率和负载状态下优化电动机的端电压；具有电动机参数识别功能及自动调整功能，从而保证了变频器在瞬变负载下具有对跳闸和失速的抗扰性，并且利用快速电流限制（FCI）功能实现了无跳闸运行；其独特的“捕捉再起动”功能可以在电源短时断电的情况下，自动搜寻电动机的速度并再起动。

MM4 和其他变频器一样，内置了 PI 调节器功能，可以实现物理量的过程控制。

MM410 紧凑型通用变频器具有结构紧凑、体积小、使用灵活方便和安装简单的特点，采用自冷式散热器，可安装在 DIN 标准导轨上，适应于安装在狭小的箱体中或安装位置受到限制的地方。电源端子的位置与常用的接触器端子位置类似，电源和电动机的连接电缆相互隔离。内置 B 级 EMC 滤波器。具有 3 个可编程固定频率，11 个可编程跳转频率。集成 RS485 通信接口。当过载能力为 150% 时，持续时间可达 60s。具有过电压保护、欠电压保护、变频器和电动机过热保护、接地故障保护、短路保护和防失速保护。

MM420 基本型通用变频器是一种模块化变频器，可安装在 35mm 标准导轨上。它具有完善的控制功能，在设置相关参数后也具有 7 个可编程固定频率和 4 个可编程跳转频率；集成 RS485 通信接口，可选 Profibus-DP 和 DeviceNet 通信模块。过载能力为 150% 时，持续时间 60s；具有过电压保护、欠电压保护、变频器和电动机过热保护、接地故障保护、短路保护、防失速保护和 PTC 电动机温度保护。

MM430 节能型通用变频器是风机和泵类负载专用变频器。控制软件可实现多泵切换、电动机分级控制、手动操作/自动控制、工频/变频切换、水泵无水空转检测和节能运行方式等专用功能，电动机驱动数据组（DDS）、命令数据组和设定值信号源（CDS）参数的设定值可以相互切换；具有 6 个数字量输入端、2 个模拟量输入（0 ~ 10V、0 ~ 20mA）。具有 15 个可编程固定频率和 4 个可编程跳转频率；过载能力为 140% 额定负载电流，持续时间 3s，110% 额定负载电流，持续时间 60s；内置制动单元；具有过电压保护、欠电压保护、变频器和电动机过热保护、接地故障保护、短路保护、防失速保护和 PTC/KTY 电动机温度保护。

MM440 矢量型通用变频器是一种应用范围广的矢量控制方式的多功能、模块化通用变频器。具有低速高转矩输出、良好的动态特性和过载能力强等特点。可构成闭环矢量控制和闭环转矩控制方式。内置参数自整定 PID 控制器；具有 15 个可编程固定频率和 4 个可编程跳转频率；可实现主/从控制方式。过载能力为 200% 额定负载电流，持续时间 3s，150% 额定负载电流，持续时间 60s；内置制动单元；具有过电压保护、欠电压保护、变频器和电动机过热保护、接地故障保护、短路保护和防失速保护。

另外，MM420、MM430、MM440 都集成 RS485 通信接口，Profibus-DP 和 DeviceNet 通信模块可根据情况选择。

9.6.2　技术指标及参数设置

1. 西门子变频器的技术指标

西门子变频器的技术指标各种规格略有不同，但基本指标没有什么区别，下面仅给出了 MM420 的技术指标，见表 9-3。

2. 西门子变频器的参数设置

西门子变频器的参数设置是根据三个访问级别而设的，三个访问级别分别是：标准级（缺省）、扩展级和专家级。标准级只有重要的 17 个参数，扩展级可以对变频器的 I/O 接口进行设置，专家级可以访问所有参数。对于大多数用户而言，标准级和扩展级足够了。

在参数设置时，如果要改变访问级别，可通过 P0003 来设置，P0003 设为 1 表示标准级，P0003 设为 2 表示扩展级，P0003 设为 3 表示专家级。

表 9-3　MM420 变频器技术规格

输入电压和功率范围	单相 AC(200～240)V,0.12～3kW;	模拟输入	1个,用于设定值或PI输入,可标定;也可以作为第4个数字输入使用
	三相 AC(200～240)V,0.12～5.5kW;	继电器输出	1个,可编程,DC 30V,5A(阻性负载),或 AC 250V,2A(感性负载)
	三相 AC(380～480)V,0.3～11kW	模拟输出	1个,可编程(0～20mA)
输入频率	47～63Hz	串行接口	RS232,RS485
输出频率	0～650Hz	制动	直流制动,复合制动
过载能力	1.5倍额定输出电流,1min	保护功能	欠电压、过电压、过负荷、短路、电动机失速、闭锁电动机、电动机过热、变频器过热和参数 PIN 编号保护
控制方式	线性 V/f、平方 V/f、可编程的 V/f 和磁通电流控制(FCC)		
PWM 频率	2～16kHz(每级调整 2 kHz)	外型尺寸和重量	W(mm)×H(mm)×D(mm) 重量(kg)
频率设定值的分辨率	0.01Hz,数字设定;0.01Hz,串行通讯设定;1位模拟设定		A:73×173×149　1.0 B:149×202×172　3.3
数字输入	3个完全可编程的带隔离的数字输入;可切换 PNP/NPN		C:185×245×195　5.0

下面给出 MM 420 的参数表和快速设置的参考范例。

西门子 MictoMaster 420 通用变频器功能码：

PZD：过程数据控制
MOP：电动式电位计
快速调试 P0010 =1
P 0300 选择电动机类型
P 0304 额定电动机电压
P 0305 额定电动机电流
P 0307 额定电动机功率
P 0308 额定电动机功率因数
P 0309 额定电动机效率
P 0310 额定电动机频率
P 0311 额定电动机速度
P 0335 电动机冷却
P 0640 最大输出电流
P 0700 PZD 命令的通路
P 1000 频率设定值的选择
P 1080 最小频率
P 1082 最大频率
P 1120 斜坡上升时间
P 1121 斜坡下降时间
P 1135 OFF3 斜坡下降时间
P 1300 控制方式
P 3900 快速参数化
电动机数据 P0004 =3
MHB：按制动曲线制动
P 0003 BOP/AOP 读访问级
P 0010 驱动装置调试
r 0034 电动机利用系数
P 0300 选择电动机类型
P 0304 额定电动机电压
P 0305 额定电动机电流
P 0307 额定电动机功率（kW 或 hp）
P 0308 额定电动机功率因数
P 0309 额定电动机效率
P 0310 额定电动机频率
P 0311 额定电动机速度
P 0335 电动机冷却
P 0340 电动机数据的计算
P 0350 定子相间电阻
P 0611 电动机 I^2t 时间常数
P 0614 电动机 10t 过载报警电平
P 0640 最大输出电流
P 1910 电动机数据标识符的选择
r 1912 识别定子电阻
FCc 磁通电流控制
变频器 P0004 =2
P 0003 BOP/AOP 读访问级
P 0010 驱动装置调试
r 0018 微程序版本
r 0026 直流回路电压实际值
r 0039 电能消耗（kWh）
P 0040 电能消耗复位
r 0206 驱动装置的额定功率
r 0207 驱动装置的额定电流
r 0208 驱动装置的额定电压
P 1800 开关频率
P 1820 输出相序反相
命令和数字输入/输出 P0004 =7
r 0002 驱动装置的状态
P 0003 BOP/AOP 读访问级
P 0010 驱动装置的调试
r 0052 状态字 1
r 0053 状态字 2
P 0700 PZD 命令的通路
P 0701 选择数字输入 1
P 0702 选择数字输入 2

P 0703 选择数字输入 3
P 0704 选择数字输入 4
r 0722 二进制的输入值
P 0731 二进制输出
模拟 I/O P0004 = 8
P 0003 BOP/AOP 读访问级
P 0010 驱动装置调试
r 0752 模拟输入电压，V
r 0754 模拟输入，百分值
r 0755 标称化的实际 ADC（经模/数转换的模拟输入）值（对十六进制数 4000h 的标称值）
P 0756 ADC 的监控
P 0757 ADC 特性的 X1 值
P 0758 ADC 特性的 Y1 值
P 0759 ADC 特性的 X2 值
P 0760 ADC 特性的 Y2 值
P 0761 死区宽度
P 0771 DAC（经模/数转换的模拟输出）功能
r 0774 模拟输出值
P 0777 DAC 特性的 X1 值
P 0778 DAC 特性的 Y1 值
P 0779 DAC 特性的 X2 值
P 0780 DAC 特性的 Y2 值
P 0781 模拟输出的死区驱动装置的特点P0004 = 12
P 0003 BOP/AOP 读访问级
P 0004 r0000 显示的参数
P 0010 驱动装置的调试
P 1200 捕捉再起动
P 1210 自动再起动
P 1215 MHB 的方式
P 1216 MHB 的打开时间
P 1217 MHB 的闭合时间
P 1232 直流制动电流
P 1233 直流制动持续时间
P 1236 复合制动电流
通讯 P001 = 20
P 0003 BOP/AOP 读访问级
P 0010 驱动装置的调试
P 0918 CB 总线地址
P 0927 改变参数的途径
P 2000 基准频率
P 2010 USS 波特率
P 2011 USS 地址设定位通道和斜坡发生器 P0004 = 10
P 0003 BOP/AOP 读访问级
P 0010 驱动装置调试
P 1000 频率设定值的选择
P 1001 固定频率 1
P 1002 固定频率 2
P 1003 固定频率 3
P 1004 固定频率 4
P 1005 固定频率 5
P 1006 固定频率 6
P 1007 固定频率 7
P 1031 MOP 的设定值存储
P 1040 MOP 的设定值
P 1058 正向点动频率
P 1059 反向点动频率
P 1060 点动斜坡上升时间
P 1061 点动斜坡下降时间
P 1080 最小频率
P 1082 最大频率
P 1120 斜坡上升时间
P 1121 斜坡下降时间
P 1130 斜坡上升的起始圆弧时间
P 1131 斜坡上升的结束圆弧时间
P 1132 斜坡下降的起始圆弧时间
P 1133 斜坡下降的结束圆弧时间
P 1134 圆弧的类型
电动机的控制 P0004 = 13
P 0003 BOP/AOP 读访问级
P 0010 驱动装置的调试
r 0021 频率实际值
r 0025 输出电压实际值
r 0027 输出电流实际值
r 0056 *V/F* 和 VC 控制的状态字 1
P 1300 控制方式
P 1310 连续提升
P 1311 加速度提升
P 1312 起动提升
P 1333 FCC 控制的起动频率
P 1335 滑差补偿的增益系数
P 1336 滑差限制报警、警告和监控 P0010 = 21
P 0003 BOP/AOP 读访问级
P 0010 驱动装置调试
r 0947 故障号
r 2110 报警号
r 2197 监控器的状态字 1
PI 控制器 P0004 = 22
P 0003 BOP/AOP 读访问级
P 0010 驱动装置的调试
P 2200 PI 控制器投入运行
P 2201 PI 固定设定值 1
P 2202 PI 固定设定值 2
P 2203 PI 固定设定值 3
P 2204 PI 固定设定值 4
P 2205 PI 固定设定值 5
P 2206 PI 固定设定值 6
P 2207 PI 固定设定值 7
r 2224 连接器：固定的 PI 设定值
P 2231 MOP 的设定值存储
P 2232 禁止键盘的反向设定值
P 2240 MOP 设定值
r 2250 激活的数字 PI 输出设定值

P 2253 信号源：PI 设定值常数
P 2257 PI 设定值的加速时间
P 2258 PI 设定值的减速时间
r 2260 PI 设定值
P 2264 PI 反馈值
P 2265 PI 反馈滤波器时间常数
r 2266 PI 反馈值
P 2271 PI 传感器的类型
P 2272 连接器：PI 标定的反馈信号
r 2273 PI 误差
P 2280 PI 比例增益系数
P 2285 PI 积分时间
P 2291 PI 上限
P 2292 PI 输出下限
r 2294 PI 输出

3. 快速配置操作实例

快速配置是满足一般性运行的通用配置，只要设定部分主要参数就可以了。基本配置可以按表 9-4 的参数进行设定。

表 9-4 基本配置参数表

序号	面板操作	模拟量操作	多段固定频率
1	P0003 = 2	P0003 = 2	P0003 = 2
2	P0010 = 30	P0010 = 30	P0010 = 30
3	P0970 = 1	P0070 = 1	P0070 = 1
4	P0003 = 2	P0003 = 2	P0003 = 2
5	P0010 = 1	P0010 = 1	P0010 = 1
6	P0304 = UN	P0304 = UN	P0304 = UN
7	P0305 = IN	P0305 = IN	P0305 = IN
8	P0307 = PN	P0307 = PN	P0307 = PN
9	P0310 = fN	P0310 = fN	P0310 = fN
10	P0311 = nN	P0311 = nN	P0311 = nN
11	P0010 = 0	P0010 = 0	P0010 = 0
12	P0700 = 1	P0700 = 2	P0700 = 2
13	P1000 = 1	P0701 = 1	P0701 数字输入 1
14	P1040 = f	P0702 = 2	P0702 数字输入 2
15	P1120 = 加速时间	r0000	P0703 数字输入 3
16	P1121 = 减速时间		P0704 数字输入 4
17	r0000 显示		P1000 = 3
18			P1001 ~ 1008;8 段固定频率
19			P1120 = 加速时间
20			P1121 = 减速时间

9.7 变频调速拖动系统的设计

变频调速系统的设计和其他系统的设计程序和内容是相同的，主要有：

1）根据负载特性选择电动机、变频器的类型和容量。

2）决定调速范围和传动比。

3）选择外围的低压电器元件。

9.7.1 负载的机械特性

1. 恒转矩负载

恒转矩负载的特点就是在不同的转速下，负载的转矩基本恒定，即

$$T_N = 常数 \tag{9-5}$$

即负载转矩 T_N 的大小与转速 n 的高低无关。在运行中随着不同条件而改变的是功率，其功率可以近似地认为与转速成正比。功率的关系式可以表示为

$$P_L = \frac{T_N n}{9550} \tag{9-6}$$

2. 恒功率负载

恒功率负载的特点就是在不同的转速下，负载的功率基本恒定，即

$$P_N = 常数 \tag{9-7}$$

即负载功率的大小与转速的高低无关。随着负载转速的改变，只是转矩在变化，转矩的表达式可以表示为

$$T_N = \frac{9550 P_N}{n_N} \tag{9-8}$$

由上式可以看出，由于功率近似恒定，负载转矩的大小与转速成反比。

3. 平方律负载

所谓平方律负载，是针对转矩与转速的关系而言的。平方律负载的主要特点是转矩与转速的2次方成正比，即

$$T_N = K_T n^2 \tag{9-9}$$

而负载的功率我们可以从（9-6）式导出。

$$P_N = \frac{T_N n}{9550} = \frac{K_T n^2 n}{9550} = K_P n^3 \tag{9-10}$$

可见，功率 P_N 与转速 n 的3次方成正比。我们把 K_T、K_P 分别叫做转矩常数和功率常数。

9.7.2 变频器类型的选择

通用变频器根据控制功能的不同，可以分为4种类型：普通功能型 U/f 控制变频器、具有转矩控制功能的高功能型 U/f 控制变频器和矢量控制高性能型变频器，还有直接转矩控制型变频器。

变频器的类型是根据负载要求选择的。对于恒转矩类负载，如挤压机、搅拌机、传输带，厂内运输电车、吊车的平移机构，吊车的提升机构和提升机等。我们可分两种情况考虑：一是采用普通功能型变频器来实现恒转矩调速，可采用加大电动机和变频器容量的办法，以提高低速时的转矩；二是采用具有转矩控制功能的高功能型变频器，实现恒转矩负载的调速运行，这种情况可按标准容量选择，也是较理想的，因为这种变频器低速转矩大，静态机械特性硬度大，不怕负载冲击，具有挖土机特性。此外，恒转矩负载时的电动机，如果采用通用型标准电动机，还应考虑低速时的强迫通风冷却问题。

对于风机和泵类负载，其转矩与转速的平方成正比，低速时负载转矩较小，通常可以选择普通功能型变频器。

对于轧钢、造纸和塑料薄膜加工线这类要求精度高、响应快的生产机械设备，宜采用矢量控制高性能型通用变频器。

9.7.3 变频器容量的选择

1. 选择变频器容量的基本要求

由于电动机的发热时间常数通常是较大的，小功率电动机约为几分钟，大功率电动机可达几十分钟乃至若干小时，所以相对于电动机而言，允许的过载时间大多超过1分钟。变频器虽然也有过载能力（通常为150%），但允许过载的时间只有1分钟，相对于电动机的发热时间常数而言，几乎没有什么过载能力。因此，选择变频器容量的基本要求应该是：电动机在运行的全过程中，变频器的额定电流应大于电动机可能出现的最大电流，即

$$I_N \geqslant I_{Max} \tag{9-11}$$

式中，I_N是变频器的额定电流（A）；I_{Max}是电动机的最大运行电流（A）。

2. 连续运行时的容量选择

有很多负载是要求连续运行的，且速度没有突变，这时，我们可以按最大功率和最大电流来选择。由于变频器传给电动机的是脉动电流，电动机实际的电流值比工频供电时电流要大，因此，在选择变频器的容量时须留有适当的余量。一般而言，变频器应同时满足以下3个条件

$$P_N = \frac{kP_M}{\eta\cos\varphi} \tag{9-12}$$

$$I_N = kI_M \tag{9-13}$$

$$P_N \geqslant k \times \sqrt{3}U_M I_M \times 10^3 \tag{9-14}$$

式中，P_M是负载所要求的电动机的轴输出功率（kVA）；η是电动机的效率；$\cos\varphi$是电动机的功率因数；U_M是电动机电压（V）；I_M是电动机工频最大电流（A）；k是电流波形的修正系数（PWM方式时，取1.0～1.05）；P_N是变频器的额定容量（kVA）；I_N是变频器的额定电流（A）。

3. 加减速运行时的容量选择

在实际生产中，有很多的负载，要求电动机频繁起、制动或频繁加速减速。图9-14的n-t和I-t图所表示的就是一个有5种运行状态的负载图。

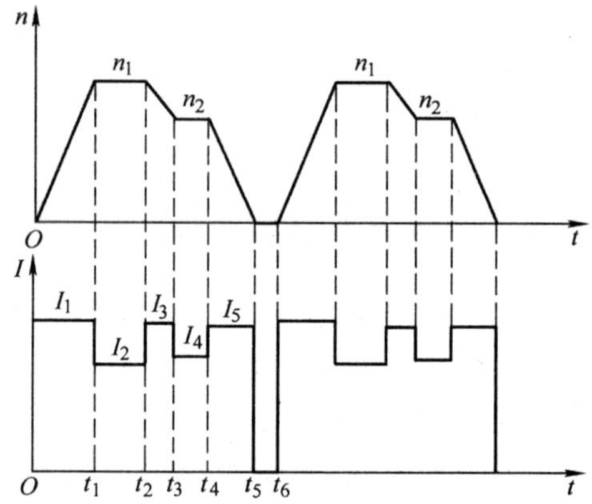

图9-14 电动机运行时的特性

这种情况的选择一般是根据电流原则选择的，也就是变频器的额定电流应大于负载的各种状态下的平均电流，即

$$I_N \geqslant \frac{I_1 t_1 + I_2 t_2 + \cdots + I_5 t_5}{t_1 + t_2 + \cdots + t_5} \tag{9-15}$$

如果是有n种运行状态，则公式可以写成

$$I_N \geqslant \frac{I_1 t_1 + I_2 t_2 + \cdots + I_n t_n}{t_1 + t_2 + \cdots + t_n} \tag{9-16}$$

式中，I_1、$I_2 \cdots I_n$是各运行状态的电流；t_1、$t_2 \cdots t_n$为各运行状态下的运行时间。

4. 电动机直接起动时变频器容量选择

三相异步电动机直接起动，最方便，应用也较广。但其起动电流较大，一般电流起动倍数都在 4 ~7 之间。由于变频器的过载能力小，持续时间短，所以一般可以按下式选取。

$$I_N \geqslant I_K \tag{9-17}$$

式中，I_N是变频器额定电流；I_K是电动机起动时堵转电流。

9.7.4 电动机容量的选择

由于变频驱动时，电动机可能运行在较低的转速，再加上由于 PWM 控制方式所致，输出波形中含有大量的谐波，会造成电动机的发热。选择电动机时一般遵循下列原则：

1）尽量选用变频电动机，其功率可按（9-6）式计算。

2）如果是选用普通电动机，可适当加大电动机容量。大量实践表明，电动机在额定运转情况下，用变频器供电和不用变频器供电相比较，电动机电流增加 10%，而温升增加 20% 左右。可据此计算增加的容量。

3）增大传动比，降低电动机容量。

因为电动机的功率与有效转矩成正比，而电动机有效转矩是指负载侧折算到电动机轴的有效转矩。我们知道，负载转矩的折算值可表示为

$$T'_L = \frac{T_L}{\lambda} \tag{9-18}$$

式中，λ 是减速机传动比；T_L是负载转矩；T'_L是折算到电动机轴的转矩。

因此，减速比 λ 越大，有效转矩 T'_L越小，故而功率也降低。

例如：原来电动机功率为 10kW，如果把传动比增大一倍，在转速不变的情况下，电动机的功率就变为 5kW 了。但是，传动比不能无限的增大，它受到电动机的轴承和传动机构的限制。

9.7.5 辅助设备的选择

构成一个控制系统，只有变频器是不够的，还需要有辅助设备的配套。在设计变频器系统时，辅助设备的选择也是非常重要的，它直接关系到系统的可靠性。

变频器的辅助设备主要有：输入变压器、电源断路器、交流接触器、滤波器、电抗器和制动电阻等。

1. 输入变压器

当容量较大或变频器电压较高时，一般的低压供电线路是满足不了要求的，需要有专用的变压器为变频器供电。由于变频器的输入电流含有一定量的高次谐波，使电源侧的功率因数降低。选用时须同时考虑到变频器、变压器的运行效率和功率因数等，则变压器的容量可按下式计算估算

$$S_t = \frac{P_N}{\cos\varphi_N \times \cos\varphi_t \times \eta_N \times \eta_t} \tag{9-19}$$

式中，S_t是变压器的容量（kVA）；P_N是变频器的输出功率（kW）；$\cos\varphi_N$是变频器功率因数；$\cos\varphi_t$是变压器功率因数；η_N是变频器效率；η_t是变压器效率。

其中变频器功率因数考虑两种因素，即：在有输入交流电抗器时取 0.8 ~0.85，无输入

电抗器时取 0.6~0.8；变频器和变压器的效率可取 0.95；变压器的功率因数可根据负载计算，一般不应低于 0.85。

2. 断路器和接触器

变频器的进线侧必须安装断路器或负荷开关等元件。除了接通和断开电源之外，还可作为过电流、短路和热保护。如果需要远距离控制或者容量较大不允许直接操作时，则可在进线侧安装接触器。选择断路器等元件时，要选择适合电动机控制的。

3. 电抗器

电抗器具有平波、限流的作用，选择合适的电抗器，既可以抑制谐波电流、降低变频器系统所产生的谐波总量和提高变频器的功率因数，又可以抑制来自电网的浪涌电流对变频器的冲击，保护变频器。电抗器根据使用的目的和部位不同，可分为进线电抗器、直流平波电抗器和输出电抗器。

（1）进线电抗器　进线电抗器顾名思义，是安装在变频器的电源进线端，它可以有效地抑制电网电压突变和操作过电压所引起的冲击电流，有效保护变频器，改善变频器的功率因数。一般认为下列情况宜加装电抗器：

1）多台变频器并联运行时。

2）局域电网有大容量电容器运行时。

3）电源变压器容量为 500kVA 以上时。

4）三相电源电压不平衡率 K 大于 3% 时，K 按下式计算

$$K=\frac{U_{\mathrm{PM}}-U_{\mathrm{Pmin}}}{U_{\mathrm{N}}}\times 100\% \tag{9-20}$$

5）需要提高变频器输入侧的功率因数时。

（2）平波电抗器　平波电抗器用在交—直—交变频器的直流侧，也就是接在整流与逆变之间。接入平波电抗器之后，可以使整流后的电压的脉动系数降低，以改善电路的功率因数，它还能限制逆变侧过电流和短路电流的影响。为了使用上的方便，变频器生产厂家都配备了标准的电抗器元件，并把电抗器作为用户可选附件。选用时可查看厂家设备选型手册和产品样本。

（3）输出电抗器　输出电抗器顾名思义是接在变频器的输出端，也就是连接在变频器与负载之间。输出电抗器具有减少负载因素对变频器的影响、抑制电动机噪声、限制电缆容性充电电流、限制负载的电压上升率和吸收变频器输出的谐波的作用。

4. 制动电阻

（1）阻值确定　在自动控制中，有时为了减少停车时间或需要准确停车，电动机经常需要制动，对交流电动机而言，制动方式一般有能耗制动和反接制动等。能耗制动时有两种方式，一种是在电动机定子的某两相绕组中通入直流电流，产生一个非旋转的磁场，产生制动转矩，使电动机加快停止。另一种方法是在当电动机制动运行时，在绕组间接入电阻，使储存在电动机绕组中的能量经过绕组迅速释放掉，使电动机快速停车。小容量通用变频器带有制动电阻，大容量变频器的制动电阻通常由用户根据负载的性质和大小、负载周期等因素进行选配。制动电阻的阻值大小将决定制动电流的大小，制动电阻的功率将影响制动的速度。制动电阻的功率均是按短时工作制进行标定的，选择时应加以注意。当电动机以 4 象限运行时，要考虑各种工况下制动能量的需求，校核最严重的情况，并据此确定制动电阻的

容量。

对于交—直—交型变频器的制动电阻可以采用粗略估算法。有实验数据显示，通过制动电阻的放电电流等于电动机的额定电流时，所需的附加制动转矩基本可得到满足。因此，制动电阻的粗略算法为

$$R_B = \frac{U_D}{I_N} \tag{9-21}$$

式中，U_D是直流回路电压（V）；I_N是电动机额定电流（A）。

（2）制动电阻容量的确定　制动电阻的耗用功率P_B可根据直流电路的电压和上面计算的阻值来确定。当制动电阻R_B在直流电压为U_D的电路中工作时，其耗用功率为

$$P_N = \frac{U_N^2}{R_B} \tag{9-22}$$

耗用功率的含义是：如果电阻的容量按此选择的话，该电阻可以长时间接入电路里工作。实际上拖动系统的制动时间通常是很短的，在短时间内，电阻的温升不足以达到稳定温升。因此，决定制动电阻容量的根本原则是：在电阻的温升不超过其允许值的前提下，可以适当减小制动电阻的容量。其修正公式为

$$P_N = \frac{U_N^2}{R_B\gamma_B} \tag{9-23}$$

式中，γ_B是制动电阻容量的修正系数。

γ_B可以根据制动时间确定，当制动时间小于10s，可取$\gamma_B=7$；当每次制动时间超过100s，则$\gamma_B=1$。当制动时间在两者之间时，即$10s<\gamma_B<100s$，则γ_B大体可以按比例计算。

9.7.6 抗干扰措施

变频器的干扰主要是指电磁干扰，它包括两个方面，一是来自于外部，即外围设备及邻近设备对变频器的干扰；二是来自内部，即通用变频器本身产生的电磁噪声、谐波对外围设备和邻近设备的干扰。

1. 外部信号对变频器的干扰

外部干扰是指外部控制信号发生装置与接收其信号的变频器控制回路间产生的干扰。变频器控制回路通过控制电缆接收的外来干扰大致可以分成以下几类：

1）静电耦合干扰。由变频器连接的控制电缆与周围电气回路的静电容耦合在电缆中产生的电势即为静电耦合干扰。

2）电磁感应干扰。由大功率设备产生的强磁场，通过耦合产生的干扰。

3）同一电网的其他设备产生谐波的干扰，或电网运行质量造成的干扰。

2. 外部干扰的抑制措施

1）变频器的动力电缆和控制电缆均应采用屏蔽电缆，特殊场所可采用双绞线多层屏蔽电缆。

2）布线时要强、弱电线分槽敷设，当不能分开时，中间必须加屏蔽隔离。

3）屏蔽电缆可靠接地，一般采用一点接地，以避免屏蔽层两端的差模信号干扰。

4）变频器必须进行可靠地电子接地，最好采用独立的专用接地装置。采用共用接地系统时，每个变频器必须有独立的接地支线。

5）安装滤波装置，以减少通过电源进线带来的干扰。

3. 变频器对外部的干扰

变频器本身因为有开关元件的频繁动作，会产生大量的高次谐波，对周围的计算机、仪器仪表、电网及通讯设备都会带来干扰，这就是常说的变频器的公害。

变频器干扰的传播途径主要有，通过电源线和设备间的信号电缆传播、通过空气放射出高频电磁波等。

4. 克服变频器对外干扰可采取的办法

1）可采用隔离变压器和滤波器等设备，以克服从电缆出去的干扰。

2）对要求较高的电子设备，可采用独立电源、专用接地或降低接地电阻及营造屏蔽环境。

3）对于变频器尽量采用多重的 PWM 技术，减少谐波分量。

4）设备必须进行可靠地电子接地，最好采用独立的专用接地装置。采用共用接地系统时，每个设备必须有独立的接地支线。

思考与练习题

一、问答题

1. 变频调速与直流调速的优缺点各是什么?
2. 交流调速就是指变频调速，对吗？为什么?
3. 通过调频调速的机械特性能说明什么?
4. PAM、PWM 的异同点是什么?
5. 交—交变频、交—直—交变频的特点是什么?
6. 逆变器的主回路元件的基本要求是什么?
7. 进线电抗器有何作用?
8. 什么叫变频器的公害?

二、变频器面板操作及参数设置

1. 参数设置为默认参数，改变面板电位计，观察频率变化。
2. 设置变频器参数，实现正转、反转功能。
3. 有一水泵，属于 P 类负载，要求启动时间为 25s，单向运行。试设置参数。
4. 某机械设备的运行如图 9-15 所示，有载时中速运行，卸载后高速返回。往返运动。停车前均为低速运动。要求加速、减速时间均为 10s。试设置参数。

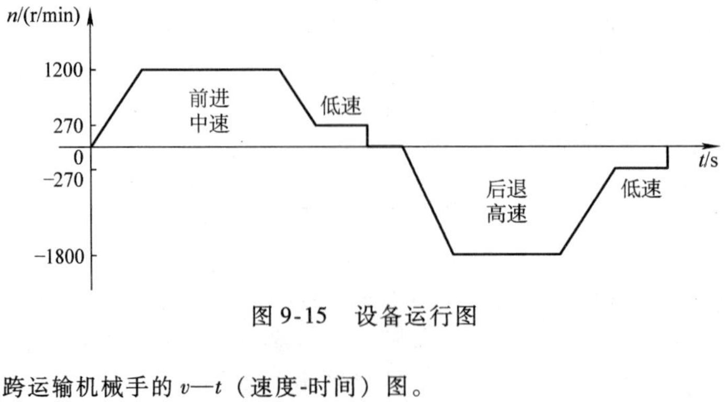

图 9-15　设备运行图

5. 图 9-16 为过跨运输机械手的 v—t（速度-时间）图。

控制要求是：机械手抓起工件后，正向启动，把工件从 A 跨运至 B 跨，当机械手到达 B 跨终点后，停

15s 沿原路返回。为了减少启动时的负荷冲击和保证停车时的准确性，启动和停车均设两档速度。正/反向运行的控制要求相同。请完成参数设置（时间控制由 PLC 完成）。

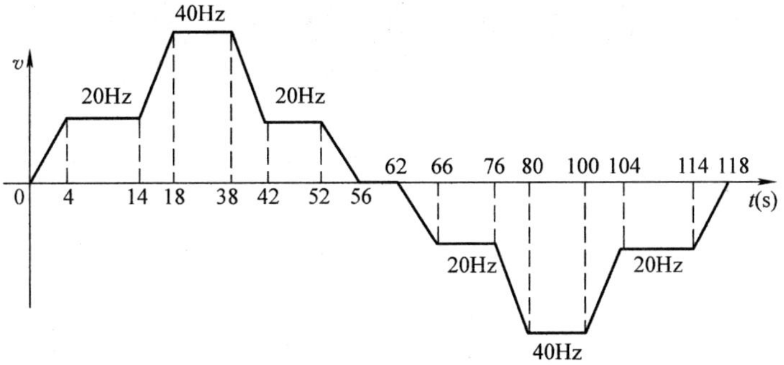

图 9-16　过跨运输机械手的 v—t（速度—时间）图

第10章 创新训练

10.1 设计电气控制电路

1. 工艺要求及参数

某设备的主轴和油泵均由三相异步电动机拖动，按工艺要求，主轴电动机 M1 必须在油泵电机 M2 开动后才能起动；其中：主轴电动机具有正、反转功能，两地操作。油泵电动机单向运转，一地操作。电气线路设有短路、欠电压及过载保护。

其电动机铭牌参数为

M1：额定功率 0.55kW、额定电压 380V、额定电流 1A、转速 1400r/min。

M2：额定功率为 350W、额定电压 380V、额定电流 0.8A、转速 2800r/min。

2. 设计要求目标

1）画出主电路图、控制电路图。

2）选择各种电气元器件和设备。

3）列出元器件明细表。

4）写出设计说明书。

3. 安装调试

按照自行设计的电路进行安装、调试并完善电路。

4. 记录及报告

勤于思考，积极创新。写出对本项实习课题的体会，并提出改进意见。

10.2 设计一个送料装置的电气控制电路

1. 工艺要求及参数

有一运料小车，当料斗内满料时，小车前进，到达下料台位置，小车自动停止，进行卸料。卸料完毕，电动机反转拖动料斗退回；到达上料台位置小车又自动停止进行装料。周而复始地工作。装料与卸料等待可用时间原则控制，装料位和卸料位用位置检测元件实现。同时要求在无料状态下，电动机能实现点动、正反向试车工作。

运料小车的三相异步电动机的铭牌参数为

额定功率为 4kW、额定电压 380V、额定电流 7.5A。

2. 设计要求目标

1）画出主电路图、控制电路图。

2）选择各种电气元器件和设备。

3）列出元器件明细表；写出设计说明书。

4）画出电器安装位置图和电气互连图（或接线图）。

5）写出规范的安装要求。

3. 安装调试

根据自行设计的电路进行安装和调试。注重整个实习过程并完善电路。

4. 记录及报告

记录对本项实习内容的体会，不断积累经验，综合所学，努力创新。

10.3 设计某机床电气控制电路

1. 工艺要求及参数

该机床的主电路由2台三相交流异步电动机、一台直流电动机及附属元器件组成，由于电动机容量较小，可采用直接起动控制。其中：主轴电动机M1是直流他励电动机，采用可控硅直流调速闭环系统，要求有较大的调速范围，且要求恒功率调速，所以往往采用机电联合调速。为使主轴迅速、准确停车，要求主轴电动机具有电气制动。油泵电动机M2、刀具夹紧电动机M3均为三相异步电动机，按工艺要求油泵电动机只需单向运行，而刀具夹紧电动机要求能正、反转，二者均要求具有过载和短路保护。因机床运动部件较多，应设置必要的联锁与保护及电源、主轴、油泵和刀具工作所需的显示。

各电动机铭牌参数如下

M1：功率为80W、电压220V、励磁电压220V、转速1500r/min。

M2：功率为90W、电压380V、电流0.18A、转速2800r/min。

M3：功率为0.75kW、电压380V、电流1.5A、转速1390r/min。

2. 设计要求目标

1）选择各种电气元器件和设备。

2）画出主电路图、控制电路图。

3）列出元器件明细表。

4）写出设计说明书。

5）画出电气总装图和电气互连图（或接线图）。

6）写出规范的安装要求。

3. 安装调试

根据自行设计的电路，制定相关的工艺要求，并进行安装和调试。注重团队协作和整个实习过程，不断完善电路。

4. 记录及报告

对系统进行测试并记录数据，完成实习记录及报告，提出改进措施。

10.4 串联型稳压电源电路

1. 工艺要求及参数

1）按给出的条件设计一个串联型全波稳压电源，输出电压可调，全波整流。

2）在输入电压波动±10%时，电源的稳压系数为：$[\Delta U_O/\Delta U_I]_{\Delta I_O=0}\times100\%\leqslant7\%$

3）相关参数：

① 输入电压 AC220V，输出电压 2～12V 可调。输出最大电流 200mA。

② 负载为电阻，阻值为 6kΩ。

2. 设计要求及目标

1）绘出稳压电路原理图。根据具体情况计算电路参数和用 EWB 软件做仿真实验。

2）计算并选取变压器、晶体管、电容和电阻等所用元器件。

3）按电路图设计制作印刷电路板。

4）元器件焊接。

5）选取元器件、识别和测试线路性能。

3. 安装与调试

1）测试各类电阻、电容、电感、（稳压）二极管和晶体管。

2）按电路图在印刷电路板上焊接组装串联型稳压电源电路。

3）用仪表测量数据和用示波器观察波形。

4）对电路进行检测，调整电路元器件参数，排除电路故障。

4. 记录与报告

1）记录各测量数据。

2）画出老师指定点的观测波形。

3）更换不同负载重复试验。

4）完成创新试验报告书。

10.5 抢答器电路设计（选作）

1. 工艺要求及参数

该抢答器为 3 组竞赛抢答器。当主持人说“开始”并按下允许答题开关时，谁先按按钮，谁的桌子上的灯即亮，同时扬声器发声，抢答成功。当主持人按总停开关后，灯灭音停，否则一直亮着。有一组抢答成功后，其余抢答按钮失灵。

相关参数为

扬声器：8Ω，12V；

指示灯：12V，2W。

2. 设计要求及目标

1）掌握双 D 触发器、与非门和时基电路的应用。

2）绘出电路原理图。

3）计算实际电路元器件参数，选取元器件。

4）按电路图设计制作印刷电路板。

5）按电路图在印刷电路板焊接元器件。

6）对电路进行检测，调整电路元器件参数，排除电路故障。

3. 安装与调试

1）按电路原理图在印刷电路板上组装抢答器。

2）组装扬声器驱动电路，验证抢答功能。

3）调试抢答器使之工作符合要求。

4）用示波器观察振荡波形。

5）EWB 软件做仿真实验。

4. 记录与报告

1）记录波形和调试数据。

2）写出创新实训报告。

10.6 三相异步电动机多速运行控制

1. 工艺要求及参数

采用变频器的多段运行来控制三相电动机，实现电动机的多速运行。变频器的多段运行信号通过 PLC 的输出端子提供，实现电动机的连续变速。

电动机铭牌参数

型号：Y180M—2；电压：380V；电流：1.1A；转速：1450r/min；功率因数：0.89；起动力矩倍数：5。

2. 设计要求及目标

1）明确控制方案。

2）制定 PLC 的 I/O 分配表。

3）确定 PLC 型号和规格。

4）设置变频器参数。

5）画出 PLC、变频器的接线图。

6）编制 PLC 程序。

3. 安装与调试

1）根据设计图纸完成接线或安装。

2）调试程序观看并记录输出结果；对程序进行修改。

3）绘制预想 $v—t$（速度—时间）图。

4. 记录及报告

1）记录调试过程和数据。

2）画出较为合理的 $v—t$ 图（或 $f—t$ 图）。

3）完成创新实训报告。

10.7 五层升降电梯控制系统

1. 工艺要求及参数

1）拖动部分采用交流伺服电动机作为动力源，通过控制交流伺服电动机的正、反转从而实现电梯轿厢的上、下运行。

2）层楼信号的接受是采用 1 ~ 5 楼的层楼行程开关；另外，还增设了轿厢冲顶、冲底越限保护行程开关。

3）召唤信号按钮全部采用无锁带指示灯的按钮，指示灯亮，表示该召唤信号已被登记，指示灯熄灭，说明信号已被消除。

4）开门、关门动作以及门开、门关闭状态显示，则采用不同的发光二极管来完成。

5）指令信号按钮全部采用无锁带指示灯按钮，指示灯亮，表示该指令信号已被登记，指示灯灭，说明信号已被消除。

6）上、下起动按钮采用带指示灯的无锁按钮，其作用是：一方面，按钮指示灯亮，表示电梯已经根据指令或召唤信号确定了运动方向，为电梯的运行做好准备，指示灯不亮，表示电梯尚未确定运行方向，不能起动运行；另一方面，通过这两个按钮来控制电梯在有司机工作状态下的关门起动，而在无司机工作状态下，电梯的关门起动无需通过此按钮来实现。另外，我们还增设了开、关点动按钮，其目的是：一方面，在检修工作状态下，实现轿门的开启和关闭；另一方面，可实现提前关门，即在无司机工作状态下，电梯停站开门后约 4 ~ 6s 再自动关门，但当乘客按下关门按钮时，电梯便会立即关门；同时，若需要使轿门在较长时间内保持敞开不闭，则可按开门按钮实现。另外，还可以利用该按钮在关门过程中的反向开门等功能。

7）有司机、无司机以及检修工作状态的选择，则采用三档位钥匙开关来完成。

8）指令专用按钮则采用带自锁的按钮，在有司机工作状态下，按下此按钮，电梯便进入直驶状态，即不答应各层的召唤信号，这时电梯的停站完全由指令信号来实现。

9）消防按钮也采用带自锁的按钮，按下此按钮，电梯便进入了消防工作状态。

10）紧停按钮采用带自锁的按钮，按下此按钮，系统便起用紧停保护功能。

11）电源、运行、故障报警显示，采用不同颜色的发光二极管来实现，而楼层显示的实现则是采用七段数码来完成的。以上各类信号以及显示均是通过通用标准接线排与内部控制单元相联系的。

2. 设计要求及目标

整个电梯运行过程为：首先确定电梯的运行方向→自动关门→起动运行→停站→自动开门。各控制电路的技术要求如下：

（1）自动定向电路

1）有/无司机工作状态：利用被登记的指令信号或召唤信号所指的层楼数 n（指）或 n（召）与轿厢所在的层楼数或 n（轿）比较来确定电梯的运行方向。

① 若 n（指）或 n（召）> n（轿），则电梯自动定为上行。

② 若 n（指）或 n（召）< n（轿），则电梯自动定为下行。

③ 若 n（指）或 n（召）= n（轿），则电梯不能定向。

2）指令信号的优先权：在无司机工作状态下，当电梯停站时，从电梯自动开门开始到自动关门结束前，指令信号应优先于召唤信号，即这段时间内召唤信号不能参与定向。

（2）开关门电路

1）无司机工作状态：电梯到站后，自动开门，6s 后电梯便自动关门。

2）有司机工作状态：电梯到站后，自动开门，但电梯起动前的关门应由司机根据电梯的运行方向按对应的上下起动按钮来控制。

3）检修工作状态：利用开、关门按钮来实现轿门的开启和关闭。

4）轿厢处于等待时的轿厢外开门召唤：在无司机工作状态下，电梯在没有任何指令和召唤信号时会停在某层待命，此时，若想在该层进入轿厢，只要按本层的任意一个召唤按钮，电梯便自动开门；若是在其他层乘坐，只要按“上”“下”按钮，轿厢便会自动到达该层停止并自动开门。

（3）层楼控制电路　通过层楼控制行程开关所接收到的信号能正确反映出轿厢所处的层楼位置，并用七段数码管LED来显示。

（4）起动运行电路

1）有司机工作状态：在电梯确定运行方向后，按与运行方向相对应的向上（或向下）起动按钮，于是电梯便自动关门，当门关闭时，电梯便起动运行，并显示电梯的运行状态。

2）无司机工作状态：在电梯确定运行方向后，只要门已关闭，电梯便能起动运行，同样予以显示。

3）检修工作状态：轿厢的上下运行，只能通过点动上下起动按钮来完成。同时，轿厢可以在任何位置停站。

（5）停站电路

1）指示信号的停站：电梯在向上或向下运行时，当到达与登记的指令信号相对应的层楼时，该层楼行程开关动作，电梯就立即停车。

2）召唤信号的停站：

① 顺向召唤信号的停站：在电梯上行时，按与电梯运行方向一致的召唤信号从低到高逐一停站，但与运行方向相反的向下召唤信号应保留，在上方最后一个指令或召唤信号未执行完毕前，低于轿厢相对位置的召唤信号不执行停站，而只有当执行完最后一个指令或召唤信号时，电梯才能下行按与电梯运行方向一致的向下召唤信号由高到低逐一停站。

② 反向召唤信号停站：当电梯只出现一个反向召唤信号时，此召唤信号可以停站；例如：设电梯轿厢位于基站，有人在三楼按下下召唤信号，电梯可以在三楼停站。

③ 最远反向召唤信号停站：如果反向召唤信号不止一个，则最远的反向信号可以停站，其他召唤信号被保留，当电梯执行完最远反向召唤信号后，反向运行来应答其他被保留的召唤信号。

（6）指令信号的登记与消除

1）指令信号的登记：当按下某层指令按钮（不能是轿厢位于的楼层）时，此指令信号应被登记。

2）指令信号的消除：当电梯到达某层楼时，该层的指令信号应被消除。

（7）召唤信号的登记与消除

1）召唤信号的登记：当按下某层召唤按钮（不能是轿厢位于的楼层）时，此召唤信号应被登记。

2）召唤信号的消除：当电梯到达某层楼时，该层与电梯运行方向一致的召唤信号应被消除（除反向召唤信号停站和最远反向召唤停站外）。例如：三楼有向上和向下召唤信号，当电梯上行到达三楼时，应将三楼向上召唤信号消除，而三楼向下召唤信号应予保留。

（8）指令专用　在有司机工作状态下，电梯不答应召唤信号，这时电梯只能根据指令信号停站，但召唤信号仍能登记。

（9）消防工作状态　按下此按钮，电梯立即消除指令和召唤信号，这时无论电梯处于什么状态，都应立即关门并返回基站，当电梯到达基站后，恢复指令功能，但每次到达某层楼时，应消除所有被登记的指令信号，若想到其他层楼，则需要重新登记指令信号，同时应注意，电梯到站后，无论在有司机或无司机工作状态下，电梯都不能自动关门，必须有消防人员按向上或向下起动按钮后方可关门起动。

(10) 急停功能　当电梯出现意外故障时，如轿厢冲顶或冲底，轿厢该停站而未停时，管理人员应立即按下此按钮，一方面，使电梯禁止运行；另一方面，故障报警灯亮，进行报警，直至故障消除。

(11) 超载保护功能　电梯超载，轿厢门不能关闭，轿厢不能运行，同时，超载显示灯亮，直到超载消除，电梯方能正常运行。

3. 安装与调试

1) 明确控制方案。

2) 制定 PLC 的 I/O 分配表。

3) 确定 PLC 及其他电气设备、器材等的型号、数量等。

4) 设计 PLC 控制程序及 PLC 外围电路。

5) 系统接线。

6) 系统调试。

4. 记录及报告

1) 记录调试过程和数据。

2) 记录实际的 PLC 控制程序，并画出 PLC 外围电路。

3) 完成创新实训报告。

10.8 货物传送控制系统

1. 工艺要求及参数

货物传送运输系统是工业生产、物流和码头常用的设备，它需要具有较高的安全性和可靠性，要求能重载起动，起动力矩大，且启动平稳。运行时速度不能有大的波动。传送机构采用变频器驱动，速度闭环控制，整个系统采用 PLC 控制。操作可以在现场和控制室两地进行。在变频器出现故障时可以切换到市电运行。请根据要求完成系统的设计并进行调试。

电动机铭牌参数

型号：Y180M—2；电压：380V；电流：2.2A；转速：2940r/min；功率因数：0.89；起动力矩倍数：7。

2. 设计要求及目标

1) 明确控制方案。

2) 制定 PLC 的 I/O 分配表。

3) 确定 PLC 型号和规格。

4) 计算变频器的容量，选择变频器的类型及规格。

5) 绘制电气控制原理图。

6) 设置变频器参数。

7) 绘制 PLC、变频器的接线图。

8) 按工艺要求编制 PLC 程序。

9) 选择低压电气设备、元器件的型号及规格。

3. 安装与调试

1）确定安装、接线方案。

2）按图完成全部安装、接线。

3）对 PLC 程序模拟调试。

4）变频器参数设置并对变频器单机调试。

5）进行系统调试。

6）改变不同的参数设置观看效果；绘制对应的 v—t 图。

4. 记录及报告

1）记录调试过程和数据。

2）测试给定为 1V、3V、5V 和 8V 时的开环转速。

3）给定值不变时增加负载扰动，记录速度变化曲线及所有动态指标值。

4）画出较为合理的 v—t 图（或 f—t 图）。

5）完成创新实训报告。

参考文献

[1] 陈肇元，施新华，宋国强. 电气实习 [M]. 上海：上海科学技术出版社，2003.

[2] 王照清. 维修电工（初级）[M]. 北京：中国劳动社会保障出版社，2005.

[3] 王照清. 维修电工（中级）[M]. 北京：中国劳动社会保障出版社，2004.

[4] 柴敬镛，王照清. 维修电工（高级）：下册 [M]. 北京：中国劳动社会保障出版社，2003.

[5] 林向淮，张文升. 电工常用仪器仪表的原理与使用 [M]. 北京：机械工业出版社，2005.

[6] 文春帆，金受非. 电工仪表与测量 [M]. 2 版. 北京：高等教育出版社，2004.

[7] 张万忠. 可编程控制器应用技术 [M]. 北京：化学工业出版社，2001.

[8] 李俊秀，赵黎明. 可编程控制器应用技术实训指导 [M]. 北京：化学工业出版社，2002.

[9] 张万忠，孙晋. 可编程控制器入门与应用实例（三菱 FX_{2N} 系列）[M]. 北京：中国电力出版社，2005.

[10] 陈在平，赵相宾. 可编程序控制器技术与应用系统设计 [M]. 北京：机械工业出版社，2002.

[11] 黄绍平，李永坚，秦祖泽. 成套电器技术 [M]. 北京：机械工业出版社，2005.

[12] 闫和平，孙克军，孙丽君. 常用低压电器应用手册 [M]. 北京：机械工业出版社，2005.

[13] 刘震，佘伯山. 室内配线与照明 [M]. 北京：中国电力出版社，2004.

[14] 王仁祥，王小曼. 通用变频器选型、应用与维护 [M]. 北京：人民邮电出版社，2005.

[15] 吴忠志，黄立培. 调速用变频器及配套设备选用指南 [M]. 北京：机械工业出版社，2006.

[16] 张选正，张金远. 变频器应用经验 [M]. 北京：中国电力出版社，2006.

[17] 张燕宾. SPWM 变频调速应用技术 [M]. 北京：机械工业出版社，2005.

[18] 刘俊美. 通用变频器应用技术 [M]. 福州：福建科学技术出版社，2004.

[19] 张松林，高衡初. 逆变器与交流电动机调速 [M]. 北京：中国商业出版社，1995.